高等院校化学化工教学改革规划教材

无机及分析化学
学习指导

主　编　朱小红

副主编　胡耀娟　吴正颖

许冬冬　姜　琴

南京大学出版社

图书在版编目(CIP)数据

无机及分析化学学习指导 / 朱小红主编. — 南京 ：南京大学出版社，2018.8

ISBN 978-7-305-20385-5

Ⅰ. ①无… Ⅱ. ①朱… Ⅲ. ①无机化学－高等学校－教学参考资料 ②分析化学－高等学校－教学参考资料 Ⅳ. ①O61 ②O65

中国版本图书馆 CIP 数据核字(2018)第 135171 号

出版发行 南京大学出版社
社　　址 南京市汉口路 22 号　　　邮　　编 210093
出 版 人 金鑫荣

书　　名 无机及分析化学学习指导
主　　编 朱小红
责任编辑 戴　松　蔡文彬　　　编辑热线 025-83686531

照　　排 南京理工大学资产经营有限公司
印　　刷 南京鸿图印务有限公司
开　　本 787×1092 1/16　印张 16.5　字数 400 千
版　　次 2018 年 8 月第 1 版　2018 年 8 月第 1 次印刷
ISBN 978-7-305-20385-5
定　　价 42.00 元

网　　址:http://www.njupco.com
官方微博:http://weibo.com/njupco
官方微信号:njupress
销售咨询热线:(025)83594756

前　言

“无机及分析化学”是为现实课程结构和教学内容整合、优化而设置的一门课程。近年来，为适应各层次的教学需要而相继出版了多个版本的“无机及分析化学”教材，但是有关课程学习指导方面的书籍还为数不多。为配合许兴友、杜江燕主编，南京大学出版社出版的《无机及分析化学》教材，适应新形势下的教学要求，满足学生的学习需求，使学生能更有效地掌握知识要点，提高学习效果，特编写了这本《无机及分析化学学习指导》。

本书内容主要为各章节要点、练习题、自测习题及答案。各章的内容提要、例题解析、习题解答和练习题，主要解决学生抓不住重点的问题，巩固和掌握无机及分析化学基本原理和基本知识，并通过练习题检验学习效果，提高解题能力。自测习题力求题目典型，覆盖面广，是本科生复习迎考和考研的好参考。

本书层次分明，内容精炼，通用性强，适用面广，既可与许兴友、杜江燕主编的《无机及分析化学》配套，也可与其他同类教材配合使用，可供理工农医类各专业本科生和教师使用。

参加本书编写工作的人员有淮阴工学院的朱小红，南京晓庄学院的胡耀娟，苏州科技大学的吴正颖，南京师范大学的许冬冬和淮海工学院的姜琴等。由于编者水平所限，时间仓促，难免存在错误、疏漏及不妥之处，请各位读者不吝赐教指正。

编者

2018 年 6 月

前言

目　　录

第一章　物质的聚集状态 …… 1
内容提要 …… 1
例题解析 …… 6
习题解答 …… 10
练习题 …… 15
第二章　化学反应的一般原理 …… 19
内容提要 …… 19
例题解析 …… 27
习题解答 …… 33
练习题 …… 43
第三章　定量分析基础 …… 49
内容提要 …… 49
例题解析 …… 54
习题解答 …… 60
练习题 …… 66
第四章　酸碱平衡与酸碱滴定法 …… 69
内容提要 …… 69
例题解析 …… 77
习题解答 …… 87
练习题 …… 96
第五章　沉淀溶解平衡与沉淀滴定法 …… 101
内容提要 …… 101
例题解析 …… 102
习题解答 …… 106
练习题 …… 111
第六章　氧化还原反应和氧化还原滴定法 …… 114
内容提要 …… 114
例题解析 …… 117
习题解答 …… 124
练习题 …… 135
第七章　物质结构基础 …… 138
内容提要 …… 138

例题解析……142
习题解答……146
练习题……154
第八章 配位化合物和配位滴定法……158
内容提要……158
例题解析……160
习题解答……166
练习题……172
第九章 仪器分析法选介……177
内容提要……177
例题解析……185
习题解答……189
练习题……192
第十章 重要元素及其化合物……194
内容提要……194
例题解析……208
习题解答……209
练习题……209
第十一章 常见离子的定性分析……212
内容提要……212
例题解析……215
习题解答……215
练习题……217
第十二章 化学中常见的分离方法……218
内容提要……218
例题解析……221
习题解答……222
练习题……225

自测试题一……227
自测试题二……230
自测试题三……234
自测试题四……238
自测试题五……241

参考答案……245

第一章　物质的聚集状态

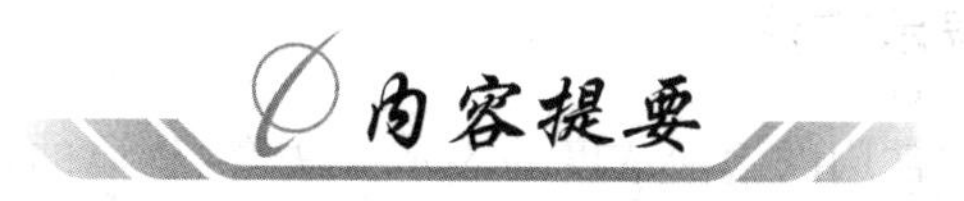

本章重点：物质的量及其单位的使用、溶液浓度的表示方法、稀溶液的依数性、胶团的结构及溶胶的光学性质、动力学性质和电学性质。

一、分散系

粗分散系、分子分散系和胶体分散系的划分依据及分散度概念

(1) 粗分散系

机械分散的产物，其分散粒子直径大于 100 nm。在粗分散系中，分散质粒子与分散剂之间存在明显的相界面，所以粗分散系是多“相”体系。

(2) 分子分散系

分散质粒子直径小于 1 nm 的分散系称为分子分散系。在此分散系中，分散质分散程度达到了分子或离子状态，所以称为“真溶液”，简称溶液。

(3) 胶体分散系

分散质粒子直径在 1～100 nm 之间的分散系称为胶体分散系。胶体分散系的分散质粒子是多个分子的聚集体，但比粗分散系粒子要小得多，所以胶体分散系也为多“相”体系，通常称为溶胶。

二、气体

1. 理想气体状态方程

$$pV = nRT,$$

其中 $R = 8.315\ \text{Pa} \cdot \text{m}^3 \cdot \text{mol}^{-1} \cdot \text{K}^{-1} = 8.315\ \text{kPa} \cdot \text{L} \cdot \text{mol}^{-1} \cdot \text{K}^{-1} = 8.315\ \text{J} \cdot \text{mol}^{-1} \cdot \text{K}^{-1}$。

理想气体状态方程还可表示为另外一些形式：

$$pV=\frac{m}{M}RT,\ pM=\frac{m}{V}RT=\rho RT。$$

2. 道尔顿分压定律

在相同温度下，混合气体中某组分气体单独占有混合气体的容积时所产生的压强称为该组分气体的分压强，即

$$p = p_1 + p_2 + \cdots = \sum_i p_i = \sum_i \frac{n_i RT}{V} = \frac{nRT}{V}。$$

理想气体状态方程不仅适用于某一纯净气体，也适用于混合气体中某一组分气体，同时也适用于混合气体。实际上，只有理想气体才严格遵守道尔顿分压定律，实际气体只有在压强较低、温度较高时才近似遵守此定律。

三、溶液浓度的表示方法

在无机及分析化学中常用的溶液浓度的表示方法有：物质的量浓度、质量摩尔浓度、物质的量分数浓度等。

(1) 物质的量浓度

根据SI的定义，若体积为V的溶液中含有溶质B的物质的量为n_B，则该溶液的物质的量浓度c_B为

$$c_B = \frac{n_B}{V}。$$

其SI单位为mol/m^3，常用单位为mol/dm^3或mol/L。物质的量浓度与溶液的体积有关，受温度和压强的影响而变化。

若溶液中溶质B的质量为m_B，溶质B的摩尔质量为M_B时，则上式可写为

$$c_B = \frac{m_B}{M_B V}。$$

在计算时，应注意运算式中各物理量单位的统一。

(2) 质量摩尔浓度

溶液中溶质B的物质的量n_B除以溶剂A的质量m_A，称为该溶液的质量摩尔浓度，常用b_B表示，其数学表达式为

$$b_B = \frac{n_B}{m_A}。$$

其SI单位为mol/kg。质量摩尔浓度与体积无关，故不受温度变化的影响，常用于科学研究。

(3) 物质的量分数浓度

溶质的物质的量占溶液总的物质的量的分数称为该溶液的物质的量分数浓度。该浓度不受温度变化的影响，常用于溶液的物理性质或溶质与溶剂之间物质的量的关系研究。

设某溶液由溶质B和溶剂A组成，溶质与溶剂的物质的量分别为n_B和n_A，溶液总的物质的量为$n_B + n_A$，则溶液的物质的量分数浓度为

$$x_B = \frac{n_B}{n_A + n_B}。$$

四、稀溶液的通性

(1) 溶液蒸气压下降——拉乌尔(Raoult) 定律

在一定温度下,难挥发的非电解质稀溶液的蒸气压下降与溶解在溶剂中的溶质的摩尔分数成正比,而与溶质的本性无关。其数学表达式为

$$\Delta p = x_B \cdot p^*。$$

式中$x_B = n_B/(n_A + n_B)$;

n_B——溶质 B 的物质的量;

n_A——溶剂 A 的物质的量;

p^*——纯溶剂的蒸气压。

上式也可以表示为

$$p = x_A \cdot p^*。$$

即难挥发的非电解质稀溶液的蒸气压与溶剂的物质的量分数浓度成正比。

对于稀溶液而言,$n_A \gg n_B$,即 $n_A + n_B \approx n_A$,故可得

$$\Delta p = \frac{n_B}{n_A} \cdot p。$$

由于 $n_A = m_A/M_A$,代入上式得

$$\Delta p = p^* - p = K \cdot b_B。$$

式中 $K = M_A p$,称为蒸气压下降常数。对于水溶液,它等于 1 mol/kg 的水溶液的蒸气压的下降值,一般由实验测定。

由上式可知,拉乌尔定律又可表述为:在一定温度下,难挥发的非电解质稀溶液的蒸气压下降与溶液的质量摩尔浓度成正比,而与溶质的本性无关。

(2) 溶液的沸点升高

难挥发非电解质稀溶液的沸点上升 ΔT_b 与溶液的质量摩尔浓度 b_B 成正比,而与溶质的本性无关。

$$\Delta T_b = K_b \cdot b_B。$$

式中 K_b 称为溶液的沸点上升常数,其单位为 $K \cdot kg \cdot mol^{-1}$。一般 K_b 值由实验测定。溶剂不同,K_b 不同。

(3) 溶液的凝固点降低

难挥发非电解质稀溶液的凝固点下降 ΔT_f与溶液的质量摩尔浓度 b_B成正比,而与溶质的本性无关。

$$\Delta T_f = K_f \cdot b_B。$$

式中 K_f 称为溶液的凝固点下降常数,其单位为 $K \cdot kg \cdot mol^{-1}$。一般 K_f 值由实验测定。溶剂不同,K_f 不同。

(4) 溶液的渗透压

难挥发非电解质稀溶液的渗透压与绝对温度和溶液的物质的量浓度成正比,而与溶质

的本性无关。

$$\pi = c_B \cdot R \cdot T。$$

式中 π——溶液的渗透压，单位是 kPa；

c_B——溶液的物质的量浓度，单位是 mol/L；

R——摩尔气体常数，其值为 8.314 $kPa \cdot L \cdot mol^{-1}$；

T——绝对温度，单位是 K。

对于很稀的水溶液，溶液的物质的量浓度 c_B 近似地等于质量摩尔浓度 b_B，所以渗透压公式也可写为

$$\pi = b_B \cdot R \cdot T。$$

五、胶体溶液

1. 溶胶的性质

a. 光学性质：丁达尔(Tyndll) 现象：用一束强光射入胶体溶液，在透过垂直方向的光线中看到一条光柱的现象(胶体粒子的光散射)。

b. 动力学性质：布朗(Brown) 运动：胶体粒子做无规则的运动(由于溶剂分子的无规则的运动造成)。

c. 电学性质：

电泳：在外加电场的作用下，带电胶核向相反电极移动的现象。

电渗：在外加电场的作用下，介质(溶剂) 移动的现象。

这些性质都是由于胶体粒子具有扩散双电层结构所引起的。

2. 胶团结构和电动电位

(1) 胶团的结构

胶体具有扩散双电层结构。如硫化亚砷胶体的胶团结构式

$$[(As_2S_3)_m \cdot nHS^{-1} \cdot (n-x)H^+]^{x-} xH^+$$

胶核　电位离子　反离子　　反离子

吸附层　　扩散层

胶粒

胶团

其中溶液中的 H_2S 发生电离：$H_2S \longrightarrow HS^- + H^+$

(2) 溶胶的热力学电位 φ 与电动电位 ε

胶体颗粒固相表面上的全部电位离子与液相中总的反离子之间存在电位差，这种电位称为热力学电位，又称为 φ 电位。溶胶吸附层与扩散层之间带有相反的电荷，当胶粒在介质中受外界电场作用而运动时，在吸附层与扩散层液体内部产生一个电位差，称为电动电位，又称为 ε 电位。

φ 电位与 ε 电位的主要区别：

a. 由于电位是发生电动现象时，吸附层与扩散层液体内部的电位，而吸附层中吸附了一部分反离子，它们抵消了一部分电荷，所以 ε 电位比 φ 电位小。

b. φ电位的大小决定于电位离子在溶液中的浓度，只要被吸附的电位离子浓度不变，电位就不变。ε电位除与电位离子在溶液中的浓度有关外，还随着溶液中其他离子浓度的变化而变化，外加电解质可以使电位降低。

3. 溶胶的聚沉

a. 电解质对溶胶的聚沉：电解质对溶胶的聚沉作用主要是异号电荷的作用。离子的价数越高、水化半径越小，聚沉能力越大。同价离子的聚沉能力很接近，但也有差异，并有一定的规律。

b. 感胶离子序：正离子对负溶胶的聚沉能力顺序为

$$H^+ > Cs^+ > Rb^+ > K^+ > Na^+ > Li^+$$

$$Ba^{2+} > Sr^{2+} > Ca^{2+} > Mg^{2+}$$

负一价阴离子对正溶胶的聚沉能力顺序为

$$F^- > IO_3^- > H_2PO_4^- > BrO_3^- > Cl^- > Br^- > NO_3^- > I^-$$

c. 聚沉值：聚沉值是使一定量的溶胶在一定时间内完全聚沉所需电解质的最小浓度（$m\ \mathrm{mol \cdot L^{-1}}$）。聚沉值愈大，表示该电解质的聚沉能力愈小，聚沉值与聚沉能力互成倒数关系。

d. 相互聚沉现象：将带相反电荷的溶胶按一定比例混合，使两种溶胶的电荷相互抵消，则可发生相互聚沉作用。

六、高分子溶液与乳浊液

1. 高分子溶液的性质

将高分子化合物溶于适当的溶剂中，即可形成高分子化合物溶液，简称高分子溶液。

高分子溶液是真溶液。由于它的分子量很大，所以其扩散速度慢、不能透过半透膜、有丁达尔效应等。故高分子溶液也叫作亲液溶胶。它具有溶液和溶胶的双重性质。

在加入大量电解质而使高分子化合物溶液聚沉，使高分子化合物析出的作用，称为盐析作用。

若在溶胶里加入适量的高分子化合物溶液就能使胶粒由憎液表面变成亲液表面，提高溶胶对电解质作用的稳定性，这种作用称为高分子溶液对溶胶的保护作用。

在适当的条件下，高分子化合物溶液和某些溶胶能失去流动性，整个体系变成一种具有弹性的半固体状态的物质，这个过程称为胶凝作用，所形成的产物称为凝胶。

2. 凝胶的性质

a. 触变作用：在外加某种机械力的作用下，如振动、搅拌等，便可等温可逆地转变为有较大流动性的溶胶，静置后又重新交联成网络结构，成为凝胶。此种操作可重复多次，并且溶胶或凝胶的性质均没有变化，这种现象称为触变作用。

b. 溶胀作用：指凝胶在液体或蒸气中吸收这些液体或蒸气时，使自身重量、体积增加的作用。溶胀作用是弹性凝胶所特有的性质。

c. 离浆作用:离浆作用是凝胶在基本上不改变外形的情况下,分离出其中所包含的一部分液体的现象。

d. 吸附作用:一般说非弹性凝胶的干胶都具有多孔性的毛细管结构,因而比表面较大,从而表现出较强的吸附能力。

3. 乳状液的性质

乳状液是一种多相分散体系,它是一种液体以极小的液滴形式分散在另一相与其不相混溶的液体中所构成的。被分散液滴的直径约在 100~500 nm 之间,属粗分散系。乳状液是热力学不稳定的多相体系。

乳状液可分水包油和油包水两种类型。水包油型可用油/水或 o/w 表示,油是分散相,水是连续相。油包水型可用水/油或 w/o 表示,水是分散相,油是连续相。

本章难点:物质的量及其导出量的使用规则,即在使用此类物理量时要求指明所指物质的基本单元,尤其是当所指物质的基本单元发生变化时,此类物理量的变化;稀溶液的依数性计算过程中不同物理量单位的换算;胶团的结构式的写法和对溶胶双电层结构的理解。

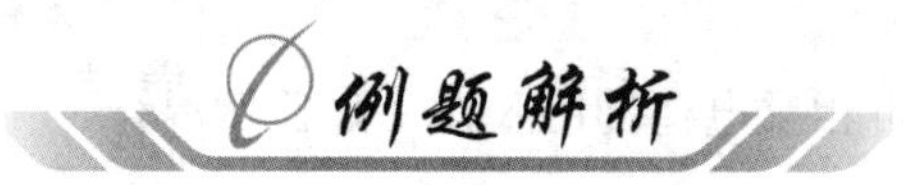

例 1 计算在 293 K 时,密度为 1.84 g/mL,质量百分比浓度为 98.3% 的硫酸溶液的浓度:(1) $c(H_2SO_4)$的值;(2) $c\left(\frac{1}{2}H_2SO_4\right)$的值。

分析:根据硫酸溶液的密度和质量百分比浓度,先计算出一定质量的硫酸溶液的体积和$n(H_2SO_4)$及 $n\left(\frac{1}{2}H_2SO_4\right)$,再依据物质的量浓度定义分别计算出 $c(H_2SO_4)$ 和 $c\left(\frac{1}{2}H_2SO_4\right)$。

解:(1) 求 $c(H_2SO_4)$

根据质量百分比浓度的定义可知,100 g 溶液的体积为

$$V=\frac{m}{\rho}=100\ \text{g}/(1.84\ \text{g/mL}\times 1\,000\ \text{L/mL})=0.054\,3\ \text{L};$$

含 98.3%H_2SO_4 的溶液的物质的量为

$$n(H_2SO_4)=\frac{m(H_2SO_4)}{M(H_2SO_4)}=98.3\ \text{g}/98.1\ \text{g/mol}=1.00\ \text{mol}。$$

根据物质的量浓度的定义,得

$$c(H_2SO_4)=\frac{n(H_2SO_4)}{V}=1.00\ \text{mol}/0.054\,3\text{L}=18.4\ \text{mol/L}。$$

(2) 求 $c\left(\frac{1}{2}H_2SO_4\right)$

以 $\frac{1}{2}H_2SO_4$ 为基本单元的硫酸溶液的物质的量为

$$n\left(\frac{1}{2}H_2SO_4\right)=\frac{m(H_2SO_4)}{M\left(\frac{1}{2}H_2SO_4\right)}=98.3\ g/49.1\ g/mol=2.00\ mol$$

根据物质的量浓度定义可得

$$c\left(\frac{1}{2}H_2SO_4\right)=\frac{n\left(\frac{1}{2}H_2SO_4\right)}{V}=2.00\ mol/0.054\ 3\ L=36.9\ mol/L。$$

题后点睛：通过该例可以看出，同一物系，物质的基本单元选择不同，则该物系的物质的量浓度大小也不同，它们之间的换算关系式为

$$c(aB) = \frac{1}{a}c(B)。$$

上式中 a 为系数，可以为整数，也可以为分数；该关系来源于该物系物质的量，有如下关系：

$$n(aB)=\frac{1}{a}n(B)。$$

通过该例的解法，我们还可以得出某一溶液的物质的量浓度与质量百分比浓度的换算关系式为

$$c_B=\frac{\rho\cdot a\%\cdot 1\ 000}{M_B}\ mol\cdot L^{-1}。$$

上式中，ρ 为溶液的密度；$a\%$ 为溶液的质量百分比浓度。

例 2　30.00 mL NaCl 饱和溶液重 36.009 g，将其蒸干后得 NaCl 9.519 g，求该溶液的：(1) 物质的量浓度；(2) 质量摩尔浓度；(3) 物质的量分数浓度。

分析：这是一个已知溶液中溶质和溶剂的质量与溶液总体积，计算溶液不同浓度的典型例题，只要知道溶质和溶剂的摩尔质量，则可计算出溶质和溶剂的物质的量，根据公式可计算出不同的浓度。

解：已知 $m(NaCl)=9.519$ g，$M(NaCl)=58.44$ g/mol，$M(H_2O)=18.02$ g/mol，$V=30.00$ mL，则 30.00 mL 溶液中水的质量为

$$m(H_2O)=36.009\ g-9.519\ g=26.49\ g。$$

(1) 求物质的量浓度

根据 $c_B=\frac{m_B}{M_BV}$ 可得

$$c(NaCl)=\frac{m(NaCl)}{M(NaCl)\cdot V}=9.519\ g\times1\ 000\ mL/L/(58.44\ g/mol\times30.00\ mL)$$
$$=5.429\ mol/L。$$

(2) 求质量摩尔浓度

根据 $b_B = n_B/m_A$ 可得

$$b(\mathrm{NaCl})=\frac{m(\mathrm{NaCl})}{M(\mathrm{NaCl})\cdot m(\mathrm{H_2O})}=\frac{9.519\times 1\,000}{58.44\times 26.49}=6.149\ \mathrm{mol/kg}。$$

(3) 求物质的量分数浓度

根据 $x_B=\frac{n_B}{n_A+n_B}$ 可得

$$x(\mathrm{NaCl})=\frac{n(\mathrm{NaCl})}{n(\mathrm{NaCl})+n(\mathrm{H_2O})}=\frac{9.519/58.44}{9.519/58.44+26.49/18.02}=0.099\,76。$$

题后点睛：该题考查的是对溶液不同浓度定义的理解掌握情况，只要对溶液不同浓度的定义有正确的理解，则不难计算出相应的浓度。

例 3 20 ℃时葡萄糖(分子式 $C_6H_{12}O_6$，摩尔质量为 180 g/mol)15.0 g，溶解于 200 g 水中，试计算溶液的蒸气压、沸点、凝固点和渗透压(20℃时水的蒸气压为 2 333.14 Pa，H_2O 的沸点上升常数为 0.512 $\mathrm{K\cdot kg\cdot mol^{-1}}$，$H_2O$ 凝固点下降常数为 1.86 $\mathrm{K\cdot kg\cdot mol^{-1}}$)。

分析：溶液的蒸气压可直接通过相应的公式进行计算；该溶液的沸点、凝固点的计算，则应先计算出该溶液的质量摩尔浓度，并通过相关公式计算出沸点的升高值、凝固点的降低值，再与纯水的沸点和凝固点的温度相结合，得到该溶液的沸点、凝固点；溶液渗透压的计算，则应通过稀溶液物质的量浓度与质量摩尔浓度之间的近似相等关系，用渗透压公式进行计算。

解：(1) 计算溶液的蒸气压

根据公式 $p=x_A\cdot p^*$ 可得

$$p=p^*\cdot\frac{n(\mathrm{H_2O})}{n(\mathrm{H_2O})+n(\mathrm{C_6H_{12}O_6})}=\frac{2\,333.14\times 200/18.02}{200/18.02+15.0/180}=2\,315.78\ \mathrm{Pa}。$$

也可先计算出该溶液蒸气压的降低值，再与纯水的蒸气压相比较，得到溶液的蒸气压值。如：

$$\Delta p=M_A p^*\cdot\frac{n_B}{m_A}=2\,333.14\ \mathrm{Pa}\times\frac{18.02}{1\,000}\times\frac{15.0/180}{200/1\,000}=17.52\ \mathrm{Pa},$$

$$p=p^*-\Delta p=2\,333.14\ \mathrm{Pa}-17.52\ \mathrm{Pa}=2\,315.62\ \mathrm{Pa}。$$

(2) 计算溶液的沸点

根据公式 $\Delta T_b=K_b\cdot b_B$ 可得

$$\Delta T_b=0.512\times\frac{15.0/180}{200/1\,000}=0.213\ \mathrm{K}。$$

所以溶液的沸点为

$$T_b=373.15\ \mathrm{K}+0.213\ \mathrm{K}=373.36\ \mathrm{K},$$

即该溶液的沸点为 100.21 ℃。

(3) 计算溶液的凝固点

根据公式可 $\Delta T_f = K_f \cdot b_f$ 得

$$\Delta T_f = 1.86 \times \frac{15.0/180}{200/1\,000} = 0.775\ \text{K},$$

所以溶液的凝固点为

$$T_f = 273.15\ \text{K} - 0.775\ \text{K} = 272.3\ \text{K},$$

即该溶液的凝固点为−0.78℃。

(4) 计算溶液的渗透压

根据公式 $\pi = b_B \cdot R \cdot T$ 可得

$$\pi = \frac{15.0/180}{200/1\,000} \times 8.314 \times 293 = 1\,014.84\ \text{kPa}。$$

题后点睛：这是一类典型的稀溶液依数性的计算问题，由于难挥发非电解质稀溶液的依数性之间有联系，其联系的桥梁是溶液的质量摩尔浓度，只要计算出该溶液的质量摩尔浓度，则可依据相关公式分别计算出溶液的蒸气压的下降值、沸点的升高值、凝固点的降低值和渗透压，再与纯水的有关数据相结合，求出该溶液的有关数据。在这里要特别注意，当把渗透压公式中的物质的量浓度替换为质量摩尔浓度时，假设溶液是很稀的，且溶液的密度等于 1.00 g/cm^3。

例 4　在 298 g 水中溶解 25.0 g 某有机物，该溶液在−3.0 ℃结冰。求该有机物的摩尔质量。

分析：该水溶液凝固点的降低是由于有机物的溶解所引起的，凝固点的降低值与该溶液的质量摩尔浓度有关，通过质量摩尔浓度与溶质的摩尔质量的关系，根据凝固点的降低值公式，可求出该有机物的摩尔质量。

解：根据公式 $\Delta T_f = K_f \cdot b_B$ 可得

$$3.0 = 1.86 \times \frac{25.0/M}{298/1\,000},$$

解得 $M = 52$ g/mol。

题后点睛：这是利用凝固点降低来测定有机物质分子量的典型例题，在实际应用中，只要有机物能溶解于水或其他溶剂中，并不发生副反应，都可通过溶液凝固点的降低值来测定其分子量。

例 5　用 0.01 mol/L 的 KI 和 0.1 mol/L 的 $AgNO_3$ 溶液等体积混合制备 AgI 溶胶，写出胶团的结构式。问：氯化钙、硫酸钠对此溶胶的聚沉值何者大？

分析：此类题应先判断出两个反应物谁过量，再确定胶粒吸附哪种离子作为电位离子，从而得出胶粒的带电性，并写出胶团的结构式。判断电解质对溶胶的聚沉值的大小，则应根据与胶粒带相反电荷的电解质离子的价数判断，一般价数越高，聚沉能力越强。对于价数相同的离子，则应根据感胶离子序来判断。

解：由于 $AgNO_3$ 过量，所以 $AgNO_3$ 和 KI 反应的产物 AgI 优先吸附溶液中过量 Ag^+，反应式如下：

$$Ag^+ + I^- = AgI\downarrow$$

AgI 胶团的结构式为

$$\{(AgI)_m \cdot nAg^+ \cdot (n-x)\ NO_3^-\}^{x+} \cdot xNO_3^-$$

由于 AgI 胶粒带正电，所以电解质负离子对 AgI 胶粒的聚沉能力较强，由于 SO_4^{2-} 的电荷比 Cl^- 的电荷多，所以 SO_4^{2-} 的聚沉能力比 Cl^- 强，因而硫酸钠的聚沉值比氯化钙小，或氯化钙的聚沉值比硫酸钠大。

题后点睛：这是一类典型的判断胶粒带电性并由此写出胶团结构式的习题。应先根据题目给出的条件，判断出何者反应物过量，然后确定电位离子与反离子的类型，由此可写出胶团的结构式。电解质的聚沉能力决定于与胶粒带相反电荷的离子。

例 6 在三支试管中各加入 20.0 mL 的溶胶用以测定聚沉值。要使该溶胶聚沉：第一支试管中最少加入 4.00 mol · L^{-1} KCl 溶液 0.53 mL；第二支试管中最少加入 0.050 0 mol · L^{-1} Na_2SO_4 溶液 1.25 mL；第三支试管中最少加入 0.033 mol · L^{-1} Na_3PO_4 溶液0.74 mL。试计算三种电解质的聚沉值，说明溶胶带何种电荷，并指出三种电解质聚沉能力的顺序。

分析：先计算出每种电解质对该溶胶的聚沉值，根据三种电解质的聚沉值的大小，判断溶胶所带的电荷，再根据聚沉值与聚沉能力的倒数关系，排列出三种电解质的聚沉能力顺序。

解：KCl 的聚沉值为 $\dfrac{4.00\times0.53/1\,000}{(20.0+0.53)/1\,000}\times1\,000=103.3\ \text{m mol}\cdot L^{-1}$，

Na_2SO_4 的聚沉值为 $\dfrac{0.050\,0\times1.25/1\,000}{(20.0+1.25)/1\,000}\times1\,000=2.94\ \text{m mol}\cdot L^{-1}$，

Na_3PO_4的聚沉值为 $\dfrac{0.033\times0.74/1\,000}{(20.0+0.74)/1\,000}\times1\,000=1.18\ \text{m mol}\cdot L^{-1}$。

由三种电解质的聚沉值大小可知，电解质负离子对该溶胶起主要聚沉作用，所以该溶胶带正电荷。对该溶胶而言，三种电解质的聚沉能力由大到小的顺序为 $Na_3PO_4 > Na_2SO_4 > KCl$。

题后点睛：这是通过计算电解质对溶胶的聚沉值来判断溶胶带电的典型例题。根据与溶胶带相反电荷的电解质离子对溶胶的聚沉起主要作用的原理，可以确定出溶胶所带电荷。根据聚沉值与聚沉能力的倒数关系，很容易排列出聚沉能力的大小顺序。

习题解答

1. 在 0 ℃和 100 kPa 下，某气体的密度是 1.96 g · L^{-1}。试求它在 85.0 kPa 和 25℃时的密度。

解：因为 $pV=nRT$，则$\dfrac{pV}{T}=nR$。

因为 $\rho=\dfrac{m}{V}$，则 $V=\dfrac{m}{\rho}$。所以$\dfrac{pm}{T\rho}=nR$。

因为 $p_1\rho_2T_2=p_2\rho_1T_1$，

所以 $\rho_2=\frac{p_2\rho_1 T_1}{p_1 T_2}=\frac{85.0\ \text{kPa}\times 1.96\ \text{g}\cdot\text{L}^{-1}\times 273.15\ \text{K}}{100\ \text{kPa}\times 298.15\ \text{K}}=1.53\ \text{g}\cdot\text{L}^{-1}$。

2. 在一个 250 mL 的容器中装入一未知气体至压强为 101.3 kPa，此气体试样的质量为 0.164 g，实验温度为 25℃，求该气体的相对分子质量。

解：因为 $pV=nRT, M=\frac{m}{n}$，

所以 $M=\frac{mRT}{pV}=\frac{0.164\ \text{g}\times 8.314\ \text{kPa}\cdot\text{L}\cdot\text{mol}^{-1}\cdot\text{K}^{-1}\times 298.15\ \text{K}}{101.3\ \text{kPa}\times 0.25\ \text{L}}=16.05\ \text{g}\cdot\text{mol}^{-1}$。

3. 407 ℃时，2.96 g 的氯化汞在 1.00 L 的真空容器中蒸发，压强为 60 kPa，求氯化汞的摩尔质量和化学式。

解：因为 $pV=nRT, M=\frac{m}{n}$，

所以 $M=\frac{mRT}{pV}=\frac{2.96\ \text{g}\times 8.314\ \text{kPa}\cdot\text{L}\cdot\text{mol}^{-1}\cdot\text{K}^{-1}\times(273.15+407)\text{K}}{60\ \text{kPa}\times 1.00\ \text{L}}$

$=279.0\ \text{g}\cdot\text{mol}^{-1}$。

所以化学式为 $HgCl_2$。

4. 将 0 ℃和 98.0 kPa 下的 2.00 mL N_2 和 60℃、53.0 kPa 下的 50.0 mL O_2，在 0 ℃混合于一个 50.0 mL 容器中。问：此混合物的总压强是多少？

解：因为 N_2：$p_1V_1=p_2V_2$，$98\ \text{kPa}\times 2\ \text{mL}=50.0\ \text{mL}\times p_2$，$p_2=3.92\ \text{kPa}$；

O_2：$\frac{p_3}{p_4}=\frac{T_3}{T_4}$，$p_4=\frac{p_3\cdot T_4}{T_3}=\frac{53.0\ \text{kPa}\times 273.15\ \text{K}}{333.15\ \text{K}}=43.45\ \text{kPa}$，

所以 $p=p_2+p_4=(3.92+43.45)\ \text{kPa}=47.37\ \text{kPa}$。

5. 有一气体，在 35 ℃、101.325 kPa 的水面上收集，体积为 500 mL。如果在相同条件下将它压缩成 250 mL，干燥气体的最后分压是多少？

解：因为 $p_1V_1=p_2V_2$，

所以 $p_2=\frac{p_1V_1}{V_2}=\frac{101.325\ \text{kPa}\times 500\ \text{mL}}{250\ \text{mL}}=202.65\ \text{kPa}$。

对于 35 ℃，$p_{水}=5.63\ \text{kPa}$，$p'_{水}=\frac{5.63\ \text{kPa}\times 500\ \text{mL}}{250\ \text{mL}}=11.26\ \text{kPa}$，

所以 $p=p_2-p'_{水}=(202.65-11.26)\ \text{kPa}=191.39\ \text{kPa}$。

6. 在 30 ℃和 102 kPa 压强下，用 47.0 g 铝和过量的稀硫酸反应可以得到多少升干燥的氢气？如果上述氢气是在相同条件下的水面上收集的，它的体积是多少？

解：因为 $n(\text{Al})=\frac{47}{27}\ \text{mol}=1.74\ \text{mol}$，$n(\text{Al})=\frac{2}{3}n(\text{H}_2)$，

所以 $n(\text{H}_2)=1.74\times\frac{3}{2}\ \text{mol}=2.61\ \text{mol}$，

所以 $V_{干燥H_2}=\frac{nRT}{p}=\frac{2.61\times 8.314\times 303.15}{102}\ \text{L}=64.49\ \text{L}$。

30 ℃时，水的饱和蒸气压为 4.24 kPa，则水面收集时，H_2 的分压为 (102−4.24) kPa。

$V_{水面H_2}=\frac{nRT}{p'}=\frac{2.61\times 8.314\times 303.15}{102-4.24}\ \text{L}=67.29\ \text{L}$。

7. 在25 ℃时，初始压强相同的5.0 L氮气和15 L氧气压缩到体积为10.0 L的真空容器中，混合气体的总压强是150 kPa。试求：(1) 两种气体的初始压强；(2) 混合气体中氮气和氧气的分压；(3) 如果把温度升到210 ℃，容器的总压强。

解：(1) 因为 $p_1V_1=p_2V_2$，

所以 $p_1(5.0+15.0)\ \text{L}=150\ \text{kPa}\times10.0\ \text{L}$，

所以 $p_1=75\ \text{kPa}$。

(2) $p(N_2)=150\ \text{kPa}\times\dfrac{5.0\ \text{L}}{5.0\ \text{L}+15.0\ \text{L}}=37.5\ \text{kPa}$，

$p(O_2)=150\ \text{kPa}\times\dfrac{15.0\ \text{L}}{5.0\ \text{L}+15.0\ \text{L}}=112.5\ \text{kPa}$。

(3) 由 $\dfrac{p_2}{T_2}=\dfrac{p_3}{T_3}$ 得 $p_3=\dfrac{p_2T_3}{T_2}=\dfrac{150\ \text{kPa}\times(273.15+210)\text{K}}{(273.15+25)\ \text{K}}=243\ \text{kPa}$。

8. $CHCl_3$ 在40 ℃时蒸气压为49.3 kPa。于此温度和101.3 kPa压强下，有4.00 L空气缓慢地通过 $CHCl_3$（即每个气泡都为 $CHCl_3$ 所饱和）。问：(1) 空气和 $CHCl_3$ 混合气体的体积是多少？(2) 被空气带走的 $CHCl_3$ 质量是多少？

解：(1)因为 $p_1V_1=p_2V_2$，

所以 $101.3\ \text{kPa}\times4.00\ \text{L}=(101.3-49.3)\ \text{kPa}\cdot V_2$

所以 $V_2=7.79\ \text{L}$。

(2) 因为 $pV=nRT$，

所以 $n=\dfrac{pV}{RT}=\dfrac{101.3\ \text{kPa}\times(7.79-4.00)\text{L}}{8.314\ \text{kPa}\cdot\text{L}\cdot\text{mol}^{-1}\cdot\text{K}^{-1}\times313.15\ \text{K}}=0.147\ \text{mol}$，

所以 $m=n\cdot M=(0.147\times119.5)\ \text{g}=17.57\ \text{g}$。

9. 在15 ℃和100 kPa压强下，将3.45 g Zn和过量酸作用，于水面上收集得1.20 L氢气。求Zn中杂质的质量分数(假定这些杂质和酸不起作用)。

解：因为15 ℃时 $p(H_2O)=1.71\ \text{kPa}$，

因为 $pV=nRT$，所以 $n(H_2)=\dfrac{pV}{RT}=\dfrac{(100.0-1.71)\times1.20}{8.314\times288.15}\ \text{mol}=0.049\ \text{mol}$。

所以 $\omega(\text{Zn})=\dfrac{0.049\times65}{3.45}\times100\%=92.3\%$，$\omega(\text{杂质})=1-92.3\%=7.7\%$。

10. 已知在标准状况下1体积的水可吸收560体积的氨气，此氨水的密度为 $0.90\ \text{g}\cdot\text{mL}^{-1}$。求此氨溶液的质量分数和物质的量浓度。

解：设水为1 L，吸收 NH_3 为560 L。

因为 $pV=nRT$，

所以 $n(NH_3)=\dfrac{pV}{RT}=\dfrac{101.3\times560}{8.314\times273.15}=24.98\ \text{mol}$，

$m(NH_3)=(24.98\times17)\text{g}=424.66\ \text{g}$。

所以 $\omega(NH_3)=\dfrac{424.66}{1\,000+424.66}\times100\%=29.8\%$，

$c=\dfrac{1\,000\rho\omega}{M}=\dfrac{1\,000\times0.90\times29.8\%}{17}=15.78\ \text{mol}\cdot\text{L}^{-1}$。

11. 经化学分析测得尼古丁中碳、氢、氮的质量分数依次为0.740 3，0.087 0，0.172 7。今将1.21 g尼古丁溶于24.5 g水中，测得溶液的凝固点为−0.568 ℃。求尼古丁的最简式、相对分子质量和分子式。

解：因为 $\Delta T = b_B \cdot K_f = K_f \dfrac{\frac{m}{M}}{m(H_2O)}$，

所以 $M = \dfrac{m \cdot K_f}{\Delta T_f \cdot m(H_2O)} = \dfrac{1.21 \times 1.86}{0.568 \times 0.0245}\ g \cdot mol^{-1} = 161.73\ g \cdot mol^{-1}$，

所以C的个数 $\dfrac{161.73 \times 0.740\ 3}{12} = 10.0$，

H的个数 $\dfrac{161.73 \times 0.087\ 0}{1} = 14$，

N的个数 $\dfrac{161.73 \times 0.172\ 7}{14} = 2$。

所以最简式为 $C_{10}H_{14}N_2$，分子式为 $C_5NH_4C_4H_7NCH_3$。

12. 为了防止水在仪器内冻结，在里面加入甘油，如需使其凝固点下降至−2.00 ℃，则在每100 g水中应加入多少克甘油（甘油的分子式为 $C_3H_8O_3$）？

解：因为 $\Delta T_f = K_f \cdot b_B \Rightarrow b_B = \dfrac{\Delta T_f}{K_f} = \dfrac{2\ K}{1.86\ K \cdot kg \cdot mol^{-1}} = 1.08\ mol \cdot kg^{-1}$，

所以 $m_B = n_B \cdot M = b_B m_A M_B = 1.08\ mol \cdot kg^{-1} \times 0.1\ kg \times 92\ g \cdot mol^{-1} = 9.94\ g$。

13. 将下列水溶液（浓度皆为0.01 $mol \cdot L^{-1}$）按照凝固点的高低顺序排列：$C_6H_{12}O_6$，CH_3COOH，NaCl，$CaCl_2$。

解：浓度都为0.01 $mol \cdot L^{-1}$，$\Delta T_f = b_B \cdot K_f$，$b_B \uparrow$，$\Delta T_f \uparrow$，$T_f \downarrow$，$C_6H_{12}O_6$ 浓度为0.01 $mol \cdot L^{-1}$，CH_3COOH 是弱电解质，浓度比0.01 $mol \cdot L^{-1}$ 略大，NaCl和 $CaCl_2$ 是强电解质，NaCl中离子总浓度约为0.02 $mol \cdot L^{-1}$，$CaCl_2$ 中离子总浓度约为0.03 $mol \cdot L^{-1}$。

则凝固点由高到低为 $C_6H_{12}O_6 > CH_3COOH > NaCl > CaCl_2$。

14. 在20 ℃时，把6.31 g的某种不挥发物质溶解在500 g水中，此时测得溶液的蒸气压为2.309 kPa，而同温度时纯水的蒸气压为2.313 8 kPa，试计算此溶质的摩尔质量。

解：因为 $\Delta p = p^* \cdot x_B \Rightarrow x_B = \dfrac{\Delta p}{p^*} = \dfrac{2.313\ 8 - 2.309}{2.313\ 8} = 0.002\ 1$，

所以 $x_B = \dfrac{\frac{m}{M}}{\frac{m}{M} + \frac{m(H_2O)}{M(H_2O)}} = \dfrac{\frac{6.31}{M}}{\frac{6.31}{M} + \frac{500}{18}} = 0.002\ 1$，

所以 $M = 108.79\ g \cdot mol^{-1}$。

15. 在100 g水中应加入多少克尿素，使配成的溶液在25 ℃时的蒸气压比纯水蒸气压低0.100 kPa？

解：因为尿素分子式为 CN_2H_4O，$M = 60\ g \cdot mol^{-1}$。

对于25 ℃，$p(H_2O) = 3.17\ kPa$，

$\Delta p = p^* \cdot x_B$，$x_B = \dfrac{\Delta p}{p^*} = \dfrac{0.100}{3.17} = 0.031\ 5$，

所以 $x_B \approx \dfrac{\frac{m}{60}}{\frac{100}{18}} = 0.031\ 5$，解得 $m = 10.5$ g。

16. 在 26.6 g 氯仿($CHCl_3$)中溶有 0.402 g 萘($C_{10}H_8$)的溶液，其沸点比纯氯仿的沸点高 0.455 ℃，求氯仿的沸点升高参数 K_b。

解：因为 $b_B = \dfrac{n_B}{m_A} = \dfrac{\frac{0.402}{128}\ \text{mol}}{0.026\ 6\ \text{kg}} = 0.118\ \text{mol} \cdot \text{kg}^{-1}$，$\Delta T_b = K_b \cdot b_B$，

所以 $K_b = \dfrac{\Delta T_b}{b_B} = \dfrac{0.455\ \text{K}}{0.118\ \text{mol} \cdot \text{kg}^{-1}} = 3.86\ \text{K} \cdot \text{mol}^{-1} \cdot \text{kg}$。

17. 把 1.00 g 硫溶于 20.0 g 萘中，溶液的凝固点比纯萘低 1.28 ℃，求硫的摩尔质量和分子式。

解：因为 $\Delta T_f = b_B \cdot K_f = K_f \dfrac{\frac{m(\text{S})}{M(\text{S})}}{m(\text{萘})}$，

所以 $M_S = \dfrac{K_f \cdot m(\text{S})}{\Delta T_f \cdot m(\text{萘})} = \dfrac{5.8 \times 1.00}{1.28 \times 0.020} = 226.6\ \text{g} \cdot \text{mol}^{-1}$，

所以分子式为 S_7。

18. 50 ℃时 200 g 乙醇中含有 23 g 溶质的溶液，其蒸气压等于 27.62 kPa。已知 50 ℃时乙醇的蒸气压为 29.30 kPa，求该溶质的摩尔质量。

解：因为 $\Delta p = p^* \cdot x_B$，$x_B = \dfrac{\Delta p}{p^*} = \dfrac{29.30 - 27.62}{29.30} = 0.057$，

所以 $x_B = \dfrac{n_B}{n_A + n_B} = \dfrac{\frac{23}{M_B}}{\frac{23}{M_B} + \frac{200}{46}} = 0.057$，

所以 $M_B = 87.52\ \text{g} \cdot \text{mol}^{-1}$。

19. 医学临床上用的葡萄糖等渗液的凝固点为 −0.543 ℃，求此葡萄糖溶液的质量分数和血浆的渗透压(血液的温度为 37 ℃)。

解：因为 $\Delta T_f = b_B \cdot K_f$，

所以 $b_{C_6H_{12}O_6} = \dfrac{\Delta T_f}{K_f} = \dfrac{0.543\ \text{K}}{1.86\ \text{K} \cdot \text{kg} \cdot \text{mol}^{-1}} = 0.292\ \text{mol} \cdot \text{kg}^{-1}$，

所以 $\omega = \dfrac{0.292 \times 180}{0.292 \times 180 + 1\ 000} = 0.049\ 9$。

$\pi = cRT = 0.292\ \text{mol} \cdot \text{L}^{-1} \times 8.314\ \text{kPa} \cdot \text{L} \cdot \text{mol}^{-1} \cdot \text{K}^{-1} \times (273.15 + 37)\text{K}$

$= 753\ \text{kPa}$。

20. 下面是海水中含量较高的一些离子浓度(单位为 $\text{mol} \cdot \text{kg}^{-1}$)：

Cl^-	Na^+	Mg^{2+}	SO_4^{2-}	Ca^{2+}	K^+	HCO_3^-
0.566	0.486	0.055	0.029	0.011	0.011	0.002

今在 25 ℃欲用反渗透压法使海水淡化，试求所需的最小压强。

解：$c = (0.566 + 0.486 + 0.055 + 0.029 + 0.011 + 0.011 + 0.002)\ \text{mol} \cdot \text{L}^{-1}$

$=1.16\ \text{mol}\cdot\text{L}^{-1}$，

$\pi=cRT=1.16\ \text{mol}\cdot\text{L}^{-1}\times 8.314\ \text{kPa}\cdot\text{L}\cdot\text{K}^{-1}\cdot\text{mol}^{-1}\times 298.15\ \text{K}$

$=2\,875\ \text{kPa}$。

21. 20 ℃时将 0.515 g 血红素溶于适量水中，配成 50.0 mL 溶液，测得此溶液的渗透压为 375 Pa。求：

(1) 溶液的浓度 c；

(2) 血红素的相对分子质量；

(3) 此溶液的沸点升高值和凝固点下降值；

(4) 用(3)的计算结果来说明能否用沸点升高和凝固点下降的方法来测定血红素的相对分子质量。

解：(1) 因为 $\pi=cRT$，

所以 $c=\dfrac{\pi}{RT}=\dfrac{375}{8.314\times 10^{3}\times 293.15}\ \text{mol}\cdot\text{L}^{-1}=1.54\times 10^{-4}\ \text{mol}\cdot\text{L}^{-1}$。

(2) 因为 $c=\dfrac{n}{V}=\dfrac{m}{M\cdot V}$，

所以 $M=\dfrac{m}{c\cdot V}=\dfrac{0.515}{1.54\times 10^{-4}\times 0.050}\ \text{g}\cdot\text{mol}^{-1}=6.69\times 10^{4}\ \text{g}\cdot\text{mol}^{-1}$。

(3) 因为 $c\approx b$，

$\Delta T_{\text{f}}=b_{\text{B}}\cdot K_{\text{f}}=(1.86\times 1.54\times 10^{-4})\text{K}=2.86\times 10^{-4}\ \text{K}$，

$\Delta T_{\text{b}}=K_{\text{b}}\cdot b_{\text{B}}=(0.512\times 1.54\times 10^{-4})\text{K}=7.89\times 10^{-5}\ \text{K}$。

(4) 不能，因为 ΔT 数值太小，测量值不可信。

22. 若聚沉以下 A、B 两种胶体，试分别将 $MgSO_4$，$K_3[Fe(CN)_6]$和 $AlCl_3$ 三种电解质聚沉能力大小的排列顺序。

A：100 mL 0.005 $\text{mol}\cdot\text{L}^{-1}$KI 溶液和 100 mL 0.01 $\text{mol}\cdot\text{L}^{-1}$ $AgNO_3$ 溶液混合制成的 AgI 溶胶。

B：100 mL 0.005 $\text{mol}\cdot\text{L}^{-1}$ $AgNO_3$ 溶液和 100 mL 0.01 $\text{mol}\cdot\text{L}^{-1}$KI 溶液混合制成的 AgI 溶胶。

解：A：$AgNO_3$ 过量，AgI 溶胶带正电，所以所带负电荷越大，聚沉能力越大。

所以 $K_3[Fe(CN)_6]>MgSO_4>AlCl_3$。

B：KI 过量，AgI 溶胶带负电，所以所带正电荷越大，聚沉能力越大。

所以 $AlCl_3>MgSO_4>K_3[Fe(CN)_6]$。

一、填空题

1. 密度为 1.19 g/mL，质量百分比浓度为 8.0 % 的盐酸溶液，其物质的量浓度 $c(\text{HCl})=$ ________ mol/L，$c\left(\frac{1}{2}\text{HCl}\right)=$ ________ mol/L。

2. 已知乙醇水溶液中乙醇的物质的量分数是0.05，且该溶液的密度为0.997 g・mL^{-1}，则溶液中 CH_3CH_2OH 的质量摩尔浓度为________mol/kg，该溶液 CH_3CH_2OH 的物质的量浓度为________mol/L。
3. 0.402 g 萘($C_{10}H_8$) 溶于26.6 g 氯仿中所得溶液的沸点比纯氯仿高0.455℃，则氯仿的沸点升高常数为________K・kg・mol^{-1}。
4. 2.60 g 尿素[$CO(NH_2)_2$]溶于50.0 g 水中，则此溶液在标准压强时的沸点为______；凝固点为________(已知水的沸点升高常数和凝固点下降常数分别为0.52 K・kg・mol^{-1}，1.86 K・kg・mol^{-1})。
5. 1 mol・L^{-1} NaCl，1 mol・L^{-1} H_2SO_4，1 mol・L^{-1} $C_6H_{12}O_6$，0.1 mol・L^{-1} CH_3COOH，0.1 mol・L^{-1} NaCl，0.1 mol・L^{-1} $C_6H_{12}O_6$。将上述水溶液按其蒸气压增大的顺序排列为______________________________，按渗透压由大到小的顺序排列为______________________________。
6. 樟脑熔点为178 ℃，取某有机物晶体0.014 g 与0.20 g 樟脑熔融混合后，测定其熔点为162 ℃，已知樟脑的 $K_f=40$ K・kg・mol^{-1}，则此物质的摩尔质量为________。
7. 在稀 $AgNO_3$ 溶液中加入稍过量的 KCl 溶液，控制一定条件就会产生 AgCl 的胶体。该 AgCl 胶体胶团的结构式为________，电位离子为________，反离子为________。
8. 在100 mL 烧杯中加蒸馏水60 mL，加热至沸腾，用滴管逐滴加入1mol・L^{-1} $FeCl_3$ 溶液约2 mL，待溶液呈红褐色为止，立即停止加热，得到 $Fe(OH)_3$ 溶胶。该溶胶的胶团结构式为________，电位离子为________，反离子为________。
9. 硅酸溶胶胶粒带负电的原因是胶团的结构式为________。
10. 硫化亚砷(As_2S_3)溶胶是通入 H_2S 气体于 H_3AsO_3 溶液中制得：$2H_3AsO_3+3H_2S = As_2S_3+6H_2O$，该胶团的结构式为________。
11. 下面4种电解质对某溶胶的聚沉值(m mol・L^{-1})是 $NaNO_3$ 300，Na_2SO_4 148，$MgCl_2$ 12.5，$AlCl_3$ 0.17。则4种电解质对该溶胶聚沉能力之比(以 $NaNO_3$ 为1作为相对标准)为________，该溶胶的胶粒带电荷，电泳时向________极移动。
12. 每边长1 cm的立方体，将其分割成每边长100 nm的小立方体后，总表面积为________。
13. 今有煤油与水的混合液两瓶，分别向其中加入硬脂酸钠和硬脂酸钙少许，充分振荡，则前者形成________类型的乳浊液，后者形成________类型的乳浊液。
14. 溶胶带电可用电泳方法来证明。在外加电场的作用下溶液发生相对移动的现象叫作电渗；As_2S_3 溶胶进行电泳时，发生电泳的是________，电泳的方向是________。

二、计算题

1. 1.00 g 胰岛素溶于100 g 水所配成的溶液，在25 ℃时渗透压为4.32 kPa，计算胰岛素相对分子质量。

2. 在 25 ℃时，将 2.00 g 某化合物溶于 1.00 kg 水中的渗透压与在相同温度时将 0.800 g 葡萄糖（$C_6H_{12}O_6$）和 1.20 g 蔗糖（$C_{12}H_{22}O_{11}$）溶于 1.00 kg 水中的渗透压相同。求：(1) 此化合物的相对分子质量；(2) 此化合物溶液的凝固点；(3) 此化合物溶液蒸气压的下降值。(25 ℃时水的饱和蒸气压为 3.17 kPa，题中稀溶液的密度可取为1.00 g/mL)

3. 已知某水溶液的凝固点为 272.15 K，求：(1)此溶液的沸点；(2) 298.15 K 的蒸气压和渗透压。(已知 298.15 K 时水的饱和蒸气压为 3.17 kPa，水的沸点升高常数和凝固点下降常数分别为 0.52 K·kg·mol^{-1}和 1.86 K·kg·mol^{-1})

4. 当 3.24 kg 硝酸汞[$Hg(NO_3)_2$] 溶解于 1 000 g 水中时，溶液的凝固点为−0.055 8 ℃。当 0.84 g 氯化汞($HgCl_2$) 溶解于 1 000 g 水中时，溶液的凝固点为−0.074 4 ℃。水的凝固点下降常数为 1.86。问：在水溶液中这两个盐都离解成离子吗？(已知 $Hg(NO_3)_2$ 和 $HgCl_2$ 的摩尔质量分别为 324 g/mol 和 271 g/mol)

5. 将血红素 1.00 g 溶于适量水中，配成 100 mL 溶液，此溶液在 20 ℃时的渗透压为 0.366 kPa，求：(1) 该溶液的物质的量浓度；(2) 血红素相对分子质量。

6. 树干内部树汁上升是由于渗透压作用。设树汁是浓度为 0.20 mol·L^{-1}的溶液，在树汁半透膜外部水中含非电解质浓度为 0.01 mol·L^{-1}，试估计在 25℃时，树汁能够上升的高度。

7. 测得人体血液的冰点降低值 ΔT_f 是 0.56 ℃，求在体温 37 ℃时的渗透压。(已知水的凝固点下降常数为 1.86 K·kg·mol^{-1})

8. 在三个烧杯中分别盛 20 mL$Fe(OH)_3$溶胶，分别加入 NaCl，Na_2SO_4，Na_3PO_4 溶液使其聚沉，最少需要加电解质的数量为 1 mol·L^{-1}的 NaCl 1 mL；5×10^{-3} mol·L^{-1}的 Na_2SO_4 12.5 mL；3.3×10^{-4} mol·L^{-1}的 Na_3PO_4 7.4 mL。试计算各电解质的聚沉值及聚沉能力之比，并指出溶胶带电的符号。

9. 用以下方法制备 AgI 溶胶：

$AgNO_3$(稀)＋ KI(稀) $\longrightarrow$AgI(稀)

a mol·L^{-1} b mol·L^{-1}

分别讨论 $a>b$；$a<b$；$a=b$ 三种情况下能否形成溶胶，分别写出胶团结构式。

10. 将 0.02 mol·L^{-1} KCl 溶液 100 mL 与 0.05 mol·L^{-1} $AgNO_3$ 溶液 100 mL 混合制得 AgCl 溶胶，电泳时胶粒向哪一极移动？写出胶团的结构式。

11. 溶胶本身是热力学不稳定体系，为什么许多溶胶能够稳定存在？

12. 何谓溶胶的聚沉？哪些方法可促使溶胶聚沉？

13. 试说明明矾的净水原理。

14. φ 电位和 ε 电位的本质区别是什么？溶胶的电泳、电渗速度与哪个电位有关系？

第二章　化学反应的一般原理

内容提要

本章重点：定容、定压化学反应热与化学反应的热力学能变，摩尔焓变的关系；盖斯定律的应用；用吉布斯自由能判断反应的自发方向；吉布斯-亥姆霍茨方程的应用；化学反应速率的表示方法和影响化学反应速率的因素；有关化学平衡常数的表示及影响化学平衡的因素。

一、热力学基础知识

1. 热力学中常用术语

用热力学的理论和方法研究化学，则产生了化学热力学。化学热力学可以解决化学反应中能量变化问题，同时可以解决化学反应进行的方向和进行的限度等问题。

化学热力学在讨论物质的变化时，着眼于宏观性质的变化，不需涉及物质的微观结构，因此，运用化学热力学方法研究化学问题时，只需知道研究对象的起始状态和最终状态，而无须知道变化过程的机理，即可对许多过程的一般规律加以探讨。

为了便于用热力学的基本原理研究化学反应的能量转化规律，须搞清热力学中的几个常用术语：

(1) 系统和环境；

(2) 系统的状态函数；

(3) 热和功；

(4) 恒容反应热 Q_V 和恒压反应热 Q_p。

2. 热力学第一定律和热力学能

自然界的一切物质都具有能量，能量有各种不同的形式，能够从一种形式转化为另一种形式，在转化的过程中，不生不灭，能量的总值不变。这就是能量守恒和转化定律，此定律应用于具体的热力学系统，就得到热力学第一定律。

若系统和环境之间只有热和功的交换，在封闭系统中，环境对其做功 W，系统从环境吸热 Q，则系统的能量必有增加。

数学表达式为

$$\Delta U=Q+W,$$

式中 U 为系统的热力学能。

热力学能又称内能，是系统内部各种形式能量的总和。

3. 定容热与热力学能、定压热与焓变的关系

热不是状态函数，故其不仅与过程有关，还与途径有关，但是否系统发生某一过程时，所经历的不同途径中热都不相等呢？若系统在变化过程中保持体积恒定，此时热称为定容热，用 Q_V 表示。当不做非体积功时，由热力学第一定律可得 $Q_V=\Delta U-W=\Delta U-0=\Delta U$，它表明系统只做体积功时，定容热等于系统热力学能的改变。虽然热不是状态函数，但在此特定条件下，定容热只与过程有关，而与途径无关。

若系统在变化过程中保持作用于系统的外压强恒定，此时的热称为定压热，用 Q_p 表示。

在定压只做体积功的条件下，由热力学第一定律可得

$$Q_p=\Delta U-W=\Delta U+p\Delta V=(U_2-U_1)+p(V_2-V_1)。$$

$U+pV$ 是状态函数的组合，定义为一个新的状态函数——焓，用符号 H 表示，则 $H=U+pV$，代入上式得 $Q_p=H_2-H_1=\Delta H$。

它表示在此条件下，系统与环境交换的热量全部用来改变系统的焓。由于焓是状态函数，故定压热只与过程有关，而与途径无关。

二、热化学

1. 反应进度

化学反应是一个过程，在过程中放热或吸热多少及焓的变化值都与反应进行的程度有关，因此，需有一个物理量来表示反应进行的程度。这个物理量就称为反应进度，用符号 ε 表示。

ε 的定义式为

$$\varepsilon=\frac{n_B(\varepsilon)-n_B(0)}{v_B}。$$

ε 的定义与化学计量数 v_B 有关，故在使用时须表明具体反应的方程式。反应进度 ε 和物质的量具有相同的量纲，SI 单位为 mol。

2. 热化学方程式

热化学方程式是表示化学反应与相关反应的摩尔焓关系的式子。同一物质在不同的温度、压强等条件下，性质是有差异的。为了避免引用数据的混乱，热力学上规定了各类物质的标准态。

理想气体物质的标准态是气体在指定温度下，该气体处于标准压强 p(p=100 kPa)下的状态。纯液体和纯固体的标准态，分别是指在温度 T、标准压强 p 时纯液体和纯固体的状态。溶液中溶质的标准态，是在指定温度 T 和标准压强 p 时的状态，当溶液很稀时，b 与 c 相差很小，可用 c 代替 b。由于热性质与反应条件有关，因此，在写热化学方程式时应注意以下几点：

(1) 注明反应条件(温度、压强)。

(2) 明确写出反应的计量方程式。

(3) 注明参加反应的各物质的状态，可分别用小写英文字母 s,l,g,aq 表示固、液、气及水溶液，如果涉及的固体物质有几种晶形，应注明是哪一种。

(4) 注明温度，用 $\Delta_r H_m, T$ 表示，如果温度为 298 K，可以不注明。

(5) 因反应进度 ε 的表示方法与反应计量方程式的书写形式有关，所以同一物质的反应，当以不同的反应计量方程式表示时，其反应热数据不同。

3. 热化学定律

(1) 盖斯定律：一个反应若在定压(或定容)条件下分多步进行，则总定压(或定容)热等于各分步定压(或定容)热的代数和。使用盖斯定律的基本条件是定压或定容，不做非体积功，而且不同途径的始终态必须完全一致。

(2) 标准摩尔生成焓和标准摩尔燃烧焓：物质 B 的标准摩尔生成焓是指在温度 T 时，由参考状态的单质生成物质 B 时的标准摩尔焓变。用 $\Delta_f H_m, T(B)$ 表示，单位 $kJ \cdot mol^{-1}$。若 $T=298$ K 时，可省略(参考状态一般是指每种单质在所讨论的温度和压强时最稳定的状态)。在生成焓定义中，处于标准状态下各最稳定单质的标准摩尔生成焓为零。

1 mol 某物质完全燃烧(或完全氧化)生成标准态的产物的反应热，称为该物质的标准摩尔燃烧焓，用 $\Delta_c H_m, T$ 表示，单位 $kJ \cdot mol^{-1}$，$T=298$ K 时，可省略。

在定义标准燃烧焓时，必须规定物质燃烧的最终产物。通常指定物质中 C 燃烧后变成 $CO_2(g)$，H_2 变为 $H_2O(l)$，S 变为 $SO_2(g)$，N 变成 $N_2(g)$。

根据盖斯定律，可得出标准焓变与标准摩尔生成焓，标准焓变与标准摩尔燃烧焓之间的关系，即

$$\Delta_r H_m = \sum^{B} v_B \Delta_f H_m(B),$$

$$\Delta_r H_m = \sum^{B} v_B \Delta_c H_m(B)。$$

三、化学反应的方向性

1. 基本概念

熵：是状态函数，是系统或物质混乱度的量度，用 S 表示。标准摩尔熵：在标准状态下物质 B 的摩尔熵，用符号 S_m 表示，单位 $J \cdot mol^{-1} \cdot K^{-1}$。

标准熵变：在标准状态下，生成物的标准熵之和与反应物的标准熵之和的差，用 $\Delta_r S_m$ 表示，在 298 K 时，

$$\Delta_r S_m = \sum^{B} v_B S_m(B)。$$

在标准状态及 298 K 时，最稳定单质的熵不等于零。

吉布斯自由能：是 1876 年美国物理化学家吉布斯(Gibbs・J・W) 提出的一个新的状态函数，用 G 表示。

标准摩尔生成吉布斯自由能：在指定温度下，由参考状态的单质生成物质 B 时的标准

摩尔吉布斯自由能变，用 $\Delta_f G_m$ 表示，单位 kJ·mol^{-1}。单质在参考状态时的标准摩尔生成吉布斯自由能为零。

吉布斯自由能变与标准摩尔生成吉布斯自由能的关系为

$$\Delta_r G_m = \sum^{B} v_B \Delta_f G_m(B)。$$

2. 吉布斯-亥姆霍茨方程

吉布斯-亥姆霍茨方程为 $\Delta G = \Delta H - T\Delta S$。

若应用于化学反应，则 $\Delta_r G_m = \Delta_r H_m - T\Delta_r S_m$。

应用于标准态下的化学反应，则 $\Delta_r G_m = \Delta_r H_m - T\Delta_r S_m$。

若忽略温度对 $\Delta_r H_m$，$\Delta_r S_m$的影响，则可得该式的近似式

$$\Delta_r G_m, T \approx \Delta_r H_m, 298 - T\Delta_r S_m, 298。$$

利用该近似式，即可根据 $\Delta_r H_m$，298 K 和 $\Delta_r S_m$，298 K 数据，计算反应的 $\Delta_r G_m$，T。

3. 利用吉布斯自由能变判据判断反应的自发方向

一般来说，用 $\Delta_r H_m$，$\Delta_r S_m$ 单独来判断化学反应的自发方向，存在很多问题，须将二者综合考虑，由 $\Delta_r G_m = \Delta_r H_m - T\Delta_r S_m$来判断。下述关系就是定压下几种因素对反应自发性的影响：

特殊情况下，$\Delta_r H_m$，$\Delta_r S_m$ 中当一个忽略不计时，$\Delta_r G_m$ 由另一因素决定。当 $\Delta_r G_m$ 与 $\Delta_r G_m$相差不大时，也可用 $\Delta_r G_m$ 定性估计反应的可能性。

另外，一个反应由非自发转变为自发，一定要经过一个平衡态 $\Delta_r G_m = 0$，这时的温度称为转变温度，用 $T_{转}$ 表示。

在标准状况下，$T_{转} = \dfrac{\Delta_r H_m}{\Delta_r S_m}$。

四、化学反应等温方程式

在标准状态下，可用 $\Delta_r G_m$ 来判断化学反应的可能性，但大量化学反应不是在标准状态下进行的，其自发方向应该用具有普遍意义的 $\Delta_r G_m$ 来判断。可以证明，在反应温度 T 下，任意状态的 $\Delta_r G_m$，T 与 $\Delta_r G_m$，T 具有确定的关系，此关系称为化学反应等温方程式。

$$\Delta_r G_m = \Delta_r G_m + RT\ln Q。$$

式中，Q 为反应商。当反应达平衡时，$\Delta_r G_m = 0$，$\Delta_r G_m = -2.303\, RT\lg K$。

上述关系式说明了平衡常数与反应标准自由能变的关系。把 $\Delta_r G_m = -2.303\, RT\lg K$ 代入等温方程，即得 $\Delta_r G_m = RT\ln \dfrac{Q}{K}$。

当 $Q = K$ 时，$\Delta G = 0$，反应处于平衡状态；

当 $Q < K$ 时，$\Delta G < 0$，反应向正向移动；

当 $Q > K$ 时，$\Delta G > 0$，反应向逆向移动。

五、化学平衡常数及其特征

1. 化学平衡的特征

在一定的条件下的可逆反应中,当正反应速率等于逆反应速率时,体系所处的状态称为化学平衡。

(1) 只有在恒温条件下,封闭体系中进行的可逆反应,才能建立化学平衡;

(2) 正、逆反应速率相等是平衡建立的条件;

(3) 平衡状态是封闭体系中可逆反应进行的最大限度,各物质浓度都不再随时间改变,这是建立平衡的标志;

(4) 化学平衡是有条件的平衡,当外界因素改变时,正、逆反应速率发生变化,原有的平衡将受到破坏,直到建立新的动态平衡。

2. 化学平衡常数及其特征

在一定温度下,对于任意可逆反应达到平衡时,生成物相对浓度的乘积(以各自计量系数为方次)除以反应物相对浓度的乘积(以各自计量系数为方次)是一个常数,这个常数称为该反应的化学标准平衡常数(简称平衡常数),以符号 K 表示。

如可逆反应为

$$aA+bB \rightarrow pC+qD,$$

其标准平衡常数表达式为

$$K=\frac{(c(C)/c)^p\cdot(c(D)/c)^q}{(c(A)/c)^a\cdot(c(B)/c)^b}=\frac{c^p(C)\cdot c^q(D)}{c^a(A)\cdot c^b(B)}\cdot c^{(p+q)-(a+b)}=\frac{c^p(C)\cdot c^q(D)}{c^q(A)\cdot c^b(B)}\cdot c^{\Delta n}。$$

若为气体反应,则有

$$K=\frac{(p(C)/p)^p\cdot(p(D)/p)^q}{(p(A)/p)^a\cdot(p(B)/p)^b}=\frac{p^p(C)\cdot p^q(D)}{p^a(A)\cdot p^b(B)}\cdot p^{(p+q)-(a+b)}=\frac{p^p(C)\cdot p^q(D)}{p^a(A)\cdot p^b(B)}\cdot p^{\Delta n}。$$

上两式均为标准平衡常数表达式,式中 $c=1.00\ \mathrm{mol\cdot L^{-1}}$,$p=1.013\ 25\times10^5\ \mathrm{Pa}$;$c_i/c$ 表示参加反应的各物质的相对浓度,p_i/p 表示参加反应的各物质的相对分压,平衡常数 K 只与反应本性和温度有关,而与浓度或分压无关。

3. 平衡常数的运算规则

(1) 在平衡常数表达式中,体系中各物质的相对压强或相对浓度的乘幂,应与反应方程式中相应物质的计量系数一致。

(2) 平衡常数表达式必须与计量方程式相对应。同一化学反应,以不同的计量方程式表示时,其平衡常数的数值不同。

如反应 $N_2O_4 \longrightarrow 2NO_2$,

$$K_1=\frac{[p(NO_2)/p]^2}{p(N_2O_4)/p};$$

若将反应写成$\frac{1}{2}N_2O_4 \longrightarrow NO_2$，

则$K_2=\frac{p(NO_2)/p}{[p(N_2O_4)/p]^{1/2}}$。

K_1与K_2之间的关系是$K_1=(K_2)^2$。

(3) 当有纯固体、液体参加反应时，其浓度可以认为是常数，均不写进平衡常数表达式中。

如反应 $CaCO_3(s) \longrightarrow CaO(s)+CO_2(g)$，

$$K=\frac{p(CO_2)}{p}。$$

(4) 在稀溶液反应中，水是大量的，其浓度可视为常数。若水仅作为反应物或生成物的一个组分，则要写入平衡常数表达式。

(5) 同一反应的正逆反应，其平衡常数互为倒数。

$$K_{正}=1/K。$$

(6) 若干反应方程式相加(或相减)，所得到反应的平衡常数为这些反应的平衡常数之积(或商)，这叫多重平衡规则。

4. 影响化学平衡的因素

化学平衡移动原理：如果改变了化学平衡体系的条件之一(如浓度、压强或温度)，平衡就向能减弱这个改变的方向移动。该规律也称为吕·查德里原理。

(1) 浓度或压力对化学平衡的影响

对于反应 $aA+bB \longrightarrow pC+qD$，

反应商$Q=\frac{[c'(C)/c]^p[c'(D)/c]^q}{[c'(A)/c]^a[c'(B)/c]^b}$。

式中 $c'(A)$，$c'(B)$，$c'(C)$，$c'(D)$ 为物质在反应中的任意浓度。

对于气相反应，上述反应的反应商为

$$Q=\frac{[p'(C)/p]^p[p'(D)/p]^q}{[p'(A)/p]^a[p'(B)/p]^b}。$$

式中 $p'(A)$，$p'(B)$，$p'(C)$，$p'(D)$ 为物质在反应中的分压。

对于任意化学反应，当反应商Q大于K时，反应逆向进行；反应商Q小于K时，反应正向进行；当反应商Q等于K时，反应处于平衡状态。

(2) 温度对化学平衡的影响

温度对化学平衡的影响，主要是影响平衡常数的数值。设某一反应的反应热为$\Delta_r H_m$，T_1时的平衡常数为K_1；T_2时的平衡常数为K_2；它们之间有下列关系：

$$\ln\frac{K_2}{K_1}=\frac{\Delta_r H_m}{R}\left(\frac{T_2-T_1}{T_1T_2}\right)。$$

由上式知，对于放热反应$\Delta_r H_m<0$，升高温度$T_2>T_1$，则$K_2<K_1$，说明温度升高，平衡

常数减小，不利于正反应的进行；对吸热反应 $\Delta_r H_m > 0$，升高温度 $T_2 > T_1$，则 $K_2 > K_1$，即升高温度，平衡常数增大，温度越高，反应进行得越完全。

六、化学反应速率

1. 化学反应速率的表示方法

化学反应速率(v)是指在一定的条件下，某化学反应的反应物转变为生成物的速率。对恒容反应，通常以单位时间内某一反应物浓度的减少或生成物浓度的增加来表示。如反应

$$aA + bB \longrightarrow pC + dD,$$

在恒温条件下，其平均速率(v)可表示为

$$v = \pm \frac{\Delta c_i}{\Delta t}。$$

式中 Δc_i 表示物质在时间 Δt 间隔内的浓度变化。

瞬时速率(v_i) 可表示为

$$v_i = \pm \frac{dc}{dt}。$$

化学反应速率一般为正值。当以反应物浓度来表示速率时，为使反应速率取正值，在表示式前应加负号。浓度的单位以 $mol \cdot L^{-1}$表示，时间单位则可根据具体反应的快慢程度相应采用 s(秒)，min(分)，h(小时)，d(天)、甚至 a(年)表示。化学反应速率的单位可以为 $mol \cdot L^{-1} \cdot s^{-1}$，$mol \cdot L^{-1} \cdot min^{-1}$，$mol \cdot L^{-1} \cdot h^{-1}$，$mol \cdot L^{-1} \cdot d^{-1}$及 $mol \cdot L^{-1} \cdot a^{-1}$。

对于上述化学反应，用不同反应物和产物的浓度变化来表示反应的瞬时速率时，有如下关系：

$$\frac{1}{m} \cdot \frac{-dc(A)}{dt} = \frac{1}{n} \cdot \frac{-dc(B)}{dt} = \frac{1}{p} \cdot \frac{dc(C)}{dt} = \frac{1}{q} \cdot \frac{dc(D)}{dt}。$$

2. 化学反应速率的测定

测定反应速率，实际上是测定不同时间 t 时某组分的浓度，再画出 $c-t$ 曲线，在时间 t 时，曲线上斜率的绝对值，即为该时间的反应速率。

七、化学反应速率理论

1. 分子碰撞理论

该理论认为，物质之间发生化学反应的必要条件是反应物分子(或原子、离子、原子团)之间必须发生碰撞，但大多数碰撞并不能发生反应，只有少数或极少数能量较高的分子碰撞时才能发生反应。这种能发生化学反应的分子(或原子)的碰撞叫有效碰撞。分子发生有效碰撞所必须具备的最低能量，称为临界能(E_c)。具有等于或大于临界能的分子称为活化分子。活化分子具有的平均能量(E_c)与反应物分子的平均能量($\overline{E}$)之差称为

该反应的活化能(E_a)。即

$$E_a=E_c-\bar{E}。$$

2. 过渡状态理论

该理论认为,化学反应不只是通过反应物分子之间的简单碰撞完成的,而是在碰撞后先要经过一个中间的过渡状态,即首先形成一种活性集团(活化配合物),然后再分解为产物。该理论的活化能(E_b)实质为反应进行所必须克服的势能垒。由此可见,过渡状态理论中活化能的定义与碰撞理论不同,但其含义实质是一致的。而且 E_b 的数值与 E_a 也差别很小。

3. 影响化学反应速率的因素

(1) 基本概念

a. 基元反应:由反应物一步就能直接转化成生成物的反应称为基元反应。

b. 复合反应:由两个或两个以上的基元反应构成的化学反应称为复合反应。

c. 反应级数:在质量作用定律中,浓度方次的和称为该反应的级数。

(2) 浓度对化学反应速率的影响

对基元反应,在一定的温度下化学反应速率与反应物浓度以计量系数为乘幂的乘积成正比。此规律称为质量作用定律。

若基元反应为 $mA+nB\longrightarrow pC+qD$,则质量作用定律的数学表达式(也称速率方程式)为

$$v=kc^a(A)\cdot c^b(B)。$$

式中v——反应的瞬时速率;

$c(A)$,$c(B)$——物质A,B的瞬时浓度;

k——反应速率常数。

不同反应的 k 值不同,对同一个反应,k 值只与温度和催化剂有关,与浓度无关,k_c 的单位为$(mol\cdot L^{-1})^{1-a-b}\cdot s^{-1}$或$(mol\cdot L^{-1})^{1-a-b}\cdot min^{-1}$。在上述质量作用定律中,$(a+b)$称为反应级数。

(3) 温度对化学反应速率的影响

温度对化学反应速率的影响,主要是影响化学反应速率常数。由 Arrhenius 公式知

$$k=A\exp\left(\frac{-E_a}{RT}\right),\quad \ln k=-\frac{E_a}{RT}+\ln A。$$

式中k——反应速率常数;

E_a——反应的活化能;

R——摩尔气体常数;

T——热力学温度(K);

A——为反应的特征常数,与碰撞频率和碰撞的取向有关,称为频率因子。

假设某一反应的速率常数在 T_1 时为 k_1,在 T_2 时为 k_2,分别代入上式中,得

$$\ln\frac{k_2}{k_1}=\frac{E_a}{R}\left(\frac{T_2-T_1}{T_1\cdot T_2}\right)。$$

应用上式，可以由两个温度下的速率常数计算活化能，也可以由活化能和某一温度的速率常数计算另一温度的速率常数。

（4）催化剂对化学反应速率的影响

催化剂是在化学反应中能显著改变其他物质的反应速率，而本身的质量和化学性质都没有变化的物质。

催化剂的特点：催化剂只能改变反应速率，不能改变反应的可能性；催化剂对反应速率的影响体现在反应速率常数 k 上；对同一可逆反应，催化剂使正、逆反应速率同等程度加快；催化剂有很强的选择性。

本章难点：热力学中的一些概念，如4个热力学函数(U,H,S,G)；如何用热力学函数求反应热及判断反应方向；如何用吉布斯-亥姆霍茨公式求任一温度下反应的 $\Delta_r G_m$，T，并判断反应方向；影响化学反应速率的因素和影响化学平衡移动的因素。

例题解析

例1　在373 K和100 kPa下，2.0 mol H_2 和1.0 mol O_2 反应，生成2.0 mol水蒸气，放出483.7 kJ的热量，求生成1.0 mol水蒸气的 ΔH 和 ΔU。

分析：在计算此题时，把反应物和生成物都要假设为理想气体。若 V_1，n_1 分别为反应物的体积与反应物的物质的量，V_2，n_2 分别为生成物的体积与生成物的物质的量，

则据理想气态方程

$$pV_1=n_1RT,pV_2=n_2RT,p\Delta V=\Delta nRT。$$

在定压下，可有 $\Delta U=Q_p-p\Delta V=Q_p-\Delta nRT$，$\Delta n$ 表示生成物中气体物质的量与反应物中气体物质的量之差。运用热力学第一定律也可推出在不做非体积功条件下，有理想气体参加的反应，其 ΔU 和 ΔH 的关系式为 $\Delta H=\Delta U+\Delta nRT$。

解：由于反应 $2H_2(g)+O_2(g)=\!=\!=2H_2O(g)$ 是定压下进行的，则

$$Q_p=\Delta H=-241.9\ kJ\cdot mol^{-1}。$$

在反应中产生的体积功为

$$p\Delta V=\Delta nRT=(2.0-3.0)\times8.314\times373\times10^{-3}=-3.101\ kJ。$$

对于1 mol$H_2O(g)$来说，

$p\Delta V=-3.101\div2=-1.55\ kJ\cdot mol^{-1}=\Delta nRT$，把 ΔH，ΔnRT 代入 $\Delta H=\Delta U+\Delta nRT$ 得

$$\Delta U=\Delta H-\Delta nRT=-241.9-(-1.55)=-240.35\ kJ\cdot mol^{-1}。$$

题后点睛：此题的关键是 Δn 要算对，因为 Δn 只是对于气体而言。如反应 $C_2H_2(g)+3O_2(g)=\!=\!=2CO_2(g)+2H_2O(l)$ 中，$\Delta n=2-1-3=-2$。由上述例题可以看出，ΔH 和 ΔU 是比较接近的，ΔnRT 项的数值相对 ΔH 而言是比较小的。

例2　已知298 K时下列反应的标准摩尔焓：

(1) $CH_3COOH(l)+2O_2(g)$══$2CO_2(g)+2H_2O(l)$　$\Delta_r H_m$,1=−871. 5 kJ·mol^{-1}；

(2) C(石墨,S)+O_2 ══$CO_2(g)$　$\Delta_r H_m$,2=−393. 51 k J·mol^{-1}；

(3) $H_2(g)+1/2\ O_2(g)$══$H_2O(l)$　$\Delta_r H_m$,3=−285. 85 k J·mol^{-1},

计算生成乙酸 $CH_3COOH(l)$反应的标准摩尔焓。

分析：解此题时,先设计出生成乙酸的反应,然后根据原题所列反应,找出它们之间和生成乙酸反应之间的关系,按照盖斯定律进行简单运算,就不难求出所需反应的标准摩尔焓。

解：设计生成乙酸的反应

2C(石墨,S)+$2H_2(g)+O_2(g)$══$CH_3COOH(l)$；

根据盖斯定律式(3)×2−式(1)可得式(4)：

(4) $2H_2(g)+2CO_2(g)$══$CH_3COOH(l)+O_2(g)$　$\Delta_r H_m$,4=2$\Delta_r H_m$,3−$\Delta_r H_m$,1；

式(2)×2+式(4) 可得式(5)：

(5) 2C(墨,S)+$2H_2(g)+O_2(g)$══$CH_3COOH(l)$　$\Delta_r H_m$,5=2$\Delta_r H_m$,2+$\Delta_r H_m$,4。

式(5) 是乙酸的生成反应,$\Delta_r H_m$,5 即为生成乙酸 $CH_3COOH(l)$反应的标准摩尔焓。

$\Delta_r H_m$,5=2×(−393. 51)+2×(−285. 85)−(−871. 5)=−487. 22 kJ·mol^{-1}。

题后点睛：使用盖斯定律进行计算时,要设法找出所给条件和所求反应之间的关系,然后进行代数运算,但必须注意以下两点：

(1) 只有条件(如温度等)相同的反应和聚集态相同的同一物质,才能相加或相减。

(2) 将反应式乘(或除)以一个数值时,该反应的 $\Delta_r H_m$ 也应同乘(或同除) 同样数值。

例 3　在 298 K 时,反应 $3O_2(g)+C_4H_8N_2O_3(S)$══$H_2NCONH_2(S)+3CO_2(g)+2H_2O(l)$,由各种物质的标准生成焓,计算甘氨酸二肽氧化反应的标准摩尔焓,1 g 固体甘氨酸二肽在 298 K、标准态时氧化生成尿素、二氧化碳和水,放热多少。(已知$M(C_4H_8N_2O_3)$=132. 13 g·mol^{-1})

分析：由各种物质标准生成焓,求算反应的标准摩尔焓时,只要通过附录表,查得各种物质 $\Delta_f G_m$,代入公式 $\Delta_r H_m=\sum^{B} v_B \Delta_f H_m(B)$,就可直接求得 $\Delta_r H_m$。在求过程中放热或吸热多少时,因为它们都与反应进行的程度有关,故须考虑 $\Delta\xi$。

解：$\Delta_f G_m(H_2NCONH_2)(s)$=−333. 17 kJ·mol^{-1},

$\Delta_f H_m(CO_2,g)$=−393. 51 kJ·mol^{-1},

$\Delta_f H_m(H_2O,l)$=−285. 84 kJ·mol^{-1},

$\Delta_f H_m(C_4H_8N_2O_3,s)$=−745. 25 kJ·mol^{-1},

$\Delta_f H_m(O_2,g)$=0。

代入 $\Delta_r H_m=\sum^{B} v_B \Delta_f H_m(B)$ 得

$$\Delta_r H_m = -333.17+3\times(-393.51)+2\times(-285.84)-(-745.25)-0$$
$$= -1\ 340.13\ \text{kJ}\cdot\text{mol}^{-1}。$$

在定压条件下 $Q_p=\Delta_r H_m$=−1 340. 13 kJ·mol^{-1}。

1 g 甘氨酸二肽被氧化,根据反应式可知

$$\Delta\xi=\frac{\Delta n(C_4H_8N_2O_3)}{(-1)}=\frac{1}{132.12}\ mol。$$

$$Q_p=\Delta_r H_m\times\Delta\xi=-10.14\ kJ。$$

题后点睛:解此类题目时,只要搞清标准摩尔焓和标准摩尔生成焓之间的关系式,问题就很好解决。

若系统温度不是 298 K,则反应的 $\Delta_r H_m$ 会有改变,但一般变化不大。

例如下列反应:

$$SO_2(g)+\frac{1}{2}O_2(g)=\!=\!=SO_3(g),$$

298 K 时,$\Delta_r H_m$ 为-98.9 k J·mol^{-1},温度上升到 873 K 时,为-96.9 kJ·mol^{-1},所以在近似估算时,往往将 $\Delta_r H_m$ 作为其他温度 T 时的 $\Delta_r H_m, T$。

由标准摩尔燃烧焓计算标准摩尔焓;由标准熵计算标准摩尔熵;由标准生成自由能计算标准摩尔吉布斯自由能,只要搞清它们之间的关系,算法和上例基本一样。

例 4 工业用固体氧化钙与炉气中的三氧化硫反应,以减少三氧化硫对空气的污染。已知该反应 $\Delta_r H_m=-395.7$ kJ·mol^{-1},$\Delta_r G_m=-371.1$ kJ·mol^{-1},计算标准状态时反应进行的最高温度。

分析:一个反应无论从自发转变为非自发,或从非自发转变为自发,都需经过一个平衡状态 $\Delta_r H_m=0$,这个由自发反应转变为非自发反应或非自发反应转变为自发反应的转变温度,就是 $T_{转}$。若在标准状态下,则

$$T_{转}=\frac{\Delta_r H_m}{\Delta_r S_m}。$$

根据 $T_{转}$,就可估算某些反应在标准状态下进行的最高温度,某些反应在标准态下进行的最低温度。

解 $CaCO_3(s)+SO_3(g)=\!=\!=CaSO_4(s)$

由 $\Delta_r G_m=\Delta_r H_m-T\Delta_r S_m$,

得出 $\Delta_r S_m=\frac{\Delta_r H_m-\Delta_r G_m}{T}=\frac{-395.7-(371.1)}{298}=-82.56\times10^{-3}\ J\cdot mol^{-1}\cdot K^{-1}$。

在此反应中 $\Delta_r S_m<0$,$\Delta_r H_m<0$,即低温时反应自发,高温时反应非自发,反应由自发转变为非自发时的温度,即反应可以进行的最高温度。

$$T_{转}=\frac{\Delta_r H_m}{\Delta_r S_m}=\frac{-395.7}{-82.56\times10^{-3}}=4\ 792.9\ K。$$

即炉温在低于 4 792.9 K 时,反应能自发进行。实际中炉温常低于 1 000℃。

题后点睛:此题是温度对反应自发性的影响。一般来说,若 $\Delta_r H_m<0$,$\Delta_r S_m<0$,低温时正向反应自发。温度升高时,$T\Delta_r S_m$ 项数值增大,当 $|T\Delta_r S_m|>|\Delta_r H_m|$ 时,反应为非自发。若$\Delta_r H_m>0$,$\Delta_r S_m>0$,低温时若 $\Delta_r H_m>T\Delta_r S_m$,正向反应非自发,若温度升高,$T\Delta_r S_m$ 项数值增大。当 $T\Delta_r S_m>\Delta_r H_m$ 时,$\Delta_r G_m<0$,反应由非自发转变为自发。

例 5 在 298 K 时,已知下列反应和数据:

$$MgCO_3(S) \longrightarrow MgO(S) + CO_2(g)$$

$\Delta_f H_m(kJ \cdot mol^{-1})$ −1 095.8 −601.7 −393.5

$\Delta_r S_m(J \cdot mol^{-1} \cdot K^{-1})$ 65.7 26.9 213.7

计算反应在 850 ℃时反应的 $\Delta_r G_m$,并指出在 850 ℃任意状态下反应的自发性。

分析:要计算 850 ℃时的 $\Delta_r G_m$,首先须搞清温度对 $\Delta_r H_m$,$\Delta_r S_m$的影响。一般情况下,温度对 $\Delta_r H_m$,$\Delta_r S_m$的影响很小,在近似计算时,可忽略不计,但温度对 $\Delta_r H_m$ 影响很大。清楚这一点,就可用 298 K 时的 $\Delta_r H_m$,$\Delta_r S_m$数据,由 $\Delta_r G_m$,1 123=$\Delta_r H_m - T\Delta_r S_m$ 算出850 ℃下的 $\Delta_r G_m$。

解:先计算 298 K 时的 $\Delta_r H_m$,$\Delta_r S_m$。

$\Delta_r H_m = \sum^{B} v_B \Delta_f H_m(B) = \Delta_f H_m(MgO,s) + \Delta_f H_m(CO_2,g)$

$\Delta_f H_m(MgCO_3,s) = -393.5 - 601.7 - (-1\,095.8) = 100\ kJ \cdot mol^{-1}$

$\Delta_r S_m = \sum^{B} v_B S_m(B) = S_m(MgO,s) + S_m(CO_2,g) - S_m(MgCO_3,s)$

$= 26.9 + 213.7 - 65.7$

$= 174.9\ J \cdot mol \cdot K^{-1}$。

由 $\Delta_r G_m,1\,123 = \Delta_r H_m - T\Delta_r S_m = 100.6 - 1\,123 \times 174.9 \times 10^{-3}$

$= -95.8\ kJ \cdot mol^{-1} \cdot K^{-1}$。

$\Delta_r G_m < -40\ kJ \cdot mol^{-1}$,反应正向自发。

例 6 已知反应 $HI(g) \longrightarrow \frac{1}{2}H_2(g) + \frac{1}{2}I_2(g)$,若各物质起始分压分别为 $p(HI)$=40.5 kPa,$p(H_2)$=1.01 kPa,$p(I_2)$=1.01 kPa,求在 320 K 上述反应的平衡常数,并判断反应进行的方向。

分析:解此题时,忽略温度对 $\Delta_r H_m$,$\Delta_r S_m$ 的影响,由 $\Delta_r H_m$,$\Delta_r S_m$就可直接求出 320 K 下的 $\Delta_r G_m,T$,再根据平衡常数 $\Delta_r G_m,T$ 的关系式 $\Delta_r G_m,T = -2.303\ RT\lg K$ 就可求得 K,根据题中所给条件,由 Q 与 K 的关系判断反应进行的方向。

解:$\Delta_r H_m = \sum^{B} v_B \Delta_f H_m(B) = \left[\frac{1}{2}\Delta_r H_m(H_2,g) + \frac{1}{2}\Delta_f H_m(I_2,g)\right]$;

$\Delta_r H_m(HI,g) = \left(0 + \frac{1}{2} \times 62.438\right) - 26.5 = 4.72\ kJ \cdot mol^{-1}$;

$\Delta_r S_m = \sum^{B} v_B S_m(B) = \left[\frac{1}{2}S_m(H_2,g) + \frac{1}{2}S_m(I_2,g)\right]$;

$S_m(HI,g) = \left(\frac{1}{2} \times 130.59 + \frac{1}{2} \times 260.6\right) - 206.48 = -10.88\ J \cdot mol^{-1} \cdot K^{-1}$;

$\Delta_r G_m,320 = \Delta_r H_m - T\Delta_r S_m = 4.72 - 320 \times (-10.88) \times 10^{-3}$

$= 8.20\ kJ \cdot mol^{-1}$;

$\Delta_r G_m = -2.303\ RT\lg K$,

$\lg K = \frac{-\Delta_r G_m}{2.303RT} = \frac{-8.20 \times 10^3}{2.303 \times 8.314 \times 320} = -1.34$;

$K=4.57\times10^{-2}$，

$$Q=\frac{[p(H_2)/p]^{1/2}[p(I_2)/p]^{1/2}}{[p(HI)/p]}=\frac{(1.01/100)^{1/2}(1.01/100)^{1/2}}{40.5/100}=2.49\times10^{-2}。$$

$Q<K$，$\Delta_rG_m<0$，反应正向进行。

题后点睛：等温定压下反应是否自发的判据是反应的摩尔吉布斯自由能 $\Delta_rG_m<0$，而不是反应的 $\Delta_rG_m<0$，即 Δ_rG_m 可用来判断在指定条件下是否为自发，但当 Δ_rG_m 与 Δ_rG_m 相差不大时，可用 Δ_rG_m 定性估计反应的可能性。

用 Δ_rG_m 判断反应方向时，当 $\Delta_rG_m<-40\ kJ\cdot mol^{-1}$，认为反应正向发生，$\Delta_rG_m>40\ kJ\cdot mol^{-1}$，反应逆向自发，当 Δ_rG_m 在 $\pm40\ kJ\cdot mol^{-1}$ 之间时，须具体问题具体分析，如例 6 中，要根据 Q 与 K 的大小判断反应方向，即由 Δ_rG_m 判断。

例 7　对于反应：$2NOCl(g)\longrightarrow2NO(g)+Cl_2(g)$

通过实验测得：当 $T_1=300$ K 时，$k_1=2.8\times10^{-5}\ L\cdot mol^{-1}\cdot s^{-1}$；当 $T_2=400$ K 时，$k_2=7.0\times10^{-1}mol^{-1}\cdot s^{-1}$，求反应的活化能和频率因子。

分析：已知两个温度下的速率常数，根据 Arrhenius 公式，可以计算出活化能，再将任一温度时的速率常数及活化能代入 Arrhenius 公式，就可以计算出频率因子。

解：将 T_1，T_2，k_1，k_2 的实验数据代入公式

$$E_a=R\ln\frac{k_2}{k_1}\left(\frac{T_1\cdot T_2}{T_2-T_1}\right),$$

得 $E_a=8.314\times\frac{300\times400}{400-300}\ln\frac{7.0\times10^{-1}}{2.8\times10^{-5}}=101\ kJ\cdot mol^{-1}$。

将 E_a，T_1 和 k_1（或 T_2 和 k_2）代入 Arrhenius 公式可得

$$\ln(2.8\times10^{-5})=-\frac{101}{8.314\times10^{-3}\times300}+\ln A,$$

$$A=7.8\times10^{12}\ L\cdot mol^{-1}\cdot s^{-1}。$$

题后点睛：这是典型的利用 Arrhenius 公式计算反应活化能的例题，根据两个温度下的速率常数，可以计算出活化能。

例 8　反应 $CO(g)+H_2O(g)=\!=\!=CO_2(g)+H_2(g)$ 在 773 K 时，平衡常数 $K=9.0$。

(1) 如反应开始时 CO 和 H_2O 的浓度均为 $0.020\ mol\cdot L^{-1}$，计算在此条件下，CO 的转化率；

(2) 如反应开始时 H_2O 的浓度增大为原来的 4 倍，其他条件不变，问：CO 的转化率是多少？

分析：根据平衡常数的定义式，先计算出反应达平衡时产物与反应物的浓度，再计算出 CO 的转化率；第二步的计算与第一步相同。

解：(1) 设平衡时有 $x\ mol\cdot L^{-1}$ 的 CO_2 和 H_2 生成，则由反应知

	$CO(g)$ ＋	$H_2O(g)=\!=\!=$	$CO_2(g)+$	$H_2(g)$
初始浓度	0.020	0.020	0	0
平衡浓度	$0.020-x$	$0.020-x$	x	x

根据平衡常数的定义式得

$$K=\frac{[c(CO_2)/c][c(H_2)/c]}{[c(CO)/c][c(H_2O)/c]},$$

$\frac{x^2}{(0.020-x)^2}=9.0$，得 $x=0.015$，

$\alpha=\frac{0.015}{0.020}\times100\%=75\%$。

(2) 设反应达到平衡时 CO_2 的浓度为 y。

	$CO(g)$ +	$H_2O(g)$ ═══	$CO_2(g)$ +	$H_2(g)$
初始浓度	0.020	0.080	0	0
平衡浓度	$0.020-y$	$0.080-y$	y	y

因为温度未变，故 $K=9.0$，根据平衡常数的定义式可得

$$\frac{y^2}{(0.020-y)(0.080-y)}=9.0,$$

解得 $y=0.0194\ mol\cdot L^{-1}$。

CO 的转化率 $\alpha=0.0194/0.020\times100\%=97\%$。

题后点睛：这是一类典型的已知化学反应的平衡常数，计算平衡时反应物与产物浓度（或分压）的例题。根据化学平衡常数的定义，可计算出反应达到平衡时，各反应物与产物的浓度（或分压），并计算出某反应物的转化率。

例 9 某容器中充有 N_2O_4 和 NO_2 的混合物，在 308 K、101.3 kPa 发生反应 $N_2O_4(g)$ ═══ $2NO_2(g)$，并达平衡。平衡时 $K=0.315$，各物质的分压分别为 $p(N_2O_4)=58$ kPa，$p(NO_2)=43$ kPa，试问：

(1) 上述反应的压强增大到 202.6 kPa 时，平衡向何方向移动？

(2) 若反应开始时 N_2O_4 物质的量为 1.0 mol，NO_2 物质的量为 0.10 mol，平衡时有 0.155 mol N_2O_4 发生了转化，计算总压强增大后，各物质的分压增加了多少。

分析：(1) 因为该反应的温度未变化，所以反应的平衡常数未变化。根据新条件，分别计算出反应物与产物在新条件下的初始分压，计算出反应商，根据反应商与平衡常数的大小关系，判断反应进行的方向。

(2) 根据给出的条件先计算出体系总的物质的量，再算出每个反应物与产物的物质的量分数浓度及分压，并与开始时的分压相比较，计算出各物质的分压变化。

解：(1) 压力增大时，平衡遭到破坏

$p(N_2O_4)=58\times2=116$ kPa，

$p(NO_2)=43\times2=86$ kPa，

$$Q=\frac{[p(NO_2)/p]^2}{p(N_2O_4)/p}=\frac{\left(\frac{86}{101.325}\right)^2}{\frac{116}{101.325}}=0.63。$$

$Q>K$，平衡向左移动。

(2) $N_2O_4(g) \rightleftharpoons 2NO_2(g)$

初始物质的量/mol 1.0 0.10

平衡物质的量/mol 1.0−0.155 0.10+2×0.155

平衡时

$n_{总}=(1.0-0.155)+(0.1+2\times0.155)=1.255\ \text{mol}$,

$p(N_2O_4)=n(N_2O_4)/n_{总}\cdot p_{总}=(1.0-0.155)/1.255\times202.6=136.4\ \text{kPa}$,

$p(NO_2)=(0.10+2\times0.155)/1.255\times202.6=66.2\ \text{kPa}$,

$\Delta p(N_2O_4)=136.4-58=78.4\ \text{kPa}$,

$\Delta p(NO_2)=66.2-43=23.2\ \text{kPa}$。

当总压强增大时,$p(N_2O_4)$和$p(NO_2)$均有增加,但$p(N_2O_4)$增加得更多,由此也说明平衡向左移动了。

题后点睛:这是一个化学平衡条件发生改变,判断平衡移动的例题,一般应根据新条件,计算反应商,根据反应商与平衡常数的关系判断反应方向;第(2)问中给出了起始反应物与产物的物质的量和转化率,可先计算体系总的物质的量,算出反应物与产物物质的量分数浓度与分压,再计算反应物与产物的分压变化。

例 10 合成氨的反应 $N_2(g)+3H_2(g) \rightleftharpoons 2NH_3(g)$,$\Delta_r H_m=-92.2\ \text{kJ}\cdot\text{mol}^{-1}$,已知25 ℃时,$K_1=6.8\times10^5$,求在400℃时的$K_2$为多少。

分析:已知反应的热效应及一个温度下的平衡常数,根据平衡常数与化学反应热效应的关系式,可以容易地计算出另一个温度下的平衡常数。

解:根据公式

$$\ln\frac{K_2}{K_1}=\frac{\Delta_r H_m}{R}\left(\frac{T_2-T_1}{T_1T_2}\right)$$

知

$$\ln\frac{K_2}{6.8\times10^5}=\frac{-92.2\times10^2}{8.314}\left(\frac{673-298}{673\times298}\right),$$

得$K_2=6.5\times10^4$。

合成氨反应为放热反应,升高温度,平衡常数减小。

题后点睛:这是一类典型的利用反应的热效应与平衡常数的关系式计算化学反应平衡常数的例题,利用该关系式不仅可以计算平衡常数,也可以计算反应的热效应。

习题解答

1. 某理想气体在恒定外压(101.3 kPa)下吸热膨胀,其体积从80 L变到160 L,同时吸收25 kJ的热量,试计算系统内能的变化。

解:
$$\begin{aligned}\Delta U &= Q+W\\ &= Q-p\Delta V\\ &= 25\ \text{kJ}-101.3\ \text{kPa}\times(160-80)\times10^{-3}\text{m}^3\\ &= 25\ \text{kJ}-8.104\ \text{kJ}\\ &= 17\ \text{kJ}。\end{aligned}$$

2. 苯和氧按下式反应：

$$C_6H_6(l)+\frac{15}{2}O_2(g)\longrightarrow 6CO_2(g)+3H_2O(l),$$

在 25 ℃，100 kPa 下，0.25 mol 苯在氧气中完全燃烧放出 817 kJ 的热量，求 C_6H_6 的标准摩尔燃烧焓 $\Delta_c H_m^\ominus$ 和燃烧反应的 $\Delta_r U_m$。

解：$\xi=\Delta n_B\cdot\gamma_B^{-1}=\frac{-0.25\ \text{mol}}{-1}=0.25\ \text{mol}$,

$\Delta_c H_m^\ominus=\Delta_r H_m^\ominus=\frac{\Delta_r H^\ominus}{\xi}=\frac{-817\ \text{kJ}}{0.25}\text{mol}=-3\ 268\ \text{kJ}\cdot\text{mol}^{-1}$,

$$\begin{aligned}\Delta_r U_m &=\Delta_r H_m^\ominus-\Delta n_g RT\\ &=-3\ 268\ \text{kJ}\cdot\text{mol}^{-1}-\left[\left(6-\frac{15}{2}\right)\times 8.314\times10^{-3}\times298.15\right]\text{kJ}\cdot\text{mol}^{-1}\\ &=-3\ 264\ \text{kJ}\cdot\text{mol}^{-1}。\end{aligned}$$

3. 蔗糖($C_{12}H_{22}O_{11}$)在人体内的代谢反应为

$$C_{12}H_{22}O_{11}(s)+12O_2(g)\longrightarrow 12CO_2(g)+11H_2O(l),$$

假设其反应热有 30%可转化为有用功，试计算体重为 70 kg 的人登上 3 000 m 高的山(按有效功计算)，若其能量完全由蔗糖转换，则需消耗多少蔗糖？(已知 $\Delta_f H_m^\ominus(C_{12}H_{22}O_{11})=-2\ 222\ \text{kJ}\cdot\text{mol}^{-1}$)

解：$W=-70\ \text{kg}\times3000\ \text{m}=-2.1\times10^5\ \text{kg}\cdot\text{m}$
$=-2.1\times10^5\times9.8\ \text{J}=-2.1\times10^3\ \text{kJ}$,

$\Delta_r H^\ominus=\frac{-2.1\times10^3\text{kJ}}{30\%}=-7.00\times10^3\ \text{kJ}$,

$\Delta_r H_m^\ominus=11\times(-285.930\ \text{kJ}\cdot\text{mol}^{-1})+12\times(-393.509\ \text{kJ}\cdot\text{mol}^{-1})-(-2\ 222\ \text{kJ}\cdot\text{mol}^{-1})=-5\ 644\ \text{kJ}\cdot\text{mol}^{-1}$,

$n(C_{12}H_{22}O_{11})=\frac{-7.00\times10^3}{-5\ 644}=1.24\ \text{mol}$,

$m(C_{12}H_{22}O_{11})=n(C_{12}H_{22}O_{11})\cdot M(C_{12}H_{22}O_{11})=1.24\ \text{mol}\times342.3\ \text{g}\cdot\text{mol}^{-1}=4.2\times10^2\ \text{g}$。

4. 利用附录Ⅲ的数据，计算下列反应的 $\Delta_r H_m^\ominus$。

(1) $Fe_3O_4(s)+4H_2(g)\longrightarrow 3Fe(s)+4H_2O(g)$

(2) $2NaOH(s)+CO_2(g)\longrightarrow Na_2CO_3(s)+H_2O(l)$

(3) $4NH_3(g)+5O_2(g)\longrightarrow 4NO(g)+6H_2O(g)$

(4) $CH_3COOH(l)+2O_2(g)\longrightarrow 2CO_2(g)+2H_2O(l)$

解：(1) $\Delta_r H_m^\ominus=[4\times(-241.8)-(-1\ 118.4)]\ \text{kJ}\cdot\text{mol}^{-1}=151.2\ \text{kJ}\cdot\text{mol}^{-1}$；

(2) $\Delta_r H_m^\ominus=[(-285.8)+(-1\ 130.67)-(-393.509)-2\times(-425.609)]\ \text{kJ}\cdot\text{mol}^{-1}$
$=-171.8\ \text{kJ}\cdot\text{mol}^{-1}$；

(3) $\Delta_r H_m^\ominus=[6\times(-241.8)+4\times90.25-4\times(-46.11)]\text{kJ}\cdot\text{mol}^{-1}$
$=-905.4\ \text{kJ}\cdot\text{mol}^{-1}$；

(4) $\Delta_r H_m^\ominus = [2\times(-285.8)+2\times(-393.509)-(-485.76)]\text{kJ}\cdot\text{mol}^{-1}$

$= -872.9\ \text{kJ}\cdot\text{mol}^{-1}$。

5. 已知下列化学反应的反应热，求乙炔(C_2H_2,g)的生成热 $\Delta_f H_m^\ominus$。

(1) $C_2H_2(g)+5/2O_2(g)\longrightarrow 2CO_2(g)+H_2O(g)$　$\text{Ä}_r H_m^{\text{È}} = -1\ 246.2\ \text{kJ}\cdot\text{mol}^{-1}$

(2) $C(s)+2H_2O(g)\longrightarrow CO_2(g)+2H_2(g)$　$\text{Ä}_r H_m^{\text{È}} = 90.9\ \text{kJ}\cdot\text{mol}^{-1}$

(3) $2H_2O(g)\longrightarrow 2H_2(g)+O_2(g)$　$\text{Ä}_r H_m^{\text{È}} = 483.6\ \text{kJ}\cdot\text{mol}^{-1}$

解：2×(2)−(1)−2.5×(3)得

$2C(s)+H_2(g)\longrightarrow C_2H_2(g)$，

$\Delta_f H_m^\ominus(C_2H_2)g = \Delta_r H_m^\ominus = 2\times\Delta_r H_m^\ominus(2) - \Delta_r H_m^\ominus(1) - 2.5\times\Delta_r H_m^\ominus(3)$

$= [2\times 90.9-(-1\ 246.2)-2.5\times 483.6]\text{kJ}\cdot\text{mol}^{-1}$

$= 219\ \text{kJ}\cdot\text{mol}^{-1}$。

6. 求下列反应的标准摩尔反应焓变 $\Delta_r H_m^\ominus(298.15\ \text{K})$。

(1) $Fe(s)+Cu^{2+}(aq)\longrightarrow Fe^{2+}(aq)+Cu(s)$

(2) $AgCl(s)+Br^-(aq)\longrightarrow AgBr(s)+Cl^-(aq)$

(3) $Fe_2O_3(s)+6H^+(aq)\longrightarrow 2Fe^{3+}(aq)+3H_2O(l)$

(4) $Cu^{2+}(aq)+Zn(s)\longrightarrow Cu(s)+Zn^{2+}(aq)$

解：(1) $\Delta_r H_m^\ominus = (-89.1-64.77)\text{kJ}\cdot\text{mol}^{-1} = -153.9\ \text{kJ}\cdot\text{mol}^{-1}$；

(2) $\Delta_r H_m^\ominus = [-167.157-100.37-(-121.55)-(-127.068)]\text{kJ}\cdot\text{mol}^{-1}$

$= -18.9\ \text{kJ}\cdot\text{mol}^{-1}$；

(3) $\Delta_r H_m^\ominus = [2\times(-48.5)+3\times(-285.83)+824.2]\text{kJ}\cdot\text{mol}^{-1} = -130.3\ \text{kJ}\cdot\text{mol}^{-1}$；

(4) $\Delta_r H_m^\ominus = (-153.89-64.77)\text{kJ}\cdot\text{mol}^{-1} = -218.66\ \text{kJ}\cdot\text{mol}^{-1}$。

7. 人体靠下列一系列反应去除体内酒精影响：

$$CH_3CH_2OH \xrightarrow{O_2} CH_3CHO \xrightarrow{O_2} CH_3COOH \xrightarrow{O_2} CO_2,$$

试计算人体去除 1 mol C_2H_5OH 时各步反应的 $\Delta_r H_m^\ominus$ 及总反应的 $\Delta_r H_m^\ominus$(假设 $T=298.15\ \text{K}$)。

解：$CH_3CH_2OH(l)+\frac{1}{2}O_2(g)\longrightarrow CH_3CHO(l)+H_2O(l)$，　(1)

$\Delta_r H_m^\ominus(1) = (-285.83-166.4+277.69)\text{kJ}\cdot\text{mol}^{-1} = -174.5\ \text{kJ}\cdot\text{mol}^{-1}$，

$CH_3CHO(l)+\frac{1}{2}O_2(g)\longrightarrow CH_3COOH(l)$，　(2)

$\Delta_r H_m^\ominus(2) = (-484.5+166.4)\text{kJ}\cdot\text{mol}^{-1} = -318.1\ \text{kJ}\cdot\text{mol}^{-1}$，

$CH_3COOH(l)+O_2(g)\longrightarrow 2CO_2(g)+2H_2O(l)$，　(3)

$\Delta_r H_m^\ominus(3) = [2\times(-285.83)+2\times(-393.5)+484.5]\text{kJ}\cdot\text{mol}^{-1} = -874.2\ \text{kJ}\cdot\text{mol}^{-1}$，

$\Delta_r H_m^\ominus(\text{总}) = \Delta_r H_m^\ominus(1)+\Delta_r H_m^\ominus(2)+\Delta_r H_m(3)$

$= (-174.5-318.1-874.2)\ \text{kJ}\cdot\text{mol}^{-1}$

$= -1\ 366.8\ \text{kJ}\cdot\text{mol}^{-1}$。

8. 计算下列反应在 298.15 K 的 $\Delta_r H_m^\ominus$，$\Delta_r S_m^\ominus$ 和 $\Delta_r G_m^\ominus$，并判断哪些反应能自发向右进行。

(1) $2CO(g)+O_2(g)\longrightarrow 2CO_2(g)$

(2) $4NH_3(g)+5O_2(g)\longrightarrow 4NO(g)+6H_2O(g)$

(3) $Fe_2O_3(s)+3CO(g)\longrightarrow 2Fe(s)+3CO_2(g)$

(4) $2SO_2(g)+O_2(g)\longrightarrow 2SO_3(g)$

解：(1) $\Delta_r H_m^\ominus=[2\times(-393.509)-2\times(-110.525)]\ \text{kJ}\cdot\text{mol}^{-1}$

$=-565.968\ \text{kJ}\cdot\text{mol}^{-1}$，

$\Delta_r S_m^\ominus=(2\times213.74-2\times197.674-205.138)\ \text{J}\cdot\text{mol}^{-1}\cdot\text{K}^{-1}$

$=-173.01\ \text{J}\cdot\text{mol}^{-1}\cdot\text{K}^{-1}$，

$\Delta_r G_m^\ominus=[2\times(-394.35)-2\times(-137.168)]\ \text{kJ}\cdot\text{mol}^{-1}=-514.382\ \text{kJ}\cdot\text{mol}^{-1}$；

(2) $\Delta_r H_m^\ominus=[4\times90.25+6\times(-241.818)-4\times(-46.11)]\ \text{kJ}\cdot\text{mol}^{-1}$

$=-905.47\ \text{kJ}\cdot\text{mol}^{-1}$，

$\Delta_r S_m^\ominus=[4\times210.761+6\times188.825-4\times192.45-5\times205.138]\ \text{J}\cdot\text{mol}^{-1}\cdot\text{K}^{-1}$

$=180.50\text{J}\cdot\text{mol}^{-1}\cdot\text{K}^{-1}$，

$\Delta_r G_m^\ominus=[4\times86.55+6\times(-228.575)-4\times(-16.45)]\text{kJ}\cdot\text{mol}^{-1}$

$=-959.45\ \text{kJ}\cdot\text{mol}^{-1}$；

(3) $\Delta_r H_m^\ominus=[3\times(-393.509)-3\times(-110.525)-(-824.2)]\text{kJ}\cdot\text{mol}^{-1}$

$=-24.8\ \text{kJ}\cdot\text{mol}^{-1}$，

$\Delta_r S_m^\ominus=(2\times27.28+3\times213.74-3\times197.674-87.4)\text{J}\cdot\text{mol}^{-1}\cdot\text{K}^{-1}$

$=15.4\ \text{J}\cdot\text{mol}^{-1}\cdot\text{K}^{-1}$，

$\Delta_r G_m^\ominus=[3\times(-394.359)-3\times(-137.168)-(-742.2)]\text{kJ}\cdot\text{mol}^{-1}$

$=-29.6\ \text{kJ}\cdot\text{mol}^{-1}$；

(4) $\Delta_r H_m^\ominus=[2\times(-395.72)-2\times(-296.830)]\ \text{kJ}\cdot\text{mol}^{-1}$

$=-197.78\ \text{kJ}\cdot\text{mol}^{-1}$

$\Delta_r S_m^\ominus=(2\times256.76-2\times248.22-205.188)\ \text{J}\cdot\text{mol}^{-1}\cdot\text{K}^{-1}$

$=-188.06\ \text{J}\cdot\text{mol}^{-1}\cdot\text{K}^{-1}$

$\Delta_r G_m^\ominus=[2\times(-371.06)-2\times(-300.194)]\ \text{kJ}\cdot\text{mol}^{-1}=-141.73\ \text{kJ}\cdot\text{mol}^{-1}$。

9. 由软锰矿二氧化锰制备金属锰可采取下列两种方法：

(1) $MnO_2(s)+2H_2(g)\longrightarrow Mn(s)+2H_2O(g)$

(2) $MnO_2(s)+2C(s)\longrightarrow Mn(s)+2CO(g)$

上述两个反应在 25℃，100 kPa 下是否能自发进行？若考虑工作温度愈低愈好的话，则制备锰采用哪一种方法比较好？

解：$\Delta_r G_m^\ominus(1)=[2\times(-228.575)-(-466.14)]\ \text{kJ}\cdot\text{mol}^{-1}=8.99\ \text{kJ}\cdot\text{mol}^{-1}$，

$\Delta_r G_m^\ominus(2)=[2\times(-137.168)-(-466.14)]\ \text{kJ}\cdot\text{mol}^{-1}=191.80\ \text{kJ}\cdot\text{mol}^{-1}$。

标准状态下，两反应均不自发进行。

$\Delta_r H_m^\ominus(1)=[2\times(-241.818)-(-520.03)]\ \text{kJ}\cdot\text{mol}^{-1}=36.39\ \text{kJ}\cdot\text{mol}^{-1}$，

$\Delta_r S_m^{\ominus}(1)=(2\times188.825+32.01-2\times130.684-53.05)\ J\cdot mol^{-1}\cdot K^{-1}$,

$=95.24\ J\cdot mol^{-1}\cdot K^{-1}$,

$\Delta_r H_m^{\ominus}(1)-T\Delta_r S_m^{\ominus}(1)=0$,

$T_1=\dfrac{36.39\ kJ\cdot mol^{-1}}{95.24\times10^{-3}\ kJ\cdot mol^{-1}\cdot K^{-1}}=382.09\ K$,

$\Delta_r H_m^{\ominus}(2)=[2\times(-110.525)-(-520.03)]\ kJ\cdot mol^{-1}=298.98\ kJ\cdot mol^{-1}$,

$\Delta_r S_m^{\ominus}(2)=(2\times197.674+32.01-2\times5.740-53.05)\ J\cdot mol^{-1}\cdot K^{-1}$

$=362.28\ J\cdot mol^{-1}\cdot K^{-1}$,

$T_2=\dfrac{298.98\ kJ\cdot mol^{-1}}{362.28\times10^{-3}\ kJ\cdot mol^{-1}\cdot K^{-1}}=825.27\ K$。

因为 $T_1<T_2$，

所以反应(1)更合适，可在较低温度下进行。

10. 定性判断下列反应的 $\Delta_r S_m^{\ominus}$ 是大于零还是小于零。

(1) $Zn(s)+2HCl(aq)\longrightarrow ZnCl_2(aq)+H_2(g)$

(2) $CaCO_3(s)\longrightarrow CaO(s)+CO_2(g)$

(3) $NH_3(g)+HCl(g)\longrightarrow NH_4Cl(s)$

(4) $CuO(s)+H_2(g)\longrightarrow Cu(s)+H_2O(l)$

解：反应(1)(2)均有气体产生，为气体分子数增加的反应，$\Delta_r S_m^{\ominus}>0$；

反应(3)(4)气体反应后分别生成固体与液体，$\Delta_r S_m^{\ominus}<0$。

11. 计算 25 ℃，100 kPa 下反应 $CaCO_3(s)\longrightarrow CaO(s)+CO_2(g)$ 的 $\Delta_r H_m^{\ominus}$ 和 $\Delta_r S_m^{\ominus}$，并判断：

(1) 上述反应能否自发进行；

(2) 对上述反应，是升高温度有利，还是降低温度有利；

(3) 计算使上述反应自发进行的温度条件。

解：(1) $\Delta_r H_m^{\ominus}=(-393.509-635.09+1\ 206.92)\ kJ\cdot mol^{-1}=178.32\ kJ\cdot mol^{-1}$，

$\Delta_r S_m^{\ominus}=(213.74+39.75-92.9)\ J\cdot mol^{-1}\cdot K^{-1}=160.6\ J\cdot mol^{-1}\cdot K^{-1}$，

$\Delta_r G_m^{\ominus}=(178.32-298.15\times160.6\times10^{-3})\ kJ\cdot mol^{-1}=130.4\ kJ\cdot mol^{-1}$，

$\Delta_r G_m^{\ominus}>0$，反应不能自发进行。

(2) $\Delta_r H_m^{\ominus}>0$，$\Delta_r S_m^{\ominus}>0$，所以升温对反应有利，有利于 $\Delta_r G_m^{\ominus}<0$。

(3) 自发反应的条件为 $T>\dfrac{\Delta_r H_m^{\ominus}}{\Delta_r S_m^{\ominus}}=\dfrac{178.32}{160.6\times10^{-3}}K=1\ 110\ K$。

12. 糖在人体中的新陈代谢过程如下：

$$C_{12}H_{22}O_{11}(s)+12O_2(g)\longrightarrow12CO_2(g)+11H_2O(l)$$

若反应的吉布斯自由能变 $\Delta_r G_m^{\ominus}$ 只有 30%能转化为有用功，则一匙糖（约 3.8g）在体温为 37 ℃时进行新陈代谢，可得多少有用功？（已知 $C_{12}H_{22}O_{11}$ 的 $\Delta_f H_m^{\ominus}=-2\ 222\ kJ\cdot mol^{-1}$，$S_m^{\ominus}=360.2\ J\cdot mol^{-1}\cdot K^{-1}$）

解： $C_{12}H_{22}O_{11}(s)+12O_2(g)\longrightarrow 12CO_2(g)+11H_2O(l)$

$\Delta_f H_m^\ominus/kJ\cdot mol^{-1}$　　$-2\ 222$　　0　　-393.509　　-285.830

$\Delta_r S_m^\ominus/J\cdot mol^{-1}\cdot K^{-1}$　　360.2　　205.128　　213.74　　69.91

$\Delta_r H_m^\ominus=[11\times(-285.830)+12\times(-393.509)-(-2\ 222)]\ kJ\cdot mol^{-1}$

$=-5\ 644\ kJ\cdot mol^{-1}$，

$\Delta_r S_m^\ominus=(11\times69.91+12\times213.74-12\times205.138-360.2)\ J\cdot mol^{-1}\cdot K^{-1}$

$=512.03\ J\cdot mol^{-1}\cdot K^{-1}$，

$\Delta_r G_m^\ominus=\Delta_r H_m^\ominus-T\Delta_r S_m^\ominus$

$=(-5\ 644-310.15\times512.03\times10^{-3})\ kJ\cdot mol^{-1}$

$=-5\ 803\ kJ\cdot mol^{-1}$，

$$\xi=\frac{\Delta n_B}{\gamma_B}=\frac{0-n(C_{12}H_{22}O_{11})}{\gamma(C_{12}H_{22}O_{11})}=-\frac{\frac{3.8\ g}{342\ g\cdot mol^{-1}}}{-1}=1.11\times10^{-2}mol,$$

$\omega_{有用}=30\%\cdot\Delta_r G^\ominus=30\%\cdot\Delta_r G_m^\ominus\cdot\xi$

$=30\%\times(-5\ 803\ kJ\cdot mol^{-1})\times1.11\times10^{-2}mol$

$=-19\ kJ$。

$\omega_{有用}<0$，表示系统对环境做功。

13. 写出下列各化学反应的标准平衡常数 $K^\ominus$ 的表达式。

(1) $CaCO_3(s)\rightleftharpoons CaO(s)+CO_2(g)$

(2) $2SO_2(g)+O_2(g)\rightleftharpoons 2SO_3(g)$

(3) $C(s)+H_2O(g)\rightleftharpoons CO(g)+H_2(g)$

(4) $AgCl(s)\rightleftharpoons Ag^+(aq)+Cl^-(aq)$

(5) $HAc(aq)\rightleftharpoons H^+(aq)+Ac^-(aq)$

(6) $SiO_2(s)+6HF(aq)\rightleftharpoons H_2[SiF_6](aq)+2H_2O(l)$

(7) $Hb(aq)$(血红蛋白)$+O_2(g)\rightleftharpoons HbO_2(aq)$(氧合血红蛋白)

(8) $2MnO_4^-(aq)+5SO_3^{2-}(aq)+6H^+(aq)\rightleftharpoons 2Mn^{2+}(aq)+5SO_4^{2-}(aq)+3H_2O(l)$

解：(1) $K^\ominus=\dfrac{p(CO_2)}{p^\ominus}$

(2) $K^\ominus=\left(\dfrac{p(SO_3)}{p^\ominus}\right)^2\cdot\left(\dfrac{p(O_2)}{p^\ominus}\right)^{-1}\cdot\left(\dfrac{p(SO_2)}{p^\ominus}\right)^{-2}$

(3) $K^\ominus=\left(\dfrac{p(H_2)}{p^\ominus}\right)\cdot\left(\dfrac{p(CO)}{p^\ominus}\right)\cdot\left(\dfrac{p(H_2O)}{p^\ominus}\right)^{-1}$

(4) $K^\ominus=\left(\dfrac{c(Ag^+)}{c^\ominus}\right)\cdot\left(\dfrac{c(Cl^-)}{c^\ominus}\right)$

(5) $K^\ominus=\left(\dfrac{c(H^+)}{c^\ominus}\right)\cdot\left(\dfrac{c(AC^-)}{c^\ominus}\right)\cdot\left(\dfrac{c(HAC)}{c^\ominus}\right)^{-1}$

(6) $K^\ominus=\left(\dfrac{c(H_2[SiF_6])}{c^\ominus}\right)\cdot\left(\dfrac{c(HF)}{c^\ominus}\right)^{-6}$

(7) $K^{\ominus}=\left(\frac{c(HbO_2)}{c^{\ominus}}\right)\cdot\left(\frac{c(Hb)}{c^{\ominus}}\right)^{-1}\cdot\left(\frac{p(O_2)}{p^{\ominus}}\right)^{-1}$

(8) $K^{\ominus}=\left(\frac{c(Mn^{2+})}{c^{\ominus}}\right)^{2}\cdot\left(\frac{c(SO_4^{2-})}{c^{\ominus}}\right)^{5}\cdot\left(\frac{c(MnO_4^{-})}{c^{\ominus}}\right)^{-2}\cdot\left(\frac{c(SO_3^{2-})}{c^{\ominus}}\right)^{-5}\cdot\left(\frac{c(H^{+})}{c^{\ominus}}\right)^{-6}$

14. 已知下列化学反应在 298.15 K 时的标准平衡常数：

(1) $CuO(s)+H_2(g)\rightleftharpoons Cu(s)+H_2O(g)$　$K_1^{\ominus}=2\times10^{15}$

(2) $1/2O_2(g)+H_2(g)\rightleftharpoons H_2O(g)$　$K_2^{\ominus}=5\times10^{22}$

计算反应 $CuO(s)\rightleftharpoons Cu(s)+\frac{1}{2}O_2(g)$的标准平衡常数 $K^{\ominus}$。

解：(1)－(2)得 $CuO(s)\longrightarrow Cu(s)+\frac{1}{2}O_2(g)$

$K^{\ominus}=\frac{K_1^{\ominus}}{K_2^{\ominus}}=\frac{2\times10^{15}}{5\times10^{22}}=4\times10^{-8}$。

15. 已知下列反应在 298.15 K 的标准平衡常数：

(1) $SnO_2(s)+2H_2(g)\rightleftharpoons 2H_2O(g)+Sn(s)$　$K_1^{\ominus}=21$

(2) $H_2O(g)+CO(g)\rightleftharpoons H_2(g)+CO_2(g)$　$K_2^{\ominus}=0.034$

计算反应 $2CO(g)+SnO_2(s)\rightleftharpoons Sn(s)+2CO_2(g)$在 298.15 K 时的标准平衡常数 $K^{\ominus}$。

解：(1)＋2×(2)得 $2CO(g)+SnO_2(s)\longrightarrow Sn(s)+2CO_2(g)$

$K^{\ominus}=K_1^{\ominus}\cdot(K_2^{\ominus})^2=21\times0.034^2=2.4\times10^{-2}$。

16. 密闭容器中反应 $2NO(g)+O_2(g)\rightleftharpoons 2NO_2(g)$ 在 1 500 K 条件下达到平衡。若开始状态 $p(NO)=150$ kPa，$p(O_2)=450$ kPa，$p(NO_2)=0$；平衡时 $p(NO_2)=25$ kPa。试计算平衡时 $p(NO)$，$p(O_2)$ 的分压及标准平衡常数 $K^{\ominus}$。

解：因为 $pV=nRT$，所以 V，T 不变，$p\propto n$，则

$p(NO)=(150-25)$ kPa＝125 kPa，

$p(O_2)=\left(450-\frac{25}{2}\right)$ kPa＝437.5 kPa，

$$K^{\ominus}=\left(\frac{p(NO_2)}{p^{\ominus}}\right)^{2}\cdot\left(\frac{p(NO)}{p^{\ominus}}\right)^{-2}\cdot\left(\frac{p(O_2)}{p^{\ominus}}\right)^{-1}=\left(\frac{25}{100}\right)^{2}\times\left(\frac{125}{100}\right)^{-2}\times\left(\frac{437.5}{100}\right)^{-1}$$
$$=9.1\times10^{-3}。$$

17. 密闭容器中的反应 $CO(g)+H_2O(g)\rightleftharpoons CO_2(g)+H_2(g)$在 750 K 时的 $K^{\ominus}=2.6$，问：

(1) 当原料气中 $H_2O(g)$和 $CO(g)$的物质的量之比为 1∶1 时，$CO(g)$的转化率为多少？

(2) 当原料气中 $H_2O(g)$∶$CO(g)$为 4∶1 时，$CO(g)$的转化率为多少？说明什么问题？

解：(1)

	$CO_2(g)$	$+H_2O(g)\longrightarrow$	$CO_2(g)$	$+H_2(g)$
起始 n/mol	1	1	0	0
平衡 n/mol	$1-x$	$1-x$	x	x

$\sum n=1-x+1-x+x+x=2$ mol

平衡分压	$\frac{1-x}{2}p_{总}$	$\frac{1-x}{2}p_{总}$	$\frac{x}{2}p_{总}$	$\frac{x}{2}p_{总}$

$2.6=\left(\frac{x}{2}\right)^2\cdot\left(\frac{1-x}{2}\right)^2$，

$x=0.62$，

$\alpha(CO)=62\%$。

(2) $CO_2(g) + H_2O(g) \longrightarrow CO_2(g) + H_2(g)$

起始 n/mol	1	4	0	0
平衡 n/mol	$1-x$	$4-x$	x	x

$\sum n=1-x+4-x+x+x=5\ \text{mol}$

平衡分压	$\frac{1-x}{2}p_{总}$	$\frac{4-x}{2}p_{总}$	$\frac{x}{2}p_{总}$	$\frac{x}{2}p_{总}$

$K^{\ominus}=\left(\frac{p(CO_2)}{p^{\ominus}}\right)\cdot\left(\frac{p(H_2)}{p^{\ominus}}\right)\cdot\left(\frac{p(CO)}{p^{\ominus}}\right)^{-1}\cdot\left(\frac{p(H_2O)}{p^{\ominus}}\right)^{-1}$，

$2.6=\left(\frac{x}{5}\right)^2\cdot\left[\frac{(1-x)}{5}\right]^{-1}\cdot\left[\frac{(4-x)}{5}\right]^{-1}$，

$x=0.90$，

$\alpha(CO)=90\%$。

$H_2O(g)$浓度增大，$CO(g)$转化率增大，利用廉价的$H_2O(g)$，使$CO(g)$反应完全。

18. 317 K 时，反应 $N_2O_4(g) \rightleftharpoons 2NO_2(g)$ 的 $K^{\ominus}=1.00$。分别计算当系统总压为 400 kPa和 800 kPa 时 $N_2O_4(g)$的平衡转化率，并解释计算结果。

解： $N_2O_4(g) \longrightarrow 2NO_2(g)$

起始 n/mol	1	0
平衡 n/mol	$1-x$	$2x$
平衡时相对分压	$\frac{1-x}{1+x}\times\frac{400}{100}$	$\frac{2x}{1+x}\times\frac{400}{100}$

$$\frac{\left(\frac{8.00x}{1+x}\right)^2}{\left[\frac{4.00(1-x)}{1+x}\right]}=1.00,$$

$x=0.243$，

$\alpha(N_2O_4)=24.3\%$。

总压为 800 kPa 时 $\frac{\left(\frac{16.0x}{1+x}\right)^2}{\left[\frac{8.00(1-x)}{1+x}\right]}=1.00$，

$x=0.174$，

$\alpha(N_2O_4)=17.4\%$。

增大压强，平衡向气体分子数减少的方向移动，N_2O_4 的转化率降低。

19. 在 2 033 K 和 3 000 K 的温度条件下混合等摩尔的 N_2 和 O_2 发生如下反应：

$$N_2(g)+O_2(g) \rightleftharpoons 2NO(g)$$

平衡混合物中 NO 的体积百分数分别是 0.80%和 4.5%。计算两种温度下反应的 $K^{\ominus}$ 并判断该反应是吸热反应还是放热反应。

解：$K^\ominus=\left(\frac{p(NO)}{p^\ominus}\right)^2\cdot\left(\frac{p(N_2)}{p^\ominus}\right)^{-1}\cdot\left(\frac{p(O_2)}{p^\ominus}\right)^{-1}$，

因为$\frac{V_i}{V}=\frac{n_i}{n}=x_i$，　因为 $p_i=x_ip$，

$K^\ominus$ (2 033 K)$=0.008\ 0^2\cdot\left(\frac{1-0.008\ 0}{2}\right)^2=2.6\times10^{-4}$，

$K^\ominus$ (3 000 K)$=0.045^2\cdot\left(\frac{1-0.045}{2}\right)^2=8.9\times10^{-3}$，

T 增大，$K^\ominus$ 增大，为吸热反应。

20. 已知尿素[$CO(NH_2)_2$]的 $\Delta_fG_m^\ominus=-197.15$ kJ·mol^{-1}，求下列尿素的合成反应在 298.15 K 时的 $\Delta_rG_m^\ominus$ 和 $K^\ominus$。

$$2NH_3(g)+CO_2(g)\rightleftharpoons H_2O(g)+CO(NH_2)_2(s)$$

解：$\Delta_rG_m^\ominus=(-197.15-228.575+394.359+2\times16.45)$ kJ·mol^{-1}

$=1.53$ kJ·mol^{-1}，

$\lg K^\ominus=-\frac{\Delta_rG_m^\ominus}{2.303RT}=\frac{-1.53\times10^3}{2.303\times8.314\times298.15}=-0.268$，

$K^\ominus=0.540$。

21. 25 ℃时，反应 $2H_2O_2(g)\rightleftharpoons 2H_2O(g)+O_2(g)$的 $\Delta_rH_m^\ominus$ 为-210.9 kJ·mol^{-1}，$\Delta_rS_m^\ominus$ 为 131.8 J·mol^{-1}·K^{-1}。试计算该反应在25℃和100℃时的 $K^\ominus$，计算结果说明什么问题。

解：$\Delta_rG_m^\ominus=\Delta_rH_m^\ominus-T\Delta_rS_m^\ominus$，

$\Delta_rG_m^\ominus=-210.9$ kJ·mol$^{-1}-298.15$ K$\times131.8\times10^{-3}$ kJ·mol^{-1}·K^{-1}

$=-250.2$ kJ·mol^{-1}。

$\lg K^\ominus=\frac{\Delta_rG_m^\ominus}{2.303RT}=\frac{250.2\times10^3}{2.303\times8.314\times298.15}=43.83$，

$K^\ominus$ (298.15 K)$=6.7\times10^{43}$。

$\Delta_rG_m^\ominus$(373.15 K)$=-210.9$ kJ·mol$^{-1}-373.15$ K$\times131.8\times10^{-3}$ kJ·mol^{-1}·K^{-1}

$=-260.1$ kJ·mol^{-1}，

$\lg K^\ominus=-\frac{\Delta_rG_m^\ominus}{2.303RT}=\frac{260.1\times10^3}{2.303\times8.314\times373.15}=36.40$，

$K^\ominus$ (373.15 K)$=2.5\times10^{36}$，

温度升高，$K^\ominus$ 变小，应为放热反应。

22. 在一定温度下 Ag_2O 的分解反应为 $Ag_2O(s)\rightleftharpoons 2Ag(s)+\frac{1}{2}O_2(g)$。假定反应的 $\Delta_rH_m^\ominus$，$\Delta_rS_m^\ominus$ 不随温度的变化而改变，估算 Ag_2O 的最低分解温度和在该温度下的$p(O_2)$分压是多少。

解：$\Delta_rH_m^\ominus=\Delta_fH_m^\ominus(Ag_2O)=31.05$ kJ·mol^{-1}，

$\Delta_rS_m^\ominus=\left(2\times42.5+\frac{205.138}{2}-121.3\right)$J·mol^{-1}·K$^{-1}=66.27$ J·mol^{-1}·K^{-1}，

$T=\frac{\Delta_r H_m^{\ominus}}{\Delta_r S_m^{\ominus}}=\frac{31.05\times10^3\ J\cdot mol^{-1}}{66.27\ J\cdot mol^{-1}\cdot K^{-1}}=468.5\ K$。

因为平衡时 $\Delta_r G_m^{\ominus}=0\ kJ\cdot mol^{-1}$，所以 $K^{\ominus}=1$。

$K^{\ominus}=\left(\frac{p(O_2)}{p^{\ominus}}\right)^{\frac{1}{2}}$，$p(O_2)=100\ kPa$。

23. 已知反应 $2SO_2(g)+O_2(g)\rightleftharpoons 2SO_3(g)$在 427 ℃和 527 ℃时的 $K^{\ominus}$ 分别为 1.0×10^5 和 1.1×10^2，求该温度范围内反应的 $\Delta_r H_m^{\ominus}$。

解：$\ln\frac{K_1^{\ominus}}{K_2^{\ominus}}=-\frac{\Delta_r H_m^{\ominus}}{R}\left(\frac{1}{T_1}-\frac{1}{T_2}\right)$，

$\ln\frac{1.0\times10^5}{1.1\times10^2}=-\frac{\Delta_r H_m^{\ominus}}{8.314\times10^{-3}\ kJ\cdot mol^{-1}\cdot K^{-1}}\left(\frac{1}{427+273.15}-\frac{1}{527+273.15}\right)$，

$\Delta_r H_m^{\ominus}=-3.2\times10^2\ kJ\cdot mol^{-1}$。

24. 反应 $2H_2(g)+2NO(g)\rightleftharpoons 2H_2O(g)+N_2(g)$ 的速率方程 $v=kc(H_2)c^2(NO)$。在一定温度下，若使容器体积缩小到原来的 1/2 时，问：反应速率如何变化？

解：体积缩小为原来一半，则浓度变为原来 2 倍，

$v_2=k\cdot 2c(H_2)\cdot(2c(NO))^2=8v_1$。

25. 某基元反应 $A+B\rightleftharpoons C$ 在 1.20 L 溶液中，当 A 为 4.0 mol，B 为 3.0 mol 时，v 为 $0.004\ 2\ mol\cdot L^{-1}\cdot s^{-1}$。计算该反应的速率常数，并写出该反应的速率方程式。

解：$v=kc_Ac_B$，

$k=0.004\ 2\ mol\cdot L^{-1}\cdot s^{-1}/[(4.0\ mol/1.2\ L)\times(3.0\ mol)/1.20\ L]$

$=5.0\times10^{-4}\ mol\cdot L^{-1}\cdot s^{-1}$。

26. 在 301 K 时鲜牛奶大约 4 h 变酸，但在 278 K 的冰箱中可保持 48 h。假定反应速率与变酸时间成反比，求牛奶变酸反应的活化能。

解：$\ln\frac{\frac{1}{4.0}}{\frac{1}{48}}=-\frac{E_a}{8.314\ J\cdot mol^{-1}\cdot K^{-1}}\left(\frac{1}{301}-\frac{1}{278}\right)K^{-1}$，

$E_a=7.5\times10^4\ J\cdot mol^{-1}=75\ kJ\cdot mol^{-1}$。

27. 已知青霉素 G 的分解反应为一级反应，37 ℃时其活化能为 $84.8\ kJ\cdot mol^{-1}$，指前因子 A 为 $4.2\times10^{12}\ h^{-1}$。求 37 ℃时青霉素 G 分解反应的速率常数。

解：$R=A\cdot e^{-\frac{E_a}{RT}}=4.2\times10^{12}\ h^{-1}\times e^{\overline{8.314\ kJ\cdot mol^{-1}\cdot K^{-1}\times(273.15+37)K}^{\ 84.8\ kJ\cdot mol^{-1}}}$

$=4.2\times10^{12}\ h^{-1}\times5.2\times10^{-15}=2.2\times10^{-2}h^{-1}$。

28. 某病人发烧至 40 ℃时，体内某一酶催化反应的速率常数增大为正常体温（37 ℃）的 1.25 倍，求该酶催化反应的活化能。

解：$\ln\frac{1}{1.25}=\frac{-E_a}{8.314\ kJ\cdot mol^{-1}\cdot K^{-1}}\times\left(\frac{1}{310\ K}-\frac{1}{313\ K}\right)$，

$E_a=60.0\ kJ\cdot mol^{-1}$。

29. 略

练习题

一、填空题

1. 若体系经过一系列变化最后又回到初始状态，则体系 $Q=$________，$\Delta U=$________，$\Delta H=$________。
2. 从同一始态出发，经不同途径达到同一终态时，此两种过程的 ΔU 与 ΔH ________，但 W 与 Q ________。
3. 对于________体系，自发过程熵一定是增加的。
4. 热力学体系的________过程，状态函数的变化一定为零。
5. 只有在不做________功和________过程中，等式 $\Delta H=Q_p$ 才成立。
6. $Br_2(g)$，$Br_2(l)$，$Br(aq)$，$H_2(g)$，$H^+(aq)$ 中，标准生成焓为零的是________和________。
7. 热力学函数 $\Delta_f G_m(H_2, g, 298\ K)$，$\Delta_f G_m(NO, g, 298\ K)$，$\Delta_f G_m$(C，金刚石，298 K)，$S(I^-, aq, 298\ K)$ 中，其值为零的是________。
8. 已知某反应在 300 K 和 500 K 时的 $\Delta_r G_m$ 分别为 $-105.0\ kJ \cdot mol^{-1}$ 和 $-125.0\ kJ \cdot mol^{-1}$，则该反应的 $\Delta_r H_m$ 为________，$\Delta_r S_m$ 为________。
9. 对于反应 $A+B \longrightarrow C$，正反应的活化能为 E_a，逆反应的活化能为 E_a'，且 $E_a' > E_a$，则正反应为________；逆反应为________；当升高反应温度时，E_a 和 E_a' 将________；当加入催化剂时，E_a 和 E_a' 将________；当增大反应物 A，B 浓度时，E_a 将________。
10. 某化学反应在 298 K 时的速率常数为 $1.1\times10^{-4}\ s^{-1}$，在 323 K 时的速率常数为 $5.5\times10^{-2}\ s^{-1}$。则该反应的活化能是________；303 K 时的速率常数是________；在 303 K 和 313 K 时的反应速率分别为 v_1 和 v_2，则 v_1 一定比 v_2 ________。
11. 在气相平衡 $PCl_5(g) \rightleftharpoons PCl_3(g)+Cl_2(g)$ 体系中，如果温度、体积不变，加入惰性气体，平衡________移动。
12. 某温度时，化学反应 $2SO_2(g)+O_2(g) \rightleftharpoons 2SO_3(g)$ 的 $K=0.01$，在相同的温度下，反应 $SO_3(g) \rightleftharpoons SO_2(g)+\frac{1}{2}O_2(g)$ 的 $K=$________。
13. 可逆反应 $A(g)+B(g)=2C(g)$ $(\Delta_r H_m<0)$ 达平衡时，如果改变下列各项条件，试将其他各项发生的变化填入表中：

操作条件	$v_{正}$	$v_{逆}$	$k_{正}$	$k_{逆}$	K	平衡移动的方向
增加 A 的分压						
压缩体积						
降低温度						
使用正催化剂						

14. 在 298 K 时，已知反应

(a) $SnO_2(s)+2H_2(g) = Sn(s)+2H_2O(g)$　$K_a=21$

(b) $CO(g)+H_2O(g) = CO_2(g)+H_2(g)$　$K_b=0.034$

(c) $SnO_2(s)+2CO(g) = Sn(s)+2CO_2(g)$

在相同温度下，求反应(c)的平衡常数 K_c=________。

二、选择题

1. 下列关系错误的是 ( )

A. $H=U+PV$　　B. ΔU(体系)$+\Delta U$(环境)$=0$

C. $\Delta G=\Delta H-T\Delta S$　　D. $\Delta S=\sum\Delta S$(产)$-\sum\Delta S$(反)

2. 已知下列数据 $A+B \longrightarrow C+D$，$\Delta_r H_m=10\ kJ\cdot mol^{-1}$，$C+D \longrightarrow E$，$\Delta_r H_m=5\ kJ\cdot mol^{-1}$，则反应 $A+B \longrightarrow E$ 的 $\Delta_r H_m$= ( )

A. $+5\ kJ\cdot mol^{-1}$　　B. $-15\ kJ\cdot mol^{-1}$

C. $-5\ kJ\cdot mol^{-1}$　　D. $+15\ kJ\cdot mol^{-1}$

3. 下列反应中，表示 $\Delta_r H_m=\Delta_f H_m(C_2H_5OH, l)$ 的是 ( )

A. 2C(金刚石)$+3H_2(l)+1/2O_2(g) = C_2H_5OH(l)$

B. 2C(石墨)$+3H_2(g)+1/2O_2(l) = C_2H_5OH(l)$

C. 2C(石墨)$+3H_2(g)+1/2O_2(g) = C_2H_5OH(l)$

D. 2C(石墨)$+3H_2(g)+1/2O_2(g) = C_2H_5OH(g)$

4. $CaO(s)+H_2O(l) = Ca(OH)_2$，在 25 ℃及标准状态下反应自发进行，高温时其逆反应自发，这表明该反应 ( )

A. $\Delta_r H_m<0, \Delta_r S_m<0$　　B. $\Delta_r H_m<0, \Delta_r H_m>0$

C. $\Delta_r H_m>0, \Delta_r S_m>0$　　D. $\Delta_r H_m>0, \Delta_r S_m<0$

5. 在一般情况下，单独作为化学反应自发性的判据是 ( )

A. $\Delta S>0$　　B. $\Delta H<0$　　C. $\Delta G<0$　　D. $\Delta U>0$

6. 已知反应 $CaCO_3(s) = CaO(s)+CO_2(g)$，$\Delta_r H_m=178\ kJ\cdot mol^{-1}$，则反应 ( )

A. 高温自发　　B. 低温自发

C. 任何温度下都自发　　D. 任何温度下都不自发

三、解答题

1. 下列说法是否正确？为什么？

(1) 放热反应是自发的。

(2) 纯单质的 $\Delta_f H_m$，$\Delta_f G_m$，S_m 皆为零。

(3) 反应的产物分子数比反应物多，该反应的 ΔS 必是正值。

(4) 如果反应的 ΔH 和 ΔS 皆为正值，当升温时 ΔG 减小。

2. 已知下列反应的标准摩尔焓：

(1) $CH_3OH(l)+1/2\ O_2(g) = $ C(石墨)$+2H_2O(l)$

$\Delta_r H_{m,1}=-316\ kJ\cdot mol^{-1}$

(2) C(石墨)$+1/2\ O_2(g) = CO(g)$

$\Delta_r H_{m,2}=-110.50\ kJ\cdot mol^{-1}$

(3) $H_2(g)+1/2\ O_2(g)=\!=\!=H_2O(l)$

$\Delta_r H_m,3=-285.8\ kJ\cdot mol^{-1}$

计算合成甲醇反应的标准摩尔焓 $\Delta_r H_m,4$：

$CO(g)+2H_2(g)=CH_3OH(l)$。

3. 已知下列热化学方程式：

(1) $Fe_2O_3(s)+3CO(g)=\!=\!=2Fe(s)+3CO_2(g)$

$\Delta_r H_m,1=-27.50\ kJ\cdot mol^{-1}$

(2) $3Fe_2O_3(s)+CO(g)=\!=\!=2Fe_3O_4(s)+CO_2(g)$

$\Delta_r H_m,2=-58.50\ kJ\cdot mol^{-1}$

(3) $Fe_3O_4(s)+CO(g)=\!=\!=3FeO(s)+CO_2(g)$

$\Delta_r H_m,3=38.16\ kJ\cdot mol^{-1}$

求下列反应的 $\Delta_r H_m$(不用查表)：

$FeO(s)+CO(g)=\!=\!=Fe(S)+CO_2(g)$。

4. 已知298 K时石墨的 $S_m=5.692\ J\cdot mol^{-1}\cdot K^{-1}$，$\Delta_f H_m=0\ kJ\cdot mol^{-1}$，金刚石的$\Delta_f G_m=1.896\ kJ\cdot mol^{-1}$，$\Delta_f G_m=2.866\ kJ\cdot mol^{-1}$，求金刚石的标准熵。

5. 定压下苯和氧反应：$C_6H_6(l)+15/2O_2(g)=\!=\!=6CO_2(g)+3H_2O(l)$，在 25 ℃和标准状态下，0.25 mol 液态苯与氧反应放热 816.91 kJ，求 1 mol 液态苯与氧反应时的 ΔU。

6. 脂肪的一种重要成分甘油三油酸酯($C_{54}H_{104}O_6$) 在人体中发生代谢反应时，按下式放出热量：

$C_{57}H_{104}O_6(s)+80O_2(g)=\!=\!=57CO_2(g)+52H_2O(l)$

$\Delta_r H_m=-3.35\times 10^4\ kJ\cdot mol^{-1}$

试计算：(1) 当人体消 100 g 甘油三油酸酯时，可放出多少热量；

(2) 甘油三油酸酯的标准生成热为多少。(甘油三油酸酯的相对分子质量为 884)

7. 将空气中的单质氮变成各种含氮化合物的反应叫固氮反应，查附表根据 $\Delta_f H_m$ 数据计算下列三种固氮反应的 $\Delta_r G_m$，从热力学角度判断选择哪个反应最好。

(1) $N_2(g)+O_2(g)=\!=\!=2NO(g)$

(2) $2N_2(g)+O_2(g)=\!=\!=2N_2O(g)$

(3) $N_2(g)+3H_2(g)=\!=\!=2NH_3(g)$

8. 试用热力学原理说明用一氧化碳还原三氧化二铝制铁是否可行。

$Al_2O_3(s)+3CO(g)=\!=\!=2Al(s)+3CO_2(g)$

9. 通过下列两种反应都可由赤铁矿生产铁，问：哪一种反应自发进行的温度较低？

(1) $Fe_2O_3(s)+3/2C(s)=\!=\!=2Fe(s)+3/2CO_2(g)$

(2) $Fe_2O_3(s)+3H_2(g)=\!=\!=2Fe(s)+3H_2O(g)$

10. 已知反应 S(单)$+O_2(g)=\!=\!=SO_2(g)$，$\Delta_r H_m,1=-297.09\ kJ\cdot mol^{-1}$

S(正)$+O_2(g)=\!=\!=SO_2(g)$，$\Delta_r H_m,2=-296.80\ kJ\cdot mol^{-1}$。单斜硫和正交硫的标准摩尔熵分别为 $32.6\ J\cdot mol^{-1}\cdot K^{-1}$ 和 $31.8\ J\cdot mol^{-1}\cdot K^{-1}$，计算说明在标准状态下，当温度为 25 ℃和 120 ℃时，硫的哪种晶型更稳定，两晶型的转变温度为多少。

11. 固体 $AgNO_3$ 的分解反应：

$$AgNO_3(s)=\!=\!=Ag(s)+NO_2(g)+1/2O_2(g)$$

查附表并计算在标准状态下，$AgNO_3(s)$ 分解的温度，若要防止 $AgNO_3$ 分解，保存时应采取什么措施。

12. 某反应 $A(s)=B(g)+C(s)$，$\Delta_r G_m=40\ kJ\cdot mol^{-1}$。

(1) 计算该反应在 298 K 时的 K；

(2) 当 B 的分压降为 1.02×10^{-3} kPa 时，反应能否正向自发进行？

13. A(g)⟶B(g)为二级反应。当A的浓度为0.050 mol·L^{-1}时，其反应速率为1.2 mol·L^{-1}·min^{-1}。

(1) 写出该反应的速率方程；

(2) 计算速率常数；

(3) 温度不变，欲使反应速率加倍，A的浓度应为多大？

14. 在温度为298 K时测得反应 $S_2O_2^{8-}+3I^-$ ══ $2SO_2^{4-}+I^{3-}$（未配平）的实验数据列于下表：

实验编号	$S_2O_2^{8-}$ 初始浓度/mol·L^{-1}	I^-初始浓度/mol·L^{-1}	反应速率/mol·L^{-1}·s^{-1}
1	7.7×10^{-2}	7.7×10^{-2}	3.6×10^{-5}
2	3.8×10^{-2}	7.7×10^{-2}	1.8×10^{-5}
3	7.7×10^{-2}	3.8×10^{-2}	1.8×10^{-5}
4	7.7×10^{-2}	1.9×10^{-2}	9×10^{-6}

根据实验数据求反应级数和速率常数。

15. 乙醛的分解反应按下式进行：$CH_3CHO(g)$══$CH_4(g)+CO(g)$，通过实验测得一系列不同浓度时的反应速率，现将结果列于下表：

CH_3CHO浓度/mol·L^{-1}	0.10	0.20	0.30	0.40
反应速率 mol·L^{-1}·s^{-1}	0.020	0.081	0.182	0.318

用上述实验数据确定：

(1) 该反应的级数；

(2) 速率常数；

(3) CH_3CHO浓度 c=0.15 mol·L^{-1}时的反应速率。

16. $CO(CH_2COOH)_2$ 在水溶液中可分解为丙酮(CH_3COCH_3)和二氧化碳(CO_2)，在283 K时分解反应速率常数为 1.08×10^{-4} L·mol^{-1}·s^{-1}，在333 K时为 5.48×10^{-2} L·mol^{-1}·s^{-1}。试计算该反应在303 K时分解反应速率常数。

17. 在体积为 1.0 L 的容器中放入 10.4 g PCl_5，加热到 150 ℃建立下列平衡：

$$PCl_5(g) \rightleftharpoons PCl_3(g) + Cl_2(g)$$

若平衡时的总压强为 193.53 kPa，计算各物质的平衡分压，平衡常数 K 以及 PCl_5 的平衡转化率。

18. 已知反应 $C(s)+CO_2(g) = 2CO(g)$，在 1 000℃时 $K=1.60\times10^2$，1 227℃时 $K=2.10\times10^3$，计算：(1)该反应的 $\Delta_r H_m$；(2)该反应是吸热反应还是放热反应。

19. 已知下列反应在 1 123 K 时的标准平衡常数：

(a) $C(s)+CO_2(g)=2CO(g)$ $K_a=1.3\times10^{-3}$

(b) $CO(g)+Cl_2(g)=COCl_2(g)$ $K_b=6.0\times10^{-3}$

计算反应(c) $2COCl_2(g) = C(s)+CO_2(g)+2Cl_2(g)$ 在 1 123 K 时的 K_c 值。

20. 已知反应 $CO(g)+H_2O(g) = CO_2(g)+H_2(g)$ 在 800 K 时的 $K=1.0$，求：

(1) 如果反应开始时 CO 和 H_2O 的浓度都为 1.0 $mol \cdot L^{-1}$，求 C 在 800 K 时的转化率；

(2) 前一步平衡后，如果把 H_2O 的浓度增加到 5.0 $mol \cdot L^{-1}$，CO 的浓度增加到 1.0 $mol \cdot L^{-1}$，计算此时 CO 的转化率，并说明平衡移动的方向。

第三章　定量分析基础

内容提要

本章重点：误差与数据处理以及滴定分析概述两部分内容，这两部分是定量分析的基础内容，它对于定量分析的理论及方法的学习、理解及应用具有极为重要的作用。

一、定量分析的分类及程序

1. 定量分析的分类

分析化学是研究物质组成的测定方法及有关原理的一门学科。它包括定性分析和定量分析两大部分。定性分析是研究鉴别物质组成的方法和原理的科学，它主要回答的是"含什么成分"的问题；定量分析研究的是测定物质各组成成分的含量的方法和原理的科学，它主要是回答"各含多少"的问题。

定量分析的分类方法很多，分类依据不同则分类不同。如，按分析方法分，定量分析分为化学分析法和仪器分析法，而化学分析法又根据手段不同又可以分为重量分析法、容量分析法和气体分析法，其中容量分析法又依滴定反应的不同可以分为酸碱、配位、氧化还原和沉淀滴定法等等。

2. 定量分析的程序

定量分析的程序一般包括采样、试样制备、试样预处理、测定、计算及结果处理等几大步骤，根据样品的不同，程序可能有些不同。

在这一部分，重点掌握定量分析程序的每一步骤的内容、特点和要求。要清楚广义的定量分析是一个包括从采样到报告结果各个步骤的全过程，它的每一步骤都对分析的结果的准确性有着直接的贡献，都应该加以重视，决不能只重测定而不重其他。

二、误差与数据处理

1. 有关误差的基本概念

重点在于误差的基本概念、来源，准确度的概念，误差与准确度之间的相互关系；偏差、精密度的基本概念以及它们之间的相互关系；准确度与精密度之间的相互关系；误差、偏差的各种表示方式。

(1) 准确度与误差：误差是测量结果与真值之间的差异。它的来源主要有两种：一是系统误差；二是随机误差。系统误差是由于某些确定的因素造成的，它的特点是具有单向性、重复性和可测性，它是分析误差中最重要的误差来源，它直接影响分析结果的准确度；而随机误差则是由于某些难以控制的、无法避免的因素造成的，它的特点是随机性，大量分析结果的随机误差的出现规律符合正态分布曲线，即具有对称性、单峰性和抵偿性的规律，它主要影响分析结果的精密度。

准确度是指测定值(X)与真值(T)之间的符合程度，它说明了测定结果的可靠性。准确度以误差表示，误差越小，准确度越高，说明测定值与真值越接近。常用的表示方式有绝对误差(E)和相对误差(E_r)。

$$E=\overline{X}-T,$$

$$E_r=\frac{E}{T}\times100\%=\frac{\overline{X}-T}{T}\times100\%。$$

在实际应用中，相对误差更常用，因为它表示了误差与测定的相对大小。

(2) 精密度与偏差：精密度是指同一试样在多次重复测定时，各平行测定值之间相互符合的程度。它常用偏差来表示。

偏差是测定结果与多次测定平均值之间的差值，它是测定结果精密度的表征。偏差越小，说明测定结果的精密度越高，测定结果之间就越接近，相互之间符合得就越好。偏差的表示方式较多，对于不同的要求，表示方式不一样。

对于一组测定数据中的每一个数据而言，表示某一个数据与这一组其他数据的符合程度，采用绝对偏差(d_i)、相对偏差(d_r)来表示。

$$d_i=x_i-\overline{X},$$

$$d_r=\frac{d_i}{\overline{X}}\times100\%。$$

对于一组测定数据整体的离散程度常常采用平均偏差($\overline{d}$)和相对平均偏差($\overline{d}_r$)来表示。

$$\overline{d}=\frac{\sum|d_i|}{n},$$

$$\overline{d}_r=\frac{\overline{d}}{\overline{X}}\times100\%。$$

在测定数据的统计处理中和表示测定数据的整体离散程度时，最常采用的是标准偏差和相对标准偏差。

对于无限次测量(测定次数 $n\geqslant30$)，总体的标准偏差(σ)的表达式为

$$\sigma=\sqrt{\frac{\sum(x_i-\mu)^2}{n}}。$$

有限次的测量(测定次数 $n<30$)，样本的标准偏差(s)和相对标准偏差(s_r)的表达式为

$$s=\sqrt{\frac{\sum(x_i-\overline{x})^2}{n-1}},$$

$$s_r=\frac{s}{X}\times100\%。$$

由于标准偏差能够较好地将较大偏差和测定次数对精密度的影响表达出来，因此，在实际应用中，标准偏差的应用更广。除此以外，相差、极差也常用来表示不同情况下的测定数据的精密度。

相差只适用于测定两次的试验，有绝对相差和相对相差：

绝对相差$=|x_1-x_2|$，

相对相差$=|x_1-x_2|/X$。

极差(R) 定义为

$$R=x_{max}-x_{min}。$$

(3) 准确度和精密度：准确度和精密度的关系可以归结为：精密度是保证准确度的先决(必要) 条件，准确度高，精密度必高，但精密度高，准确度不一定高。

2. 有限数据的统计处理

(1) 正态分布：对于大量数据的统计结果表明，对于某个对象进行无数次测量，测量数据的分布符合正态分布。描述正态分布的指标有两个，一是总体平均值 μ(可以看作真值)，它表明了正态分布的集中趋势，另一个是标准偏差 σ，它表明了测量数据的离散趋势。

正态分布的特点：正态分布呈单峰型，峰值所对应的测量数据为总体平均值 μ，测量数据均匀地分布在总体平均值 μ 的两侧，以总体平均值 μ 为对称轴左、右对称，标准偏差 σ 表示的是正态分布峰拐点处的半峰宽的宽度，标准偏差 σ 越大，峰越宽，测量数据越离散；标准偏差 σ 越小，峰越窄，测量数据越集中。只要确定了总体平均值 μ 和标准偏差 σ，一组测量数据的正态分布的图形即可以确定。

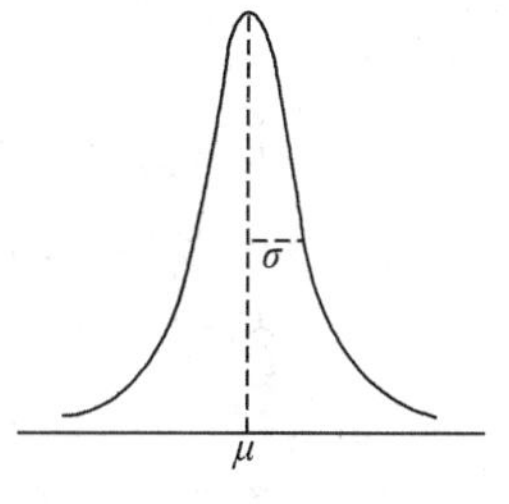

(2) 置信区间：我们把测定值在一定范围内出现的概率称作为置信概率，也称为置信水平或置信度(P)。我们可以由测定结果(X) 或一组测量结果的平均值来估计总体平均值(μ)的所在范围。我们把总体平均值(可以看作是真值) 以一定概率存在于或附近的一定区间，称为“置信区间”。

在一定置信概率下，以测量结果(X) 或测量结果的平均值估计真值的置信区间为

$$\mu=X\pm ts;$$

$$\mu=\overline{X}\pm t\frac{s}{\sqrt{n}}。$$

式中 s——有限次测量所得到的一组测量结果的标准偏差；

t——在有限次测量的自由度(f)和置信概率(P)下的 t 统计量，可由 t 值表查出。

可以看出，置信概率大，则 t 大，置信区间就宽，反之，则窄。区间的大小反映估计的准确程度，置信概率的高低说明估计的把握程度。置信概率越高，估计的把握越大，区间的范围就越宽，但准确程度就越低。反之，把握越小，区间的范围就越窄，但准确度越高。

(3) 可疑值的舍弃：可疑值的舍弃实际上是过失误差的判断，常用 Q 检验法。

Q检验法：舍弃商Q的定义为

$$Q_{计}=\frac{|x_{可疑}-x_{邻近}|}{R}。$$

查Q表，在一定置信概率(P)和测定次数(n)下，若 $Q_{计}>Q_{统}$，则可疑值舍去，否则，就保留。

3. 提高分析结果准确度的方法

提高分析结果准确度的方法，对于系统误差可以通过对照试验(标准样、标准方法对照、内检、外检)、回收试验、空白试验、校正仪器等来检验和校正不同来源的系统误差。对于随机误差来说，由于其服从统计规律，在消除系统误差的前提下，可以通过增加测量次数来减小随机误差。

4. 有效数字

在有效数字这一部分，主要掌握三部分的内容：一是有效数字的概念、选取原则以及在分析化学中的意义；二是有效数字的修约规则和应用；三是有效数字的运算规则和应用。有效数字是测量数据中能够正确反映一定量(物理量或化学量)的数字，也就是说，是能够实际测到的数字。有效数字在分析化学中的意义，不但表现在它表示了测定的量的大小，而且表示了测量值所能达到的准确度，因此，测量数据有效数字的位数有着很重要的意义。有效数字的位数的保留，是根据分析方法和仪器的准确度来决定的，记录所得到的数据中应该只有最后一位是不确定的数字，而该位以前的其他数字均为确定数字。在有效数字的确定中，要特别注意许多特例，如“0”和对数等特殊情况下的有效数字的位数。

有效数字的修约规则，采用“四舍六入五成双”的原则，在进行修约时，一方面要注意修约的位数，另一方面要注意“5”的修约。

有效数字的运算规则，主要考虑的是修约后结果的误差与参加运算的数据的误差的匹配问题。

在加减运算中，误差是各个数据的绝对误差的传递，因此，计算结果的绝对误差应该与参加运算的数据中绝对误差最大的相匹配，故计算结果按照小数点后位数最少的那个数来保留计算结果的有效数字位数，即计算结果的小数点后的位数与参加运算的数据中小数点后位数最少的那个数的小数点后位数一致，即“向小数点最近者看齐”。在乘除运算中，误差是各个数据的相对误差的传递，因此，计算结果的相对误差应该与参加运算的数据中相对误差最大的相匹配，故计算结果按照总有效数字位数最少的那个数来保留计算结果的有效数字位数，即计算结果的总有效数字位数与参加运算的数据中总有效数字位数最少的那个数的总有效数字位数一致，即“向有效数字位数最少者看齐”。

三、滴定分析法基础

1. 概述

这一部分的主要内容是掌握有关容量分析(滴定分析)的一些基本概念，滴定分析对滴定反应的要求以及滴定分析的方式。重点掌握滴定分析的四种方式的特点、操作方法及计算。

有关滴定分析的基本概念，主要有滴定分析分类、滴定剂、标准溶液、滴定等。滴定分析的实质就是利用标准溶液和待测物质定量发生化学反应，利用滴定这种分析方式确定定量反应所消耗的标准溶液的体积，根据标准溶液的浓度和体积计算待测物质的含量。

滴定分析与四大化学平衡相对应，分为酸碱、沉淀、配位和氧化还原四类方法。滴定分析由于其分析方法本身的特点，要求滴定反应应符合反应必须按反应式的计量关系进行，且无副反应；反应必须定量进行（反应要进行完全）；反应应迅速，要求瞬间完成；要有合适的终点指示办法的条件。

滴定反应进行的方式主要有以下四种：

（1）直接滴定：方法是用标准溶液直接滴定待测物质，它是滴定分析中最常用的滴定方式。它的特点是待测物质的基本单元的物质的量和标准溶液的基本单元的物质的量相等。

（2）返滴定：返滴定适用于标准溶液与待测物质反应缓慢，或被测物质是固体时。它是在被测物质中先准确加入一种过量的标准溶液，使二者充分反应，然后，再用另外一种标准溶液返滴定剩余的第一种标准溶液。它的特点是必须采用两种标准溶液，用第二种标准溶液来返滴定过量的第一种标准溶液，待测物质的基本单元的物质的量等于第一种标准溶液的基本单元的物质的量与第二种标准溶液的基本单元的物质的量之差。

（3）置换滴定：置换滴定适用于滴定反应不按一定反应式进行或者有副反应发生而不能直接滴定时。这种方法是先在待测物质中加入过量的反应物，该反应物和待测物质定量反应，生成的产物可以被标准溶液滴定。这种方法的特点是只采用一种标准溶液，与待测物质反应的不是标准溶液，只是一种反应物，它加入的量也不必准确，只要过量即可。标准溶液滴定的不是待测物质，而是待测物质与反应物反应的产物。待测物质基本单元的物质的量等于标准物质基本单元的物质的量。

（4）间接滴定：间接滴定广泛适用于标准溶液不能直接和待测物质反应时。这种方法主要是将待测物质通过一系列和其他物质的定量反应最终生成可以为标准溶液滴定的产物，然后以标准溶液滴定之。对于不同的待测物质来说，间接法采取的步骤可能不一样，应该具体问题具体分析。如以 $KMnO_4$ 测定 Ca^{2+} 时，先用 $(NH_4)_2C_2O_4$ 沉淀 Ca^{2+} 为 CaC_2O_4，沉淀经过滤、洗涤后溶于 H_2SO_4，最后用 $KMnO_4$ 滴定与 Ca^{2+} 结合的 $C_2O_4^{2-}$，从而计算 Ca^{2+} 的含量。按上例，待测物质与标准物质的物质的量的关系，即有 $n\left(\frac{1}{2}Ca^{2+}\right)=n\left(\frac{1}{2}CaC_2O_4\right)=n\left(\frac{1}{2}C_2O_4^{2-}\right)=n\left(\frac{1}{5}KMnO_4\right)$。

2. 标准溶液

重点是有关标准溶液的概念、浓度的表示，配制及浓度的确定。

滴定分析的标准溶液是已知准确浓度的溶液，其浓度的表示方式最常用的是物质的量浓度，在应用物质的量浓度表示标准溶液的浓度时，一定注意要明标准溶液的基本单元，如 $c\left(\frac{1}{5}KMnO_4\right)$。此外，在进行大量试样或例行的分析时，为简化计算，也常常采用滴定度来表示。滴定度有两种表示方法：一种是以每毫升标准溶液相当于标准物质的质量(g)来表示，以符号 T_s 表示。另一种是以每毫升标准溶液相当于待测物质的质量(g)来表示，以符

号 $T_{s/x}$表示。二者之间的关系为

$$T_{s/x}=T_s\times\frac{M_x}{M_s}。$$

标准溶液的配制主要有两种方法：一种为直接法；另一种为间接法。直接法只适用于基准物质直接配制标准溶液，对于非基准物质配制标准溶液，只能采用间接法。应用间接法只能配制大致浓度的溶液，还需要用基准物质或其他的标准溶液来标定它，确定其准确浓度后，才能成为标准溶液。

3. 容量分析的计算

重点是容量分析计算的等物质量规则，以等物质量规则为手段，掌握有关溶液浓度配制的计算、标准溶液标定的计算、滴定的计算以及物质百分含量的计算等。

等物质量规则的内容是：在滴定反应中，当达到计量点时，滴定剂的基本单元的物质的量等于被滴定剂的基本单元的物质的量。

对于常见的四大类型的滴定反应来说，其基本单元的选取是不同的。对于酸碱滴定来说，反应的实质是质子的得失，因此其基本单元就以得、失 1 mol 质子为标准来确定；对于氧化还原反应来说，反应的实质是电子的得失，因此就以得、失 1 mol 电子为标准来确定氧化还原反应的基本单元；沉淀和配位滴定，一般分别指的是银量法和 EDTA 滴定法，其滴定剂和被滴定剂反应的计量比为 1∶1，因此，沉淀和配位滴定的反应物的基本单元就是其本身。

应用等物质量规则计算的一些常用公式如下：

$$n\left(\frac{1}{a}\mathrm{B}\right)=a\cdot n(\mathrm{B})；c\left(\frac{1}{a}\mathrm{B}\right)=a\cdot c(\mathrm{B})；M\left(\frac{1}{a}\mathrm{B}\right)=\frac{1}{a}\cdot M(\mathrm{B})；$$

$$n\left(\frac{1}{a}\mathrm{B}\right)=c\left(\frac{1}{a}\mathrm{B}\right)\times V_\mathrm{B}；c\left(\frac{1}{a}\mathrm{B}\right)=\frac{m}{M\left(\frac{1}{a}\mathrm{B}\right)\times V}；m=n\left(\frac{1}{a}\mathrm{B}\right)\times M\left(\frac{1}{a}\mathrm{B}\right)=n(\mathrm{B})\times M(\mathrm{B})；$$

$$含量\%=\frac{n\left(\frac{1}{a}\mathrm{B}\right)\times V_\mathrm{B}\times M\left(\frac{1}{a}\mathrm{B}\right)}{G}\times 100；含量\%=\frac{c\left(\frac{1}{a}\mathrm{B}\right)\times V_\mathrm{B}\times M\left(\frac{1}{a}\mathrm{B}\right)}{G}\times 100；$$

$$c\left(\frac{1}{a}\mathrm{B}\right)\times V_\mathrm{B}=c\left(\frac{1}{d}\mathrm{E}\right)\times V_E。$$

上面的公式中$\frac{1}{a}$B，$\frac{1}{b}$E，指的是 B，E 物质的基本单元，以氧化还原反应为例，a，d 分别表示 B 物质、E 物质在反应中得、失了 a，d mol 的电子，B，E 分别表示 B，E 物质的化学式。

本章难点：对误差基本概念的理解；有限数据的统计处理；等物质量规则的理解和应用。

例题解析

例 1 分析某试样的含氮量，测定数据如下：37.45%，37.20 %，37.50 %，37.30 %，37.25 %。计算其平均值、平均偏差、相对平均偏差、标准偏差、和相对标准偏差（变异系数），如果真实含量为 37.38%，求其绝对误差和相对误差。

分析：该题的主要目的是练习掌握有关误差的基本概念及计算。

解：$\overline{X}=\dfrac{\sum x_i}{n}=\dfrac{37.45(\%)+37.20(\%)+37.50(\%)+37.30(\%)+37.25(\%)}{5}=$ $37.34(\%)$。

$d_1=x_1-X=37.45(\%)-37.34(\%)=+0.11(\%)$，$d_2=-0.14(\%)$，$d_3=+0.16(\%)$，$d_4=-0.04(\%)$，$d_5=-0.09(\%)$，

$$\overline{d}=\frac{\sum|d_i|}{n}=\frac{0.11(\%)+0.14(\%)+0.16(\%)+0.04(\%)+0.09(\%)}{5}=0.11(\%)。$$

$$\overline{d}_r=\frac{\overline{d}}{\overline{X}}\times100\%=\frac{0.11(\%)}{37.34(\%)}\times100\%=0.29\%。$$

$$s=\sqrt{\frac{\sum d_i^2}{n-1}}=\sqrt{\frac{(0.11)^2+(0.14)^2+(0.16)^2+(0.04)^2+(0.09)^2}{5-1}}\%=0.13\%。$$

$$s_r=\frac{s}{\overline{X}}\times100\%=\frac{0.13(\%)}{37.34(\%)}\times100\%=0.35\%。$$

$E=\overline{X}-T=37.34(\%)-37.38(\%)=-0.04(\%)$。

$$E_r=\frac{E}{T}\times100\%=\frac{-0.04(\%)}{37.38(\%)}\times100\%=-0.1\%。$$

题后点睛：计算此类习题，误差的基本概念和公式，特别是它们之间的区别和联系要清楚。该类型的习题是加深理解误差基本概念的较好的题型。

例 2　某试样甲、乙二人的分析结果分别为：

甲：40.15 %，40.15 %，40.14 %，40.16 %；

乙：40.25 %，40.01 %，40.01 %，40.26 %。

问：谁的结果可靠？为什么？

分析：该题的目的是比较甲、乙两个人的分析结果的可靠性，由于题中并未给出试样的真值，故该题只能从精密度的角度去解决问题。从精密度与准确度之间的关系可知，准确度高，要求精密度必须高，因此从精密度角度看，甲、乙二人的测定结果，谁的精密度高，谁的结果应该可靠。故该题的主要途径是评价精密度。精密度表示方法很多，较好的是标准偏差。

解：依 $s=\sqrt{\dfrac{\sum d_i^2}{n-1}}$，代入甲、乙的测定数据得

$s_{甲}=0.0082$，$s_{乙}=0.14$，

可见，$s_{甲}<s_{乙}$，故甲的测定结果比较可靠。

题后点睛：该题主要是考查学生对于精密度和准确度之间关系的理解，只要理解了二者之间的关系，才能得出以精密度来评价测定结果的可靠性的结论。

例 3　为了检验鱼被污染的情况，测定了鱼组织中汞的含量，测定结果为 2.06，1.93，2.12，2.16，1.89，1.95（单位：$\mu g\cdot g^{-1}$）。试求其平均值在置信概率分别为 95%，99%时的置信区间，即鱼组织中的汞的含量范围。

分析：该题主要练习如何由一组测量数据来估计在不同的置信概率下的置信区间。依据题意，该题的测量次数为 6，故为有限次测量的置信区间的估计，依据公式 $\mu=\overline{X}\pm t\dfrac{s}{\sqrt{n}}$，根

据题中给出的数据，可以求得 s,n，只要再从 t 分布值表中，查出在一定自由度、一定置信概率下的 t 值，即可计算置信区间。

解：$\bar{X}=\dfrac{\sum x_i}{n}=\dfrac{2.06+1.93+2.12+2.16+1.89+1.95}{6}=2.02\ \mu g \cdot g^{-1}$，

$$s=\sqrt{\frac{\sum d_i^2}{n-1}}=0.11。$$

查表，当 $f=6-1=5,P=0.95$ 时，$t=2.57$，得

$\mu=\bar{X}\pm t\dfrac{s}{\sqrt{n}}=2.02\pm 2.57\times\dfrac{0.11}{\sqrt{6}}=(2.02\pm 0.12)\mu g \cdot g^{-1}$；

当 $f=6-1=5,P=0.99$ 时，$t=4.03$，得 $\mu=\bar{X}\pm t\dfrac{s}{\sqrt{n}}=2.02\pm 4.03\times\dfrac{0.11}{\sqrt{6}}=(2.02\pm 0.18)\mu g \cdot g^{-1}$。

因此，当置信概率分别为 95%，99%时，鱼组织中汞的含量范围分别为(2.14～1.90)$\mu g \cdot g^{-1}$，(2.20～1.84)$\mu g \cdot g^{-1}$。

题后点睛：该题属于置信区间基本概念类的练习题，主要是掌握置信区间的基本概念。

例 4　测定农药中钴的含量为 1.25，1.31，1.27，1.40(单位：$\mu g \cdot g^{-1}$)，应用 Q 检验法说明 1.40 是否该舍弃($P=95\%$)。

分析：该题主要是可疑值的舍弃的练习。

解：Q 检验法，依

$$Q_{计}=\frac{|x_{可疑}-x_{邻近}|}{R}=\frac{|1.40-1.31|}{1.40-1.25}=0.60。$$

查 Q 值表，$n=4$，$Q(0.95)=1.05>Q$ 计，故按 Q 检验法，应该舍弃。

例 5　为了检验一种新的测定微量锌的吸光光度法，取含锌 11.7 $\mu g \cdot g^{-1}$ 的某一标准样品进行 5 次测定，得 $\bar{x}=10.8\ \mu g \cdot g^{-1}$，其 $s=0.7\ \mu g \cdot g^{-1}$，问：这个新方法在 95%的置信概率下是否可靠?

分析：该题是属于测定平均值和标准值之间的显著性差异的检验问题。这一类题可以有两种思路，一是应用 t 检验法，这是最常用的一种方法；另一种是利用标准值是否落入测定结果平均值在一定置信概率下的置信区间来判断。

解：查 t 值表，当 $P=0.95,f=5-1=4,t=2.78$，

由测定数据可以计算得

$\mu=\bar{X}\pm t\dfrac{s}{\sqrt{n}}=10.8\pm 2.78\times\dfrac{0.7}{\sqrt{5}}=(10.8\pm 0.8)\mu g \cdot g^{-1}$。

即新方法的平均值所估计的真值的置信区间为(10.0～11.6) $\mu g \cdot g^{-1}$之间，但真值为 11.7$\mu g \cdot g^{-1}$，已经超出了新方法测定的平均值的置信区间，故说明新方法不可靠，存在某种系统误差。

例 6　依有效数字运算规则进行计算：

(1) $50.2+2.51-0.6581$；

(2) $0.0121+25.66\div2.7156$；

(3) $\dfrac{0.0982\times\left(\dfrac{20.00-14.39}{100.0}\right)\times\dfrac{162.206}{3}}{1.4182}\times100\%$。

分析：这是一个对有效数字进行运算的练习题。第一小题是加减运算，第二小题是乘除运算，第三小题是加减乘除混合运算。对于加减运算，误差是各个数据的绝对误差的传递，因此，计算结果的绝对误差应该与参加运算的数据中绝对误差最大的相匹配，故计算结果"向小数点最近者看齐"，如第一小题，保留到小数点后第一位；在乘除运算中，误差是各个数据的相对误差的传递，因此，计算结果的相对误差应该与参加运算的数据中相对误差最大的相匹配，故计算结果"向有效数字位数最少者看齐"，如第二小题，保留三位有效数字；对于加减乘除混合运算，应该按照算式的运算顺序，分别按加减和乘除的修约规则进行计算。如第三小题，按计算顺序，先计算括弧内的$\left(\dfrac{20.00-14.39}{100.0}\right)$，小括弧内加减运算结果应保留到小数点后两位，再计算小括弧外的乘除运算，分子总共为三位有效数字，分母为四位，计算结果为三位有效数字。剩余整个算式均为乘除运算，3，100 为自然数，不计有效数字，故最后结果保留共三位有效数字。

解：(1) $50.2+2.51-0.6581=52.1$；

(2) $0.0121\times25.66\div2.7156=0.114$；

(3) $\dfrac{0.0982\times\left(\dfrac{20.00-14.39}{100.0}\right)\times\dfrac{162.206}{3}}{1.4182}\times100\%=21.0\%$。

题后点睛：对于纯加减或乘除运算，结果有效数字的修约比较简单。对于混合运算来说，就比较复杂，计算此类问题，关键是按照算式的运算顺序，每当遇到加减或乘除转换时，分步修约，如加减算完，结果进行乘除运算时，先对加减结果修约，再将修约后的结果进行乘除计算，然后结果再按乘除规则修约。

例 7　准确称取基准试剂 $K_2Cr_2O_7$ 2.451 6 g，溶解后全部转移至 500 mL 容量瓶中，用水稀释到刻度，求此溶液的浓度 $c(K_2Cr_2O_7)$，$c\left(\dfrac{1}{6}K_2Cr_2O_7\right)$。

分析：该题属于直接法配制标准溶液。已知基准物质的质量和配成溶液的体积，即可以计算标准溶液的浓度。在这里应该注意以不同基本单元表示时浓度的换算。

解：已知

$M(K_2Cr_2O_7)=294.18\ g\cdot mol^{-1}$，

$M\left(\dfrac{1}{6}K_2Cr_2O_7\right)=49.03\ g\cdot mol^{-1}$，

依 $c\left(\dfrac{1}{a}B\right)=\dfrac{m}{M\left(\dfrac{1}{a}B\right)\times V}$，可以计算

$$c(K_2Cr_2O_7)=\frac{m}{M(K_2Cr_2O_7)\times V}=\frac{2.4516}{294.18\times500.0\times10^{-3}}=0.01667\ mol\cdot L^{-1}；$$

$$c\left(\frac{1}{6}K_2Cr_2O_7\right)=\frac{m}{M\left(\frac{1}{6}K_2Cr_2O_7\right)\times V}=\frac{2.451\ 6}{49.03\times500.0\times10^{-3}}=0.100\ 0\ \text{mol}\cdot\text{L}^{-1}。$$

$$\left(或\ c\left(\frac{1}{6}K_2Cr_2O_7\right)=6\times c(K_2Cr_2O_7)=6\times0.016\ 67=0.100\ 0\ \text{mol}\cdot\text{L}^{-1}\right)$$

题后点睛：该题的主要目的是一方面练习直接法配制标准溶液，另一方面练习以不同基本单元表示的溶液浓度的计算。对于后者，一种方法可以利用浓度与质量、体积之间的关系直接计算，这时要注意，浓度的基本单元和摩尔质量的基本单元必须保持一致；另一种方法可以先计算出一种基本单元表示的浓度，然后根据不同基本单元表示的浓度之间的关系进行计算。

例 8 以间接法配制浓度约为 0.1 $\text{mol}\cdot\text{L}^{-1}$的 HCl 溶液，现用基准物质 Na_2CO_3 标定。准确称取基准试剂无水 Na_2CO_3 0.125 6 g，置于 250 mL 锥形瓶中，加入 20～30 mL 蒸馏水溶解后，加入甲基橙指示剂，用 HCl 溶液滴定，终点消耗的体积为 21.30 mL，求c(HCl)。

分析：该题属于以间接法配制标准溶液并以基准物质标定类练习题。根据等物质量规则，标定反应到达计量点时，标准物质的基本单元的物质的量与待标定的标准溶液的基本单元的物质的量相等。由题意可知，以 HCl 滴定 Na_2CO_3，以甲基橙为指示剂，Na_2CO_3 被滴定到 H_2CO_3，即对于 HCl，失去一个质子，基本单元为 HCl，对于 Na_2CO_3，得到两个质子，基本单元为$\frac{1}{2}Na_2CO_3$。

解：由题意可知，到达反应计量点时，有

$$n(\text{HCl})=n\left(\frac{1}{2}Na_2CO_3\right),$$

又有

$$n(\text{HCl})=c(\text{HCl})\times V(\text{HCl}),$$

$$n\left(\frac{1}{2}Na_2CO_3\right)=\frac{m}{M\left(\frac{1}{2}Na_2CO_3\right)},$$

故有

$$c(\text{HCl})=\frac{m}{m\left(\frac{1}{2}Na_2CO_3\right)\times V(\text{HCl})}=\frac{0.125\ 6}{\frac{105.99}{2}\times21.30\times10^{-3}}=0.111\ 3\ \text{mol}\cdot\text{L}^{-1}。$$

题后点睛：该题在计算时，一个要熟悉间接法配制标准溶液的方法及其特点；另外一个是在应用等物质量规则计算时一定要注意反应的实质，准确地选取基本单元。

例 9 大理石样品（主要成分 $CaCO_3$）0.502 4 g，加入 0.501 0 $\text{mol}\cdot\text{L}^{-1}$ HCl 溶液 26.00 mL，再用 0.490 0 $\text{mol}\cdot\text{L}^{-1}$ NaOH 溶液回滴过量的 HCl，消耗的 NaOH 溶液 13.00 mL，求 $CaCO_3$ 的含量。

分析：该题是样品百分含量测定。从题意可以看出，这是一个典型的返滴定法的题。先用过量的 HCl 与样品 $CaCO_3$ 反应，再用 NaOH 返滴定过量的 HCl。从反应看对$CaCO_3$，其与 HCl 反应，产物是 H_2CO_3，得到 2 个质子，基本单元是$\frac{1}{2}CaCO_3$；对于 HCl，其与 NaOH

或 $CaCO_3$ 反应，产物是 H_2O，失去 1 个质子，基本单元是 HCl；对于 NaOH，其与 HCl 反应，产物是 H_2O，得到 1 个质子，基本单元是 NaOH。按照前述的返滴定法的特点，有 $n\left(\frac{1}{2}CaCO_3\right)=n(HCl)_{总}-n(NaOH)$，按照 $CaCO_3\%=\frac{n\left(\frac{1}{2}CaCO_3\right)\times M\left(\frac{1}{2}CaCO_3\right)}{G}\times 100$ 即可计算。

解：依以上分析，有

$$CaCO_3\%=\frac{[c(HCl)\times V(HCl)-c(NaOH)\times V(NaOH)]\times M\left(\frac{1}{2}CaCO_3\right)}{G}\times 100$$

$$=\frac{(0.501\,0\times 26.00-0.490\,0\times 13.00)\times 10^{-3}\times\frac{100.09}{2}}{0.502\,4}\times 100=66.06。$$

题后点睛：该题主要练习返滴定法的计算。学生要掌握不同滴定方法的特点和计算技巧，这样才能做好滴定分析的计算。

例 10 称取 1.00 g 过磷酸钙试样，溶解定容于 250 mL 容量瓶中，移取 25.00 mL 该溶液，将其中的磷完全沉淀为钼磷酸喹啉，沉淀经洗涤后溶解在 35.00 mL 0.200 $mol\cdot L^{-1}$ NaOH 中，反应如下：

$(C_9H_7N_3)_3\cdot H_3[P(Mo_3O_{10})_4]+26OH^-=12MoO_4^{2-}+HPO_4^{2-}+3C_9H_7N_3+14H_2O$。然后用 0.100 $mol\cdot L^{-1}$ HCl 溶液滴定剩余的 NaOH，计算用 20.00 mL，试计算试样中含水溶性磷的百分含量。

分析：该题还是一个百分含量计算类型的练习。从题意可以看出，该题分两步，先利用置换法，将水溶性磷完全沉淀为钼磷酸喹啉，然后，利用返滴定法，先用过量的 NaOH 溶解钼磷酸喹啉，再用 HCl 返滴定过量的 NaOH。再分析一下基本单元：对于水溶性磷，其被沉淀为钼磷酸喹啉，二者反应是 1∶1；对于钼磷酸喹啉，其与 26 mol NaOH 反应，可以认为失去 26 个质子，此反应中基本单元是 $\frac{1}{26}((C_9H_7N_3)_3\cdot H_3[P(Mo_3O_{10})_4])$；对于 NaOH，HCl，基本单元分别是 NaOH，HCl。

由以上分析可以得出各反应物之间的等物质量关系如下：

$$n\left(\frac{1}{26}P\right)=n\left[\frac{1}{26}((C_9H_7N_3)_3\cdot H_3[P(Mo_3O_{10})_4])\right]=n(NaOH)_{总}-n(HCl)。$$

按照百分含量的计算公式即可计算，计算百分含量时应注意分取的比例关系要代进计算公式中。

解：依以上分析的结果有

$$P\%=\frac{n\left(\frac{1}{26}P\right)\times M\left(\frac{1}{26}P\right)}{G}\times 100$$

$$=\frac{[c(NaOH)\times V(NaOH)-c(HCl)\times V(HCl)]\times M\left(\frac{1}{26}P\right)}{G\times\frac{25.00}{250.0}}\times 100$$

$$=\frac{(0.200\times35.00-0.100\times20.00)\times10^{-3}\times\frac{30.97}{26}}{1.00\times\frac{25.00}{250.0}}\times100=5.96。$$

题后点睛：该题表面上看比较复杂，实际上经过分析后，最终计算也比较简单。在计算比较复杂的滴定计算时，一定要注意这样的计算技巧，首先搞清楚滴定方式，然后再根据滴定方式和反应搞清楚各反应物之间的等物质量关系，写出最终的待测物质和标准溶液之间的等物质量关系，如该例 $n\left(\frac{1}{26}P\right)=n(NaOH)_{总}-n(HCl)$，就可以直接计算了。

习题解答

1. 已知分析天平能称准至±0.1 mg，滴定管能读准至±0.01 mL，若要求分析结果达到0.1%的准确度，问：至少应用分析天平称取多少克试样？滴定时所用标准溶液体积至少要多少毫升？

解：称取试样时通常需称取两次，因此分析天平的称量误差为±0.2 mg，为使分析结果的相对误差达到0.1%，则至少应称取的试样质量 m 满足 $\pm0.1\%=\frac{\pm0.2\times10^{-3}\ g}{m}$，解得 $m=0.2$ g。

同理，滴定管的读数误差为±0.02 mL，为使分析结果的相对误差达到0.1%，则滴定时所需的体积 V 满足 $\pm0.1\%=\frac{\pm0.02\ mL}{V}$，解得 $V=20$ mL。

2. 在标定NaOH时，要求消耗0.1 mol·L^{-1} NaOH溶液体积为20～30 mL，问：

(1) 应称取邻苯二甲酸氢钾基准物质($KHC_8H_4O_4$)多少克？

(2) 如果改用草酸($H_2C_2O_4\cdot2H_2O$)作基准物质，又该称取多少克？

(3) 若分析天平的称量误差为±0.000 2 g，以上两种试剂称量的相对误差为多少？

(4) 计算结果说明了什么问题？

解：(1) $NaOH+KHC_8H_4O_4 = KNaC_8H_4O_4+H_2O$

滴定时消耗0.1 mol·L^{-1}NaOH溶液体积为20 mL，所需称取的 $KHC_8H_4O_4$ 量为

$m_1=0.1\ mol\cdot L^{-1}\times20\ mL\times10^{-3}\times204\ g\cdot mol^{-1}=0.4\ g$；

滴定时消耗0.1 mol·L^{-1}NaOH溶液体积为30 mL，所需称取的 $KHC_8H_4O_4$ 量为

$m_2=0.1\ mol\cdot L^{-1}\times30\ mL\times10^{-3}\times204\ g\cdot mol^{-1}=0.6\ g$。

因此，应称取 $KHC_8H_4O_4$ 基准物质0.4～0.6 g。

(2) $2NaOH+H_2C_2O_4 = Na_2C_2O_4+H_2O$

$V(NaOH)=20$ mL时，$m_1=\frac{1}{2}\times0.1\ mol\cdot L^{-1}\times20\ mL\times10^{-3}\times126\ g\cdot mol^{-1}=0.1\ g$；

$V(NaOH)=30$ mL时，$m_2=\frac{1}{2}\times0.1\ mol\cdot L^{-1}\times30\ mL\times10^{-3}\times126\ g\cdot mol^{-1}=0.2\ g$。

(3) 分析天平称量误差为±0.000 2 g，用 $KHC_8H_4O_4$ 作基准物质时：

$E_{r_1}=\frac{\pm0.000\ 2\ g}{0.4\ g}\times100\%=\pm0.05\%$；

$E_{r_2}=\frac{\pm 0.0002\ g}{0.6\ g}\times 100\%=\pm 0.03\%$；

用 $H_2C_2O_4$ 作基准物质时：

$E_{r_1}=\frac{\pm 0.0002\ g}{0.1\ g}\times 100\%=\pm 0.2\%$；

$E_{r_2}=\frac{\pm 0.0002\ g}{0.2\ g}\times 100\%=\pm 0.1\%$。

(4) 通过以上计算可知，为减少称量时的相对误差，应选择摩尔质量较大的试剂作为基准物质。

3. 有一铜矿试样，经两次测定，得知铜含量为 24.87%，24.93%，而铜的实际含量为 25.05%。求分析结果的绝对误差和相对误差。

解：$\bar{x}=\frac{1}{2}(24.87+24.93)\%=24.90\%$，

$E=24.90\%-25.05\%=-0.15\%$，

$E_r=\frac{-0.15\%}{25.05\%}\times 100\%=-0.60\%$。

4. 某试样经分析测得含锰质量分数为 41.24%，41.27%，41.23% 和 41.26%。求分析结果的平均偏差、相对平均偏差、标准偏差和相对标准偏差。

解：$\bar{x}=\frac{1}{4}(41.24+41.27+41.23+41.26)\%=41.25\%$，

$\bar{d}=\frac{1}{4}(0.01+0.02+0.02+0.01)\%=0.015\%$，

$\bar{d}_r=\frac{0.015\%}{41.25\%}\times 100\%=0.036\%$，

$s=\sqrt{\frac{0.01^2+0.02^2+0.02^2+0.01^2}{4-1}}\%=0.018\%$，

$s_r=\frac{0.018\%}{41.25\%}\times 100\%=0.044\%$。

5. 分析血清中钾的含量，5 次测定结果分别为 0.160 mg·mL^{-1}，0.152 mg·mL^{-1}，0.154 mg·mL^{-1}，0.156 mg·mL^{-1}，0.153 mg·mL^{-1}。计算置信度为 95%时，平均值的置信区间。

解：$\bar{x}=\frac{1}{5}(0.160+0.152+0.154+0.156+0.153)\text{mg}\cdot\text{mL}^{-1}=0.155\ \text{mg}\cdot\text{mL}^{-1}$；

$s=\sqrt{\frac{0.005^2+0.003^2+0.001^2+0.001^2+0.02^2}{5-1}}\text{mg}\cdot\text{mL}^{-1}=0.0032\ \text{mg}\cdot\text{mL}^{-1}$；

又 $P=95\%$，$t_{95\%}=2.78$，则

$\mu=\bar{x}\pm\frac{t\cdot s}{\sqrt{n}}=(0.155\pm 0.004)\text{mg}\cdot\text{mL}^{-1}$。

6. 某铜合金中铜的质量分数的测定结果为 20.37%，20.40%，20.36%。计算标准偏差及置信度为 90%时的置信区间。

解：$\bar{x}=\frac{1}{3}(0.2037+0.2040+0.2036)=0.2038$，

$s=\sqrt{\frac{0.0001^2+0.0002^2+0.0002^2}{3-1}}=0.0002$，

又 $P=90\%$，$t_{90\%}=2.92$，则

$\mu=\bar{x}\pm\frac{ts}{\sqrt{n}}=0.2038\pm0.0003$。

7. 用某一方法测定矿样中锰含量的标准偏差为 0.12%，锰含量的平均值为 9.56%。设分析结果是根据 4 次、6 次测得的，计算两种情况下的平均值的置信区间(95%置信度)。

解：$n=4$，$P=95\%$时，$t_{95\%}=3.18$，则

$$\mu=\bar{x}\pm\frac{t\cdot s}{\sqrt{n}}=(9.56\pm0.19)\%;$$

$n=6$，$P=95\%$时，$t_{95\%}=2.57$，则

$$\mu=\bar{x}\pm\frac{t\cdot s}{\sqrt{n}}=(9.56\pm0.13)\%。$$

8. 标定 NaOH 溶液时，得下列数据：0.101 4 mol·L^{-1}，0.101 2 mol·L^{-1}，0.101 1 mol·L^{-1}，0.101 9 mol·L^{-1}。用 Q 检验法进行检验，0.101 9 是否应该舍弃(置信度为 90%)？

解：$Q=\frac{0.1019-0.1014}{0.1019-0.1011}=0.62$，

$n=4$，$Q_{表}=0.76>0.62$，该数值应保留。

9. 测定某一热交换器中水垢的 P_2O_5 和 SiO_2 的含量如下(已校正系统误差)：

$\omega(P_2O_5)/\%$：8.44，8.32，8.45，8.52，8.69，8.38；

$\omega(SiO_2)/\%$：1.50，1.51，1.68，1.20，1.63，1.72。

根据 Q 检验法对可疑数据决定取舍，然后求出平均值、平均偏差、标准偏差、相对标准偏差和置信度分别为 90%及 99%时的平均值的置信区间。

解：P_2O_5：$Q=\frac{8.69-8.52}{8.69-8.32}=0.46$。

$P=90\%$，$Q_{表}=0.56>0.46$，8.69 应保留；

$P=99\%$，$Q_{表}=0.74>0.46$，8.69 应保留。

$\bar{x}=\frac{1}{6}(8.44+8.32+8.45+8.52+8.69+8.38)\%=8.47\%$；

$\bar{d}=\frac{1}{6}(0.03+0.15+0.02+0.05+0.22+0.09)\%=0.09\%$；

$s=\sqrt{\frac{0.03^2+0.15^2+0.02^2+0.05^2+0.22^2+0.09^2}{6-1}}\%=0.13\%$；

$s_r=\frac{0.13\%}{8.47\%}\times100\%=1.5\%$。

$n=6$，$P=90\%$时，$t_{90\%}=2.02$，则

$\mu=\bar{x}\pm\frac{t\cdot s}{\sqrt{n}}=(8.47\pm0.11)\%$；

$n=6$，$P=99\%$时，$t_{99\%}=4.03$，则

$\mu=\bar{x}\pm\frac{t\cdot s}{\sqrt{n}}=(8.47\pm0.21)\%$。

SiO_2：$Q=\frac{1.50-1.20}{1.70-1.20}=0.58$。

$P=90\%$，$Q_{表}=0.56<0.58$，1.20 应舍弃。

$\bar{x}=\frac{1}{5}(1.50+1.51+1.68+1.63+1.72)\%=1.61\%$；

$\bar{d}=\frac{1}{5}(0.11+0.10+0.07+0.02+0.11)\%=0.08\%$；

$s=\sqrt{\frac{0.11^2+0.10^2+0.07^2+0.02^2+0.11^2}{5-1}}\%=0.10\%$；

$s_r=\frac{0.10\%}{1.61\%}\times100\%=6.2\%$。

$n=5$，$P=90\%$时，$t_{90\%}=2.13$，则

$\mu=\bar{x}\pm\frac{t\cdot s}{\sqrt{n}}=(1.61\pm0.10)\%$；

$P=99\%$，$Q_{表}=0.74>0.58$，1.20 应保留。

$\bar{x}=\frac{1}{6}(1.50+1.51+1.68+1.20+1.63+1.72)\%=1.54\%$；

$\bar{d}=\frac{1}{6}(0.04+0.03+0.14+0.34+0.09+0.18)\%=0.14\%$；

$s=\sqrt{\frac{0.04^2+0.03^2+0.14^2+0.34^2+0.09^2+0.18^2}{6-1}}\%=0.19\%$；

$s_r=\frac{0.19\%}{1.54\%}\times100\%=12\%$。

$n=6$，$P=99\%$时，$t_{99\%}=4.03$，则

$\mu=\bar{x}\pm\frac{t\cdot s}{\sqrt{n}}=(1.54\pm0.31)\%$。

10. 按有效数字运算规则，计算下列各式。

(1) $2.187\times0.854+9.6\times10^{-2}-0.0326\times0.00814$；

(2) $\frac{0.01012\times(25.44-10.21)\times26.962}{1.0045\times1000}$；

(3) $\frac{9.82\times50.62}{0.005164\times136.6}$；

(4) pH=4.03，计算 H^+ 浓度。

解：(1) $2.187\times0.854+9.6\times10^{-2}-0.0326\times0.00814$

$=1.868+0.096-0.000265$

$=1.964$；

(2) $\frac{0.010\ 12\times(25.44-10.21)\times 26.962}{1.004\ 5\times 1\ 000}=\frac{0.010\ 12\times 15.23\times 26.96}{1.004\times 1\ 000}=0.004\ 139$；

(3) $\frac{9.82\times 50.62}{0.005\ 164\times 136.6}=704.7$；

(4) pH=4.03，则 $c(H^+)=9.3\times 10^{-5}\ mol\cdot L^{-1}$。

11. 已知浓硫酸的相对密度为1.84，其中 H_2SO_4 含量(质量分数)为98%，现欲配制1 L 0.1 $mol\cdot L^{-1}$的 H_2SO_4 溶液，应取这种浓硫酸多少毫升？

解：因为 $c_1V_1=c_2V_2$，$0.1\ mol\cdot L^{-1}\times 1\ L=\frac{1.84\ g\cdot mL^{-1}\times V\times 0.98}{98\ g\cdot mol^{-1}}$，解得 $V=0.005\ L=5\ mL$。

12. 现有一NaOH溶液，其浓度为0.545 0 $mol\cdot L^{-1}$，取该溶液50.00 mL，需加水多少毫升才能配制成0.200 0 $mol\cdot L^{-1}$的溶液？

解：因为 $0.545\ 0\ mol\cdot L^{-1}\times 50.00\ mL=0.200\ 0\ mol\cdot L^{-1}\times(50.00+V)\ mL$，解得 $V=96.25\ mL$。

13. 计算0.101 5 $mol\cdot L^{-1}$ HCl标准溶液对 $CaCO_3$ 的滴定度。

解：$2HCl+CaCO_3 = CaCl_2+CO_2+H_2O$

$n(HCl)=2n(CaCO_3)$

$$T(HCl/CaCO_3)=\frac{1}{2}\times c(HCl)\times V(HCl)\times M(CaCO_3)$$
$$=\frac{1}{2}\times 0.101\ 5\ mol\cdot L^{-1}\times 10^{-3}L\cdot mol^{-1}\times 100.1\ g\cdot mol^{-1}$$
$$=0.005\ 080\ g\cdot mL^{-1}。$$

14. 分析不纯 $CaCO_3$(其中不含干扰物质)。称取试样0.300 0 g，加入0.250 0 $mol\cdot L^{-1}$ HCl溶液25.00 mL，煮沸除去 CO_2，用0.201 2 $mol\cdot L^{-1}$的NaOH溶液返滴定过量的酸，消耗5.84 mL。试计算试样中 $CaCO_3$ 的质量分数。

解：因为 $n(HCl)=2n(CaCO_3)$，$n(HCl)=n(NaOH)$，

$$\omega(CaCO_3)=\frac{\frac{1}{2}[c(HCl)\cdot V(HCl)-c(NaOH)\cdot V(NaOH)]\cdot M(CaCO_3)}{m_S}$$
$$=\frac{\frac{1}{2}(0.250\ 0\times 25.00-0.201\ 2\times 5.84)\times 10^{-3}mol\times 100.1\ g\cdot mol^{-1}}{0.300\ 0\ g}$$
$$=0.846\ 7。$$

15. 用开氏法测定蛋白质的含氮量，称取粗蛋白试样1.658 g，将试样中的氮转变为 NH_3 并以25.00 mL 0.201 8 $mol\cdot L^{-1}$的HCl标准溶液吸收，剩余的HCl溶液以0.160 0 $mol\cdot L^{-1}$ NaOH标准溶液返滴定，用去9.15 mL。计算此粗蛋白试样中氮的质量分数。

解：因为 $NH_3+HCl = NH_4Cl$，

$HCl+NaOH = NaCl+H_2O$，

所以 $\omega(N)=\frac{[c(HCl)\cdot V(HCl)-c(NaOH)\cdot V(NaOH)]\cdot M_N}{m_S}$

$$=\frac{(25.00\times10^{-3}\times0.2018-9.15\times10^{-3}\times0.1600)\text{mol}\times14.01\ \text{g}\cdot\text{mol}^{-1}}{1.658}$$

$=0.030\,26$。

16. 用 KIO_3 作基准物质标定 $Na_2S_2O_3$ 溶液。称取 0.200 1 g KIO_3 与过量 KI 作用，析出的碘用 $Na_2S_2O_3$ 溶液滴定，以淀粉作指示剂，终点时用去 27.80 mL。问：此 $Na_2S_2O_3$ 溶液浓度为多少？每毫升 $Na_2S_2O_3$ 溶液相当于多少克碘？

解：$5I^-+IO_3^-+6H^+=3I_2+3H_2O$，

$I_2+2S_2O_3^{2-}=2I^-+S_4O_6^{2-}$，

$n(KIO_3)=\frac{1}{3}n(I_2)=\frac{1}{6}n(Na_2S_2O_3)$，

$n(KIO_3)=\frac{0.2001\ \text{g}}{214.0\ \text{g}\cdot\text{mol}^{-1}}=9.350\times10^{-4}\text{mol}$，

$c(Na_2S_2O_3)=\frac{n(Na_2S_2O_3)}{V(Na_2S_2O_3)}=\frac{6n(KIO_3)}{V(Na_2S_2O_3)}=\frac{6\times9.350\times10^{-4}\text{mol}}{27.80\times10^{-3}\text{L}}=0.2018\ \text{mol}\cdot\text{L}^{-1}$，

$m(I_2)=n(I_2)\cdot M(I_2)=\frac{1}{2}n(Na_2S_2O_3)\cdot M(I_2)=\frac{1}{2}c(Na_2S_2O_3)V(Na_2S_2O_3)M(I_2)$

$=\frac{1}{2}\times0.2018\ \text{mol}\cdot\text{L}^{-1}\times10^{-3}\text{L}\times253.8\ \text{g}\cdot\text{mol}^{-1}$

$=0.025\,61\ \text{g}$。

17. 称取制造油漆的填料（Pb_3O_4）0.100 0 g，用盐酸溶解，在热时加入 25 mL 0.02 $\text{mol}\cdot\text{L}^{-1}$ $K_2Cr_2O_7$溶液，析出 $PbCrO_4$：

$$2Pb^{2+}+Cr_2O_7^{2-}+H_2O\longrightarrow2PbCrO_4\downarrow+2H^+$$

冷后过滤，将 $PbCrO_4$ 沉淀用盐酸溶解。加入 KI 溶液，以淀粉为指示剂，用0.100 0 $\text{mol}\cdot\text{L}^{-1}$ $Na_2S_2O_3$ 溶液滴定，用去 12.00 mL。试求试样中 Pb_3O_4 的质量分数。（Pb_3O_4 相对分子质量为 685.6）

解：$Pb_3O_4(S)+8HCl=\!=\!=3PbCl_2+Cl_2\uparrow+4H_2O$，

$Cr_2O_7^{2-}+6I^-+14H^+=2Cr^{3+}+3I_2+7H_2O$，

$I_2+2S_2O_3^{2-}=2I^-+S_4O_6^{2-}$，

$n(Pb_3O_4)=\frac{1}{3}n(Pb^{2+})=\frac{1}{3}n(CrO_4^{2-})=\frac{2}{3}n(Cr_2O_7^{2-})=\frac{2}{9}n(I_2)=\frac{1}{9}n(Na_2S_2O_3)$，

$$\omega(Pb_3O_4)=\frac{m(Pb_3O_4)}{m_s}=\frac{n(Pb_3O_4)\cdot M(Pb_3O_4)}{m_s}=\frac{\frac{1}{9}c(Pb_3O_4)\cdot V(Pb_3O_4)\cdot M(Pb_3O_4)}{m_s}$$

$$=\frac{\frac{1}{9}\times0.1000\ \text{mol}\cdot\text{L}^{-1}\times12.00\times10^{-3}\text{L}\times685.6\ \text{g}\cdot\text{mol}^{-1}}{0.1000\ \text{g}}$$

$=0.914\,1$。

18. 水中化学耗氧量(COD)是环保中检测水质污染程度的一个重要指标，是指在特定条件下用一种强氧化剂（如 $KMnO_4$，$K_2Cr_2O_7$）定量地氧化水中的还原性物质时所消耗的氧化剂用量（折算为每升多少毫克氧，用 $\rho(O_2)$表示，单位为 $\text{mg}\cdot\text{L}^{-1}$）。今取废水样

100.0 mL，用 H_2SO_4 酸化后，加入 25.00 mL 0.016 67 $mol \cdot L^{-1}$ $K_2Cr_2O_7$ 标准溶液，用 Ag_2SO_4 作催化剂煮沸一定时间，使水样中的还原性物质氧化完全后，以邻二氮菲-亚铁为指示剂，用 0.100 0 $mol \cdot L^{-1}$ 的 $FeSO_4$ 标准溶液返滴，滴至终点时用去 15.00 mL。计算废水样中的化学耗氧量。(提示 $O_2+4H^++4e^- = 2H_2O$，在用 O_2 和 $K_2Cr_2O_7$ 氧化同一还原性物质时，3 mol O_2 相当于 2 mol $K_2Cr_2O_7$)

解：因为 $6Fe^{2+}+Cr_2O_7^{2-}+14H^+=6Fe^{3+}+2Cr^{3+}+7H_2O$，

所以 $6n(K_2Cr_2O_7)=n(Fe^{2+})$。

因为 $2n(K_2Cr_2O_7) \Rightarrow 3n(O_2)$，所以 $n(O_2)=\frac{3}{2}n(K_2Cr_2O_7)$。

$$\rho(O_2)=\frac{m(O_2)}{V_s}=\frac{n(O_2)\cdot M(O_2)}{V_s}=\frac{\frac{3}{2}n(K_2Cr_2O_7)\cdot M(O_2)}{V_s}$$

$$=\frac{\frac{3}{2}\left[c(Cr_2O_7^{2-})\cdot V(K_2Cr_2O_7)-\frac{1}{6}c(Fe^{2+})\cdot V(Fe^{2+})\right]M(O_2)}{V_s}$$

$$=\frac{\frac{3}{2}\times(0.016\ 67\times25.00-\frac{1}{6}\times0.100\ 0\times15.00)\times10^{-3}\ mol\times32.00\times10^3\ mg\cdot mol^{-1}}{100.0\times10^{-3}\ L}$$

$=80.00\ mg\cdot L^{-1}$。

19. 称取软锰矿 0.100 0 g，用 Na_2O_2 熔融后，得到 MnO_4^{2-}，煮沸除去过氧化物。酸化后，MnO_4^{2-} 歧化为 MnO_4^- 和 MnO_2。滤去 MnO_2，滤液用 21.50 mL 0.100 0 $mol \cdot L^{-1}$ 的 $FeSO_4$ 标准溶液滴定。计算试样中 MnO_2 的质量分数。

解：$MnO_2+Na_2O_2 = Na_2MnO_4$

$3MnO_4^{2-}+4H^+ = 2MnO_4^-+MnO_2+2H_2O$

$MnO_4^-+5Fe^{2+}+8H^+ = Mn^{2+}+5Fe^{3+}+4H_2O$

因为 $n(MnO_2)=n(MnO_4^{2-})=\frac{3}{2}n(MnO_4^-)=\frac{3}{10}n(Fe^{3+})$，

$$所以\ \omega(MnO_2)=\frac{m(MnO_2)\cdot M(MnO_2)}{m_s}=\frac{\frac{3}{10}n(Fe^{2+})\cdot M(MnO_2)}{m_s}=\frac{\frac{3}{10}c(Fe^{2+})\cdot V(Fe^{2+})\cdot M(MnO_2)}{m_s}$$

$$=\frac{\frac{3}{10}\times0.100\ 0\ mol\cdot L^{-1}\times21.50\times10^{-3}\ L\times86.94\ g\cdot mol^{-1}}{0.100\ 0\ g}$$

$=0.560\ 8$。

练习题

1. 下列情况引起什么误差？如果是系统误差，应该如何消除？

(1) 砝码未经校正；

(2) 测量过程中电压、温度波动；

(3) 移液管转移溶液后，残留稍有不同；

(4) 试剂中含有微量待测成分；

（5）重量法测定时，试液中被测定离子沉淀不完全；
（6）滴定管读数最后一位估读不准。

2. 分析某一土壤中速效氮的含量，测定的结果如下：25.1，24.9，25.4，25.7，25.4，25.2，单位：$\mu g \cdot g^{-1}$，试计算其测定结果的平均值、平均偏差、相对平均偏差、标准偏差和相对标准偏差（变异系数）。若经过大量测定得到的结果为 25.4 $\mu g \cdot g^{-1}$（可以看作是总体平均值），试求其绝对误差和相对误差。

3. 以现有的原子量的准确度为依据，计算 $CuSO_4 \cdot 5H_2O$ 的式量至最高准确度。

4. 依法计算下列各式：
（1）$8.71 + 0.650\,09 - 1.332$；
（2）$41.771 \times 0.099\,1 \times 8.097 \times 10^3$；
（3）$(13.78 \times 0.50) + (8.6 \times 10^{-5}) - (4.29 \times 0.001\,21)$；
（4）$35.672\,4 \times 0.001\,8 \times 4\,700 + 2.01$。

5. 某试样做 9 次平行测定，其结果为 35.10 %，34.86%，34.92%，35.36%，35.11%，35.01%，34.77%，35.19%，34.98%，问：
（1）测定结果中是否有离群值？应用三种离群值检验法说明是否应舍弃之。
（2）试样测定结果如何表示？
（3）平均值 95%置信区间为多少？
（4）若标准值为 34.70%，则分析方法是否存在系统误差？

6. 在不同温度下，测得某试样结果如下：
10 ℃　96.5%，95.8%，97.1%，96.0%
37 ℃　94.2%，93.0%，95.0%，93.0%，94.5%
试评价在 95%置信概率下，温度对测定结果是否有影响。

7. 甲、乙二人共同分析某一试样的含硫量，每次称取试样 3.5 g，分析结果报告如下：

甲：0.042%，0.041%

乙：0.040 99%，0.042 01%

问：谁的报告合理？为什么？

8. 滴定管读数误差为±0.02 mL，如滴定分别用去标准溶液 3.0 mL，30.00 mL，相对误差分别是多少？说明了什么问题？

9. 0.100 0 moL・L^{-1} HCl 溶液，其 T(HCl)是多少？该 HCl 溶液与 Na_2CO_3 溶液反应生成 CO_2，求 $T(HCl/Na_2CO_3)$的值。

10. 把 0.880 g 有机物中的氮转变为 NH_3，然后将 NH_3 通入 20.00 mL 0.213 3 mol・L^{-1} HCl 溶液中，过量的酸以 0.196 2 mol・L^{-1} NaOH 溶液滴定，需用 5.50 mL，计算有机物中氮的百分含量。

11. 欲配 $c\left(\frac{1}{5}KMnO_4\right)$为 0.1 mol・$L^{-1}$的 $KMnO_4$ 溶液 500 mL，应称取 $KMnO_4$ 多少克？现以基准 $Na_2C_2O_4$ 标定之，若要求消耗 $KMnO_4$ 的体积为 25～30 mL，应称取 $Na_2C_2O_4$ 多少克？

12. 以基准物质 $K_2Cr_2O_7$标定 $Na_2S_2O_3$，称取 0.153 4 g $K_2Cr_2O_7$与过量 KI 作用，析出的 I_2 用 $Na_2S_2O_3$ 溶液滴定，用 29.34 mL，求 $c(Na_2S_2O_3)$。

第四章　酸碱平衡与酸碱滴定法

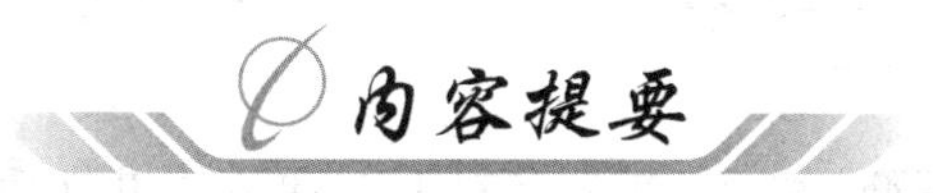

本章重点：酸碱质子理论；酸碱溶液的 pH 的计算以及缓冲溶液的特点、性质及 pH 值的计算；指示剂的变色原理，滴定曲线的特点、形式、作用以及指示剂选择的原则；常用的酸碱标准溶液的配制与标定；酸碱滴定的计算等。

一、酸碱理论

1. 阿仑尼乌斯的酸碱电离理论

理论要点：电解质在水溶液中电离产生的阳离子全部是 H^+ 的化合物是酸，电离出来的阴离子全部是 OH^- 的化合物是碱。H^+ 是酸的特征，OH^- 是碱的特征。酸碱反应的实质是 H^+ 和 OH^- 作用生成 H_2O 的反应。阿仑尼乌斯的酸碱电离理论只适用于水溶液。

a. 电离度：是电解质在溶液中达到平衡时电离的百分率，以 α 表示。

$$\alpha=\frac{\text{已电离的浓度}}{\text{电离前的浓度}}\times 100\%。$$

电离度的大小除了和电解质的本性、溶液的浓度有关外，还与温度和溶剂等因素有关。

b. 稀释定律：在一定温度下，某一弱酸的电离度与其浓度的平方根成反比。

$$\alpha=\sqrt{\frac{K_a}{c}}。$$

该定律给出了电离度、电离常数和弱酸浓度之间的相互关系。

2. 质子理论

a. 理论要点：凡是能给出质子的物质都是酸，凡是能接受质子的物质都是碱，既能给出质子又能接受质子的物质是两性物质。酸碱反应的实质是质子传递的反应。质子理论不但适用于水溶液，而且适用于非水体系。

b. 酸碱的共轭关系：某酸给出质子以后就变成其对应的碱，某碱得到质子就变成其对应的酸，这种酸碱互相联系、互相转化的关系就称为酸碱共轭关系。

$$\text{共因子酸}(HA)\longrightarrow\text{质子}(H^+)+\text{共轭碱}(A^-)。$$

共轭酸及其共轭碱共称共轭酸碱对。

c. 酸碱反应的实质：酸碱反应的实质是两个共轭酸碱对得、失质子的反应。发生酸碱反应总是一个共轭酸碱对中的共轭酸失去质子，另外一个共轭酸碱对中的共轭碱得到质子。

反应的结果是失去质子的共轭酸转变为其相应的共轭碱，而另一个共轭酸碱对中的共轭碱得到质子转变成其共轭酸。

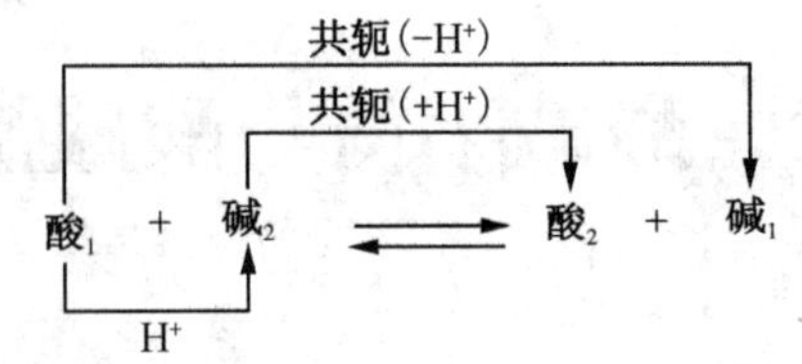

从质子理论上看，电离理论中的电离、中和和水解反应均可以归为酸碱反应。

3. 酸碱的电离平衡

a. 一元酸碱的电离平衡：一元共轭酸碱对 HA 和 A^-，共轭质子酸的电离反应

$$HA + H_2O \longrightarrow H_3O^+ + A^-$$

$$K(HA) = \frac{[c(H_3O^+)/c]\cdot[c(A^-)/c]}{[c(HA)/c]} = K_a。$$

对于共轭质子碱 A^- 的电离反应

$$A^- + H_2O \longrightarrow HA + OH^-$$

$$K(A^-) = \frac{[c(HA)/c]\cdot[c(OH^-)/c]}{[c(A^-)/c]} = K_b。$$

共轭质子酸与共轭质子碱的电离平衡常数之间的关系为

$$K_a \cdot K_b = K_w。$$

b. 多元酸碱的电离平衡：以通式 H_nA 表示多元酸，多元弱酸电离平衡及电离平衡常数如下：

$H_nA + H_2O \longrightarrow H_{n-1}A^- + H_3O^+$ $\qquad K_{a_1}$

$H_{n-1}A^- + H_2O \longrightarrow H_{n-2}A^{2-} + H_3O^+$ $\qquad K_{a_2}$

…

$H_1A^{(n-1)-} + H_2O \longrightarrow A^{n-} + H_3O^+$ $\qquad K_{a_n}$

以通式 A^{n-} 表示多元碱，多元弱碱电离平衡及电离平衡常数如下：

$A^{n-} + H_2O \longrightarrow H_1A^{(n-1)-} + OH^-$ $\qquad K_{b_1}$

$H_1A^{(n-1)-} + H_2O \longrightarrow H_2A^{(n-2)-} + OH^-$ $\qquad K_{b_2}$

…

$H_{n-1}A^- + H_2O \longrightarrow H_nA + OH^-$ $\qquad K_{b_n}$

多元弱酸共轭酸碱对之间电离平衡常数之间的关系为

$$K_{a_1} \times K_{b_n} = K_w$$

$$K_{a_2} \times K_{b_{n-1}} = K_w$$

…

$$K_{a_n} \times K_{b_1} = K_w$$

二、酸碱溶液 pH 值的计算

1. 质子条件

在酸碱平衡中，酸失去的质子总数等于碱得到的质子总数。质子条件式的数学表示称为质子条件式或质子等衡式，用 PBE 表示。

2. 酸碱溶液酸度的计算

a. 一元弱酸(碱)：一元弱酸的电离平衡为

$HA+H_2O \longrightarrow H_3O^+ + A^-$

电离平衡常数为 K_a，其酸度计算公式如下：

较精确式：

$$c(H^+)=\sqrt{K_a(c-c(H^+)+K_w)}$$

近似式：(应用条件：$cK_a \geqslant 20K_w$，$c/K_a<500$)

$$c(H^+)=\sqrt{K_a(c-c(H^+))}$$

$$c(H^+)=\frac{-K_a+\sqrt{K_a^2+4K_ac}}{2}$$

近似式：(应用条件：$cK_a<20\ K_w$，$c/K_a \geqslant 500$)

$$c(H^+)=\sqrt{K_ac+K_w}$$

最简式：(应用条件：$cK_a \geqslant 20\ K_w$，$c/K_a \geqslant 500$)

$$c(H^+)=\sqrt{K_ac}$$

一元弱碱的电离平衡为

$A^- + H_2O \longrightarrow HA+OH^-$

电离平衡常数为 K_b，其碱度计算公式如下：

较精确式：

$$c(OH^-)=\sqrt{K_b(c-c(OH^-)+K_w)}$$

近似式：(应用条件：$cK_b \geqslant 20\ K_w$，$c/K_b<500$)

$$c(OH^-)=\sqrt{K_b(c-c(OH^-))}$$

$$c(OH^-)=\frac{-K_b+\sqrt{K_b^2+4K_bc}}{2}$$

近似式：(应用条件：$cK_b<20\ K_w$，$c/K_b \geqslant 500$)

$$c(OH^-)=\sqrt{K_bc+K_w}$$

最简式：(应用条件：$cK_b \geqslant 20\ K_w$，$c/K_b \geqslant 500$)

$$c(OH^-)=\sqrt{K_bc}$$

b. 多元酸(碱)：对于多元弱酸，一般采取简化计算。当 $K_{a_1} \gg K_{a_2}$ 时，可以省略多元弱酸的二级电离，看作一元弱酸来计算，这时只要将 K_a 换成 K_{a_1}，就可以直接应用公式。

对于多元弱碱，同样当 $K_{b_1} \gg K_{b_2}$ 时，可以省略多元弱碱的二级电离，看作一元弱碱来计算，将 K_b 换成 K_{b_1}，就可以直接应用公式。

c. 两性物质：酸式盐 NaHA 型或 NaH_2A 型：

较精确式：

$$c(H^+)=\sqrt{\frac{K_{a_1}(K_{a_2}\cdot c+K_w)}{K_{a_1}+c}}$$

近似式：（应用条件：$cK_{a_2} \geqslant 20\ K_w$）

$$c(H^+)=\sqrt{\frac{K_{a_1}\cdot K_{a_2}\cdot c}{K_{a_1}+c}}$$

最简式：（应用条件：$c \geqslant 20K_{a_1}$）

$$c(H^+)=\sqrt{K_{a_1}\cdot K_{a_2}}$$

Na_2HA 型：将 K_{a_1} 换成 K_{a_2}，K_{a_2} 换成 K_{a_3} 后，即可直接应用公式。

弱酸弱碱盐以 NH_4Ac 为例：

较精确式：

$$c(H^+)=\sqrt{\frac{K_{HAC}(K_{NH_4^+}\cdot c+K_w)}{K_{HAC}+c}}$$

三、缓冲溶液

1. 同离子效应与盐效应

同离子效应：在弱电解质溶液中，加入与该弱电解质含有相同离子的强电解质后，使得弱电解质的电离平衡向左移动，从而降低弱电解质电离度的作用。

盐效应：当在弱电解质溶液中，加入不含有相同离子的强电解质时，由于强电解质电离出的阴、阳离子，使得溶液中离子之间的相互牵制作用增强，弱电解质电离出来的阴、阳离子结合成分子的机会减少，从而表现出弱电解质的电离度略有增大，这种效应称为盐效应。

2. 缓冲溶液

缓冲溶液是由弱酸（或弱碱）及其盐，即由共轭酸碱对组成，它能够抵抗外加的少量酸碱或稀释，而溶液本身的 pH 值不发生显著变化。缓冲溶液使 pH 保持基本不变的作用称为缓冲作用。

缓冲溶液具有缓冲作用的原理在于，缓冲溶液是由共轭酸碱对组成，在缓冲溶液中，同时存在着弱酸（或弱碱）的电离平衡和其共轭碱（或其共轭酸）的电离平衡，由于同离子效应的存在，在缓冲溶液中存在着大量的弱酸和弱碱成分，它们分别充当了 OH^- 和 H^+ 成分，当外界加入少量的 H^+，弱碱就将其消耗掉了，弱碱就转变为其共轭酸；同样地，加入少量

OH^-，弱酸就将其消耗了，弱酸就转变为其共轭碱；由于缓冲溶液的 pH 值的变化主要由弱酸和共轭碱的比值决定，在缓冲溶液中加入少量的酸碱对其比值影响不大，故缓冲溶液能够抵抗外加的少量酸碱，而本身的 pH 值基本保持不变。

缓冲容量是指把 1 升缓冲溶液的 pH 值变化 1 个 pH 单位所需的外来的酸或碱的量。它标志着缓冲溶液缓冲能力的大小。

缓冲溶液 pH 值的计算：

$$\mathrm{pH}=\mathrm{p}K_a-\lg\frac{c(\text{共轭酸})}{c(\text{共轭碱})}。$$

缓冲溶液的配制：

缓冲溶液的配制主要考虑以下几点，一是共轭酸碱对的选择，主要考虑共轭酸碱对的 pK_a，共轭酸碱对的 pK_a 应该尽可能地和要求的 pH 值接近，同时，还要考虑作为缓冲溶液的共轭酸碱对应该是惰性的，它不应该和被缓冲体系发生反应；二是选好缓冲的共轭酸碱对以后，利用公式计算共轭酸和共轭碱的比例，同时根据所要求的缓冲容量考虑配制缓冲溶液的浓度；三是配好缓冲溶液以后，要对其实际的 pH 值进行测定，确定准确的 pH 值。

四、酸碱指示剂

在这一部分，除了掌握以下主要内容外，还应该搞清楚指示剂的概念、作用和重要性。

1. 指示剂变色原理

酸碱指示剂是有机弱酸或两性物质，在水溶液中存在下列平衡：

$$\underset{(\text{酸式色})}{\mathrm{HIn}} \longrightarrow \mathrm{H^+} + \underset{(\text{碱式色})}{\mathrm{In^-}} \qquad K(\mathrm{HIn})$$

酸式(HIn)和碱式(In^-)的颜色不同，指示剂水溶液的颜色取决于酸式色和碱式色的比例。

$$\mathrm{pH}=\mathrm{p}K(\mathrm{HIn})-\lg\frac{c(\mathrm{HIn})}{c(\mathrm{In^-})}。$$

当溶液的 pH 值变化时，$c(\mathrm{HIn})/c(\mathrm{In^-})$的比例发生变化，故而溶液的颜色产生变化。

当 $c(\mathrm{HIn})/c(\mathrm{In^-})\geqslant 10$ 时，看到的是 HI 的颜色；当 $c(\mathrm{HIn})/c(\mathrm{In^-})\leqslant 0.1$ 时，看到的是 In^- 的颜色；当 $10>c(\mathrm{HIn})/c(\mathrm{In^-})>0.1$ 时，看到的是酸式色和碱式色的混合色。

把 $\mathrm{pH}=\mathrm{p}K(\mathrm{HIn})$，称为指示剂的理论变色点。

把 $\mathrm{pH}=\mathrm{p}K(\mathrm{HIn})\pm 1$，称为指示剂的理论变色范围。

2. 影响因素

指示剂变色范围的影响因素主要有温度、用量、溶剂、滴定顺序等，这对于更好地应用指示剂进行酸碱滴定具有较大的作用。

五、滴定曲线与指示剂的选择

1. 不同滴定形式的滴定曲线不同的酸碱滴定形式,其滴定曲线的特点、形状见图 1。

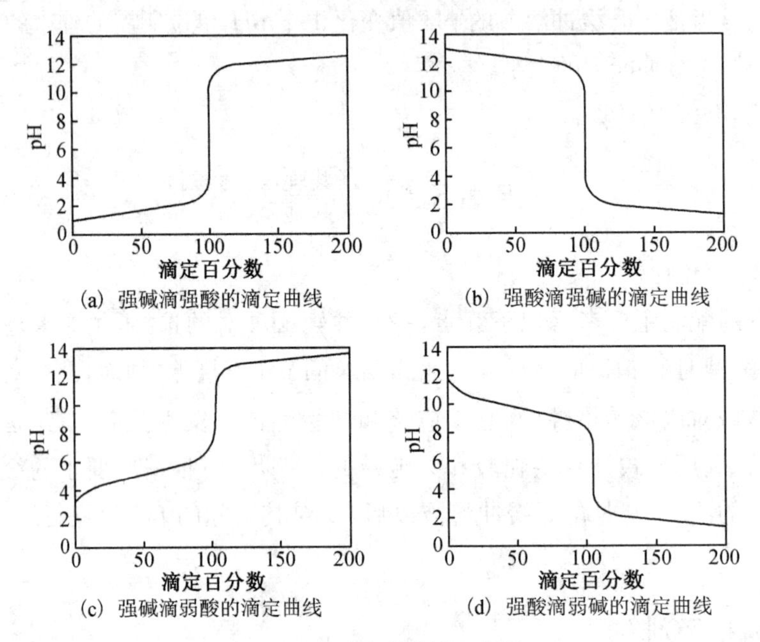

(a) 强碱滴强酸的滴定曲线　(b) 强酸滴强碱的滴定曲线

(c) 强碱滴弱酸的滴定曲线　(d) 强酸滴弱碱的滴定曲线

图 1　酸碱滴定曲线示意图

掌握滴定突跃的概念、作用及其影响因素。滴定突跃是滴定的基础,只有有了突跃,才可以在较小的误差下,以指示剂的变色来指示反应终点,没有突跃,就无法用指示剂来指示反应终点,也就无法滴定。

表 1　酸碱滴定

滴定方式	可否滴定判据	终点产物	终点 pH 值
强碱滴强酸		中性盐	7
强酸滴强碱		中性盐	7
强碱滴弱酸	$c \cdot K_a \geqslant 10^{-8}$	弱碱	$>7, c(OH^-)=\sqrt{\frac{c}{2} \cdot K_b}$
强酸滴弱碱	$c \cdot K_b \geqslant 10^{-8}$	弱酸	$<7, c(H^+)=\sqrt{\frac{c}{2} \cdot K_a}$
强碱滴多元酸(H_3A^-)	$c_{a_1} \cdot K_{a_1} \geqslant 10^{-8}$,一级可滴 $K_{a_1}/K_{a_2} \geqslant 10^4$,一、二级可分步滴	酸式盐(H_2A)	$c(H^+)=\sqrt{K_{a_1} \cdot K_{a_2}}$
	$c_{a_2} \cdot K_{a_2} \geqslant 10^{-8}$,二级可滴 $K_{a_2}/K_{a_3} \geqslant 10^4$,二、三级可分步滴	酸式盐(HA^{2-})	$c(H^+)=\sqrt{K_{a_2} \cdot K_{a_3}}$
	$c_{a_3} \cdot K_{a_3} \geqslant 10^{-8}$,三级可滴	多元碱(A^{3+})	$c(OH^-)=\sqrt{\frac{c}{4} \cdot K_b}$

续表

滴定方式	可否滴定判据	终点产物	终点 pH 值
强酸滴多元碱（A^{3+}）	$c_{b_1} \cdot K_{b_1} \geqslant 10^{-8}$，一级可滴 $K_{b_1}/K_{b_2} \geqslant 10^4$，一、二级可分步滴	酸式盐（HA^{2-}）	$c(H^+)=\sqrt{K_{a_2} \cdot K_{a_3}}$
	$c_{b_2} \cdot K_{b_2} \geqslant 10^{-8}$，二级可滴 $K_{b_2}/K_{b_3} \geqslant 10^4$，二、三级可分步滴	酸式盐（H_2A^-）	$c(H^+)=\sqrt{K_{a_1} \cdot K_{a_2}}$
	$c_{b_3} \cdot K_{b_3} \geqslant 10^{-8}$，三级可滴	多元酸（H_3A）	$c(H^+)=\sqrt{\frac{c}{4} \cdot K_a}$

对于强碱滴弱酸或强酸滴弱碱，主要考虑弱酸或弱碱是否可以被准确滴定的问题；对于强碱滴多元酸或强酸滴多元碱，除了要考虑各级的酸电离出来的 H^+ 或碱电离出来的 OH^- 是否可以被准确滴定的问题之外，还要考虑相邻两级电离是否可以分步滴定的问题。在表1中，对上述各种酸碱滴定形式的可否滴定判据、终点产物、终点 pH 值的计算进行了总结。

2. 指示剂的选择

指示剂在酸碱滴定中用来指示滴定反应终点，只有指示剂准确地在滴定终点变色，才能准确进行滴定。在酸碱滴定中，指示剂的选择原则是

(1) 如果已知滴定的 pH 值的突跃范围，那么所选择的指示剂的变色范围应该完全落入滴定突跃范围之内。

(2) 如果不知道滴定的 pH 值的突跃范围，但可以估算出终点的 pH 值，那么以终点的 pH 值落入指示剂的变色范围为准，终点的 pH 值与指示剂的理论变色点越接近越好。

六、酸碱标准溶液的配制与标定

酸碱滴定中常用的酸标准溶液是 HCl 溶液，它采用间接法配制，浓度一般是 $0.1\ mol \cdot L^{-1}$，常用来标定 HCl 标准溶液的基准物质是无水 Na_2CO_3 和硼砂。滴定发生的反应和反应的基本单元分别是

$$Na_2CO_3 + 2HCl = 2NaCl + H_2O + CO_2;$$

基本单元为

$$n(HCl) = n\left(\frac{1}{2}Na_2CO_3\right);$$

$$Na_2B_4O_7 + 2HCl + 5H_2O = 2NaCl + 4H_3BO_3;$$

基本单元为

$$n(HCl) = n\left(\frac{1}{2}Na_2B_4O_7\right)。$$

酸碱滴定中常用的碱标准溶液是 NaOH，KOH，$Ba(OH)_2$ 溶液，它们均采用间接法配制，浓度一般是 $0.1\ mol \cdot L^{-1}$，常用来标定 NaOH 标准溶液的基准物质是邻苯二甲酸氢钾和草酸。滴定发生的反应和反应的基本单元分别是

$$KHC_8H_4O_4 + NaOH = KNaC_8H_4O_4 + H_2O;$$

基本单元是

$$n(NaOH) = n(KHC_8H_4O_4),$$

$$H_2C_2O_4 + 2NaOH = Na_2C_2O_4 + 2H_2O;$$

基本单元是

$$n(NaOH) = n\left(\frac{1}{2}H_2C_2O_4\right)。$$

七、酸碱滴定的计算

1. 应用等物质量规则进行滴定分析的计算

具体内容及常用计算公式可以参见第六章容量分析计算部分。

2. 常见的滴定反应的计算

铵盐中氮的测定

a. 蒸馏法:将含有 NH_4^+ 的试样制成溶液置于蒸馏瓶中,加过量的浓 NaOH 共同煮沸,使 NH_4^+ 转变为 NH_3 逸出。

返滴定:采用过量的、一定量的 HCl 标准溶液吸收 NH_3,再以 NaOH 标准溶液返滴定剩余的 HCl,终点产物为 NH_4^+,pH≈5,用甲基红作指示剂。

等物质量关系为

$$n(N) = n(NH_4^+) = n(NH_3) = n(HCl) - n(NaOH),$$

$$N\% = \frac{[c(HCl) \cdot V(HCl) - c(NaOH) \cdot V(NaOH)] \cdot M(N)}{m_s} \times 100。$$

置换滴定:采用过量的 H_3BO_3 标准溶液吸收 NH_3,再以 HCl 标准溶液滴定反应产生的 $H_2BO_3^-$,终点产物为 NH_4^+ 和 H_3BO_3,pH≈5,用甲基红作指示剂。

等物质量关系为

$$n(N) = n(NH_4^+) = n(NH_3) = n(H_2BO_3^-) = n(HCl),$$

$$N\% = \frac{c(HCl) \cdot V(HCl) \cdot M(N)}{m_s} \times 100。$$

b. 甲醛法:NH_4^+ 与 HCHO 反应生成质子化的六次甲基四胺 H^+,

$$4NH_4^+ + 6HCHO = (CH_2)_6N_4H^+ + 3H^+ + 6H_2O。$$

以 NaOH 标准溶液滴定反应产生的 NH_4^+ 和 $(CH_2)_6N_4H^+$,终点时生成 $(CH_2)_6N_4$,pH≈8.9,选用酚酞为指示剂。

等物质量关系为

$$n(N) = n(NH_4^+) + n(H^+) = n((CH_2)_6N_4H^+) = n(NaOH),$$

$$N\% = \frac{c(NaOH) \cdot V(NaOH) \cdot M(N)}{m_s} \times 100。$$

双指示剂法的应用

酸碱滴定中的双指示剂法是指应用两种指剂，应用一种标准溶液进行连续滴定的滴定分析方法，该方法常应用于混合物样品的酸碱滴定，它可以判别混合物的组成并计算各自的含量。

本章难点：弱酸的电离度与电离常数、弱酸的浓度之间的关系；酸碱共轭关系及电离平衡常数之间的关系；酸碱指示剂指示反应终点原理以及与滴定曲线中滴定突跃的关系的理解；强酸滴定弱碱、强碱滴定弱酸的判定、终点的产物、终点 pH 值的计算以及指示剂的选择；强酸滴定多元碱、强碱滴定多元酸可否滴定、可否分步滴定的判定、各级滴定终点的产物、终点 pH 值的计算以及指示剂的选择；双指示剂法的应用。

例题解析

例 1　根据酸碱质子理论，指出下列分子或离子中，哪些只是酸，哪些只是碱，哪些既是酸又是碱。

H_3PO_4，$H_2PO_4^-$，Ac^-，OH^-，HCl

分析：按照质子理论，凡是能给出质子的物质都是酸，凡是能接受质子的物质都是碱，既能给出质子又能接受质子的物质是两性物质。按此原则即可以划分。

解：只是酸的有 H_3PO_4，HCl，只是碱的有 Ac^-，OH^-，既是酸又是碱的有 $H_2PO_4^-$。

题后点睛：该题主要是练习关于质子理论的基本概念。

例 2　试写出下列分子或离子中可能存在的共轭酸或共轭碱：

HCO_3^-，HF，NH_4^+

分析：该题主要是强调共轭酸碱的概念，酸给出质子以后就变成其对应的共轭碱，碱得到质子就变成其对应的共轭酸。按此概念即可以写出。

解：HCO_3^- 的共轭酸 H_2CO_3，共轭碱 CO_3^{2-}；HF 的共轭碱有 F^-；NH_4^+ 的共轭碱 NH_3。

题后点睛：该题比较简单，主要是练习共轭酸碱的基本概念。

例 3　试写出下列物质的质子条件式：

H_3PO_4，Na_2S，NH_4Ac，$NH_4H_2PO_4$

分析：在酸碱平衡中，酸失去的质子总数等于碱得到的质子总数。写的时候，以 H_2O 和溶液中大量存在组分的原始形式为标准，写出溶液中各组分所有可能存在的形式，然后，将得质子的写在等号的一边，失质子的写在等号的另一边。注意得、失质子的个数，应在该形式之前配上相应的系数。

解：H_3PO_4，以 H_2O 和 H_3PO_4 为标准：

得质子的形式：H_3O^+；失质子的形式：OH^-，$H_2PO_4^-$，HPO_4^{2-}，PO_4^{3-}；

PBE：$OH^- + H_2PO_4^- + 2HPO_4^{2-} + 3PO_4^{3-} = H_3O^+$；

Na_2S，以 Na_2S 和 H_2O 为标准：

得质子的形式：H_3O^+，HS^-，H_2S；失质子的形式：OH^-；

PBE：$OH^- = H_3O^+ + HS^- + 2H_2S$；

NH_4Ac，以 NH_4Ac 和 H_2O 为标准：

得质子的形式：H_3O^+，HAc；失质子的形式：OH^-，NH_3；

PBE：$OH^- + NH_3 = H_3O^+ + HAc$；

$NH_4H_2PO_4$，以 $NH_4H_2PO_4$ 和 H_2O 为标准：

得质子的形式：H_3O^+，H_3PO_4；失质子的形式：OH^-，NH_3，HPO_4^{2-}，PO_4^{3-}；

PBE：$OH^- + HPO_4^{2-} + 2PO_4^{3-} + NH_3 = H_3O^+ + H_3PO_4$。

题后点睛：质子平衡是处理酸碱平衡的有力工具，掌握它对于理解酸碱平衡，具有很大的意义。

例4 计算 0.10 mol·L^{-1}下列溶液的 pH 值：

0.10 mol·L^{-1} HAc，0.010 mol·L^{-1} HCOOH，0.10 mol·L^{-1} $H_2C_2O_4$，0.10 mol·L^{-1} Na_2CO_3，0.10 mol·L^{-1} NH_4Ac，0.033 mol·L^{-1} Na_2HPO_4

分析：该题是计算各种溶液的 pH 值，只要分清该物质属于酸碱溶液中的哪一类，应用相应的公式即可。很明显，HAc，HCOOH 属于一元弱酸，$H_2C_2O_4$ 属于多元弱酸，Na_2CO_3 属于多元弱碱，NH_4Ac，Na_2HPO_4 属于两性物质。计算时要注意根据不同的条件应用不同的省略公式。

解：(1) 0.10 mol·L^{-1} HAc

已知 $K_a = 1.79 \times 10^{-5}$，$c/K_a = 5\,586 > 500$，而 $K_a c = 1.79 \times 10^{-6} \geqslant 20\ K_w$，故应用最简式

$c(H^+) = \sqrt{K_a c} = \sqrt{1.79 \times 10^{-5} \times 0.10} = 1.34 \times 10^{-3}$ mol·L^{-1}，pH = 2.87；

(2) 0.010 mol·L^{-1} HCOOH

已知 $K_a = 1.8 \times 10^{-4}$，$c/K_a = 56 < 500$，而 $K_a c > 20K_w$，故应用近似式

$$c(H^+) = \frac{-K_a + \sqrt{K_a^2 + 4K_a c}}{2}$$

$$= \frac{-1.8 \times 10^{-4} + \sqrt{(1.8 \times 10^{-4})^2 + 4 \times 1.8 \times 10^{-4} \times 0.010}}{2}$$

$$= 1.3 \times 10^{-3}\ \text{mol} \cdot \text{L}^{-1}, \text{pH} = 2.89;$$

(3) 0.10 mol·L^{-1} $H_2C_2O_4$

已知 $K_{a_1} = 5.9 \times 10^{-2}$，$K_{a_2} = 6.4 \times 10^{-5}$，由于 $K_{a_1} \gg K_{a_2}$，故按一元酸处理。

$c/K_{a_1} = 1.7 < 500$，而 $K_{a_1} c > 20K_w$，故应用近似式

$$c(H^+) = \frac{-K_{a_1} + \sqrt{K_{a_1}^2 + 4K_{a_1} c}}{2}$$

$$= \frac{-5.9 \times 10^{-2} \times \sqrt{(5.9 \times 10^{-2})^2 + 4 \times 5.9 \times 10^{-2} \times 0.10}}{2}$$

$$= 5.3 \times 10^{-2}\ \text{mol} \cdot \text{L}^{-1}, \text{pH} = 1.30;$$

(4) $0.10\ mol \cdot L^{-1}\ Na_2CO_3$

已知$K_{b_1}=1.8\times10^{-4}$,$K_{b_2}=2.3\times10^{-8}$,由于$K_{b_1}\gg K_{b_2}$,故按一元弱碱处理。$c/K_{b_1}=560>500$,而$K_{b_1}c>20K_w$,故应用最简式

$c(OH^-)=\sqrt{K_{b_1}\cdot c}=\sqrt{1.8\times10^{-4}\times0.10}=4.2\times10^{-3}\ mol\cdot L^{-1}$,pH=11.62;

(5) $0.10\ mol\cdot L^{-1}\ NH_4Ac$

已知$K_{NH_4^+}=5.6\times10^{-10}$,$K_{HAc}=1.75\times10^{-5}$,由于$K_{NH_4^+}c\geqslant20K_w$,故应用最简式

$c(H^+)=\sqrt{K_{HAC}\cdot K_{NH_4^+}}=\sqrt{1.75\times10^{-5}\times5.6\times10^{-10}}=9.9\times10^{-8}\ mol\cdot L^{-1}$,pH=7.00;

(6) $0.033\ mol\cdot L^{-1}Na_2HPO_4$

已知H_3PO_4的$K_{a_2}=6.3\times10^{-8}$,$K_{a_3}=4.4\times10^{-13}$,由于$K_{a_3}c<20K_w$,故应用

$$c(H^+)=\sqrt{\frac{K_{a_2}\cdot(K_{a_3}\cdot c+K_w)}{c}}$$

$$=\sqrt{\frac{6.3\times10^{-8}\times(4.4\times10^{-13}\times0.033+1.0\times10^{-14})}{0.033}}$$

$$=2.2\times10^{-10}\ mol\cdot L^{-}1,pH=9.66。$$

题后点睛:该题是酸碱平衡中比较典型的习题,对于不同的溶液的pH值的计算,主要要搞清楚以下几点:一是搞清楚溶液属于哪一类溶液;二是根据浓度及平衡常数应该对计算公式进行那些省略,应用哪个公式;三是计算的是H^+浓度还是OH^-浓度。以上几点清楚了,虽然计算公式比较多,溶液pH值的计算还是比较简单的。

例5　计算10 mL $0.30\ mol\cdot L^{-1}\ NH_3$与10 mL $0.10\ mol\cdot L^{-1}$ HCl混合后溶液的pH值。

分析:NH_3溶液和HCl溶液混合后会发生中和反应,反应过剩NH_3与生成的NH_4Cl组成缓冲溶液。计算出中和反应后的NH_3和NH_4Cl的浓度,代入公式即可。

解:$c(NH_3)=\frac{0.30\times10-0.10\times10}{10+10}=0.10\ mol\cdot L^{-1}$,

$c(NH_4^+)=\frac{0.10\times10}{10+10}=0.05\ mol\cdot L^{-1}$,

$$pH=pK_a-\lg\frac{c(NH_4^+)}{c(NH_3)}=14-pK_b-\lg\frac{c(NH_4^+)}{c(NH_3)}=14-4.75-\lg\frac{0.05}{0.10}=9.55。$$

题后点睛:该题主要练习缓冲溶液pH值的计算。这种类型的题,主要考虑酸和碱反应后的产物是共轭酸碱对,刚好构成缓冲溶液,理解到这一点,只要计算出共轭酸和共轭碱的浓度,就可以直接应用公式进行计算。

例6　欲配制的pH=5.0缓冲溶液1 L,应如何配制?

分析:已知缓冲溶液的pH=5.0,配制时首先选择共轭酸碱对,共轭酸碱对pK_a应该尽可能地和要求的pH值接近,选好共轭酸碱对以后,利用公式计算共轭酸和共轭碱的比例,同时根据所要求的缓冲容量考虑配制缓冲溶液的浓度。

解:查表知,$pK_a(HAc)=4.76$,接近pH=5.0,故选用HAc-NaAc缓冲对。

假设选用浓度为 0.20 $mol \cdot L^{-1}$的 HAc 和 NaAc 溶液来配制。

$$pH=pK_a-\lg\frac{c(HAc)}{c(NaAc)}=pK_a-\lg\frac{n(HAc)}{n(NaAc)}。$$

$$5.0=4.76-\lg\frac{0.20\cdot V(HAc)}{0.20\cdot V(NaAc)}，解得\frac{V(HAc)}{V(NaAc)}=0.575。$$

又由题意，$V(HAc)+V(NaAc)=1$ L，$V(NaAc)=635$ mL，故 $V(HAc)=365$ mL。

题后点睛：这道题一方面是练习如何配制缓冲溶液，另一方面是练习灵活运用缓冲溶液 pH 值的计算公式。做这类习题关键是先选择合适共轭酸碱对，然后再进行共轭酸和共轭碱比例的计算。

例 7 在含有浓度均为 0.10 $mol \cdot L^{-1}$ HAc 和 NaAc 的 100 mL 混合溶液中，分别加入 2 滴 1.0 $mol \cdot L^{-1}$ HCl 和 NaOH 溶液后，混合溶液的 pH 值如何变化?

分析：该题的目的是通过计算验证缓冲溶液的缓冲作用。缓冲溶液的 pH 值计算依公式计算即可。加入 HCl 和 NaOH 对于缓冲溶液的 pH 值的影响主要是通过加入酸或碱后，改变了缓冲溶液的共轭酸碱对的比例，因此影响缓冲溶液的 pH 值。所以加入 HCl 和 NaOH 后缓冲溶液 pH 值的计算，应先计算出加入酸或碱后，改变后的共轭酸和共轭碱浓度，然后代入缓冲溶液 pH 值计算公式计算。

解：(1) 在未加入酸碱之前，c(共轭酸)$=c(HAc)=0.10\ mol \cdot L^{-1}$，$c$(共轭酸)$=c(NaAc)=0.10\ mol \cdot L^{-1}$，

$$pH=pK_a-\lg c(HAc),\ pH=pK_a-\lg\frac{c(HAc)}{c(NaAc)}=4.76-\lg\frac{0.10}{0.10}=4.76。$$

(2) 在加入 HCl 后，混合液的体积为 100.1 mL，

$$c(HAc)=\frac{0.10\times100}{100.1}\approx0.10\ mol \cdot L^{-1},$$

$$c(NaAc)=\frac{0.10\times100}{100.1}\approx0.10\ mol \cdot L^{-1},$$

$$c(HCl)=\frac{1.0\times0.10}{100.1}\approx0.001\ mol \cdot L^{-1}。$$

但由于 HCl 的电离产生的 H^+ 能与缓冲溶液的 Ac^- 结合生成 HAc，所以可以认为溶液中 Ac^- 的浓度就减少了 0.001 $mol \cdot L^{-1}$，而 HAc 浓度增加了 0.001 $mol \cdot L^{-1}$。

$c(HAc)\approx0.101\ mol \cdot L^{-1}$，$c(NaAc)\approx0.099\ mol \cdot L^{-1}$，

$$pH=pK_a-\lg\frac{c(HAc)}{c(NaAc)}=4.76-\lg\frac{0.101}{0.099}=4.75。$$

(3) 在加入 NaOH 后，溶液中 HAc 的浓度就减少了 0.001 $mol \cdot L^{-1}$，而 Ac^- 的浓度增加了 0.001 $mol \cdot L^{-1}$。

$$pH=pK_a-\lg\frac{c(HAc)}{c(NaAc)}=4.76-\lg\frac{0.100-0.001}{0.100+0.001}=4.77。$$

通过计算可以看出，在缓冲溶液中加入 0.001 $mol \cdot L^{-1}$ 的 HCl 或 NaOH，pH 值仅改变 0.01 个单位，说明缓冲溶液具有抵抗作用。

题后点睛：这道题一方面是对缓冲溶液概念的理解，另一方面是应用的计算。解此类题，关键是要清楚缓冲溶液的 pH 值主要由共轭酸碱对弱酸的 pK_a 决定，但共轭酸碱对中共

轭酸和共轭碱的比例可以影响 pH 值。外加酸碱对于缓冲溶液 pH 值的影响主要是通过对共轭酸和共轭碱的比例来影响的，理解了这一点，那么此类题的计算就比较简单了。

例 8 下列滴定能否进行？如能，计算等量点的 pH 值，并指出应选用什么指示剂。

0.10 $mol \cdot L^{-1}$ NaOH 滴定 0.10 $mol \cdot L^{-1}$ HCOOH

0.10 $mol \cdot L^{-1}$HCl 滴定 0.10 $mol \cdot L^{-1}$NaAc

分析：该题属于强酸滴弱碱或强碱滴弱酸一类的题目。对于强碱滴弱酸，NaOH 滴定 HCOOH，滴定的判据是 $c \cdot K_a \geqslant 10^{-8}$，终点产物是 $HCOO^-$，等量点的 pH 值就是 $HCOO^-$ 溶液的 pH 值，计算公式为 $c(OH^-)=\sqrt{\frac{c}{2} \cdot K_b}$。对强酸滴弱碱，HCl 滴定 NaAc，滴定的判据是 $c \cdot K_b \geqslant 10^{-8}$，若可以滴定，终点产物是 HAc，等量点的 pH 值是 HAc 溶液的 pH 值，计算公式为 $c(H^+)=\sqrt{\frac{c}{2} \cdot K_a}$。虽然无法知道滴定的突跃范围，但可以计算出终点的 pH 值，故指示剂的选取以终点的 pH 值落入指示剂的变色范围为准。

解：(1) 0.10 $mol \cdot L^{-1}$ NaOH 滴定 0.10 $mol \cdot L^{-1}$ HCOOH

已知 $K_a(HCOOH)=1.77 \times 10^{-4}$，$K_b(HCOO^-)=K_w/K_a(HCOOH)=5.65 \times 10^{-11}$。

由于 $c \cdot K_a = c \cdot K_a(HCOOH)=0.10 \times 1.77 \times 10^{-4}=1.77 \times 10^{-5}>10^{-8}$，故可以滴定。

$$c(OH^+)=\sqrt{\frac{c}{2} \cdot K_b(HCOO^-)}=\sqrt{\frac{0.10}{2} \times 5.65 \times 10^{-11}}=1.65 \times 10^{-6}\ mol \cdot L^{-1},$$

终点产物是 $HCOO^-$，pOH=5.78；终点时，pH=14－pOH=14－5.78=8.22，应选用的指示剂为百里酚蓝、酚酞。

(2) 0.10 $mol \cdot L^{-1}$ HCl 滴定 0.10 $mol \cdot L^{-1}$ NaAc

已知 $K_a(HAc)=1.79 \times 10^{-5}$，$K_b(Ac^+)=K_w/K_a(HAc)=5.59 \times 10^{-10}$。

由于 $c \cdot K_b = c \cdot K_b(Ac^-)=0.10 \times 5.59 \times 10^{-10}=5.59 \times 10^{-11}<10^{-8}$，故不可以滴定。

题后点睛：该题是酸碱滴定中的一种典型题型，强酸滴弱碱或强碱滴弱酸型，该类题主要考查对于强酸滴弱碱或强碱滴弱酸的过程是否清楚。解这一类习题，可以采用以下四步，对于搞清此类滴定过程十分有帮助。

第一步：搞清滴定类型，搞清是强酸滴弱碱还是强碱滴弱酸；

第二步：判定可否滴定，若是强碱滴弱酸，被滴物是弱酸，故采用 $c \cdot K_a \geqslant 10^{-8}$，若是强酸滴弱碱，被滴物是弱碱，就采用 $c \cdot K_b \geqslant 10^{-8}$；

第三步：如果可以滴定，计算终点 pH 值。关键在于搞清终点的产物，知道终点的产物和浓度，也就可以计算终点 pH 值。如若是强碱滴弱酸，被滴物是弱酸，滴定到终点，终点产物就是弱酸的共轭碱，故终点 pH 值的计算采用弱碱溶液的 pH 值计算公式 $c(OH^-)=\sqrt{\frac{c}{2} \cdot K_b}$；如果是强酸滴弱碱，就采用 $c(H^+)=\sqrt{\frac{c}{2} \cdot K_a}$；

第四步：终点 pH 值已知，就可以根据以终点的 pH 值落入指示剂的变色范围为准的指示剂的选取原则选择指示剂。

例 9 试问下列多元酸碱(0.10 $mol \cdot L^{-1}$) 是否可以用 0.10 $mol \cdot L^{-1}$ NaOH(HCl)

滴定？有几个 pH 值突跃？等量点的 pH 值是多少？选什么指示剂？

(1) $H_2C_2O_4$；(2) Na_2CO_3

分析：该题是强酸滴定多元碱或强碱滴定多元酸的类型。这类题不仅要考虑可否滴定的问题，还要考虑多元酸碱各级电离可否分步滴定的问题。对于 NaOH 滴定多元酸 $H_2C_2O_4$，若 $c_{a_1}K_{a_1} \geqslant 10^{-8}$，说明一级电离 $H_2C_2O_4 \rightleftharpoons H_2O_4^- + H^+$ 产生的 H^+ 可以被准确滴定，有一个 pH 突跃；若 $c_{a_2}K_{a_2} \geqslant 10^{-8}$，说明二级电离 $HC_2O_4^- \rightleftharpoons C_2O_4^{2-} + H^+$ 产生的 H^+ 可以被准确滴定，也有一个 pH 突跃。若 $K_{a_1}/K_{a_2} \geqslant 10^4$，说明 $H_2C_2O_4$ 一级电离和二级电离被滴定产生的两个 pH 突跃可以被分开，即可以分步滴定，否则，就不可以分步滴定。对于 HCl 滴定多元碱 Na_2CO_3，可以类似上面分析。

解：(1) 0.10 mol·L^{-1}NaOH 滴定 0.10 mol·L^{-1} $H_2C_2O_4$

已知 $H_2C_2O_4$ 的 $K_{a_1} = 5.9 \times 10^{-2}$，$K_{a_2} = 6.4 \times 10^{-5}$

$c_{a_1}K_{a_1} = 5.9 \times 10^{-3} > 10^{-8}$，一级电离可滴，有 pH 突跃。

$c_{a_2}K_{a_2} = 0.05 \times 6.4 \times 10^{-5} = 3.2 \times 10^{-6} > 10^{-8}$，二级电离可滴，有 pH 突跃。

$K_{a_1}/K_{a_2} = 9.2 \times 10^2 < 10^4$，两个 pH 突跃不能被分开，即不可以分步滴定。

故用 0.10 mol·L^{-1} NaOH 滴定 $H_2C_2O_4$，不能分步滴定，只能一次将二级电离全部滴定，即一次由 $H_2C_2O_4$ 滴到 $C_2O_4^{2-}$。终点的产物是 $C_2O_4^{2-}$，其 $K_{b_1} = \frac{K_w}{K_{a_2}} = \frac{1 \times 10^{-14}}{6.4 \times 10^{-5}} = 1.6 \times 10^{-10}$，

$$c(OH^-) = \sqrt{K_{b_1} \cdot \frac{c}{3}} = \sqrt{1.6 \times 10^{-10} \times \frac{0.10}{3}} = 2.3 \times 10^{-6}\ \text{mol} \cdot \text{L}^{-1},$$

pH＝14－pOH＝14－5.64＝8.36，应选用百里酚蓝、酚酞为指示剂。

(2) 0.10 mol·L^{-1} HCl 滴定 0.10 mol·L^{-1}Na_2CO_3

已知 Na_2CO_3 的 $K_{b_1} = 1.8 \times 10^{-4}$，$K_{b_2} = 2.3 \times 10^{-8}$

$c_{b_1}K_{b_1} = 1.8 \times 10^{-5} > 10^{-8}$，一级电离可滴，有 pH 突跃。

$c_{b_2}K_{b_2} = 0.05 \times 2.3 \times 10^{-8} = 1.2 \times 10^{-9} < 10^{-8}$，二级电离滴定突跃不大，勉强可滴。

$K_{b_1}/K_{b_2} = 7.8 \times 10^3 \approx 10^4$，两个 pH 突跃可以被勉强分开，即可以分步滴定。

第一步滴定，$CO_3^{2-} \longrightarrow HCO_3^-$，终点产物是 HCO_3^-

$$c(H^+) = \sqrt{K_{a_1} \cdot K_{a_2}} = \sqrt{4.3 \times 10^{-7} \times 5.6 \times 10^{-11}} = 4.9 \times 10^{-9}\ \text{mol} \cdot \text{L}^{-1}$$

pH＝8.31，选用百里酚蓝、酚酞为指示剂。

第二步滴定，$HCO_3^- \longrightarrow H_2O + CO_2$，终点产物是 CO_2 饱和水溶液，室温下浓度约为 0.04 mol·L^{-1}。

$$c(H^+) = \sqrt{c \cdot K_{a_1}} = \sqrt{0.04 \times 4.3 \times 10^{-7}} = 1.3 \times 10^{-4}\ \text{mol} \cdot \text{L}^{-1}$$

pH＝3.89，选用甲基橙、溴甲酚绿为指示剂。

题后点睛：进行多元酸碱的滴定计算，主要在多元酸碱逐步电离上思路要清楚。计算时，一定要把以下几个问题搞清楚，每一步能不能滴定，能不能分步滴定，每步滴定产物是什么，pH 值如何计算。搞清楚这几个问题进行此类计算时就不会存在太大的问题。在这里

计算 pH 值时还要注意，多元弱酸(碱)和滴定中间产物(酸式盐)的 pH 值计算公式是不一样的。

例 10 设计测定下列混合物的分析方案：

HCl 和 NH_4Cl。

分析：该题的目的是设计测定混合物的分析方案，即用酸碱滴定法测定 HCl 和 NH_4Cl 混合物中 HCl 和 NH_4Cl 的含量。

(1) 先逐个分析一下如何测定两个被测物，HCl 很明显用 NaOH 直接滴定，终点产物 NaCl，pH=7，NH_4Cl，属于质子酸，是弱酸，若用 NaOH 直接滴定，$0.10\times\dfrac{1\times10^{-14}}{1.8\times10^{-5}}=5.6\times10^{-11}<10^{-8}$，不可滴。因此对于铵离子的测定只能采用间接法，如前述的蒸馏法或甲醛法。

(2) 再来分析一下测定时的相互干扰问题

如果用 NaOH 直接滴定混合物，可以测定 HCl，NH_4Cl 不干扰，终点产物是 NH_4Cl 溶液。$c(H^+)=\sqrt{cK_a}=\sqrt{5.6\times10^{-11}}=7.48\times10^{-6}$，pH=5.1。如果采用蒸馏法或甲醛法测定 NH_4Cl，很明显，要先中和掉共存的 HCl。

综合以上分析，可以看出，我们可以采用先用 NaOH 直接滴定 HCl，再用蒸馏法或甲醛法测定 NH_4Cl。

解：(1) 先移取一定体积的混合物样品溶液于锥形瓶中，以甲基红为指示剂，用 NaOH 直接滴定至终点，耗用 NaOH 体积为 V_1。

$$c(HCl)=\frac{c(NaOH)\cdot V_1(NaOH)}{V_x}$$

(2)在中和后的样品溶液中，再加入 HCHO，以酚酞为指示剂，以 NaOH 标准溶液滴定，耗用 NaOH 体积为 V_2。

$$c(NH_4Cl)=\frac{c(NaOH)\cdot V_2(NaOH)}{V_x}$$

题后点睛：该题多方面地考查了学生对于酸碱滴定方法的理解，对于这种问题，首先考虑混合样品中各组分如何测定；其次，在确定了各组分的分析方案后，再考虑在进行各组分测定时共存物的干扰问题。要特别注意在计算终点 pH 值时共存物的影响，因为它直接影响到指示剂的选取，也就直接影响到测定的准确性。综合考虑以上因素，确定总的实验方案。

例 11 0.572 2 g 硼砂溶于水后，用 25.30 mL HCl 滴定到甲基红终点，计算 HCl 的浓度。欲使浓度为 0.100 0 mol·L^{-1}，问：需将此酸 1 000 mL 稀释到多少毫升？

分析：该题是以硼砂标定 HCl。根据标准物质的配制与标定一节可知 $Na_2B_4O_7+2HCl+5H_2O=\!=\!=2NaCl+4H_3BO_3$，基本单元为 $n(HCl)=n\left(\frac{1}{2}Na_2B_4O_7\cdot10H_2O\right)$，直接列式计算即可。标准溶液的稀释依据稀释前后标准物质的基本单元的物质的量不变的原则计算。

解：(1) 标定

已知 $n(HCl)=n\left(\frac{1}{2}N_2B_4O_7\cdot 10H_2O\right)$，$M(Na_2B_4O_7\cdot 10H_2O)=381.42\ g\cdot mol^{-1}$，

$$c(HCl)=\frac{m(Na_2B_4O_7\cdot 10H_2O)}{M\left(\frac{1}{2}Na_2B_4O_7\cdot 10H_2O\right)\cdot V(HCl)}=\frac{0.5722}{\frac{381.42}{2}\times 25.30\times 10^{-3}}$$

$$=0.1186\ (mol\cdot L^{-1})。$$

(2) 稀释

已知 $n(HCl)_{稀释前}=n(HCl)_{稀释后}$，

$$V(HCl)_{稀释后}=\frac{c(HCl)_{稀释前}\cdot V(HCl)_{稀释前}}{c(HCl)_{稀释后}}=\frac{0.1186\times 1000}{0.1000}=1186(mL)。$$

题后点睛：该题属于基本功练习，只要掌握了酸碱标准溶液标定的内容及计算以及标准溶液的稀释的计算即可。

例 12 蛋白质试样 0.231 8 g 经消解后加浓碱蒸馏，用 4% 的 H_3BO_3 吸收蒸馏出 NH_3，用 21.60 mL HCl 滴定到终点。已知 1.000 mL 能与 0.022 84 g 的 $Na_2B_4O_7\cdot 10H_2O$ 反应，计算试样中 N%。

分析：该题属于试样含氮量测定一类的题型，看题意是属于 H_3BO_3 吸收的蒸馏法，反应及测定原理在本章常见滴定反应一节中已有介绍，在此不再重复。从题目给出的条件看，HCl 标准溶液的浓度未直接给出，而是给出了标定 HCl 溶液的数据，因此在进行试样含氮量测定计算之前，应先计算 HCl 标准溶液的浓度。以硼砂标定 HCl 溶液的原理见标准溶液的配制与标定一节。

解：(1) 计算 HCl 标准溶液的浓度

已知等物质量关系为 $n(HCl)=n\left(\frac{1}{2}Na_2B_4O_7\cdot 10H_2O\right)$，

$$c(HCl)=\frac{m}{M\left(\frac{1}{2}Na_2B_4O_7\cdot 10H_2O\right)\cdot V(HCl)}$$

$$=\frac{0.02284}{\frac{381.42}{2}\times 1.000\times 10^{-3}}$$

$$=0.1198(mol\cdot L^{-1})。$$

(2) 计算样品的含氮量

已知等物质量关系为 $n(N)=n(NH_4^+)=n(NH_3)=n(H_2BO_3^-)=n(HCl)$，

$$N\%=\frac{c(HCl)\cdot V(HCl)\cdot M(N)}{m}\times 100=\frac{0.1198\times 21.60\times 10^{-3}\times 14.01}{0.2318}\times 100$$

$$=15.64。$$

题后点睛：该题是一道先标定标准溶液的浓度，再以标准溶液测定样品中含氮量的混合练习题，测定含氮量一步是以硼酸吸收的置换滴定法，摆清整个过程和顺序，再搞清楚两步中各种等物质量关系，就可以直接写出相应的计算公式进行计算。该题是一道酸碱滴定计算中，练习基本功的典型习题。

例 13 酒石酸氢钾($KHC_4H_4O_8$)试样 2.527 g 加入 25.87 mL NaOH 与其作用。过量

的 NaOH 用 H_2SO_4 10.27 mL 回滴。已知 1.000 mL H_2SO_4 相当于 1.120 mL 的 NaOH，$T(H_2SO_4/CaCO_3)=0.029\ 40$ g/mL。求酒石酸氢钾的百分含量。

分析：该题同样是一道先标定标准溶液，再测定样品。(1) 在样品测定一步，很明显，这时一种返滴定的测定。等物质量关系有 $n(KHC_4H_4O_8)=n(NaOH)-n\left(\frac{1}{2}H_2SO_4\right)$；(2) 标准溶液的标定，可以看出，是先以 $CaCO_3$ 标定 H_2SO_4，等物质量关系有 $n\left(\frac{1}{2}CaCO_3\right)=n\left(\frac{1}{2}H_2SO_4\right)$；再以 H_2SO_4 标定 NaOH，等物质量关系有 $n\left(\frac{1}{2}H_2SO_4\right)=n(NaOH)$。

解：(1) 标准溶液的标定

$$c\left(\frac{1}{2}H_2SO_4\right)=\frac{T(H_2SO_4/CaCO_3)}{M\left(\frac{1}{2}CaCO_3\right)}=\frac{0.029\ 40}{\frac{100.09}{2}\times10^{-3}}=0.587\ 4(\text{mol}\cdot\text{L}^{-1}),$$

$$c(NaOH)=\frac{c\left(\frac{1}{2}H_2SO_4\right)\cdot V(H_2SO_4)}{V(NaOH)}=\frac{0.587\ 4\times1.000}{1.120}=0.524\ 5(\text{mol}\cdot\text{L}^{-1});$$

(2) 样品含量的测定

等物质量关系有 $n(KHC_4H_4O_8)=n(NaOH)-n\left(\frac{1}{2}H_2SO_4\right)$,

$KHC_4H_4O_8\%=\left\{\left[c(NaOH)\cdot V(NaOH)-c\left(\frac{1}{2}H_2SO_4\right)\cdot V\left(\frac{1}{2}H_2SO_4\right)\right]\cdot M(KHC_4H_4O_8)\right\}/G\times100=\{[0.524\ 5\times25.87-0.587\ 4\times10.27]\times10^{-3}\times220.18\}/2.527\times100=65.66$。

题后点睛：该题也是一道较好的基本功练习题，它包含了滴定度与物质的量浓度的相互计算、标定的计算、返滴定的计算的内容。解这道题，在摆清过程和顺序的前提下，一定要把各过程的等物质量关系搞清楚，这是计算中的重点。

例 14 浓 H_3PO_4 2.000 g，配 250.0 mL 溶液，取 25.00 mL 试液用 0.094 60 mol·L^{-1} NaOH 21.30 mL 滴定到甲基红终点。计算其含量，分别以 $H_3PO_4\%$ 和 $P_2O_5\%$ 表示。

分析：该题是以 NaOH 滴定 H_3PO_4 溶液，测定 H_3PO_4 的含量。由于 H_3PO_4 是三元酸，所以主要问题是搞清滴定到甲基红终点时，H_3PO_4 被滴定到哪一步，甲基红终点的产物是什么。先来分析一下滴定过程。已知 H_3PO_4 的各级电离常数为 $K_{a_1}=7.52\times10^{-3}$，$K_{a_2}=6.23\times10^{-8}$，$K_{a_3}=2.2\times10^{-13}$，假设 H_3PO_4 的浓度为 0.1 mol·L^{-1}，$c_{a_1}K_{a_1}=7.52\times10^{-4}>10^{-8}$，一级电离可滴，有 pH 突跃；$K_{a_1}/K_{a_2}=1.2\times10^5>10^4$，可以分步滴定。终点产物是 $H_2PO_4^-$，终点的 pH 值为 $c(H^+)=\sqrt{K_{a_1}\cdot K_{a_2}}=\sqrt{7.52\times10^{-3}\times6.23\times10^{-8}}=2.16\times10^{-5}(\text{mol}\cdot\text{L}^{-1})$，pH=4.66，可以选用甲基红或溴甲酚绿作指示剂。

从以上分析可以看出，滴定到甲基红终点，H_3PO_4 被滴定到 $H_2PO_4^-$，故可以确定滴定反应的等物质量关系 $n(NaOH)=n(H_3PO_4)=n\left(\frac{1}{2}P_2O_5\right)$。

解：已知 $M(H_3PO_4)=97.99$ g·mol^{-1}，$M(P_2O_5)=141.91$ g·mol^{-1}

等物质量关系为 $n(NaOH)=n(H_3PO_4)$，

$$H_3PO_4\%=\frac{c(NaOH)\cdot V(NaOH)\cdot M(H_3PO_4)}{\frac{G}{250.0}\times 25.00}\times 100$$

$$=\frac{0.094\,60\times 21.30\times 10^{-3}\times 97.99}{\frac{2.000}{250.0}\times 25.00}\times 100=98.72;$$

$$P_2O_5\%=\frac{c(NaOH)\cdot V(NaOH)\cdot M\left(\frac{1}{2}P_2O_5\right)}{\frac{G}{250.0}\times 25.00}\times 100$$

$$=\frac{0.094\,60\times 21.30\times 10^{-3}\times \frac{141.91}{2}}{\frac{2.000}{250.0}\times 25.00}\times 100=71.49。$$

题后点睛：该题主要练习了两方面的内容：一是强碱滴定多元酸时，判断滴定的步骤和某一指示剂滴定终点的产物。只有确定了滴定终点的产物，才能确定标准物质与待测物质之间的等物质量关系，才能计算；二是练习了以不同的形式表示待测物质的含量，这里要注意，计算以不同的形式表示同一种待测物质时与标准物质的等物质量关系。

例 15 今有三种试样，可能含有 NaOH，Na_2CO_3，$NaHCO_3$ 或它们的混合物，根据下列测定数据，判断三种试样的成分，并计算各组分的百分含量。三种试样均称重0.500 0 g，用 0.125 0 $mol\cdot L^{-1}$ HCl 滴定。

试样Ⅰ：用酚酞为指示剂用去了 24.32 mLHCl，再加甲基橙继续用 HCl 滴定又用去了 10.00 mL。

试样Ⅱ：加酚酞为指示剂无颜色，再加甲基橙用去 38.47 mLHCl 滴定到终点。

试样Ⅲ：用酚酞为指示剂用去了 12.00 mLHCl，再加甲基橙，又用去 HCl 20.00 mL。

分析：该题属于双指示剂法应用题。首先分析一下各个组分的滴定过程。NaOH，用 HCl 滴定，终点产物是 NaCl，pH=7，可选酚酞为指示剂。Na_2CO_3，用 HCl 滴定，有两步滴定：第一步，Na_2CO_3 被滴定到 $NaHCO_3$，终点产物是 $NaHCO_3$，pH=8.31，可选酚酞为指示剂。第二步，$NaHCO_3$ 被滴定到 CO_2+H_2O，终点产物是 CO_2 和 H_2O，pH=3.89，可选甲基橙为指示剂。先以酚酞为指示剂，用 HCl 滴定到终点，消耗的 HCl 的体积为 V_1，然后，再加入甲基橙为指示剂，用 HCl 滴定到终点，又消耗的 HCl 的体积为 V_2，则滴定的过程如图 2。

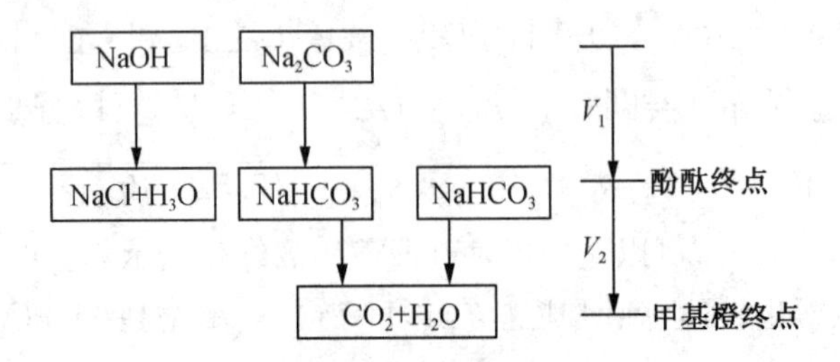

图 2 双指示剂法测定混合碱示意图

可见，滴定到酚酞终点，只有 NaOH 和 Na_2CO_3 被滴定，再滴定到甲基橙终点，只有

$NaHCO_3$ 被滴定。由于 NaOH 和 $NaHCO_3$ 不能共存，故由题意，试样Ⅰ $V_1>V_2>0$，存在 NaOH 和 Na_2CO_3。试样Ⅱ $V_1=0$，$V_2>0$，存在 $NaHCO_3$。试样Ⅲ $0<V_1<V_2$，存在 Na_2CO_3 和 $NaHCO_3$。

解：试样Ⅰ $V_1>V_2>0$，存在 NaOH 和 Na_2CO_3

等物质量关系：$n(NaOH)=c(HCl)V_1-c(HCl)V_2$，$n(Na_2CO_3)=c(HCl)V_2$，

$$NaOH\%=\frac{c(HCl)\cdot[V_1(HCl)-V_2(HCl)]\cdot M(NaOH)}{G}\times100$$

$$=\frac{0.1250\times(24.32-10.00)\times10^{-3}\times40.00}{0.5000}\times100=14.32,$$

$$Na_2CO_3\%=\frac{c(HCl)\cdot V_2(HCl)\cdot M(Na_2CO_3)}{G}\times100$$

$$=\frac{0.1250\times10.00\times10^{-3}\times105.99}{0.5000}\times100=26.50。$$

试样Ⅱ $V_1=0$，$V_2>0$，存在 $NaHCO_3$。

等物质量关系：$n(NaHCO_3)=c(HCl)V_2$，

$$NaHCO_3\%=\frac{c(HCl)\cdot V_2(HCl)\cdot M(NaHCO_3)}{G}\times100$$

$$=\frac{0.1250\times38.47\times10^{-3}\times84.00}{0.5000}\times100=80.79。$$

试样Ⅲ $0<V_1<V_2$，存在 Na_2CO_3 和 $NaHCO_3$。

等物质量关系：$n(Na_2CO_3)=c(HCl)V_1$。$n(NaHCO_3)=n(HCl)_2-n(HCl)_1$。

$$Na_2CO_3\%=\frac{c(HCl)\cdot V_1(HCl)\cdot M(Na_2CO_3)}{G}\times100$$

$$=\frac{0.1250\times12.00\times10^{-3}\times105.99}{0.5000}\times100\%=31.80;$$

$$NaHCO_3\%=\frac{c(HCl)\cdot[V_2(HCl)-V_1(HCl)]\cdot M(NaHCO_3)}{G}\times100$$

$$=\frac{0.1250\times(20.00-12.00)\times10^{-3}\times84.00}{0.5000}\times100=16.80。$$

题后点睛：解这种题目，关键是搞清楚滴定过程中的变化，搞清楚在各个指示剂终点的产物，搞清楚标准溶液消耗的体积与被测各组分之间的关系，同时还要搞清在各个体积时标准物质与待测组分之间的等物质量关系，只有在此基础上，才能正确地解得习题。

习题解答

1. 写出下列物质在水溶液中的质子条件式。

(1) $NH_3\cdot H_2O$

(2) NH_4Ac

(3) $NH_4H_2PO_4$

(4) CH_3COOH

(5) $Na_2C_2O_4$

(6) $NaHCO_3$

解：(1) $NH_3 \cdot H_2O$

$NH_3 \xrightarrow{+H^+} NH_4^+, OH^- \xleftarrow{-H^+} H_2O \xrightarrow{+H^+} H_3O^+, c_{OH^-} = c_{NH_4^+} + c_{H^+}$

(2) NH_4Ac

$NH_3 \xrightarrow{+H^+} NH_4^+, Ac^- \xrightarrow{+H^+} HAc, OH^- \xleftarrow{-H^+} H_2O \xrightarrow{+H^+} H_3O^+, c_{NH_3} + c_{OH^-} = c_{HAc} + c_{H^+}$

(3) $NH_4H_2PO_4$

$NH_3 \xrightarrow{+H^+} NH_4^+, HPO_4^{2-} \xleftarrow{-H^+} H_2PO_4^- \xrightarrow{+H^+} H_3PO_4, PO_4^{3-} \xleftarrow{-2H^+} H_2PO_4^-, OH^- \xleftarrow{-H^+} H_2O \xrightarrow{+H^+} H_3O^+, c_{NH_3} + c_{HPO_4^{2-}} + 2c_{PO_4^{3-}} + c_{OH^-} = c_{H_3PO_4} + c_{H^+}$

(4) CH_3COOH

$CH_3COO^- \xleftarrow{-H^+} CH_3COOH, OH^- \xleftarrow{-H^+} H_2O \xrightarrow{+H^+} H_3O^+, c_{CH_3COO^-} + c_{OH^-} = c_{H^+}$

(5) $Na_2C_2O_4$

$C_2O_4^{2-} \xrightarrow{+H^+} HC_2O_4^-, C_2O_4^{2-} \xrightarrow{+2H^+} H_2C_2O_4, OH^- \xleftarrow{-H^+} H_2O \xrightarrow{+H^+} H_3O^+, c_{OH^-} = c_{HC_2O_4^-} + 2c_{H_2C_2O_4} + c_{H^+}$

(6) $NaHCO_3$

$CO_3^{2-} \xleftarrow{-H^+} HCO_3^- \xrightarrow{+H^+} H_2CO_3, OH^- \xleftarrow{-H^+} H_2O \xrightarrow{+H^+} H_3O^+, c_{OH^-} + c_{CO_3^{2-}} = c_{H_2CO_3} + c_{H^+}$

2. 分别计算 0.10 $mol \cdot L^{-1}$ HAc 溶液和 0.10 $mol \cdot L^{-1}$ 氨水溶液的解离度和 pH。将上述溶液稀释 1 倍后，解离度和 pH 将如何变化？

解：(1) HAc：$K_a^\ominus = 1.8 \times 10^{-5}, c_a = 0.10\ mol \cdot L^{-1}$，

$\alpha_{HAc} = \sqrt{\frac{K_a^\ominus}{c_a}} = \sqrt{\frac{1.8 \times 10^{-5}}{0.10}} = 1.3\%, c_{H^+} = c_a \cdot \alpha_{HAc} = 1.3\% \times 0.10\ mol \cdot L^{-1}$

$= 1.3 \times 10^{-3}\ mol \cdot L^{-1}, pH = 2.88$。

稀释 1 倍　$c_a' = 0.050\ mol \cdot L^{-1}$，

$\alpha_{HAc} = \sqrt{\frac{K_a^\ominus}{c_a'}} = \sqrt{\frac{1.8 \times 10^{-5}}{0.050}} = 1.9\%, c_{H^+} = c_a' \cdot \alpha_{HAc} = 1.9\% \times 0.050\ mol \cdot L^{-1}$

$= 9.5 \times 10^{-4}\ mol \cdot L^{-1}, pH = 3.02$。

(2) NH_3：$K_a^\ominus = 1.8 \times 10^{-5}, c_a = 0.10\ mol \cdot L^{-1}$，

$\alpha_{HAc} = \sqrt{\frac{K_a^\ominus}{c_a}} = \sqrt{\frac{1.8 \times 10^{-5}}{0.10}} = 1.3\%, c_{OH^-} = c_a \cdot \alpha_{HAc} = 1.3\% \times 0.10\ mol \cdot L^{-1}$

$= 1.3 \times 10^{-3}\ mol \cdot L^{-1}, pH = 11.12$。

稀释 1 倍　$c_a' = 0.050\ mol \cdot L^{-1}$，

$\alpha_{HAc} = \sqrt{\frac{K_a^\ominus}{c_a'}} = \sqrt{\frac{1.8 \times 10^{-5}}{0.050}} = 1.9\%, c_{OH^-} = c_a' \cdot \alpha_{HAc} = 1.9\% \times 0.050\ mol \cdot L^{-1}$

$=9.5\times10^{-4}\ mol\cdot L^{-1}$，pH=10.98。

3. 计算下列水溶液的 pH。

(1) $0.100\ mol\cdot L^{-1}$ NaAc 溶液；

(2) $0.150\ mol\cdot L^{-1}$二氯乙酸溶液；

(3) $0.100\ mol\cdot L^{-1}NH_4Cl$ 溶液；

(4) $0.400\ mol\cdot L^{-1}\ H_2C_2O_4$ 溶液；

(5) $0.100\ mol\cdot L^{-1}$KCN 溶液；

(6) $0.050\ mol\cdot L^{-1}\ Na_3PO_4$ 溶液；

(7) $0.025\ mol\cdot L^{-1}$邻苯二甲酸氢钾溶液；

(8) $0.050\ mol\cdot L^{-1}NH_4Ac$ 溶液。

解：(1) NaAc 溶液中：

HAc：$K_a^\ominus=1.8\times10^{-5}$，$Ac^-$：$K_b^\ominus=\dfrac{K_w^\ominus}{K_a^\ominus}=6.6\times10^{-10}$，$c_b\cdot K_b^\ominus>20K_w^\ominus$，$\dfrac{c_b}{K_b^\ominus}>500$，

$c_{OH^-}=\sqrt{c_b\cdot K_b^\ominus}=\sqrt{0.100\times5.6\times10^{-10}}\ mol\cdot L^{-1}=7.5\times10^{-6}\ mol\cdot L^{-1}$。

pOH=5.13，pH=14.00−5.13=8.87。

(2) $CHCl_2COOH$ 溶液中：$K_a^\ominus=5.0\times10^{-2}$，$c_a=0.150\ mol\cdot L^{-1}$，

$c_a\cdot K_a^\ominus>20K_w^\ominus$，$\dfrac{c_a}{K_a^\ominus}>500$，

$$c_{H^+}=\frac{-K_a^\ominus+\sqrt{K_a^{\ominus 2}+4K_a^\ominus\cdot c_a}}{2}$$

$$=\frac{-5.0\times10^{-2}+\sqrt{(5.0\times10^{-2})^2+4\times0.150\times5.0\times10^{-2}}}{2}$$

$=6.5\times10^{-2}\ mol\cdot L^{-1}$。

pH=1.19。

(3) NH_4Cl 溶液中：NH_3：$K_b^\ominus=1.8\times10^{-5}$，$NH_4^+$：$K_a^\ominus=\dfrac{K_w^\ominus}{K_b^\ominus}=5.6\times10^{-10}$，$c_a\cdot K_a^\ominus>20K_w^\ominus$，$\dfrac{c_a}{K_a^\ominus}>500$，

$c_{H^+}=\sqrt{c_a\cdot K_a^\ominus}=\sqrt{0.100\times5.6\times10^{-10}}\ mol\cdot L^{-1}=7.5\times10^{-6}\ mol\cdot L^{-1}$，pH=5.13。

(4) $H_2C_2O_4$ 溶液中：$K_{a_1}^\ominus=5.9\times10^{-2}$，$K_{a_2}^\ominus=6.4\times10^{-5}$，$\dfrac{K_{a_1}^\ominus}{K_{a_2}^\ominus}>10^{1.6}$，同一元弱酸处理。

$c_a\cdot K_{a_1}^\ominus>20K_w^\ominus$，$\dfrac{c_a}{K_{a_1}^\ominus}>500$，

$$c_{H^+}=\frac{-K_{a_1}^\ominus+\sqrt{K_{a_1}^{\ominus 2}+4K_{a_1}^\ominus\cdot c_a}}{2}$$

$$=\frac{-5.9\times10^{-2}+\sqrt{(5.9\times10^{-2})^2+4\times0.40\times5.9\times10^{-2}}}{2}$$

$=1.27\times10^{-1}\ mol\cdot L^{-1}$，

pH=0.9。

(5) KCN溶液中：HCN：$K_a^\ominus=6.2\times10^{-10}$，

CN^-：$K_b^\ominus=1.6\times10^{-5}$，

$c_b\cdot K_b^\ominus>20K_w^\ominus$，$\frac{c_b}{K_b^\ominus}>500$，

$c_{OH^-}=\sqrt{c_b\cdot K_b^\ominus}=\sqrt{0.100\times1.6\times10^{-5}}\ mol\cdot L^{-1}=1.27\times10^{-3}\ mol\cdot L^{-1}$，

pOH=2.90，pH=11.10。

(6) Na_3PO_4溶液中：H_3PO_4：$K_{a_1}^\ominus=7.6\times10^{-3}$，$K_{a_2}^\ominus=6.3\times10^{-8}$，$K_{a_3}^\ominus=4.4\times10^{-13}$，

PO_4^{3-}：$K_{b_3}^\ominus=1.3\times10^{-12}$，$K_{b_2}^\ominus=1.6\times10^{-7}$，$K_{b_1}^\ominus=2.3\times10^{-2}$，

$K_{b_1}^\ominus\gg K_{b_2}^\ominus\gg K_{b_3}^\ominus$，同一元碱处理。

$c_b\cdot K_b^\ominus>20K_w^\ominus$，$\frac{c_b}{K_b^\ominus}>500$，

$$c_{OH^-}=\frac{-K_{b_1}^\ominus+\sqrt{K_{b_1}^{\ominus 2}+4K_{b_1}^\ominus\cdot c_b}}{2}$$

$$=\frac{-2.3\times10^{-2}+\sqrt{(2.3\times10^{-2})^2+4\times0.050\times2.3\times10^{-2}}}{2}$$

$=2.43\times10^{-2}\ mol\cdot L^{-1}$，

pOH=1.60，pH=12.40。

(7) $H_2C_8H_4O_4$：$K_{a_1}^\ominus=1.1\times10^{-3}$，$K_{a_2}^\ominus=3.9\times10^{-6}$，

$c_{H^+}=\sqrt{K_{a_1}^\ominus\cdot K_{a_2}^\ominus}=\sqrt{1.1\times10^{-3}\times3.9\times10^{-6}}\ mol\cdot L^{-1}=6.5\times10^{-5}\ mol\cdot L^{-1}$，

pH=4.2。

(8) $c_{H^+}=\sqrt{K_a^\ominus\cdot K_a^{\ominus'}}=\sqrt{K_a^\ominus\cdot\frac{K_w^\ominus}{K_b^\ominus}}$

$=\sqrt{1.8\times10^{-5}\times\frac{1.0\times10^{-14}}{1.8\times10^{-5}}}\ mol\cdot L^{-1}$

$=1.0\times10^{-7}\ mol\cdot L^{-1}$，

pH=7.0。

4. 欲配制pH=7.00的缓冲溶液500 mL，应选用HCOOH－HCOONa，HAc－NaAc，NaH_2PO_4－Na_2HPO_4，NH_3－NH_4Cl中的哪一缓冲对？如果上述各物质溶液的浓度均为1.00 $mol\cdot L^{-1}$，应如何配制？

解：HCOOH：$K_a^\ominus=1.8\times10^{-4}$，$pK_a^\ominus=3.74$；

HAc：$K_a^\ominus=1.8\times10^{-5}$，$pK_a^\ominus=4.74$；

$H_2PO_4^-$：$K_a^\ominus=6.3\times10^{-8}$，$pK_a^\ominus=7.20$；

NH_4^+：$K_a^\ominus=5.6\times10^{-10}$，$pK_a^\ominus=9.26$；

$H_2PO_4^-$：$pK_{a_2}^\ominus$最接近7.00，选NaH_2PO_4－Na_2HPO_4，

$pH=pK_a^\ominus-\lg\frac{c_a}{c_b}$。$7.00=7.20-\lg\frac{c_a}{c_b}\Rightarrow\frac{c_a}{c_b}=1.6, V_a+V_b=500\ mL, V_b=192.3\ mL$，$\frac{V_a}{V_b}=1.6, V_a=307.7\ mL$。

5. 配制 1.0 L pH=9.8，$c(NH_3)=0.10\ mol\cdot L^{-1}$的缓冲溶液。需要 $6.0\ mol\cdot L^{-1}$ $NH_3\cdot H_2O$ 多少毫升和固体$(NH_4)_2SO_4$ 多少克？已知$(NH_4)_2SO_4$ 的摩尔质量为$132\ g\cdot mol^{-1}$。

解：NH_3：$pK_b^\ominus=4.74$，NH_4^+：$pK_a^\ominus=9.26$，$pH=pK_a^\ominus-\lg\frac{c_a}{c_b}$，$\lg\frac{c_a}{c_b}=9.26-9.80$，$\frac{c_a}{c_b}=0.29$，$c_b=0.1\ mol\cdot L^{-1}$，$c_a=0.029\ mol\cdot L^{-1}$，

$V_b=\frac{(0.1\times1)\ mol}{6.0\ mol\cdot L^{-1}}\times1\ 000\ mL\cdot L^{-1}=16.7\ mL$，$m_a=\frac{1}{2}\times(0.029\times1)\ mol\times 132\ g\cdot mol^{-1}=1.914\ g$。

6. 利用分步系数计算 pH=3.00，$0.100\ mol\cdot L^{-1}$ NH_4Cl 溶液中 NH_3 和 NH_4^+ 的平衡浓度。

解：pH=3.00：$c_{H^+}=1.00\times10^{-3}\ mol\cdot L^{-1}$，

$$c_{NH_4^+}=\delta_{NH_4^+}\cdot c=\frac{c_{H^+}}{c_{H^+}+K_a^\ominus}\cdot c$$
$$=\frac{1.00\times10^{-3}}{5.6\times10^{-10}+1.0\times10^{-3}}\times0.100\ mol\cdot L^{-1}$$
$$=0.100\ mol\cdot L^{-1},$$
$$c_{NH_3}=\delta_{NH_3}\cdot c=\frac{K_a^\ominus}{c_{H^+}+K_a^\ominus}\cdot c$$
$$=\frac{5.6\times10^{-10}}{5.6\times10^{-10}+1.0\times10^{-3}}\times0.100\ mol\cdot L^{-1}$$
$$=5.6\times10^{-8}\ mol\cdot L^{-1}。$$

7. 以 $0.10\ mol\cdot L^{-1}$的 NaOH 溶液滴定 20 mL $0.1\ mol\cdot L^{-1}$的 HAc 溶液，计算化学计量点的 pH 和滴定突跃范围。可选用哪些酸碱指示剂？

解：$NaOH+HAc═══NaAc+H_2O$

化学计量点时：NaAc：$c_b=0.050\ mol\cdot L^{-1}$，$K_b^\ominus=5.6\times10^{-10}$，

$c_b\cdot K_b^\ominus>20K_w^\ominus$，$\frac{c_b}{K_b^\ominus}>500$，

$c_{OH^-}=\sqrt{c_b\cdot K_b^\ominus}=\sqrt{0.050\times5.6\times10^{-10}}\ mol\cdot L^{-1}=5.29\times10^{-6}\ mol\cdot L^{-1}$，

pOH=5.28，pH=8.72。

计量点前 0.1%，溶液为 HAc 和 NaAc 缓冲溶液：

$pH=pK_a^\ominus-\lg\frac{c_a}{c_b}=4.74-\lg\frac{0.02\ mL}{(19.98+20.00)\ mL}=7.74$；

计量点后 0.1%，溶液为 NaAc 和 NaOH 缓冲溶液：

$c_{OH^-}=0.10\times\frac{0.02}{20.02+20.00}\ mol\cdot L^{-1}=5.0\times10^{-5}\ mol\cdot L^{-1}$，

$pOH = 4.30$，$pH = 9.70$。

突跃范围 7.74～9.70，指示剂可用酚酞。

8. 下列弱酸、弱碱能否用酸碱滴定法直接滴定？如果可以，化学计量点的 pH 为多少？应选择什么作指示剂？假设酸碱标准溶液及各弱酸、弱碱初始浓度为 $0.100\ mol \cdot L^{-1}$。

(1) $CH_2ClCOOH$　(2) HCN　(3) NH_4Cl　(4) NaCN　(5) NaAc　(6) $Na_2B_4O_7 \cdot 10H_2O$

解：(1) $CH_2ClCOOH$：$K_a^\ominus = 1.4 \times 10^{-3}$，

$c_a \cdot K_a^\ominus > 10^{-8}$，可以准确滴定。

化学计量点：$CH_2ClCOONa$：$c_b = 0.0500\ mol \cdot L^{-1}$，$K_b^\ominus = 7.14 \times 10^{-12}$，

$c_b \cdot K_b^\ominus > 20K_w^\ominus$，$\dfrac{c_b}{K_b^\ominus} > 500$，

$c_{OH^-} = \sqrt{c_b \cdot K_b^\ominus} = \sqrt{0.0500 \times 7.14 \times 10^{-12}}\ mol \cdot L^{-1} = 5.97 \times 10^{-7}\ mol \cdot L^{-1}$，

$pOH = 6.22$，$pH = 7.78$。

计量点前 0.1%：$pH = pK_a^\ominus - \lg \dfrac{c_a}{c_b} = 2.85 - \lg \dfrac{0.1\%}{99.9\%} = 5.85$；

计量点后 0.1%：$c_{OH^-} = \dfrac{0.1000 \times 0.1\%}{V + V \times (1 + 0.1\%)}\ mol \cdot L^{-1} = 5.0 \times 10^{-5}\ mol \cdot L^{-1}$，$pH = 9.70$。

突跃范围 5.85～9.70，指示剂可用酚酞。

(2) HCN：$K_a^\ominus = 6.2 \times 10^{-10}$，

$c \cdot K_a^\ominus < 10^{-8}$，不能准确滴定。

(3) NH_3：$K_b^\ominus = 1.8 \times 10^{-5}$，$NH_4^+$：$K_a^\ominus = 5.6 \times 10^{-10}$，

$c \cdot K_a^\ominus < 10^{-8}$，不能准确滴定。

(4) HCN：$K_a^\ominus = 6.2 \times 10^{-10}$，$CN^-$：$K_b^\ominus = 1.6 \times 10^{-5}$，

$c \cdot K_a^\ominus > 10^{-8}$，可以直接滴定。

化学计量点：HCN：$c_a = 0.050\ mol \cdot L^{-1}$，

$c_a \cdot K_a^\ominus > 20K_w^\ominus$，$\dfrac{c_a}{K_a^\ominus} > 500$，

$c_{H^+} = \sqrt{c_a \cdot K_a^\ominus} = \sqrt{0.050 \times 6.2 \times 10^{-10}}\ mol \cdot L^{-1} = 5.6 \times 10^{-6}\ mol \cdot L^{-1}$，

$pH = 5.25$。

计量点前 0.1%：$pH = pK_a^\ominus - \lg \dfrac{c_a}{c_b} = 9.21 - \lg \dfrac{99.9\%}{0.1\%} = 6.21$；

计量点后 0.1%：$c_{H^+} = 0.050 \times 0.1\%\ mol \cdot L^{-1} = 5.0 \times 10^{-5}\ mol \cdot L^{-1}$，

$pH = 4.30$。

突跃范围 6.21～4.30，指示剂可用甲基红。

(5) HAc $K_a^\ominus = 1.8 \times 10^{-5}$，$Ac^-$：$K_b^\ominus = 5.6 \times 10^{-10}$，

$c \cdot K_a^\ominus < 10^{-8}$，不能准确滴定。

(6) $H_2B_4O_7$：$K_{a_1}^\ominus = 1.0 \times 10^{-4}$，$K_{a_2}^\ominus = 1.0 \times 10^{-9}$，

$Na_2B_4O_7$：$K_{b_1}^\ominus = 1.0 \times 10^{-5}$，$K_{b_2}^\ominus = 1.0 \times 10^{-10}$，

一级电离可直接滴定，二级电离不能直接滴定。

$pH_{sp}=\frac{1}{2}(pK_{a_1}^{\ominus}+pK_{a_2}^{\ominus})=6.50$，指示剂可选甲基红。

9. 下列多元弱酸弱碱的初始浓度均为 $0.10\ mol\cdot L^{-1}$，能否用酸碱滴定法直接滴定？如果能滴定，有几个突跃？应选择什么作指示剂？

（1）邻苯二甲酸　（2）H_2NNH_2　（3）$Na_2C_2O_4$　（4）Na_3PO_4　（5）Na_2S　（6）$H_2C_2O_4$

解：（1）$C_6H_4(COOH)_2$：$c=0.10\ mol\cdot L^{-1}$，$K_{a_1}^{\ominus}=1.1\times10^{-3}$，$K_{a_2}^{\ominus}=3.9\times10^{-6}$，

$c\cdot K_{a_1}^{\ominus}>10^{-8}$，$c\cdot K_{a_2}^{\ominus}>10^{-8}$，$\frac{K_{a_1}^{\ominus}}{K_{a_2}^{\ominus}}<10^4$。

可直接滴定，不能分步滴定，只有一个突跃。

化学计量时 $C_8H_4O_4^{2-}$：$c_b=0.033\ mol\cdot L^{-1}$，$K_{b_1}^{\ominus}=2.56\times10^{-9}$，

$c_{OH^-}=\sqrt{c_b\cdot K_{b_1}^{\ominus}}=9.19\times10^{-6}\ mol\cdot L^{-1}$，$pOH=5.04$，$pH_{sp}=8.96$，可选酚酞。

（2）H_2NNH_2：$K_{b_1}^{\ominus}=3.0\times10^{-6}$，$K_{b_2}^{\ominus}=7.6\times10^{-15}$，$c\cdot K_{b_1}^{\ominus}>10^{-8}$，$c\cdot K_{b_2}^{\ominus}<10^{-8}$，一级电离能直接电离，二级电离不够，只有一个突跃。

化学计量时 $C_8H_4O_4^{2-}$：$c_b=0.033\ mol\cdot L^{-1}$，$K_{b_1}^{\ominus}=2.56\times10^{-9}$，$c_{H^+}=\sqrt{c_a\cdot K_{a_1}^{\ominus}}=1.28\times10^{-5}\ mol\cdot L^{-1}$，

$pH_{sp}=4.89$，可选甲基橙。

（3）$H_2C_2O_4$：$K_{a_1}^{\ominus}=5.9\times10^{-2}$，$K_{a_2}^{\ominus}=6.4\times10^{-5}$，$C_2O_4^{2-}$：$K_{b_1}^{\ominus}=1.56\times10^{-10}$，$K_{b_2}^{\ominus}=1.69\times10^{-13}$，$c\cdot K_{b_1}^{\ominus}<10^{-8}$，$c\cdot K_{b_2}^{\ominus}<10^{-8}$，不能直接滴定。

（4）H_3PO_4：$K_{a_1}^{\ominus}=7.5\times10^{-3}$，$K_{a_2}^{\ominus}=6.2\times10^{-8}$，$K_{a_3}^{\ominus}=2.2\times10^{-13}$，$PO_4^{3-}$：$K_{b_1}^{\ominus}=4.5\times10^{-2}$，$K_{b_2}^{\ominus}=1.6\times10^{-7}$，$K_{b_3}^{\ominus}=1.3\times10^{-12}$，$c\cdot K_{b_1}^{\ominus}>10^{-8}$，$c\cdot K_{b_2}^{\ominus}\approx10^{-8}$，$c\cdot K_{b_3}^{\ominus}<10^{-8}$，$\frac{K_{b_1}^{\ominus}}{K_{b_2}^{\ominus}}>10^4$。

一级、二级电离可直接滴定，分步滴定，三级电离不能，有两个突跃。

第一计量点 HPO_4^{2-}：$pH_{sp}=\frac{1}{2}(pK_{a_2}^{\ominus}+pK_{a_3}^{\ominus})=9.93$，可选用酚酞；

第二计量点 $H_2PO_4^-$：$pH_{sp}=\frac{1}{2}(pK_{a_1}^{\ominus}+pK_{a_2}^{\ominus})=4.63$，可选用甲基橙。

（5）H_2S：$K_{a_1}^{\ominus}=1.3\times10^{-7}$，$K_{a_2}^{\ominus}=7.1\times10^{-15}$，

S^{2-}：$K_{b_1}^{\ominus}=1.4$，$K_{b_2}^{\ominus}=7.7\times10^{-8}$，

$c\cdot K_{b_1}^{\ominus}>10^{-8}$，$c\cdot K_{b_2}^{\ominus}\approx10^{-8}$，$\frac{K_{b_1}^{\ominus}}{K_{b_1}^{\ominus}}>10^4$。

一级、二级电离可直接滴定，有两个突跃。

第一计量点：$pH_{sp}=\frac{1}{2}(pK_{a_1}^{\ominus}+pK_{a_2}^{\ominus})=10.52$，可选百里酚酞，

第二计量点：产物为 H_2S，$c=0.033\ mol\cdot L^{-1}$，

$c_{H^+}=\sqrt{c_a \cdot K_{a_1}^{\ominus}}=6.55\times10^{-5}$ mol·L^{-1},

$pH_{sp_2}=4.18$,可选用甲基橙。

(6) $H_2C_2O_4$:$K_{a_1}^{\ominus}=5.9\times10^{-2}$,$K_{a_2}^{\ominus}=6.4\times10^{-5}$,

$c\cdot K_{a_1}^{\ominus}>10^{-8}$,$c\cdot K_{a_2}^{\ominus}>10^{-8}$,$\dfrac{K_{a_1}^{\ominus}}{K_{a_2}^{\ominus}}<10^4$。

可以直接滴定,不能分步滴定,只有一个突跃。

化学计量时 $Na_2C_2O_4$:$c=0.033$ mol·L^{-1},$K_{b_1}^{\ominus}=1.56\times10^{-10}$,

$c_{OH^-}=\sqrt{c_b\cdot K_{b_1}^{\ominus}}=2.27\times10^{-6}$ mol·L^{-1},pH=8.36,可选酚酞。

10. 称取纯的四草酸氢钾($KHC_2O_4\cdot H_2C_2O_4\cdot H_2O$)2.587 g,标定 NaOH 溶液,滴定至终点,用去 NaOH 溶液 28.49 mL,求 NaOH 溶液浓度。

解:$KHC_2O_4\cdot H_2C_2O_4\cdot 2H_2O\sim 3NaOH$

$$c_{NaOH}=\frac{\frac{m}{M}\times3}{V_{NaOH}}=\frac{\frac{2.587}{254}\times3}{28.49\times10^{-3}}\ \text{mol}\cdot\text{L}^{-1}=1.074\ \text{mol}\cdot\text{L}^{-1}。$$

11. H_3PO_4 试样 2.108 g,用蒸馏水稀释至 250.0 mL,吸取该溶液 25.00 mL,以甲基红为指示剂,用 0.093 95 mol·L^{-1} NaOH 溶液 21.03 mL 滴定至终点。计算试样中 H_3PO_4 的质量分数和 P_2O_5 的质量分数。

解:甲基红为指示剂,产物为 $NaHPO_4$。

$$n_{H_3PO_4}=\left(0.093\,95\times21.03\times10^{-3}\times\frac{250.00}{25.00}\right)\text{mol}=0.019\,76\ \text{mol}。$$

$$\omega_{H_3PO_4}=\frac{(0.019\,76\times98)\text{g}}{2.108\ \text{g}}=0.918\,4,$$

$$\omega_{P_2O_5}=\frac{\left(\frac{1}{2}\times0.019\,76\times142\right)\text{g}}{2.108\ \text{g}}=0.665\,6。$$

12. 某一含惰性杂质的混合碱试样 0.602 8 g,加水溶解,用 0.202 2 mol·L^{-1} HCl 溶液滴定至酚酞终点,用去 HCl 溶液 20.30 mL;加入甲基橙,继续滴定至甲基橙变色,又用去 HCl 溶液 22.45 mL。问:试样由何种碱组成?各组分的质量分数为多少?

解:$V_2>V_1$,混合碱试样中含 Na_2CO_3 和 $NaHCO_3$。

$$\omega_{Na_2CO_3}=\frac{(0.202\,2\times20.30\times10^{-3}\times106)\text{g}}{0.602\,8\ \text{g}}=0.721\,8;$$

$$\omega_{NaHCO_3}=\frac{[0.202\,2\times(22.45-20.30)\times10^{-3}\times84]\text{g}}{0.602\,8\ \text{g}}=0.060\,58。$$

13. 称取混合碱试样 0.482 6 g,用 0.176 2 mol·L^{-1} 的 HCl 溶液滴定至酚酞变为无色,用去 HCl 溶液 30.18 mL,再加入甲基橙指示剂滴定至终点,又用去 HCl 溶液 18.27 mL,求试样的组成及各组分的质量分数。

解:$V_1>V_2$,混合碱组成为 Na_2CO_3 和 NaOH。

$$\omega_{Na_2CO_3}=\frac{(0.176\,2\times18.27\times10^{-3}\times106)\text{g}}{0.482\,6\ \text{g}}=0.707\,1;$$

$\omega_{NaOH}=\frac{[0.1762\times(30.18-18.27)\times10^{-3}\times40]g}{0.4826\ g}=0.1739$。

14. 硫酸铵试样 0.164 0 g,溶于水后加入甲醛,反应 5 min,用 0.097 60 mol·L^{-1} NaOH 溶液滴定至酚酞变色,用去 23.09 mL。计算试样中 N 的质量分数。

解：NH_4～HCHO～NaOH

$\omega_N=\frac{(0.09760\times23.09\times10^{-3}\times14)g}{0.1640\ g}=0.1924$。

15. 称取某含有 Na_2HPO_4 和 Na_3PO_4 的试样 1.200 g,溶解后以酚酞为指示剂,用 0.300 8 mol·L^{-1}HCl 溶液 17.92 mL 滴定至终点,再加入甲基红指示剂继续滴定至终点,又用去了 HCl 溶液 19.95 mL。求试样中 Na_2HPO_4 和 Na_3PO_4 的质量分数。

解：酚酞为指示剂,产物为 Na_2HPO_4,甲基红为指示剂,产物为 NaH_2PO_4。

$\omega_{Na_3PO_4}=\frac{(0.3008\times17.92\times10^{-3}\times164)g}{1.200\ g}=0.7367$;

$\omega_{Na_2HPO_4}=\frac{[0.3008\times(19.95-17.92)\times10^{-3}\times142]g}{1.200\ g}=0.0723$。

16. 某溶液中可能含有 H_3PO_4 或 NaH_2PO_4 或 Na_2HPO_4,或是它们不同比例的混合溶液。酚酞为指示剂时,以 1.000 mol·L^{-1}NaOH 标准溶液滴定至终点用去 46.85 mL,接着加入甲基橙,再以 1.000 mol·L^{-1}HCl 溶液回滴至甲基橙终点用去 31.96 mL,该混合溶液组成如何?试计算各组分物质的量。

解：$V_1>V_2$,混合碱组成为 H_3PO_4、NaH_2PO_4。

$n_{H_3PO_4}=[1.000\times(46.85-31.96)\times10^{-3}]mol=0.0148mol$;

$n_{NaH_2PO_4}=\{1.000\times[31.96-(46.85-31.96)]\times10^{-3}\}mol=0.01707\ mol$。

17. 称取纯 $CaCO_3$ 0.501 3 g 溶于 50.00 mLHCl 溶液中,多余的 HCl 用 NaOH 滴定,用去 NaOH 溶液 5.87 mL;另取 25.00 mL 该 HCl 溶液,用上述 NaOH 溶液滴定,用去 NaOH 溶液 26.35 mL,求 HCl 溶液和 NaOH 溶液的浓度。

解：50.00 mL HCl 用于溶解 0.501 3 g $CaCO_3$ 和被 5.87 mL NaOH 返滴。

23.00 mL HCl 物质的量等于 26.35 mL NaOH 物质的量,则 5.87 mL NaOH 相当于 $\left(5.87\times\frac{25.00}{26.35}\right)$ mL HCl。

$$c_{HCl}=\frac{\left(\frac{0.5013}{100}\right)\times2\ mol}{\left[\left(50.00-5.87\times\frac{25.00}{26.35}\right)\times10^{-3}\right]L}=0.2256\ mol\cdot L^{-1};$$

$$c_{NaOH}=\frac{(0.2256\times25.00\times10^{-3})mol}{26.35\times10^{-3}\ L}=0.2140\ mol\cdot L^{-1}。$$

18. 用酸碱滴定法测定某试样中的含磷量。称取试样 0.965 7 g,经处理后使 P 转化为 H_3PO_4,再在 HNO_3 介质中加入钼酸铵,即生成磷钼酸铵沉淀,其反应式如下:

$$H_3PO_4+12MoO_4^{2-}+2NH_4^++22H^+=\!=\!=(NH_4)_2HPO_4\cdot12\ MoO_3\cdot H_2O\downarrow+11H_2O$$

将黄色的磷钼酸铵沉淀过滤,洗至不含游离酸,溶于 30.48 mL 0.201 6 mol·L^{-1}的

NaOH 溶液中，其反应式如下：

$$(NH_4)_2HPO_4 \cdot 12\,MoO_3 \cdot H_2O + 24\,OH^- = 12\,MoO_4^{2-} + HPO_4^{2-} + 2NH_4^+ + 13\,H_2O$$

用 0.198 7 mol·L^{-1} HNO_3 标准溶液返滴过量的碱至酚酞变色，耗去 15.74 mL。求试样中的 P 含量。

解：$P \sim H_3PO_4 \sim (NH_4)_2HPO_4 \cdot 12MoO_3 \cdot H_2O \sim 24OH^-$

$$\omega_P = \frac{\left[(0.201\,6 \times 30.48 \times 10^{-3} - 0.198\,7 \times 15.74 \times 10^{-3}) \times \frac{1}{24} \times 31\right]\text{g}}{0.965\,7\ \text{g}} = 0.004\,03。$$

练习题

1. 根据酸碱质子理论，指出下列分子或离子中，哪些只是酸，哪些只是碱，哪些既是酸又是碱。

   $H_2PO_4^-$，HAc，H_2S，CO_3^{2-}，NH_3，HS^-，OH^-，H_2O，$[Al(H_2O)_6]^{3+}$

2. 试写出下列分子或离子可能存在的共轭酸或共轭碱。

   SO_4^{2-}，S^{2-}，HSO_4^-，$H_2PO_4^-$，NH_3，H_2O，$HClO_4$，HPO_4^{2-}，H_2S

3. 写出下列化合物水溶液的质子条件式：

   (1) H_3PO_4　(2) $NH_4H_2PO_4$　(3) Na_2HPO_4　(4) Na_2S　(5) $(NH_4)_2CO_3$
   (6) NH_3+NaOH　(7) H_3BO_3+NH_4Cl

4. 计算 0.1 mol·L^{-1}下列溶液的 pH 值。

   丙烯酸钠（$K_a = 5.6 \times 10^{-5}$），苯酚（$K_a = 1.1 \times 10^{-10}$），$Na_3PO_4$，NaCN，$NH_4F$，$H_2SO_3$，$NaHCO_3$

5. 计算 0.1 mol·L^{-1} Na_3PO_4 150 mL 与 0.1 mol·L^{-1} HCl 150 mL 混合后溶液的 pH 值。

6. 0.010 $mol \cdot L^{-1}$的某一元弱酸溶液，在 298 K 时，测定其 pH 值为 5.0，求：

（1）该酸的 K_a 和 α。

（2）加入一倍水稀释后溶液的 pH 值、K_a 和 α。

（3）加入等体积的 0.010 $mol \cdot L^{-1}$ NaOH 溶液后的 pH 值。

7. 人体中的二氧化碳经血液流到肺，在血液中它以 H_2CO_3 和 HCO_3^- 这两种形式存在，若血液的 pH 值为 7.4，问：二氧化碳以什么形式流入肺中？并求其百分比。

8. 将 40 mL 0.20 $mol \cdot L^{-1}$ HCl 溶液同 50 mL 0.30 $mol \cdot L^{-1}$ 氨水混合，计算溶液的 pH 值。

9. 试问：在 10 mL 0.3 $mol \cdot L^{-1}$ $NaHCO_3$ 溶液中，需加入多少毫升 0.2 $mol \cdot L^{-1}$ Na_2CO_3 才能使溶液的 pH 值等于 10？

10. 欲配制 pH=3.5 的缓冲溶液，问：在下列三种缓冲溶液中选择哪种比较合适？

（1）HCOOH－HCOONa 溶液

（2）HAc－NaAc 溶液

（3）$NH_3 \cdot H_2O$－NH_4Cl 溶液

11. 取 0.10 mol 50 mL 的某一元弱碱溶液与 20 mL 0.1 $mol \cdot L^{-1}$ 的 HCl 溶液混合，稀释到 100 mL，测得此溶液的 pH=9.0，求一元弱碱的 K_b。

12. 将 0.1 $mol \cdot L^{-1}$ 溶液 H_2S 和 0.2 $mol \cdot L^{-1}$ HCl 溶液等体积混合，求混合溶液的 pH 值和 S^{2-} 浓度。

13. 判断下列滴定能否进行。如能，计算等量点的 pH 值，并指出应选用什么指示剂。

(1) 0.10 mol·L^{-1}NaOH 滴定 0.10 mol·$L^{-1}$$NH_4Cl$

(2) 0.10 mol·L^{-1}NaOH 滴定 0.10 mol·$L^{-1}$$H_3BO_3$

(3) 0.10 mol·L^{-1}NaOH 滴定 0.10 mol·L^{-1}HAc

(4) 0.10 mol·L^{-1}HCl 滴定 0.10 mol·L^{-1}NaAc

(5) 0.10 mol·L^{-1}HCl 滴定 0.10 mol·$L^{-1}$$NH_3 \cdot H_2O$

(6) 0.10 mol·L^{-1}HCl 滴定 0.10 mol·L^{-1}甲胺

(7) 0.10 mol·L^{-1}HCl 滴定 0.10 mol·L^{-1}三乙醇胺

14. 试问：下列多元酸碱(0.10 mol·L^{-1})是否可以用 0.10 mol·L^{-1} NaOH(HCl)滴定？有几个 pH 值突跃？等量点的 pH 值是多少？选什么指示剂？

H_3AsO_4　　Na_3PO_4　　苹果酸　　酒石酸　　焦磷酸

15. 欲标定 NaOH 标准溶液，现称取邻苯二甲酸氢钾 8.517 g，定容 500.0 mL 容量瓶中，移取 25.00 mL 250 mL 锥形瓶中，以待标定 NaOH 滴定，耗用 NaOH 21.30 mL，试计算 c(NaOH)的值。

16. 标定 0.1 mol·L^{-1} H_2SO_4标准溶液，欲使标定消耗的 H_2SO_4 的体积为 20～30 mL 范围内，问：需称取基准无水 Na_2CO_3 范围是多少？

17. 设计测定下列混合物的分析方案：

(1) H_3PO_4 和 H_2SO_4

(2) NH_4Cl 和 $NH_3 \cdot H_2O$

18. 有一 Na_2HPO_4 和 Na_3PO_4 含量大致相近的固体试样。设计一个直接应用酸碱滴定法测定它们含量的试验方案。方案要求包括：

(1) 称样量的计算；

(2) 标准溶液；

(3) 等量点和指示剂；

(4) 所测成分百分含量计算式。

19. 有四种溶液试样，可能是 H_3PO_4，NaH_2PO_4，Na_2HPO_4或它们的混合溶液。说明如何鉴别它们，并分别测定它们的含量。

20. 分析某品种豆类中的含氮量，称取样品 0.888 0 g，以浓 H_2SO_4 消解蛋白质分解成铵盐，加过量的浓 NaOH 煮沸，使 NH_4^+ 转变为 NH_3 逸出。用 0.213 3 mol·L^{-1} HCl 标准溶液 20.00 mL 吸收 NH_3，再以 0.196 2 mol·L^{-1} NaOH 标准溶液返滴定剩余的 HCl，耗用 5.50 mL，求试样 N%。

21. 1.00 g 过磷酸钙试样溶解后，在 250 mL 容量瓶中定容，取试样 25.00 mL 将磷沉淀为磷钼喹啉，沉淀用 35.0 mL 0.200 mol·L^{-1} NaOH 溶解，反应为 $(C_9H_7N)_3H_3PO_4 \cdot 12MoO_3 + 27NaOH \longrightarrow 3C_9H_7N + Na_3PO_4 + 12Na_2MoO_4 + 15H_2O$。剩余的 NaOH 用 0.100 mol·$L^{-1}$ HCl 20.0 mL 返滴到生成 NaH_2PO_4 终点，计算试样中的有效磷含量，以 P_2O_5%表示。

22. $Na_2HPO_4 \cdot 12H_2O$ 和 $NaH_2PO_4 \cdot H_2O$ 混合试样 0.600 g，用甲基橙指示剂，需用 0.100 mol·L^{-1} HCl 14.00 mL 滴定到终点。同样重量的试样用酚酞时，需用 5.00 mL 0.120 mol·L^{-1} NaOH 滴定到终点，计算各组百分含量。

23. 纯 $CaCO_3$ 0.500 0 g，溶于 50.00 mL HCl 中，剩余的酸用 NaOH 返滴用去 6.20 mL，已知 1.000 mL NaOH 相当于 1.010 mL HCl，求两溶液的浓度。

24. 用 HCl 标准溶液滴定含有 8.00%碳酸钠的 NaOH，如果用甲基橙作指示剂，可以用去 24.50 mL HCl 溶液，若用酚酞作指示剂，问：要用去 HCl 标准溶液多少毫升？

25. 用移液管吸取 100 mL 乙酸乙酯放入盛有 50.00 mL 0.238 7 $mol \cdot L^{-1}$ 的 KOH 溶液的回流瓶中，加热回流 30 min 使乙酸乙酯水解：$CH_3CH_2OCOCH_3 + OH^- = CH_3CH_2OH + CH_3COO^-$，剩余的 KOH 用 0.317 2 $mol \cdot L^{-1}$ HCl 滴定，用去 32.75 mL，计算乙酸乙酯的百分含量。说明滴定选用什么指示剂。为什么？

第五章　沉淀溶解平衡与沉淀滴定法

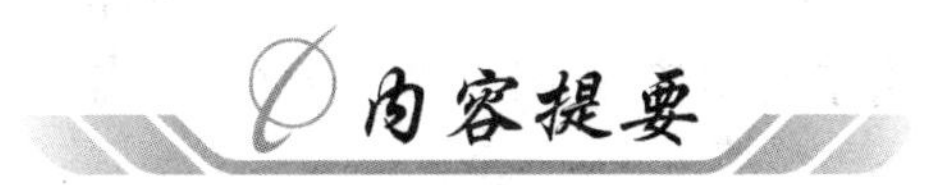

本章重点：溶度积常数与溶度积规则；溶度积规则处理沉淀溶解反应的平衡移动问题，即沉淀的生成、分步沉淀、沉淀的溶解和沉淀的转化；沉淀滴定法中的莫尔法和佛尔哈德法。

一、溶度积常数与溶度积规则

沉淀溶解平衡的平衡常数称为溶度积常数，简称溶度积，记作 K_{sp}。如

$$A_mB_n(s) \rightleftharpoons mA^{n+}(aq) + nB^{m-}(aq)$$

$$K_{sp}(A_mB_n) = c^m(A^{n+})c^n(B^{m-})$$

溶度积常数具有平衡常数的所有性质。把用平衡常数 K 与反应商 Q_c 的大小关系判断平衡移动方向的方法用于沉淀溶解平衡问题，就称为溶度积规则，此时反应商为离子浓度积。

溶度积规则表明：

a. 当 $Q_c < K_{sp}$ 时，为不饱和溶液，此时无沉淀析出或原有沉淀继续溶解。

b. 当 $Q_c = K_{sp}$ 时，为饱和溶液，沉淀的生成与溶解达到平衡状态。

c. 当 $Q_c > K_{sp}$ 时，为过饱和溶液，有沉淀析出，直至溶液达到饱和为止。

二、沉淀的生成与分步沉淀

根据溶度积规则，如果要将某种离子从溶液中沉淀出来，必须加入某种沉淀剂使 $Q_c > K_{sp}$，使反应向生成沉淀的方向移动。当溶液中的多种离子都能和加入的沉淀作用生成难溶沉淀物时，分步沉淀的顺序是：被沉淀离子浓度相同且沉淀类型相同时，溶度积小的先沉淀，溶度积大的后沉淀；被沉淀离子浓度相同但沉淀类型不同时，溶解度小的先沉淀，溶解度大的后沉淀；离子浓度及沉淀类型均不相同时，离子积较早达到其溶度积的最先沉淀。

三、沉淀的溶解与转化

利用化学反应降低溶液中某沉淀物的同离子时，由于 $Q_c < K_{sp}$ 而使沉淀物不断溶解。若某沉淀溶解的同时又生成更难溶的另一沉淀物，则称该反应过程为沉淀的转化。酸碱反应、氧化还原反应、配位反应和转化为新沉淀的反应都可用于沉淀的溶解反应。

四、沉淀滴定法

最常用的沉淀滴定法为银量法。银量法因指示终点的方法不同，又分为莫尔法、佛尔哈德法等。

1. 莫尔法

莫尔法是以 K_2CrO_4 溶液为指示剂，以 $AgNO_3$ 溶液为标准溶液，终点时出现砖红色 Ag_2CrO_4 溶胶。莫尔法适用于直接滴定 Cl^-，Br^-，CN^- 等离子，不适用于 I^- 和 SCN^- 的滴定。

莫尔法的滴定反应不能在氨性溶液中进行，要求溶液的 pH 值为 6.5～10.5。凡是能与 Ag^+ 生成沉淀的阴离子，如 PO_4^{3-}，AsO_4^{3-}，S^{2-} 等，以及能与 CrO_4^{2-} 生成沉淀的阳离子，如 Ba^{2+}，Pb^{2+}，Ni^{2+} 等有色离子，还有在中性或弱碱性溶液中易发生水解的离子，如 Al^{3+}，Fe^{3+}，Bi^{3+}，Sn^{4+} 等在滴定时都不应存在，否则干扰测定。滴定时应强烈摇动试液，减少吸附现象，避免终点提早到达。

2. 佛尔哈德法

佛尔哈德法是以铁铵矾（$Fe(NH_4)(SO_4)_2 \cdot 12H_2O$）或硝酸铁溶液为指示剂，以 NH_4SCN 溶液为标准溶液，终点时溶液呈红色 $(FeSCN)^{2+}$ 配合物。佛尔哈德法可以直接滴定 Ag^+，返滴定酸性试样中的 Cl^-，Br^-，I^- 及 SCN^-。

佛尔哈德法必须在酸性溶液（$c(H^+)=0.1 \sim 1.0\ mol \cdot L^{-1}$）中进行，避免高温，并应预先排除强氧化剂、铜盐、汞盐以及低价氮氧化物的干扰。

本章难点：溶度积与溶解度的关系及其应用

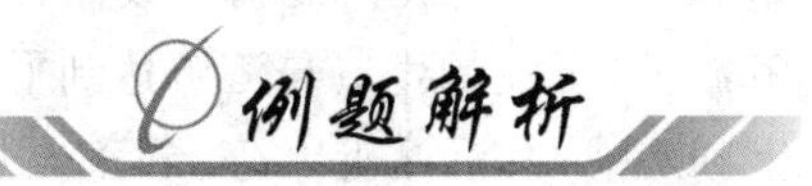

例 1 根据下列物质的 K_{sp} 数据，通过计算比较其溶解度的大小。

(1) Ag_2CrO_4，$K_{sp}=1.1 \times 10^{-12}$，

(2) $BaCrO_4$，$K_{sp}=1.3 \times 10^{-10}$，

(3) CaF_2，$K_{sp}=3.95 \times 10^{-11}$。

分析：(1) 比较的条件均为纯水中的溶液，无同离子效应等；

(2) 沉淀类型相同时，可直接用 K_{sp} 比较其溶解度的大小；

(3) 沉淀类型不同时，难溶电解质的溶解度比较必须通过计算说明。

解：(1) $Ag_2CrO_4(S) \rightleftharpoons 2Ag^+(aq)+CrO_4^{2-}(aq)$

$c(Ag^+)=2s$，$c(CrO_4^{2-})=s$

$K_{sp}=(2s)^2 \times s=4s^3$，

$s=\sqrt[3]{\frac{K_{sp}}{4}}=\sqrt[3]{\frac{1.1\times10^{-12}}{4}}=7.05\times10^{-5}\ mol \cdot L^{-1}$；

(2) $BaCrO_4(s) \rightleftharpoons Ba^{2+}(aq)+CrO_4^{2-}(aq)$

$c(Ba^{2+})=c(CrO_4^{2-})=s, K_{sp}=s^2$

$s=\sqrt{K_{sp}}=\sqrt{1.3\times10^{-10}}=1.14\times10^{-5}\ mol\cdot L^{-1}$；

(3) $CaF_2(s)\rightleftharpoons 2F^-(aq)+Ca^{2+}(aq)$

$c(Ca^{2+})=s, c(F^-)=2s$

$K_{sp}=s\times(2s)^2=4s^3$

$s=\sqrt[3]{\frac{K_{sp}}{4}}=\sqrt[3]{\frac{3.95\times10^{-11}}{4}}=2.4\times10^{-4}\ mol\cdot L^{-1}$，

故溶解度 $S(CaF_2)>S(Ag_2CrO_4)>S(BaCrO_4)$。

题后点睛：本题为难溶电解质的溶度积与溶解度的关系与换算中最基础的练习形式，旨在明确不同类型的难溶电解质的 K_{sp} 与 s 的转换公式及其溶解度大小的比较。

例 2　过量 $Mg(OH)_2$ 固体在 1.0 L 1.0 $mol\cdot L^{-1}$ NH_4Cl 溶液中充分作用形成的饱和 $Mg(OH)_2$ 溶液的 pH 值为 9.0，求难溶电解质 $Mg(OH)_2$ 的溶度积常数。(已知 $K_b(NH_3)=1.8\times10^{-5}$)

分析：(1) 在质子酸 NH_4^+ 的作用下，$Mg(OH)_2$ 部分溶解但仍是饱和溶液；

(2) $Mg(OH)_2$ 是二元质子碱，NH_4^+ 是一元质子酸，要注意其基本单元；

(3) $c(NH_4^+)+c(NH_3)=1.0\ mol\cdot L^{-1}, c(OH^-)c(H^+)=1.0\times10^{-14}$。

解：$Mg(OH)_2(s)+2NH_4^+(aq)=\!=\!=Mg^{2+}(aq)+2NH_3(aq)+2H_2O(l)$

因为 $K_b=\frac{c(NH_4^+)c(OH^-)}{c(NH_3)}$，

所以 $\frac{c(NH_4^+)}{c(NH_3)}=\frac{K_b}{c(OH^-)}=\frac{1.8\times10^{-5}}{1.0\times10^{-5}}=1.8$。

又因为　$c(NH_4^+)+c(NH_3)=1.0\ mol\cdot L^{-1}$，

且　$c(Mg^{2+})=\frac{1}{2}c(NH_3)$，

故 $\frac{1.0-c(NH_3)}{c(NH_3)}=1.8$，

$c(NH_3)=0.357\ mol\cdot L^{-1}, c(Mg^{2+})=0.18\ mol\cdot L^{-1}$，

故 $K_{sp}=c(Mg^{2+})c^2(OH^-)=0.18\times(10^{-5})^2=1.8\times10^{-11}$。

题后点睛：由于 pH 已知，故求 $K_{sp}(Mg(OH)_2)$ 的关键是求出 $c(Mg^{2+})$，以此为纲，追踪找出 Mg^{2+} 浓度与氨浓度间的相关计算系数后，问题就迎刃而解了。

例 3　某溶液中同时含有氯离子和铬酸根离子，它们的浓度均为 0.010 $mol\cdot L^{-1}$，当逐渐滴加入 $AgNO_3$ 溶液时，哪种沉淀首先生成？第二种离子开始生成沉淀时，第一种未沉淀离子的浓度为多少？(已知 $K_{sp}(Ag_2CrO_4)=1.1\times10^{-12}, K_{sp}(AgCl)=1.8\times10^{-10}$)

分析：(1) 此计算结果可作为莫尔法测定中指示剂用量的参考依据；

(2) 不同类型沉淀溶解度的计算是相互比较的基础；

(3) 分步沉淀的顺序是溶解度大的后沉淀，沉淀完全的标准是被沉淀离子浓度小于 $1\times10^{-5}\ mol\cdot L^{-1}$。

解：当加入 $AgNO_3$ 溶液时，可能发生如下两种沉淀反应：

$$Ag^+(aq) + Cl^-(aq) \rightleftharpoons \underset{\text{白色}}{AgCl(s)}$$

$$2Ag^+(aq) + CrO_4^{2-}(aq) \rightleftharpoons \underset{\text{砖红色}}{Ag_2CrO_4(s)}$$

这两种沉淀反应进行时，所需 Ag^+ 浓度分别为 AgCl 沉淀生成时

$$c(Ag^+) = \frac{K_{sp}(AgCl)}{c(Cl^-)} = \frac{1.8\times10^{-10}}{0.01} = 1.8\times10^{-8}\ mol \cdot L^{-1},$$

Ag_2CrO_4 沉淀生成时

$$c(Ag^+) = \sqrt{\frac{K_{sp}(Ag_2CrO_4)}{c(C_rO_4^-)}} = \sqrt{\frac{1.1\times10^{-12}}{0.01}} = 1.05\times10^{-5}\ mol \cdot L^{-1}。$$

产生 AgCl 沉淀所需的 Ag^+ 浓度小于产生 Ag_2CrO_4 沉淀所需的 Ag^+ 浓度，所以先生成 AgCl 沉淀。当 Ag^+ 浓度达到 1.05×10^{-5} $mol \cdot L^{-1}$ 时，开始有 Ag_2CrO_4 沉淀生成，此时溶液中 Cl^- 浓度为

$$c(Cl^-) = \frac{K_{sp}(AgCl)}{c(Ag^+)} = \frac{1.80\times10^{-10}}{1.05\times10^{-5}} = 1.7\times10^{-5}\ mol \cdot L^{-1}。$$

题后点睛：可见当 Ag_2CrO_4 砖红色沉淀出现时，Cl^- 已基本被沉淀完全。莫尔法沉淀滴定时常用约 0.005 $mol \cdot L^{-1}$ 的 K_2CrO_4 溶液作指示剂。

例 4 试通过热力学数据计算 298 K 时 AgCl 的溶度积。

分析：(1) 溶度积是沉淀溶解反应的平衡常数，平衡常数与标准自由能变的关系是

$$\Delta G = -RT\ln K。$$

(2) 化学反应的自由能变可通过各物质的标准生成自由能计算；

(3)　　　　$AgCl(s) \rightleftharpoons Ag^+(aq) + Cl^-(aq)$

查得 $\Delta_f G_m$　　-109.8　　77.11　　-131.25 $kJ \cdot mol^{-1}$

解：$\Delta_r G_m = \Delta_f G^\circ_m(Cl^-) + \Delta_f G^\circ_m(Ag^+) - \Delta_f G^\circ_m(AgCl) = -131.25 + 77.11 - (-109.8) = 55.66$ $kJ \cdot mol^{-1}$,

$$\lg K_{sp} = \frac{-\Delta_r G^\circ_m}{2.303\,RT} = \frac{-55.66\times10^3}{2.303\times8.314\times298.2} = -9.748,$$

$K_{sp} = 1.79\times10^{-10}$。

题后点睛：此类题的计算虽然只是简单的数据加减与套公式求解，但结果却很难准确。常出现的问题一是对各物质的反应计量系数易忽视，二是丢负号"—"，三是自由能的单位中的"焦"错用为"千焦"，即丢了 $\times10^3$。总而言之，是粗心大意出的错。

例 5 欲使 1.0 g $BaCO_3$ 转化为 $BaCrO_4$，需加入多少毫升 0.10 $mol \cdot L^{-1}$ K_2CrO_4 溶液？

分析：1. 沉淀的转化反应亦为两难溶电解质的竞争反应，可利用多重平衡规则求出多重平衡反应的平衡常数；

2. 所需 K_2CrO_4 溶液的体积单位为毫升。平衡时 $c(CrO_4^{2-})$ 为原浓度减去生成沉淀所需部分后的浓度；

3. $BaCO_3$ 的摩尔质量为 179.34 $g \cdot mol^{-1}$，$K_{sp}(BaCO_3) = 2.58\times10^{-9}$，$K_{sp}(BaCrO_4) =$

1.17×10^{-10}。

解：$BaCO_3(s)+CrO_4^{2-}(aq)\rightleftharpoons BaCrO_4(s)+CO_3^{2-}$

$$K=\frac{c(CO_3^{2-})}{c(CrO_4^{2-})}=\frac{K_{sp}(BaCO_3)}{K_{sp}(BaCrO_4)}=\frac{2.58\times10^{-9}}{1.17\times10^{-10}}=22.1,$$

$c(CO_3^{2-})=\dfrac{1.0}{179.34V}$，

所以 $c(CrO_4^{2-})=\left(0.10V-\dfrac{1.0}{179.34}\right)/V$，

$22.1=\dfrac{1.0}{179.34V}\times\dfrac{V}{0.10V-\dfrac{1.0}{179.34}}$，

解得 $V=5.3\times10^{-3}\ L=5.3\ mL$。

计算说明欲使 1.0 g $BaCO_3$ 溶解并转化为 $BaCrO_4$ 沉淀，加入 0.10 $mol\cdot L^{-1}$ K_2CrO_4 溶液不应小于 5.3 mL。

题后点睛：本题易犯的错误是按 $n(BaCO_3)=n(BaCrO_4)=c(CrO_4^{2-})V(CrO_4^{2-})$ 得 $V(CrO_4^{2-})=1.0/179.34\times0.10=5.6\times10^{-4}\ L=0.56\ mL$。

例 6　一溶液中含有 Fe^{3+} 和 Mn^{2+} 且浓度均 0.10 $mol\cdot L^{-1}$，问：

(1) 不产生任何沉淀时应控制的最大 pH 值为多少？

(2) 通过调节 pH 值，Fe^{3+} 和 Mn^{2+} 有无分离的可能？

分析：(1) 可能形成的沉淀为 $Fe(OH)_3$ 或 $Mn(OH)_2$，其 K_{sp} 值分别为 2.79×10^{-39} 和 1.9×10^{-13}；

(2) 最大 pH 值即为溶液的最小酸度；

(3) 分离的标准是第二个沉淀出现时首先被沉淀离子的浓度小于 $1\times10^{-5}\ mol\cdot L^{-1}$。

解：(1) 沉淀 $Fe(OH)_3$ 出现的酸度条件为

$$c(OH^-)=\sqrt[3]{\frac{K_{sp}(Fe(OH)_3)}{c(Fe^{3+})}}=\sqrt[3]{\frac{2.79\times10^{-39}}{0.10}}=3.03\times10^{-15}\ mol\cdot L^{-1},$$

$c(H^+)=\dfrac{1.0\times10^{-14}}{3.03\times10^{-13}}=0.0330\ mol\cdot L^{-1}$，

$pH=1.48$。

沉淀 $Mn(OH)_2$ 出现的酸度条件为

$$c(OH^-)=\sqrt{\frac{K_{sp}(Mn(OH)_2)}{c(Mn^{2+})}}=\sqrt{\frac{1.9\times10^{-13}}{0.10}}=1.38\times10^{-6}\ mol\cdot L^{-1},$$

$$c(H^+)=7.25\times10^{-9}\ mol\cdot L^{-1},pH=8.14。$$

所以不形成任何沉淀的条件是 $pH<8.14$。

(2) 据形成沉淀的 pH 值条件可知，$Fe(OH)_3$ 沉淀先形成。当 $Mn(OH)_2$ 沉淀出现时，

$c(OH^-)=1.38\times10^{-6}\ mol\cdot L^{-1}$，

则 $c(Fe^{3+})=\dfrac{K_{sp}(Fe(OH)_3)}{c^3(OH^-)}=\dfrac{2.79\times10^{-39}}{(1.38\times10^{-6})^3}=1.06\times10^{-21}\ mol\cdot L^{-1}$。

由于 $1.06\times10^{-21}\ll1\times10^{-5}$，故可见 Fe^{3+} 已被完全沉淀。也就是调节 pH 值，Fe^{3+} 和 Mn^{2+} 完全可以相互分离。

题后点睛：通过调节 pH 值除去杂质金属离子是一种常用的分离技术方法，应重视此类题目的练习。

例 7 称取 0.612 0 g $Ca(ClO_3)_2\cdot2H_2O$ 试样，将 ClO_3^- 还原为 Cl^- 后加入 25.00 mL 0.200 0 $mol\cdot L^{-1}$ $AgNO_3$ 溶液，过量的 $AgNO_3$ 以 Fe^{3+} 作指示剂，用 0.186 0 $mol\cdot L^{-1}$ KSCN 标准溶液返滴，所用体积为 3.10 mL，求 $Ca(ClO_3)_2\cdot2H_2O$ 的百分含量(已知 $M(Ca(ClO_3)_2\cdot2H_2O)=242.95\ g\cdot mol^{-1}$)

分析：1. 由 ClO_3^- 还原为 Cl^- 的物质的量相同；

2. $Ca(ClO_3)_2\cdot2H_2O$ 的基本单元用 $\frac{1}{2}Ca(ClO_3)_2\cdot2H_2O$；

3. $n(Cl^-)=n(AgNO_3)-n(KSCN)$。

解：
$$Ca(ClO_3)_2\cdot2H_2O\%=[V(AgNO_3)c(AgNO_3)-V(KSCN)c(KSCN)]\times M\left(\frac{1}{2}Ca(ClO_3)_2\cdot2H_2O\right)/m$$
$$=\frac{(0.200\ 0\times25.00-0.186\ 0\times3.10)\times\frac{242.95}{2}}{0.612\ 0\times1\ 000}\times100$$
$$=87.80。$$

题后点睛：定量分析化学计算题必须重视有效数字的概念及其运算。

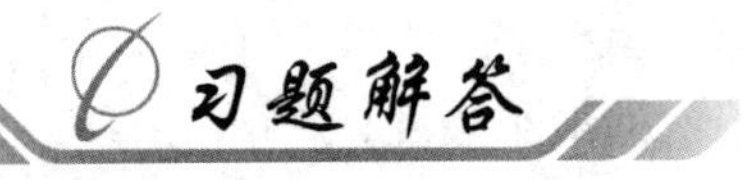

1. 写出下列难溶电解质的溶度积常数表达式。

$AgBr$、Ag_2S、Hg_2SO_4、$CaCrO_4$、$MgNH_4PO_4$、$Cu_2[Fe(CN)_6]$

解：$K_{sp}^{\ominus}(AgBr)=c(Ag^+)\cdot c(Br^-)$

$K_{sp}^{\ominus}(Ag_2S)=c^2(Ag^+)\cdot c(S^{2-})$

$K_{sp}^{\ominus}(Hg_2SO_4)=c^2(Hg^+)\cdot c(SO_4^{2-})$

$K_{sp}^{\ominus}(CaCrO_4)=c(Ca^{2+})\cdot c(CrO_4^{2-})$

$K_{sp}^{\ominus}(MgNH_4PO_4)=c(Mg^{2+})\cdot c(NH_4^+)\cdot c(PO_4^{3-})$

$K_{sp}^{\ominus}\{Cu_2[Fe(CN)_6]\}=c^2(Cu^{2+})\cdot c\{[Fe(CN)_6]^{4-}\}$

2. 设 AgCl 在纯水中、在 0.01 $mol\cdot L^{-1}$ $CaCl_2$ 中、在 0.01 $mol\cdot L^{-1}$ NaCl 中以及在 0.05 $mol\cdot L^{-1}$ $AgNO_3$ 中的溶解度分别为 S_1、S_2、S_3 和 S_4，请比较它们溶解度的大小。

解：$K_{sp}^{\ominus}(AgCl)=1.8\times10^{-10}$。

纯水中：$S_1=\sqrt{K_{sp}^{\ominus}(AgCl)}=1.3\times10^{-5}\ mol\cdot L^{-1}$，

0.01 $mol\cdot L^{-1}$ $CaCl_2$ 中，$c(Cl^-)=0.02\ mol\cdot L^{-1}$，

$$S_2=\frac{K_{sp}^{\ominus}(AgCl)}{c(Cl^-)}=9.0\times10^{-9}\ mol\cdot L^{-1}；$$

0.01 $mol\cdot L^{-1}$ NaCl 中，$c(Cl^-)=0.01\ mol\cdot L^{-1}$，

$S_3=\dfrac{K_{sp}^{\ominus}(AgCl)}{c(Cl^-)}=1.8\times10^{-8}\ mol\cdot L^{-1}$；

0.05 $mol\cdot L^{-1}\ AgNO_3$ 中，$c(Ag^+)=0.05\ mol\cdot L^{-1}$，

$S_4=\dfrac{K_{sp}^{\ominus}(AgCl)}{c(Ag^+)}=3.6\times10^{-9}\ mol\cdot L^{-1}$。

$S_1>S_3>S_2>S_4$。

3. 已知 CaF_2 的溶解度为 $2.0\times10^{-4}\ mol\cdot L^{-1}$，求其溶度积常数 $K_{sp}^{\ominus}$。

解：$S=2.0\times10^{-4}\ mol\cdot L^{-1}$，$c(Ca^{2+})=2.0\times10^{-4}\ mol\cdot L^{-1}$，

$c(F^-)=4.0\times10^{-4}\ mol\cdot L^{-1}$，

$K_{sp}^{\ominus}(CaF_2)=c(Ca^{2+})\cdot c^2(F^-)=2.0\times10^{-4}\times(4.0\times1^{-4})^2=3.2\times10^{-11}$。

4. 已知 $Ca(OH)_2$ 的 $K_{sp}=5.5\times10^{-6}$，计算其饱和溶液的 pH 值。

解：$K_{sp}^{\ominus}[Ca(OH)_2]=c(Ca^{2+})\cdot c^2(OH^-)=\dfrac{1}{2}c^3(OH^-)=5.5\times10^{-6}$，$c(OH^-)=2.22\times10^{-2}\ mol\cdot L^{-1}$，pOH=1.65，pH=12.35。

5. 10 mL 0.10 $mol\cdot L^{-1}$的 $MgCl_2$ 和 10 mL 0.010 $mol\cdot L^{-1}$的氨水溶液混合时，是否有 $Mg(OH)_2$ 沉淀产生？

解：$c(NH_3)=0.005\ 0\ mol\cdot L^{-1}$，$c(Mg^{2+})=0.050\ mol\cdot L^{-1}$，

$K_{sp}^{\ominus}[Mg(OH)_2]=1.8\times10^{-11}$，$c(OH^-)=\sqrt{c_b\cdot K_b^{\ominus}}=\sqrt{0.005\ 0\times1.8\times10^{-5}}=3.0\times10^{-4}\ mol\cdot L^{-1}$，

$Q=c(Mg^{2+})\cdot c^2(OH^-)=4.5\times10^{-9}>K_{sp}^{\ominus}[Mg(OH)_2]$，有 $Mg(OH)_2$ 沉淀产生。

6. 将 50 mL 0.2 $mol\cdot L^{-1}\ MnCl_2$ 溶液与等体积的 0.02 $mol\cdot L^{-1}$氨溶液混合，欲防止 $Mn(OH)_2$ 沉淀，问至少需向此溶液中加入多少克 NH_4Cl 固体？

解：$c(NH_3)=0.01\ mol\cdot L^{-1}$，$c(Mn^{2+})=0.1\ mol\cdot L^{-1}$，

$K_{sp}^{\ominus}[Mn(OH)_2]=1.9\times10^{-13}$，$c(OH^-)=\sqrt{c_b\cdot K_b^{\ominus}}$，

$Q=c(Mn^{2+})\cdot c^2(OH^-)=0.1\times1.8\times10^{-7}=1.8\times10^{-8}>K_{sp}^{\ominus}[Mn(OH)_2]$，

$K_b^{\ominus}=\dfrac{c(NH_4^+)c(OH^-)}{c(NH_3\cdot H_2O)}$，

$$c(NH_4^+)=\frac{K_b^{\ominus}\cdot c(NH_3\cdot H_2O)}{c(OH^-)}=\frac{1.8\times10^{-5}\times0.01}{\sqrt{\dfrac{K_{sp}^{\ominus}[Mn(OH)_2]}{c(Mn^{2+})}}}=\frac{1.8\times10^{-7}}{1.38\times10^{-6}}$$

$$=0.13\ mol\cdot L^{-1}，$$

$m(NH_4Cl)=0.13\ mol\cdot L^{-1}\times0.1\ L\times53.5\ g\cdot mol^{-1}=0.695\ g$。

7. 已知 $K_{sp}^{\ominus}(LiF)=3.8\times10^{-3}$，$K_{sp}^{\ominus}(MgF_2)=6.5\times10^{-9}$。在含有 0.10 $mol\cdot L^{-1}\ Li^+$ 和0.10 $mol\cdot L^{-1}\ Mg^{2+}$ 的溶液中，滴加 NaF 溶液。(1) 通过计算判断首先产生沉淀的物质；(2) 计算当第二种沉淀析出时，第一种被沉淀的离子浓度。

解：(1) LiF 沉淀时：$c(F^-)=\dfrac{K_{sp}^{\ominus}(LiF)}{c(Li^+)}=3.8\times10^{-2}\ mol\cdot L^{-1}$，

MgF_2 沉淀时：$c(F^-)=\frac{K_{sp}^{\ominus}(MgF_2)}{c(Mg^{2+})}=2.55\times10^{-4}\ mol\cdot L^{-1}$，

MgF_2 先沉淀。

(2) LiF 析出时：$c(F^-)=3.8\times10^{-2}\ mol\cdot L^{-1}$，

$c(Mg^{2+})=\frac{K_{sp}^{\ominus}(MgF_2)}{c^2(F^-)}=4.50\times10^{-6}\ mol\cdot L^{-1}$。

8. 在 $c(Zn^{2+})=0.68\ mol\cdot L^{-1}$，$c(Fe^{2+})=0.0010\ mol\cdot L^{-1}$ 的溶液中，要将铁除净，加 H_2O_2 将 Fe^{2+} 氧化为 Fe^{3+}，再调节 pH 值。试计算要将铁除净，而锌不损失，pH 值应控制的范围。(已知 $K_{sp}^{\ominus}[Zn(OH)_2]=1.2\times10^{-17}$，$K_{sp}^{\ominus}[Fe(OH)_3]=4.0\times10^{-38}$)

解：当 Zn^{2+} 开始沉淀时，

$$c(OH^-)=\sqrt{\frac{K_{sp}^{\ominus}[Zn(OH)_2]}{c(Zn^{2+})}}=\sqrt{\frac{1.2\times10^{-17}}{0.68}}\ mol\cdot L^{-1}=4.20\times10^{-9}\ mol\cdot L^{-1},$$

pOH=8.38，pH<5.62。

当 $c(Fe^{3+})\leqslant1.0\times10^{-6}\ mol\cdot L^{-1}$，可当溶液中不存在 Fe^{3+}。此时

$$c(OH^-)=\sqrt[3]{\frac{K_{sp}^{\ominus}[Fe(OH)_3]}{c(Fe^{3+})}}=\sqrt[3]{\frac{4.0\times10^{-38}}{1.0\times10^{-6}}}\ mol\cdot L^{-1}=3.42\times10^{-11}\ mol\cdot L^{-1},$$

pOH=10.47，pH>3.53，所以 3.53<pH<5.62。

9. 在下列情况下，分析结果是偏高、偏低，还是无影响。为什么？

(1) 在 pH=4 时用莫尔法测定 Cl^-；

(2) 用佛尔哈德法测定 Cl^- 时，既没有滤去 AgCl 沉淀，又没有加有机溶剂；

(3) 在(2)的条件下测定 Br^-。

解：(1) 莫尔法应在中性或微碱性介质中进行，pH=4 时，酸度过高，CrO_4^{2-} 将因酸效应致使其浓度降低，导致 Ag_2CrO_4 沉淀出现过迟或不沉淀，指示终点推迟，分析结果偏高。

(2) 导致发生沉淀转化，AgCl 转化成 AgSCN，多消耗了 NH_4SCN，因是返滴定法，分析结果偏低。

(3) 无影响。因为 AgSCN(1.0×10^{-12})的溶度积比 AgBr(5.0×10^{-13})大，不会发生沉淀转化。

10. 称取 NaCl 基准试剂 0.1173 g，溶解后加入 30.00 mL$AgNO_3$ 标准溶液，过量的 Ag^+ 需要 3.20 mLNH_4SCN 标准溶液滴定至终点。已知 20.00 mL$AgNO_3$ 标准溶液与 21.00 mLNH_4SCN 标准溶液能完全作用，计算 $AgNO_3$ 和 NH_4SCN 溶液的浓度各为多少。

解：$Ag^+\sim Cl^-$　　　$Ag^+\sim SCN^-$

$$c(AgNO_3)=\frac{n_{NaCl}}{V}=\frac{\frac{0.1173}{58.5}mol}{\left(30.0-\frac{3.20}{21.00}\times20.00\right)\times10^{-3}L}=0.0742\ mol\cdot L^{-1}。$$

11. 称取银合金试样 0.3000 g，溶解后加入铁铵矾指示剂，用 $0.1000\ mol\cdot L^{-1}$ NH_4SCN 标准溶液滴定，用去 23.80 mL，计算银的质量分数。

解：$Ag^+ \sim SCN^-$

$$\omega_{Ag}=\frac{(0.1000\times23.80\times10^{-3}\times108)\,g}{0.3000\,g}=0.857。$$

12. 称取可溶性氯化物试样 0.226 6 g 用水溶解后，加入 0.112 1 mol/L$AgNO_3$ 标准溶液 30.00 mL。过量的 Ag^+ 用 0.118 5 mol/LNH_4SCN 标准溶液滴定，用去 6.50 mL，计算试样中氯的质量分数。

解：$$\omega_{Cl^-}=\frac{(0.1121\times30.00\times10^{-3}-0.1185\times6.50\times10^{-3})\,mol\times35.5\,g\cdot mol^{-1}}{0.2266\,g}$$

$$=0.406。$$

13. 根据 K_{sp} 值计算下列各难溶电解质的溶解度：

(1) $Mg(OH)_2$ 在纯水中；

(2) $Mg(OH)_2$ 在 0.01 $mol\cdot L^{-1}$ $MgCl_2$ 溶液中。

解：(1) 纯水中，

$$S=\sqrt[3]{\frac{K_{sp}^{\ominus}[Mg(OH)_2]}{4}}=\sqrt[3]{\frac{1.8\times10^{-11}}{4}}\ mol\cdot L^{-1}=1.65\times10^{-4}\ mol\cdot L^{-1};$$

(2) 0.01 $mol\cdot L^{-1}MgCl_2$ 中，$c(Mg^{2+})=0.01\ mol\cdot L^{-1}$，

$$S=\sqrt{\frac{K_{sp}^{\ominus}[Mg(OH)_2]}{c(Mg^{2+})}}=\sqrt{\frac{1.8\times10^{-11}}{0.01}}\ mol\cdot L^{-1}=4.4\times10^{-5}\ mol\cdot L^{-1}。$$

14. 下列溶液中能否产生沉淀？

(1) 0.02 $mol\cdot L^{-1}Ba(OH)_2$ 溶液与 0.01 $mol\cdot L^{-1}$ Na_2CO_3 溶液等体积混合；

(2) 0.05 $mol\cdot L^{-1}MgCl_2$ 溶液与 0.1 $mol\cdot L^{-1}$氨水等体积混合；

(3) 在 0.1 $mol\cdot L^{-1}$ HAc 和 0.1 $mol\cdot L^{-1}$ $FeCl_2$ 混合溶液中通入 H_2S 达饱和(约 0.1 $mol\cdot L^{-1}$)。

解：(1)$c(Ba^{2+})=0.01\ mol\cdot L^{-1}$，$c(CO_3^{2-})=0.005\ mol\cdot L^{-1}$，$K_{sp}^{\ominus}[BaCO_3]=5.1\times10^{-9}$，$Q=c(Ba^{2+})\cdot c(CO_3^{2-})=5.0\times10^{-5}>K_{sp}^{\ominus}[BaCO_3]$，有沉淀。

(2) $c(Mg^{2+})=0.025\ mol\cdot L^{-1}$，$c(NH_3)=0.05\ mol\cdot L^{-1}$，$K_{sp}^{\ominus}[Mg(OH)_2]=1.8\times10^{-11}$，$c(OH^-)=\sqrt{c_b\cdot K_b^{\ominus}}$，$Q=c(Mg^{2+})\cdot c^2(OH^-)=0.025\times0.5\times1.8\times10^{-5}=3.6\times10^{-8}>K_{sp}^{\ominus}[Mg(OH)_2]$，有沉淀。

(3) HAc：$c(H^+)=\sqrt{c_a\cdot K_a^{\ominus}}=\sqrt{0.1\times1.8\times10^{-5}}\ mol\cdot L^{-1}=1.3\times10^{-3}\ mol\cdot L^{-1}$，

$$H_2S:K_{a_1}^{\ominus}K_{a_2}^{\ominus}=\frac{c^2(H^+)c(S^{2-})}{c(H_2S)},$$

$$c(S^{2-})=\frac{K_{a_1}^{\ominus}K_{a_2}^{\ominus}\cdot c(H_2S)}{c^2(H^+)}=\frac{1.3\times10^{-7}\times7.1\times10^{-15}\times0.1}{1.8\times10^{-6}}\ mol\cdot L^{-1}$$

$$=5.13\times10^{-17}\ mol\cdot L^{-1},$$

$Q=c(Fe^{2+})\cdot c(S^{2-})=0.1\times5.13\times10^{-17}=5.13\times10^{-18}<K_{sp}^{\ominus}(FeS)$，无沉淀。

15. 将 H_2S 气体通入 0.1 $mol\cdot L^{-1}FeCl_2$ 溶液中达到饱和，问：必须控制多大的 pH 值才能阻止 FeS 沉淀？

解：$K_{sp}^{\ominus}(FeS)=6.3\times10^{-18}$，

$$c(S^{2-})=\frac{K_{sp}^{\ominus}(FeS)}{c(Fe^{2+})}=\frac{6.3\times10^{-18}}{0.1}\ mol\cdot L^{-1}=6.3\times10^{-17}\ mol\cdot L^{-1},$$

$$K_{a_1}^{\ominus}K_{a_2}^{\ominus}=\frac{c^2(H^+)c(S^{2-})}{c(H_2S)},$$

$$c(H^+)=\sqrt{\frac{K_{a_1}^{\ominus}K_{a_2}^{\ominus}\cdot c(H_2S)}{c(S^{2-})}}=\sqrt{\frac{1.3\times10^{-7}\times7.1\times10^{-15}\times0.1}{6.3\times10^{-17}}}\ mol\cdot L^{-1}$$

$$=1.21\times10^{-3}\ mol\cdot L^{-1},pH=2.92。$$

16. 用移液管从食盐槽中吸取试液 25.00 mL，采用莫尔法进行测定，滴定用去0.101 3 mol/L$AgNO_3$ 标准溶液 25.36 mL。往液槽中加入食盐(含 NaCl 96.61%)4.500 0 kg，溶解后混合均匀，再吸取 25.00 mL 试液，滴定用去 $AgNO_3$ 标准溶液 28.42 mL。如吸取试液对液槽中溶液体积的影响可以忽略不计，则液槽中食盐溶液的体积为多少升?

解：$\Delta n=[(28.42-25.36)\times10^{-3}\times0.101\ 3]mol=3.10\times10^{-4}mol$，

$$n=\frac{4.500\ 0\times10^3\times96.61\%}{58.5}mol=74.32\ mol,$$

$$V=\frac{\Delta n}{n}=\frac{74.32}{3.10\times10^{-4}}\times25.00\times10^{-3}L=5\ 992.5\ L。$$

17. 称取纯 KIO_x 试样 0.500 0 g，将碘还原成碘化物后，用 0.100 0 mol/L $AgNO_3$ 标准溶液滴定，用去 23.36 mL。计算分子式中的 x。

解：$M(KIO_x)=\dfrac{0.500\ 0\ g}{0.100\ 0\times23.56\times10^{-3}mol}=214.04\ g\cdot mol^{-1}$，

$$x=\frac{214.04-39-127}{16}=3。$$

18. 取 0.100 0 mol/L NaCl 溶液 50.00 mL，加入 K_2CrO_4 指示剂，用 0.100 0 mol/L $AgNO_3$ 标准溶液滴定，在终点时溶液体积为 100.0 mL，K_2CrO_4 的浓度为 5×10^{-3} mol/L。若生成可察觉的 Ag_2CrO_4 红色沉淀，需消耗 Ag^+ 的物质的量为 2.6×10^{-6} mol，计算滴定误差。

解：$TE=[Ag^+]+[Ag^+]_{Ag_2CrO_4}-[Cl^-]_{ep}$，

$[Ag^+]_{Ag_2CrO_4}$ 表示形成 Ag_2CrO_4 所消耗的 Ag^+ 的物质的量。

$[Ag^+]_{Ag_2CrO_4}=2.6\times10^{-6}\ mol/0.100\ L=2.6\times10^{-5}\ mol/L$，

$$[Ag^+]=\sqrt{\frac{1.12\times10^{-12}}{5.0\times10^{-3}}}=1.50\times10^{-5}\ mol\cdot L^{-1},$$

$$[Cl^-]_{ep}=\frac{K_{sp(AgCl)}}{c_{Ag^+}}=\frac{1.8\times10^{-10}}{1.5\times10^{-5}}\ mol\cdot L^{-1}=1.2\times10^{-5}\ mol\cdot L^{-1},$$

$$TE=[Ag^+]+[Ag^+]_{Ag_2CrO_4}-[Cl^-]_{ep}=2.6\times10^{-5}+1.50\times10^{-5}-1.2\times10^{-5}$$

$$=2.9\times10^{-5}\ mol\cdot L^{-1},$$

$$TE\%=\frac{TE}{c_{NaCl}}=\frac{2.9\times10^{-5}\ mol\cdot L^{-1}}{\dfrac{0.100\ 0\ mol\cdot L^{-1}\times0.050\ L}{0.100\ L}}\times100\%=0.058\%。$$

1. 在 20.00 mL 0.050 mol·L^{-1} $Mg(NO_3)_2$ 和 50.00 mL 0.50 mol·L^{-1} NaOH 混合液中，至少需加入多少克 NH_4Cl 方可使生成的沉淀重新溶解？（已知 $M(NH_4Cl)=53.49$ g·mol^{-1}，$K_{sp}(Mg(OH)_2)=5.61\times10^{-12}$，$K_b(NH_3\cdot H_2O)=1.8\times10^{-5}$）

2. 计算 Ag_2CrO_4 在下列溶液中的溶解度：

   (1) 0.10 mol·L^{-1} Na_2CrO_4 溶液；

   (2) 0.10 mol·L^{-1} $AgNO_3$ 溶液

   （已知 $K_{sp}(Ag_2CrO_4)=1.1\times10^{-12}$）。

3. 将等体积的 0.004 mol·L^{-1} $AgNO_3$ 溶液和 0.004 mol·L^{-1} 的 K_2CrO_4 溶液混合，有无砖红色的 Ag_2CrO_4 沉淀析出？

4. 1 L 溶液中含有 4 mol NH_4Cl 和 0.2 mol NH_3，试计算：

   (1) 溶液的 $c(OH^-)$ 和 pH；

   (2) 在此条件下若有 $Fe(OH)_2$ 沉淀析出，溶液中 Fe^{2+} 的最低浓度是多少。（已知 $K_{sp}(Fe(OH)_2)=4.9\times10^{-17}$）

5. 某溶液中含有 Ca^{2+} 和 Ba^{2+}，浓度均为 0.10 mol·L^{-1}，向溶液中加入 Na_2SO_4 固体，问：

   (1) 先沉淀的是何种物质？

   (2) 开始出现沉淀时 SO_4^{2-} 的浓度为多大？

   (3) 能否用此方法分离 Ca^{2+} 和 Ba^{2+}？

   （已知 $K_{sp}(BaSO_4)=1.1\times10^{-10}$，$K_{sp}(CaSO_4)=4.9\times10^{-5}$）

6. 某溶液中含有 Mg^{2+}，其浓度为 0.01 mol·L^{-1}，混有少量 Fe^{3+} 杂质。欲除去 Fe^{3+} 杂质，应如何控制溶液的 pH？（已知 $K_{sp}(Fe(OH)_3)=2.8\times10^{-39}$，$K_{sp}(Mg(OH)_2)=5.6\times10^{-12}$）

7. 欲用 Na_2CO_3 溶液处理 AgI 沉淀，使之转化为 Ag_2CO_3 沉淀。

(1) 求沉淀转化反应 $2AgI(s)+CO_3^{2-}(aq) \rightleftharpoons Ag_2CO_3(s)+2I^-(aq)$ 的平衡常数；

(2) 如果在 1 L Na_2CO_3 溶液中要溶解 0.01 mol AgI，Na_2CO_3 的浓度应为多少？

(3) 这种转化能否实现？

(已知 $K_{sp}(AgI)=8.5\times10^{-17}$，$K_{sp}(Ag_2CO_3)=8.5\times10^{-12}$)

8. 有生理盐水 10.00 mL，加入 K_2CrO_4 指示剂，以 0.104 3 $mol\cdot L^{-1}$ $AgNO_3$ 溶液滴定至砖红色出现，用去 $AgNO_3$ 标准溶液 14.58 mL，计算每 100 mL 生理盐水所含 NaCl 的质量。(已知 $M(NaCl)=58.44\ g\cdot mol^{-1}$)

9. 称取基准 NaCl 0.200 0 g 溶于水，加入 $AgNO_3$ 标准溶液 50.00 mL，以铁铵矾为指示剂，用 NH_4SCN 标准溶液滴定，用去 25.00 mL。已知 1.00 mL NH_4SCN 标准溶液相当于 1.20 mL $AgNO_3$ 标准标准溶液，计算 $AgNO_3$ 和 NH_4SCN 溶液的浓度。

10. 称取纯 KCl 和 KBr 混合物 0.307 4 g，溶于水后用 0.100 7 $mol\cdot L^{-1}$ $AgNO_3$ 滴定至终点，用去 30.98 mL，计算混合物中 KCl 和 KBr 的质量分数。($M(KCl)=74.55\ g\cdot mol^{-1}$，$M(KBr)=119.00\ g\cdot mol^{-1}$)

11. 判断题

(1) 溶度积相同的两物质，溶解度也相同。 (　　)

(2) 某难溶化合物 AB 的溶液中含 $c(A^+)$ 和 $c(B^-)$ 均为 $1\times10^{-5}\ mol\cdot L^{-1}$，则其 $K_{sp}=1\times10^{-10}$。 (　　)

(3) 溶度积小的，不能认为溶解度也一定小，故溶度积不能反映难溶化合物的溶解能力。 (　　)

(4) 能生成沉淀的两种离子混合后没有立即生成沉淀，一定是 $K_{sp}>Q_c$。 (　　)

(5) 沉淀剂用量越大，沉淀越完全。 (　　)

(6) 溶液中若同时含有两种离子都能与沉淀剂发生沉淀反应，则加入沉淀剂总会同时产生两种现象。 (　　)

(7) 分步沉淀的结果总能使两种溶度积不同的离子通过沉淀反应完全分离开。 (　　)

(8) 所谓沉淀完全就是用沉淀剂将溶液中某一离子除净。（　）

(9) 在 H_2S 的饱和溶液中加入 Cu^{2+}，溶液的 pH 值会变小。（　）

(10) 若某体系的溶液中离子积等于溶度积，则该体系必然存在固相。（　）

12. 选择题

(1) 使 $CaCO_3$ 具有最大溶解度的溶液是（　）

A. H_2O　B. Na_2CO_3　C. KNO_3　D. C_2H_5OH

(2) 难溶电解质 A_2B 在水溶液中有下列平衡：$A_2B(s) \rightleftharpoons 2A^+(aq)+B^{2-}(aq)$，若平衡时 $c(A^+)=X\ mol \cdot L^{-1}$，$c(B^{2-})=Y\ mol \cdot L^{-1}$，则难溶电解质 A_2B 的 K_{sp} 表达式为 $K_{sp}=$（　）

A. $X^2\ 1/2\ Y$　B. X^2Y　C. XY　D. $(2X)^2Y$

(3) 已知 $K_{sp}(AB)=4.0\times10^{-10}$，$K_{sp}(A_2D)=3.2\times10^{-11}$，则两物质在水中的溶解度关系为（　）

A. $S(AB)>S(A_2D)$　B. $S(AB)<S(A_2D)$

C. $S(AB)=S(A_2D)$　D. 无法确定

(4) 当某溶液中相应离子浓度为离子积大于溶度积时，则反应的（　）

A. $\Delta_rG_m>0$　B. $\Delta_rG_m<0$　C. $\Delta_rG_m=0$　D. 无法确定

(5) 已知水溶液中平衡 $A_2B_3(s) \rightleftharpoons 2A^{3+}(aq)+3B^{2-}(aq)$ 有 $x\ mol \cdot L^{-1}$ 的 A_2B_3 溶解，则 $K_{sp}(A_2B_3)=$（　）

A. $27\ x^3$　B. $108\ x^5$　C. $27\ x^5$　D. $108\ x^3$

(6) 欲使 CuS 固体溶解，则应加入的试剂是（　）

A. HCl　B. H_2SO_4　C. HAc　D. HNO_3

(7) 反应 $PbSO_4(s)+S^{2-}(aq) \rightleftharpoons PbS(s)+SO_4^{2-}(aq)$ 的平衡常数 $K=$（　）

A. $K_{sp}(PbS)-K_{sp}(PbSO_4)$　B. $K_{sp}(PbSO_4)-K_{sp}(PbS)$

C. $K_{sp}(PbS)/K_{sp}(PbSO_4)$　D. $K_{sp}(PbSO_4)/K_{sp}(PbS)$

(8) 在银电极反应 $Ag^++e = Ag$ 中加入 NaCl 溶液，则 $\varphi(Ag^+/Ag)$ 的值（　）

A. 增大　B. 减小　C. 不变　D. 无法判断

(9) 欲使 AgBr 固体溶解，则应加入的试剂是（　）

A. NH_4Cl　B. HCl　C. NaCN　D. NaCl

(10) $K_{sp}(AgCl)=1.8\times10^{-10}$，AgCl 在 $0.001\ mol \cdot L^{-1}$ NaCl 中的溶解度($mol \cdot L^{-1}$)为（　）

A. 1.8×10^{-10}　B. 1.34×10^{-5}　C. 9×10^{-5}　D. 1.8×10^{-7}

13. 现有 $BaSO_4$ 多相平衡体系，如加入 $BaCl_2$ 溶液，则由于_______效应，溶解度_______，如加入 NaCl 溶液，则由于_______效应，溶解度_______。

14. 现有 $Mg(OH)_2$ 多相平衡体系，$K_{sp}(Mg(OH)_2)=1.8\times10^{-11}$，则 $Mg(OH)_2$ 溶解度 S=_______$mol \cdot L^{-1}$，$c(Mg^{2+})=$_______$mol \cdot L^{-1}$，$c(OH^-)=$_______$mol \cdot L^{-1}$。

15. 对同一类型的难溶电解质，在被沉淀离子浓度_______的情况下，溶解度_______的首先析出沉淀，然后才是溶解度_______的沉淀析出。

第六章　氧化还原反应和氧化还原滴定法

本章重点：氧化还原反应的概念；电极电位概念及其应用；氧化还原滴定。

一、氧化还原反应

1. 氧化还原反应

氧化还原反应是一类反应物之间有电子交换的反应，其特征是反应物元素的氧化数发生了变化。一个氧化还原反应由氧化反应和还原反应两个半反应（也叫电极反应）组成，其中物质失去电子的反应是氧化反应，物质得到电子的反应是还原反应。

2. 氧化数

不同元素的原子在组成分子时，由于元素的电负性不同，分子中的电荷分布则会不均匀。氧化数为某元素的原子所具有的形式电荷数。形式电荷数是假设把每个键中的电子指定给电负性大的原子而求得。规定单质中的元素的氧化数为零，氢元素和氧元素的氧化数一般情况下分别为+1和−2。电负性较大的元素的氧化数为负值，电负性较小的元素的氧化数为正值。化合物的分子中的各元素的氧化数的代数和为零。这些规则可以计算复杂化合物分子或离子中各元素的氧化数。

3. 氧化剂和还原剂

在氧化还原反应中得到电子的物质是氧化剂，失去电子的物质是还原剂，反应中氧化剂中的元素的氧化数降低，还原剂中的元素的氧化数升高，并且氧化剂的氧化数降低的总数等于还原剂的氧化数升高的总数。

4. 氧化还原方程式的配平

氧化还原方程式的配平必须满足两个原则：一是反应前后物质是守恒的；二是反应中氧化剂和还原剂的氧化数的变化的代数和为零。常用两种方法进行：

a. 氧化数法：配平的原则是反应中氧化剂中元素氧化数降低的总数等于还原剂中元素氧化数升高的总数。

b. 离子电子法：配平的原则是氧化剂得到的电子数等于还原剂失去的电子数。此法用于配平在溶液中进行的氧化还原反应。

5. 氧化还原电对

氧化剂或还原剂各自在反应中与其相应的还原产物或氧化产物所构成的物质对应关系

称为氧化还原电对，氧化还原电对中氧化数高的物质形态称为氧化态，氧化数低的物质形态称为还原态。电对表示为：氧化态/还原态。

二、原电池和电极电位

1. 原电池

在一定的装置中可以使氧化还原反应的两个半反应在不同的空间位置反应，从而使电子的交换通过外电路完成，将化学能转换为电能。这种装置即是原电池。

原电池可以用符号表示：

(一)电极 | 电解质溶液(活度) ‖ 电解质溶液(活度) | 电极(+)

原电池的电极由于氧化还原电对的不同、结构的不同可以分为以下几种结构：金属-金属离子电极、气体-离子电极、均相氧化还原电极和金属-金属难溶盐电极。

2. 电极电位和标准电极电位

当金属在溶液中形成双电层时，会使金属与溶液之间产生一个电位差，这个电位差称为金属电极的电极电位。由于单个电极的电极电位是无法测量的，所以实际测量时以一个标准的氢电极为参考进行测量，得到被测电极与标准氢电极的电位差，这个电位差称为被测电极的电极电位，如果被测电极也处于标准态时，测得的电极电位即称为被测电极的标准电极电位。

标准电极电位与电池的电动势可以以下列式子表示：

$E=\varphi^{+}-\varphi^{-}$

式中 E——标准电池电动势；

φ^{+}，φ^{-}——正、负极的标准电极电位(也可以用 E^{+}，E^{-} 来表示)。

3. 非标准态电极的电极电位

当电极反应中的物质不处于标准态时，其电对的电极电位可以根据能斯特方程式进行推算：

$$\varphi=\varphi+\frac{RT}{nF}\ln\frac{[c(O_x)/c]^a}{[c(\mathrm{Red})/c]^b}$$

式中对数项中的分式的分子项为电对的氧化态物质的活度；分母项为还原态物质的活度，当电对物质在溶液中的浓度很小时，可以用其浓度代替活度进行计算。

当反应为常温时，能斯特方程可以改写为

$$\varphi=\varphi+\frac{0.059\ 2}{n}\ln\frac{[c(O_x)/c]^a}{[c(\mathrm{Red})/c]^b}$$

应用能斯特方程式的规则：

a. 式中的氧化态和还原态是以电极反应为依据确定，即电极反应式中电对的氧化态及其与之相关的物质都要在式中的对数项中表示出来。同样还原态及其相关物质也要在对数项中表示出来。

b. 如果有气体物质，那么以其分压表示。

c. 如果有纯液体、固体或者反应前后浓度(活度)几乎不发生变化(变化可以忽略不计)的物质的浓度(活度) 表示为1。

根据能斯特方程式可知,当电对的氧化态、还原态浓度(活度)发生变化时,电极的电极电位发生变化。所以当溶液中出现影响电对物质的浓度(活度) 的情况时,如沉淀反应、络合反应、其他的氧化还原反应等,电极的电极电位就会发生相应的变化,这种变化可以用能斯特方程进行计算来得到。

在电极电反应式中,如果除了有电对的氧化态和还原态物质以外还有其他物质出现,而这些物质的浓度(活度) 由于某种原因而发生改变时,也会改变电极的电极电位。如有 H^+ 出现在电极反应中的电对,其电极电位会受到溶液酸度的影响;有 Cl^- 出现的电极的电极电位会受到 Ag^+ 的影响。这些影响的结果也可以用能斯特方程式计算出来。

4. 电极电位的应用

电极电位的数值表示了电对物质在发生转变时(即发生电极反应时) 获得或失去电子的能力。氧化还原反应的两个电极反应中的电对的这种能力存在差异是反应进行的根本原因。

利用电极电位有大小可以进行以下工作:

a. 判断氧化剂、还原剂的相对强弱。

b. 判断氧化还原反应是否能够在给定的条件下进行。

c. 计算氧化还原反应的平衡常数。

d. 判断氧化还原反应进行的次序。

e. 选择适当的氧化剂或还原剂。

f. 测定某些常数。

5. 元素电位图

将某一元素的相关电对的电极电位按照一定顺序排列起来得到的关系图,称为元素的电势图。常用的标准电极电位图可以判断某种物质在水溶液中能否发生歧化反应。可以根据已知电位的电对的标准电极电位,计算出未知电位的电对的标准电极电位。

三、氧化还原滴定法

利用氧化还原反应进行的容量分析方法称为氧化还原滴定法。

1. 条件电位

在实际反应中,由于浓度与活度的差异、与电极反应相关的物质的副反应的发生,使电对的电极电位发生了变化,在考虑了这些变化后,得到的经过修正的标准电极电位称为条件电位,即在特定的条件下,电对的氧化态物质和还原态物质的浓度(不是活度)为 $1\ mol \cdot L^{-1}$时,而且校正了各种因素的影响后的实际电位即为条件电位。

2. 氧化还原滴定曲线

氧化还原滴定以标准溶液的加入量(体积)为横坐标,以被测溶液的电位为纵坐标作图得到的曲线称为氧化还原滴定曲线。氧化还原滴定曲线描述了滴定过程中溶液电位随标准溶液用量而变化的情况。

氧化还原滴定曲线可以分为 4 个部分，各部分的电位可以根据参加反应的物质的浓度进行计算。

a. 未加入标准溶液时的电位。这时应该用被滴定溶液进行推算，但由于这时的电对浓度情况无法确定，所以无法计算。

b. 未达到计量点以前溶液的电位。这个阶段可以根据反应的关系计算氧化剂或还原剂的电对在被滴定溶液中的浓度，利用能斯特方程式求得。

c. 计量点时的电位。利用当标准溶液与被测溶液恰好完全反应时，两电对的电极电位相等的关系求得。

d. 滴入过量的标准溶液时的电位。用过量的标准溶液浓度进行计算求得。

3. 指示剂

选择指示剂的原则是：当认为滴定反应定量完成时，标准溶液才与指示剂作用。指示剂分为三类：第一类是氧化还原指示剂，选择时要求指示剂的变色点电位应在滴定的突跃范围之内；第二类是自身指示剂，利用标准溶液或被测溶液本身的颜色变化来指示滴定终点；第三类是特殊指示剂，滴定时利用标准溶液与其他物质发生的非氧化还原反应的颜色变化来指示滴定终点。

4. 常见的氧化还原滴定法

常见的氧化还原滴定方法一般是以标准溶液的名称命名的：

a. 高锰酸钾法

b. 重铬酸钾法

c. 碘量法

本章难点：原电池的形成；影响电极电位的因素；氧化还原滴定曲线的计算。

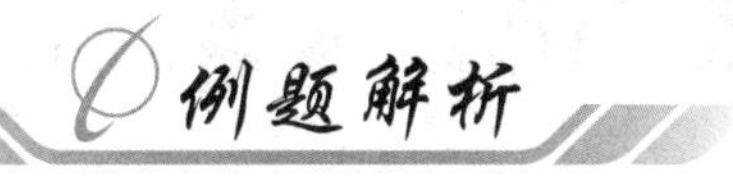

例 1　配平下列氧化还原方程式：

$$KClO_3 + HCl \longrightarrow KCl + Cl_2 + H_2O$$

分析：反应中的 $KClO_3$ 的氯元素的氧化数降低 5，而 HCl 中的氯元素的氧化数升高 1，所以使氧化剂和还原剂的氧化数变化相等时须在 $KClO_3$ 前配系数 1，而在 HCl 前配系数 5，其相应产物都是氯的原子（结合成 Cl_2 分子）。当 $KClO_3$ 被还原为 Cl_2 时，其化学式中的氧元素全部生成 H_2O。HCl 既要参加氧化还原过程，又要提供生成 H_2O 所需的 H^+，这样就有一部分的 HCl 并未被氧化而生成 KCl。所以，配平时第一步先将氧化剂和还原剂的氧化数变化配平，第二步根据生成水的分子时，确定未发生氧化数变化的 HCl 的数目，最后配平方程式。

解：第一步：

$1KClO_3 + 5HCl \longrightarrow 1KCl + 3Cl_2 + H_2O$

第二步：

$1KClO_3 + (5+1)\ HCl \longrightarrow 1KCl + 3Cl_2 + 3H_2O$

即 $KClO_3 + 6HCl \xlongequal{} KCl + 3Cl_2 + 3H_2O$

题后点睛：在本例中，氯元素既是氧化剂的成分，又是还原剂的成分，在考虑其氧化数变化时应该将其看成两种元素之间的反应，分别确定氧化剂和还原剂的数量，然后配平。

例 2 用离子电子法配平下列反应方程式：

$$MnO_4^- + SO_3^{2-} + OH^- \longrightarrow MnO_4^{2-} + SO_4^{2-}$$

分析：离子电子法配平时，先将构成反应的两个半反应分别配平，配平时，如果在酸性条件下，可以用 H_2O，H^+ 来调整半反应两边的氢、氧原子个数，而在碱性溶液中，可以用 H_2O 和 OH^- 来调整氢、氧原子个数。然后给两个半反应分别乘以相应的系数，使氧化剂得到的电子数等于还原剂失去的电子数，最后将两个半反应相加得到配平了的反应方程式。

解：将此反应拆成两个部分

$MnO_4^- \longrightarrow MnO_4^{2-}$

$SO_3^{2-} \longrightarrow SO_4^{2-}$

分别将其配平

$$MnO_4^- + e \longrightarrow MnO_4^{2-} \quad (1)$$

$$SO_3^{2-} + 2OH^- \longrightarrow SO_4^{2-} + H_2O + 2e \quad (2)$$

式(1)×2

$$2MnO_4^- + 2e \longrightarrow 2MnO_4^{2-} \quad (3)$$

式(3)＋式(2)得配平的方程式

$$2MnO_4^- + SO_3^{2-} + 2OH^- \xlongequal{} 2MnO_4^{2-} + SO_4^{2-} + H_2O$$

题后点睛：离子电子法配平方程式可以没有完整的反应物和生成物，由于在溶液中进行，所以可以根据溶液来补齐。

例 3 计算下列原电池的电动势：

$Zn \mid Zn^{2+}(a=0.1\ mol \cdot L^{-1}), Fe^{3+}(a=0.1\ mol \cdot L^{-1}), Fe^{2+}(a=1.0\ mol \cdot L^{-1}) \mid Pt$

分析：原电池的电动势等于电池正极的电极电位减去负极的电极电位。本例中首先分别求得原电池的两电极的电极电位，然后相减。由于两电极都未处于标准状态，所以须利用能斯特方程式分别求两电极的实际电极电位，再求电动势。

解：查表得电对 Zn^{2+}/Zn 的标准电极电位为

$\varphi_{Zn^{2+}/Zn} = -0.760\ V$

Fe^{3+}/Fe^{2+} 电对的标准电极电位为

$\varphi_{Fe^{3+}/Fe^{2+}} = 0.771\ V$

当电池中 Zn^{2+} 的活度为 0.1 mol·L^{-1}时，电对 Zn^{2+}/Zn 的电极电位为

$$\varphi_{Zn^{2+}/Zn} = \varphi_{Zn^{2+}/Zn} + \frac{0.059\ 2}{2}\lg 0.1 = -0.760 + (-0.029\ 6) = -0.790(V)$$

电对 Fe^{3+}/Fe^{2+} 的电极电位为

$$\varphi_{Fe^{3+}/Fe^{2+}} = \varphi_{Fe^{3+}/Fe^{2+}} + 0.059\ 2\lg\frac{0.1}{1.0} = 0.771 - 0.059\ 2 = 0.712(V)$$

所以电池的电动势为

$E=\varphi_{Fe^{3+}/Fe^{2+}}-\varphi_{Zn^{2+}/Zn}=0.712-(-0.790)=1.50\ (V)$。

题后点睛：实际的电池电极的电极电位常常不是标准电极电位，所以须根据能斯特方程式，计算出实际的电极电位，然后求出电动势。电动势的值始终为正值，即用正极的电极电位减去负极的电极电位。

例4　已知电对 Ag^+/Ag 的标准电极电位 $\varphi=0.799$ V，求电对 $\varphi_{AgCl/Ag}$ 的标准电极电位。

分析：电对 AgCl/Ag 的电极反应是

$$AgCl+e=\!=\!=Ag+Cl^-$$

根据能斯特方程式的规则，电对 AgCl/Ag 的标准电极电位应该是 Cl^- 的活度为 1 mol·L^{-1}时的电极电位，电极反应式中 AgCl 和 Ag 的浓度在反应前后并不发生变化，它们的活度可以看成1代入能斯特方程式进行计算。这样电对的电极电位的变化取决于 Cl^- 的活度。电对中真正得到电子的是 Ag^+，那么电对的标准电极电位可以看成是从 $\varphi(Ag^+/Ag)$变化而来，即在 Cl^- 存在时，且其活度为 1 mol·L^{-1}时的 $\varphi(Ag^+/Ag)$。Ag^+ 的浓度（活度）可以根据溶度积原理求得，代入能斯特方程式即可计算出电对 Ag^+/Ag 在 Cl^- 的活度为1 mol·L^{-1} 时的电位，这个电位值即是 $\varphi_{AgCl/Ag}$。

解：设 Ag^+ 的活度为 $c(Ag^+)$，Cl^- 的活度为 $c(Cl^-)$。

$\varphi_{AgCl/Ag}=\varphi_{Ag^+/Ag}=\varphi_{Ag^+/Ag}+0.059\ 2\ \lg c_{Ag^+}$。

因为 $c(Ag^+)\cdot c(Cl^-)=K_{sp}(AgCl)$，

所以 $c_{Ag^+}=K_{sp}(AgCl)/c_{Cl^-}$。

那么 $\varphi_{AgCl/Ag}=\varphi_{Ag^+/Ag}+0.059\ 2\lg K_{sp}(AgCl)/c_{Cl^-}$，

查表得 $K_{sp}(AgCl)=1.77\times10^{-10}$。

这时令 $c_{Cl^-}=1$ mol·L^{-1}，代入上式：

$$\varphi_{AgCl/Ag}=\varphi_{Ag^+/Ag}+0.059\ 2\lg\frac{K_{sp}(AgCl)}{c}=0.799+0.059\ 2\lg\frac{1.77\times10^{-10}}{1}=0.222(V)。$$

题后点睛：从 $\varphi(Ag^+/Ag)$ 求算 $\varphi(AgCl/Ag)$ 的过程可以看成是电对 Ag^+/Ag 的电极电位受到了 AgCl 的沉淀溶解平衡的影响，并且这时 Cl^- 的活度为 1 mol·L^{-1}。由此推理，金属与其难溶盐组成的电对的标准电极电位都可以用此法求出。

例5　已知 $\varphi_{AsO_4^{3-}/AsO_3^{3-}}=0.560$ V，$\varphi_{I^-}=0.535$ V，判断下列反应：

$$AsO_4^{3-}+2I^-+2H^+\longrightarrow AsO_3^{3-}+I_2+H_2O$$

(1) 在标准状态下是否能自发进行？

(2) 若其他物质浓度不变，如何改变溶液的 pH 值，可以使上述反应向逆反应方向进行？

(3) 若其他物质的浓度不变，如何改变 I_2 的浓度，可以使上述反应向逆反应方向进行？

分析：(1) 在标准状态下的反应进行的方向可以直接用两电对的标准电极电位(φ) 进行判断。

(2) 改变 pH 值可以改变电对 AsO_4^{3-}，AsO_3^{3-} 的电极电位，当由于 pH 值的降低使电对

的电极电位低于 I_2/I^- 电对的标准电极电位时，反应即可向逆反应方向移动。

(3) 对于电对 I_2/I^- 来说，增大 I_2 的浓度即可以增加电对的电极电位，当 I_2/I^- 的电位由于 I_2 的增大而大于 AsO_4^{3-}/AsO_3^{3-} 电对的电极电位时，反应就会向逆反应方向进行。

解：(1) 因为 $\varphi_{AsO_4^{3-}/AsO_3^{3-}} > \varphi_{I_2/I^-}$，所以 AsO_4^{3-} 可以将 I^- 氧化生成 AsO_3^{3-} 和 I_2，所以在标准状态下，反应可以向正反应方向进行。

(2) 在给定的条件下，电对 I_2/I^- 的电极电位为 $\varphi=0.535$ V，设 H^+ 的浓度为 $c(H^+)$，反应处于平衡状态，则有

$$\varphi_{AsO_4^{3-}/AsO_3^{3-}}=\varphi_{AsO_4^{3-}/AsO_3^{3-}}+\frac{0.059\ 2}{2}\lg\frac{c_{AsO_4^{3-}}(c_{H^+})^2}{c(AsO_3^{3-})},$$

$$0.535=0.560+\frac{0.059\ 2}{2}\lg(c_{H^+})^2,$$

所以 $\lg(c_{H^+})^2=-0.845$，

即 $pH=0.423, c_{H^+}=0.378\ mol\cdot L^{-1}$。

结论：当溶液的 pH 值大于 0.423，即 H^+ 浓度小于 0.378 $mol\cdot L^{-1}$ 时，所给反应即会向逆反应方向进行。

(3) 只改变 I_2 的浓度使反应达到平衡状态时，则有

$$\varphi_{I_2/I^-}=\varphi_{AsO_4^{3-}/AsO_3^{3-}}=\varphi_{I_2/I^-}+\frac{0.059\ 2}{2}\lg c(I_2),$$

就是 $0.560=0.535+\frac{0.059\ 2}{2}\lg c(I_2)$，

所以 $c(I_2)=6.99\ mol\cdot L^{-1}$。

结论：在给定的条件下，I_2 的浓度大于 6.99 $mol\cdot L^{-1}$ 时，反应即会向逆反应方向进行（注意：I_2 的水溶液浓度并不一定能达到这样大）。

题后点睛：*反应的氧化剂和还原剂在一定条件下是相对固定的，但如果改变条件，那么有可能使其反应的方向发生变化。当两电对的物质相遇时，高电极电位电对的氧化态物质可以将低电极电位电对还原态物质氧化，分别生成各自电对还原态物质和氧化态物质，否则反应则无法进行。*

例 6 根据在碱性溶液中，氯元素的电势图，分析哪些物质在水溶液中能发生歧化反应，而哪些物质间发生歧化反应的逆反应。写出相应的反应方程式。

分析：当物质在电势图中与左、右相邻的物质组成的两个电对的电极电位是右边电对的电极电位大于左边电对的电极电位时，则该物质在高电极电位电对中作为氧化态物质，在低电极电位电对中却又作为还原态物质，因此会发生反应而生成各自电对的还原态物质或氧化态物质，结果使同一种元素的氧化数一部分升高，而另一部分降低，即发生歧化反应。相反在元素电势图中某物质与两相邻的物质组成两个电对，其中左边电对的电极电位大于右边电对的电极电位时，该物质将会作为两电对的氧化还原反应的共同产物，即两电对之间会发生歧化反应的逆反应。

解：由氯元素的电势图知，作为电对的共同物质，且右边电对的电极电位大于左边电对的电极电位的物质组有

$ClO_4^- - (ClO_3^-) - Cl^-$

$ClO_3^- - (ClO_2^-) - ClO^-$

$ClO^- - (Cl_2) - Cl^-$

所以 ClO_3^- 可以发生歧化反应,反应式

$4ClO_3^- \longequal 3ClO_4^- + Cl^-$

ClO_2^- 可以发生歧化反应,反应式

$2ClO_2^- \longequal ClO_3^- + ClO^-$

Cl_2 可以发生歧化反应,反应式

$2OH^- + Cl_2 \longequal ClO^- + Cl^- + H_2O$

又据元素电势图,可以发生歧化反应的逆反应的物质对是

$(ClO_4^-) - ClO_3^- - (ClO_2^-)$

反应式 $ClO_4^- + ClO_2^- \longequal 2ClO_3^-$

$(ClO_2^-) - ClO^- - (Cl_2)$

反应式 $ClO_2^- + Cl_2 + 2OH^- \longequal 3ClO^- + H_2O$

题后点睛:元素电势图直观明确地表示了某元素的各个氧化态之间的电对和电位关系,反应时仍根据电对的电位高低关系判断反应进行的方向和产物。

例7 计算下列反应的平衡常数,并判断反应进行的程度:

$$MnO_4^- + 5Fe^{2+} + 8H^+ \longequal Mn^{2+} + 5Fe^{3+} + 4H_2O$$

分析:氧化还原反应进行的程度可以用反应的平衡常数来衡量,平衡常数决定于两电对的电极电位的差异。在 298 K 时,反应的平衡常数由下式决定:

$$\lg K = \frac{n_1 n_2 (\varphi^+ - \varphi^-)}{0.059\ 2}$$

式中,n_1,n_2——两电对的电子转移数;

φ^+,φ^-——两电对的标准电极电位。

已知两电对的 φ 就可以求算反应的平衡常数。

解:查表得

$\varphi_{MnO_4^-/Mn^{2+}} = 1.507\ V$,

$\varphi_{Fe^{3+}/Fe^{2+}} = 0.771\ V$,

$\lg K = \frac{n_1 n_2 (\varphi^+ - \varphi^-)}{0.059\ 2} = \frac{1 \times 5(1.507 - 0.771)}{0.059\ 2} = 62.2$,

所以 $K = 1.58 \times 10^{62}$。

此反应的平衡常数很大,反应进行得很完全。

题后点睛:此题代表了一般的氧化还原反应的平衡常数的计算。计算过程表明,当两电对的 φ 差异越大,则反应进行得越彻底。

例8 计算在 0.5 mol·L^{-1} 的硫酸中,用 0.100 0 mol·L^{-1} $\frac{1}{6}K_2Cr_2O_7$ 溶液滴定

0.100 0 mol·L^{-1}的 Fe^{2+} 溶液的化学计量点的电位，并选择合适的指示剂。

分析：在化学计量点时，参加反应的两电对的电极电位相等，即反应处于平衡状态。计算时，可以分别列出两电对的电极电位的能斯特方程式，然后联立求解。这时可以认为氧化剂的加入量与还原剂相同，并且生成了相应的氧化数形态。就是氧化剂电对的还原态物质与还原剂电对的氧化态物质的浓度相对应，同理氧化剂电对的氧化态物质与还原剂电对的还原态物质的浓度也相对应。将相应的关系联立后即可求导化学计量点时的电位，根据此电位选择合适的指示剂。

解：设化学计量点时的电位为 φ，则有

$$\varphi=\varphi_{Cr_2O_7^{2-}/Cr^{3+}}=\varphi_{Cr_2O_7^{2-}/Cr^{3+}}+\frac{0.059\ 2}{6}\lg\frac{c_{Cr_2O_7^{2-}}\cdot c_{H^+}^{14}}{Cr^{3+}} \tag{1}$$

$$\varphi=\varphi_{Fe^{3+}/Fe^{2+}}=\varphi_{Fe^{3+}/Fe^{2+}}+0.059\ 2\lg\frac{c_{Fe^{3+}}}{c_{Fe^{2+}}} \tag{2}$$

因为 $\varphi_{Fe^{3+}}=3c_{Cr^{3+}}=\frac{0.100\ 0}{6}\text{mol}\cdot L^{-1}$，且 $6c_{Cr_2O_7^{2-}}=c_{Fe^{2+}}$，$c_{H^+}=1\ \text{mol}\cdot L^{-1}$

给式(1) 两边分别乘以 6 然后与式(2) 相加：

$$7\varphi=6\varphi_{Cr_2O_7^{2-}/Cr^{3+}}+\varphi_{Fe^{3+}/Fe^{2+}}+0.059\ 2\lg\frac{Cr^{14+}}{2Cr^{3+}} \tag{3}$$

查表得

$\varphi_{Cr_2O_7^{2-}/Cr^{3+}}=1.33$ V

$\varphi_{Fe^{3+}/Fe^{2+}}=0.771$ V

代入式(3)

$$7\varphi=6\times1.33+0.771+0.059\ 2\lg\frac{1}{2\times\frac{0.100\ 0}{6}},$$

所以 $\varphi=1.26$ V。

选择指示剂的 φ 应接近 1.26 V，所以选硝基邻二氮杂苯为宜。

题后点睛：此例的关键是在化学计量点时，两电对的电极电位相等，并且氧化剂和还原剂的浓度之间的关系。

例 9 某铜锌合金 0.200 0 g 溶于浓 H_2SO_4，中和过量的硫酸后，加入过量的 KI 溶液，反应完成后，用 H_2SO_4 再调至弱酸性，用 0.100 0 mol·L^{-1}的 $Na_2S_2O_3$ 溶液 22.50 mL 滴定至终点，求铜锌合金的组成。

分析：铜锌溶解后得到相应的盐，其中 Cu^{2+} 可以和 KI 反应生成单质碘。用 $Na_2S_2O_3$ 标准溶液滴定生成的碘。可以根据反应过程的关系得到 $Na_2S_2O_3$ 和铜的物质的量的定量关系求铜的物质的量、铜的质量，最后得到铜锌合金的组成。

解：根据反应式 $2Cu^{2+}+4I^-=2CuI+I_2$

$I_2+2S_2O_3^{2-}=2I^-+S_4O_6^{2-}$

知 1 mol $S_2O_3^{2-}$ 相当于 1 mol Cu^{2+}。

所以 Cu^{2+} 的物质的量为

$$22.50\times10^{-3}\times0.1000=2.25\times10^{-3}\ \text{mol},$$

则 Cu 的质量为

$$2.250\times10^{-3}\times63.55=0.1430\ \text{g},$$

那么铜锌合金含铜

$$\frac{0.1430}{0.2000}\times100\%=71.50\%,$$

合金中含锌 1－71.50%＝28.50%。

题后点睛：本例的关键是根据一系列反应得到标准物质与被测物质之间的定量关系。

例 10 含铬的钢样 1.360 g，氧化处理成溶液，加入 30.00 mL 浓度为 0.1000 $mol\cdot L^{-1}$ 的 $FeSO_4$ 标准溶液后，用浓度为 0.0200 $mol\cdot L^{-1}$ 的 $KMnO_4$ 溶液 21.05 mL 滴定至终点，求钢样的含铬量。

分析：钢样中的铬处理成溶液后被氧化成 $Cr_2O_7^{2-}$，用过量的 $FeSO_4$ 溶液与之反应，然后用 $KMnO_4$ 滴定过量的 $FeSO_4$。要注意的是，$Cr_2O_7^{2-}$ 与 $FeSO_4$ 反应的物质的量定量关系是 1∶6，而 $KMnO_4$ 与 $FeSO_4$ 反应的物质的量的关系是 1∶5。先求出与 $KMnO_4$ 溶液反应后剩余的 $FeSO_4$ 的体积数，然后求算所反应的 $Cr_2O_7^{2-}$，进一步求得 Cr 的质量，最后得到钢样的含铬量。

解：$MnO_4^- + 5Fe^{2+} + 8H^+ = Mn^{2+} + 5Fe^{3+} + 4H_2O$

$Cr_2O_7^{2-} + 6Fe^{2+} + 14H^+ = 2Cr^{3+} + 6Fe^{2+} + 7H_2O$

与 $KMnO_4$ 反应的 $FeSO_4$ 溶液的体积为

$$\frac{0.0200\times5\times21.05}{0.1000}=21.05(\text{mL}),$$

所以与 $Cr_2O_7^{2-}$ 反应的 $FeSO_4$ 溶液的体积为

30.00－21.05＝8.95 (mL)，

则 $Cr_2O_7^{2-}$ 的物质的量为

$$\frac{8.95}{6}\times0.1000\times10^{-3}=1.49\times10^{-4}(\text{mol}),$$

Cr^{2+} 的质量为 $2\times1.49\times10^{-4}\times51.996=0.0155$ g，

那么钢样中的含铬量为

0.0155/1.36×100%＝1.14%。

题后点睛：本例是一个典型的返滴定过程。关键是氧化剂的总和与还原剂的总和彼此相当。计算时须注意不同反应之间的定量关系。当然此例也可以将所有参与反应的氧化剂和还原剂按氧化还原反应的基本单元换算后进行计算。

习题解答

1. 指出下列物质中划线原子的氧化数：

(1) $\underline{Cr}_2O_7^{2-}$　(2) $\underline{N}_2O$　(3) $\underline{N}H_3$　(4) $H\underline{N}_3$　(5) $\underline{S}_8$　(6) $\underline{S}_2O_3^{2-}$

解：(1) $\overset{+6}{Cr_2}\overset{-2}{O_7^{2-}}$　(2) $\overset{+1}{N_2}O$　(3) $\overset{-3}{N}H_3$　(4) $H\overset{-\frac{1}{3}}{N_3}$　(5) $\overset{0}{S_8}$　(6) $\overset{+2}{S_2}O_3^{2-}$

2. 用氧化数法或离子电子法配平下列方程式：

(1) $As_2O_3+HNO_3+H_2O \longrightarrow H_3AsO_4+NO$

(2) $K_2Cr_2O_7+H_2S+H_2SO_4 \longrightarrow K_2SO_4+Cr_2(SO_4)_3+S+H_2O$

(3) $KOH+Br_2 \longrightarrow KBrO_3+KBr+H_2O$

(4) $K_2MnO_4+H_2O \longrightarrow KMnO_4+MnO_2+KOH$

解：(1) $HNO_3 \longrightarrow NO$　$As_2O_3 \longrightarrow H_3AsO_4$

$NO_3^-+4H^++3e^- \longrightarrow NO+2H_2O$　　$\times 4$

$As_2O_3+5H_2O \longrightarrow AsO_4^{3-}+10H^++4e^-$　　$\times 3$

$4NO_3^-+3As_2O_3+7H_2O \longrightarrow 4NO+6AsO_4^{3-}+14H^+$

$4HNO_3+3As_2O_3+7H_2O \longrightarrow 4NO+6H_3AsO_4$

(2) $Cr_2O_7^{2-} \longrightarrow Cr^{3+}$　$H_2S \longrightarrow S$

$Cr_2O_7^{2-}+14H^++6e^- \longrightarrow 2Cr^{3+}+7H_2O$　　$\times 1$

$H_2S \longrightarrow S+2H^++2e^-$　　$\times 3$

$Cr_2O_7^{2-}+3H_2S+8H^+ \longrightarrow 2Cr^{3+}+3S+7H_2O$

$K_2Cr_2O_7+3H_2S+4H_2SO_4 \longrightarrow K_2SO_4+Cr_2(SO_4)_3+3S+7H_2O$

(3) $Br_2 \longrightarrow BrO_3^-$　　$Br_2 \longrightarrow Br^-$

$Br_2+2e^- \longrightarrow 2Br^-$　　$\times 5$

$Br_2+12OH^- \longrightarrow 2BrO_3^-+6H_2O+10e^-$　　$\times 1$

$6Br_2+12OH^- \longrightarrow 2BrO_3^-+10Br^-+6H_2O$

$3Br_2+6KOH \longrightarrow KBrO_3+5KBr+3H_2O$

(4) $MnO_4^{2-} \longrightarrow MnO_4^-$　　$MnO_4^{2-} \longrightarrow MnO_2$

$MnO_4^{2-}+2H_2O+2e^- \longrightarrow MnO_2+4OH^-$　　$\times 1$

$MnO_4^{2-} \longrightarrow MnO_4^-+e^-$　　$\times 2$

$3MnO_4^{2-}+2H_2O \longrightarrow MnO_2+2MnO_4^-+4OH^-$

$3K_2MnO_4+2H_2O \longrightarrow MnO_2+2KMnO_4+4KOH$

3. 写出下列电极反应的离子电子式：

(1) $Cr_2O_7^{2-} \longrightarrow Cr^{3+}$(酸性介质)

(2) $I_3^- \longrightarrow IO_3^-$(酸性介质)

(3) $MnO_2 \longrightarrow Mn(OH)_2$(碱性介质)

(4) $Cl_2 \longrightarrow ClO_3^-$(碱性介质)

解:(1) $Cr_2O_7^{2-} + 14H^+ + 6e^- \longrightarrow 2Cr^{3+} + 7H_2O$

(2) $I_3^- + 3H_2O \longrightarrow IO_3^- + I_2 + 6H^+ + 6e^-$

$I_3^- + 9H_2O \longrightarrow 3IO_3^- + 18H^+ + 16e^-$

(3) $MnO_2 + 2H_2O + 2e^- \longrightarrow Mn(OH)_2 + 2OH^-$

(4) $Cl_2 + 12OH^- \longrightarrow 2ClO_3^- + 10e^- + 6H_2O$

4. 下列物质:$KMnO_4$,$K_2Cr_2O_7$,$CuCl_2$,$FeCl_3$,I_2 和 Cl_2,在酸性介质中它们都能作为氧化剂。试把这些物质按氧化能力的大小排列,并注明它们的还原产物。

解:酸性介质下,$E^\ominus$ 大则氧化能力大,即

$E^\ominus(KMnO_4/Mn^{2+}) = 1.51\ V$　　$E^\ominus(K_2Cr_2O_7/Cr^{3+}) = 1.33\ V$

$E^\ominus(CuCl_2/Cu) = 0.337\ V$　　$E^\ominus(FeCl_3/Fe^{2+}) = 0.771\ V$

$E^\ominus(I_2/I^-) = 0.536\ V$　　$E^\ominus(Cl_2/Cl^-) = 1.36\ V$

则氧化能力:

$KMnO_4(Mn^{2+}) > Cl_2(Cl^-) > K_2Cr_2O_7(Cr^{3+}) > FeCl_3(Fe^{2+}) > I_2(I^-) > CuCl_2(Cu)$

5. 下列物质:$FeCl_2$,$SnCl_2$,H_2,KI,Li,Al,在酸性介质中它们都能作为还原剂。试把这些物质按还原能力的大小排列,并注明它们的氧化产物。

解:$E^\ominus$ 越小,氧化能力越小,还原能力越大,即

$E^\ominus(Fe^{3+}/FeCl_2) = 0.771\ V$　　$E^\ominus(Sn^{4+}/SnCl_2) = 0.154\ V$

$E^\ominus(H^+/H_2) = 0\ V$　　$E^\ominus(I_2/KI) = 0.536\ V$

$E^\ominus(Li^+/Li) = -3.045\ V$　　$E^\ominus(Al^{3+}/Al) = -2.07\ V$

则还原能力:

$Li(Li^+) > Al(Al^{3+}) > H_2(H^+) > SnCl_2(Sn^{4+}) > KI(I_2) > FeCl_2(Fe^{3+})$

6. 当溶液中 $c(H^+)$ 增加时,下列氧化剂的氧化能力是增强、减弱还是不变?

(1) Cl_2　(2) $Cr_2O_7^{2-}$　(3) Fe^{3+}　(4) MnO_4^-

解:(1) $Cl_2 + 2e^- \longrightarrow 2Cl^-$

H^+ 不参与电极反应,Cl_2 氧化能力不变

(2) $Cr_2O_7^{2-} + 14H^+ + 6e^- \longrightarrow 2Cr^{3+} + 7H_2O$

$$E(Cr_2O_7^{2-}/Cr^{3+}) = E^\ominus(Cr_2O_7^{2-}/Cr^{3+}) + \frac{0.059\ V}{6}\lg\frac{c(Cr_2O_7^{2-}) \cdot c^{14}(H^+)}{c^2(Cr^{3+})}$$

$c(H^+)$ 增大,则 $E(Cr_2O_7^{2-}/Cr^{3+})$ 增大,氧化能力增大

(3) $Fe^{3+} + e^- \longrightarrow Fe^{2+}$

H^+ 不参与电极反应,$E^\ominus(Fe^{3+}/Fe^{2+})$ 不变,氧化能力不变

(4) $MnO_4^- + 8H^+ + 5e^- \longrightarrow Mn^{2+} + 4H_2O$

$$E(MnO_4^-/Mn^{2+}) = E^\ominus(MnO_4^-/Mn^{2+}) + \frac{0.059\ V}{5}\lg\frac{c(MnO_4^-) \cdot c^8(H^+)}{c^2(Mn^{2+})}$$

$c(H^+)$增大，则 $E(MnO_4^-/Mn^{2+})$增大，氧化能力增大

7. 计算下列电极在 298 K 时的电极电势：

(1) $Pt \mid H^+(1.0\times10^{-2}\ mol\cdot L^{-1}), Mn^{2+}(1.0\times10^{-4}\ mol\cdot L^{-1}), MnO_4^-(0.10\ mol\cdot L^{-1})$

(2) $Ag, AgCl(s) \mid Cl^-(1.0\times10^{-2}\ mol\cdot L^{-1})$

[提示：电极反应为 $AgCl(s)+e^- \rightleftharpoons Ag(s)+Cl^-$]

(3) $Pt, O_2(10.0\ kPa) \mid OH^-(1.0\times10^{-2}\ mol\cdot L^{-1})$

解：(1) $E(MnO_4^-/Mn^{2+})=E^\ominus(MnO_4^-/Mn^{2+})-\frac{0.059\ V}{5}\lg\frac{c(Mn^{2+})}{c(MnO_4^-)\cdot c^8(H^+)}$

$$=1.51\ V-\frac{0.059\ V}{5}\lg\frac{1.0\times10^{-4}}{1.0\times(1.0\times10^{-2})^8}=1.357\ V$$

(2) $E(AgCl/Ag)=E^\ominus(AgCl/Ag)-0.059\ V\lg c(Cl^-)$

$$=0.2223\ V-0.059\ V\lg(1.0\times10^{-2})=0.3403\ V$$

(3) $E(O_2/OH^-)=E^\ominus(O_2/OH^-)-\frac{0.059\ V}{4}\lg\frac{c^4(OH^-)}{p(O_2)/p^\ominus}$

$$=0.401-\frac{0.059}{4}\lg\frac{(1.0\times10^{-2})^4}{0.1}=0.5042\ V$$

8. 写出下列原电池的电极反应式和电池反应式，并计算原电池的电动势(298 K)：

(1) $Fe \mid Fe^{2+}(1.0\ mol\cdot L^{-1}) \parallel Cl^-(1.0\ mol\cdot L^{-1}) \mid Cl_2(100\ kPa), Pt$

(2) $Pt \mid Fe^{2+}(1.0\ mol\cdot L^{-1}), Fe^{3+}(1.0\ mol\cdot L^{-1}) \parallel Ce^{4+}(1.0\ mol\cdot L^{-1}), Ce^{2+}(1.0\ mol\cdot L^{-1}) \mid Pt$

(3) $Pt, H_2(100\ kPa) \mid H^+(1.0\ mol\cdot L^{-1}) \parallel Cr_2O_7^{2-}(1.0\ mol\cdot L^{-1}), Cr^{3+}(1.0\ mol\cdot L^{-1}), H^+(1.0\times10^{-2}\ mol\cdot L^{-1}) \mid Pt$

(4) $Pt \mid Fe^{2+}(1.0\ mol\cdot L^{-1}), Fe^{3+}(0.10\ mol\cdot L^{-1}) \parallel NO_3^-(1.0\ mol\cdot L^{-1}), HNO_2(0.010\ mol\cdot L^{-1}), H^+(1.0\ mol\cdot L^{-1}) \mid Pt$

解：(1) 正：$Cl_2+2e^- \longrightarrow 2Cl^-$

负：$Fe \longrightarrow Fe^{2+}+2e^-$

$Fe+Cl_2 \longrightarrow FeCl_2$

$E=E_+-E_-=E^\ominus(Cl_2/Cl^-)-E^\ominus(Fe^{2+}/Fe)=(1.36+0.440)\ V=1.80\ V$

(2) 正：$Ce^{4+}+2e^- \longrightarrow Ce^{2+}$

负：$Fe^{2+} \longrightarrow Fe^{3+}+e^-$

$2Fe^{2+}+Ce^{4+} \longrightarrow 2Fe^{3+}+Ce^{2+}$

$E=E_+-E_-=E^\ominus(Ce^{4+}/Ce^{2+})-E^\ominus(Fe^{3+}/Fe^{2+})=(1.61-0.771)V=0.839\ V$

(3) 正：$Cr_2O_7^{2-}+14H^++6e^- \longrightarrow 2Cr^{3+}+7H_2O$

负：$H_2 \longrightarrow 2H^++2e^-$

$Cr_2O_7^{2-}+3H_2+8H^+ \longrightarrow 2Cr^{3+}+7H_2O$

$E_+=E(Cr_2O_7^{2-}/Cr^{3+})=E^\ominus(Cr_2O_7^{2-}/Cr^{3+})+\frac{0.059\ V}{6}\lg\frac{c^2(Cr^{3+})}{c(Cr_2O_7^{2-})\cdot c^{14}(H^+)}$

$$=1.33-\frac{0.059\ V}{6}\lg\frac{1}{(1.0\times10^{-2})^{14}}=1.055\ V$$

$E_{-}=E^{\ominus}(H^{+}/H_{2})=0\ V$

$E=E_{+}-E_{-}=(1.055-0)\ V=1.055\ V$

(4) 正：$NO_{3}^{-}+3H^{+}+2e^{-}\longrightarrow HNO_{2}+H_{2}O$

负：$Fe^{3+}+e^{-}\longrightarrow Fe^{2+}$

$NO_{3}^{-}+2Fe^{2+}+3H^{+}\longrightarrow HNO_{2}+2Fe^{3+}+H_{2}O$

$$E_{-}=E(NO_{3}^{-}/HNO_{2})=E^{\ominus}(NO_{3}^{-}/HNO_{2})-\frac{0.059\ V}{2}\lg\frac{c(HNO_{2})}{c(NO_{3}^{-})\cdot c^{3}(H^{+})}$$

$$=0.94\ V-\frac{0.059\ V}{2}\lg 0.01=0.999\ V$$

$$E_{-}=E(Fe^{3+}/Fe^{2+})=E^{\ominus}(Fe^{3+}/Fe^{2+})+0.059\ V\lg\frac{c(Fe^{3+})}{c(Fe^{2+})}$$

$$=0.771+0.059\ V\lg 0.1=0.712\ V$$

$E=E_{+}-E_{-}=(0.999-0.712)V=0.287\ V$

9. 根据标准电极电势，判断下列反应能否进行：

(1) $Zn+Pb^{2+}\longrightarrow Pb+Zn^{2+}$

(2) $2Fe^{3+}+Cu\longrightarrow Cu^{2+}+2Fe^{2+}$

(3) $I_{2}+2Fe^{2+}\longrightarrow 2Fe^{3+}+2I^{-}$

(4) $Zn+2OH^{-}\longrightarrow ZnO_{2}^{2-}+H_{2}$

解：(1) $E_{+}=E^{\ominus}(Pb^{2+}/Pb)=-0.126\ V$

$E_{-}=E^{\ominus}(Zn^{2+}/Zn)=-0.762\ V$

$E_{+}-E_{-}>0$ 可以进行

(2) $E_{+}=E^{\ominus}(Fe^{3+}/Fe^{2+})=0.771\ V$

$E_{-}=E^{\ominus}(Cu^{2+}/Cu)=0.337\ V$

$E_{+}-E_{-}>0$ 可以进行

(3) $E_{+}=E^{\ominus}(I_{2}/I^{-})=0.526\ V$

$E_{-}=E^{\ominus}(Fe^{3+}/Fe^{2+})=0.771\ V$

$E_{+}-E_{-}<0$ 不能进行

(4) $E_{+}=E^{\ominus}(H_{2}O/H^{+})=-0.828\ V$ $2H_{2}O+2e^{-}\longrightarrow H_{2}+2OH^{-}$

$E_{-}=E^{\ominus}(ZnO_{2}^{2-}/Zn)=-1.216\ V$ $ZnO_{2}^{2-}+2H_{2}O+2e^{-}\longrightarrow Zn+4OH^{-}$

$E_{+}-E_{-}>0$ 可以进行

10. 应用电极电势表，完成并配平下列方程式：

(1) $H_{2}O_{2}+Fe^{2+}+H^{+}\longrightarrow$

(2) $I^{-}+IO_{3}^{-}+H^{+}\longrightarrow$

(3) $MnO_{4}^{-}+Br^{-}+H^{+}\longrightarrow$

解：(1) $H_{2}O_{2}+2Fe^{2+}+2H^{+}\longrightarrow 2H_{2}O+2Fe^{3+}$

(2) $5I^{-}+IO_{3}^{-}+6H^{+}\longrightarrow 3I_{2}+3H_{2}O$

(3) $2MnO_{4}^{-}+10Br^{-}+16H^{+}\longrightarrow 2Mn^{2+}+5Br_{2}+8H_{2}O$

11. 应用电极电势表,判断下列反应哪些能进行。若能进行,写出反应式。

(1) $Cd+HCl$

(2) $Ag+Cu(NO_3)_2$

(3) $Zn+MgSO_4$

(4) $Cu+Hg(NO_3)_2$

(5) $H_2SO_4+O_2$

解:(1) $E_+=E^\ominus(H^+/H_2)=0\ V$

$E_-=E^\ominus(Cd^{2+}/Cd)=-0.403\ V$

$E_+-E_->0$ 可以进行

$Cd+2HCl \longrightarrow CdCl_2+H_2\uparrow$

(2) $E_+=E^\ominus(Cu^{2+}/Cu)=0.337\ V$

$E_-=E^\ominus(Ag^+/Ag)=0.799\ V$

$E_+-E_-<0$ 不能进行

(3) $E_+=E^\ominus(Mg^{2+}/Mg)=-2.37\ V$

$E_-=E^\ominus(Zn^{2+}/Zn)=-0.762\ V$

$E_+-E_-<0$ 不能进行

(4) $E_+=E^\ominus(Hg^{2+}/Hg_2^{2+})=0.920\ V$

$E_-=E^\ominus(Cu^{2+}/Cu^+)=0.159\ V$

$E_+-E_->0$ 可以进行

$2Cu+2Hg(NO_3)_2 \longrightarrow 2CuNO_3+Hg_2(NO_3)_2$

(5) H_2SO_4 中各原子的氧化态分别为+1,+6 和−2,H^+ 和 SO_4^{2-} 中的 S 可被还原,则 H^+ 或 SO_4^{2-} 去氧化 O_2,不可能。若 O_2 作为氧化剂,H^+ 和 SO_4^{2-} 中的 S 不能被氧化,则只能氧化 SO_4^{2-} 中的 O,反应也不可能发生。

12. 试分别判断 MnO_4^- 在 pH=0 和 pH=4 时能否将 Cl^- 氧化成 Cl_2(设除 H^+ 外,其他物质均处于标准态)。

解:$MnO_4^-+8H^++5e^- \longrightarrow Mn^{2+}+4H_2O$

pH=0　　$c(H^+)=1\ mol\cdot L^{-1}$

$E(MnO_4^-/Mn^{2+})=E^\ominus(MnO_4^-/Mn^{2+})=1.51\ V$

pH=4　　$c(H^+)=1.0\times10^{-4}\ mol\cdot L^{-1}$

$$E(MnO_4^-/Mn^{2+})=E^\ominus(MnO_4^-/Mn^{2+})-\frac{0.059\ V}{5}\lg\frac{c(Mn^{2+})}{c(MnO_4^-)\cdot c^8(H^+)}$$

$$=1.51\ V-\frac{0.059\ V}{5}\lg\frac{1}{(1.0\times10^{-4})^8}=1.132\ 4\ V$$

$Cl_2+2e^- \longrightarrow 2Cl^-$　　$E^\ominus(Cl_2/Cl^-)=1.36\ V$

pH=0

$E(MnO_4^-/Mn^{2+})-E^\ominus(Cl_2/Cl^-)>0$ 能氧化

pH=4

$E(MnO_4^-/Mn^{2+})-E^{\ominus}(Cl_2/Cl^-)<0$　不能氧化

13. 先查出下列电极反应的 $\varphi^{\ominus}$ 值：

$$MnO_4^- + 8H^+ + 5e \rightleftharpoons Mn^{2+} + 4H_2O$$

$$Ce^{4+} + e \rightleftharpoons Ce^{3+}$$

$$Fe^{2+} + 2e \rightleftharpoons Fe$$

$$Ag^+ + e \rightleftharpoons Ag$$

假设上述有关物质都处于标准态，试问：

(1) 上述物质中，哪一个是最强的还原剂？哪一个是最强的氧化剂？

(2) 上述物质中，哪些可以将 Fe^{2+} 还原成 Fe?

(3) 上述物质中，哪些可以将 Ag 氧化成 Ag^+？

解：$E^{\ominus}(MnO_4^-/Mn^{2+})=1.51$ V　　$E^{\ominus}(Ce^{4+}/Ce^{3+})=1.61$ V

$E^{\ominus}(Fe^{2+}/Fe)=-0.440$ V　　$E^{\ominus}(Ag^+/Ag)=0.799$ V

(1) 最强还原剂 Fe，最强氧化剂 Ce^{4+}。

(2) 把 Fe^{2+} 还原成 Fe，则 Fe^{2+} 作氧化剂，但其他电对的电极电势值都比 $E^{\ominus}(Fe^{2+}/Fe)$ 大，所以没有物质可以将 Fe^{2+} 还原成 Fe。

(3) $E^{\ominus}(MnO_4^-/Mn^{2+})-E^{\ominus}(Ag^+/Ag)>0$

$E^{\ominus}(Ce^{4+}/Ce^{3+})-E^{\ominus}(Ag^+/Ag)>0$

则 MnO_4^- 和 Ce^{4+} 可以将 Ag 氧化成 Ag^+。

14. 对照电极电势表：

(1)选择一种合适的氧化剂，它能使 Sn^{2+} 变成 Sn^{4+}，Fe^{2+} 变成 Fe^{3+}，而不能使 Cl^- 变成 Cl_2。

(2) 选择一种合适的还原剂，它能使 Cu^{2+} 变成 Cu，Ag^+ 变成 Ag，而不能使 Fe^{2+} 变成 Fe。

解：(1)$E^{\ominus}(Cl_2/Cl^-)=1.36$ V

$E^{\ominus}(Fe^{3+}/Fe^{2+})=0.771$ V

$E^{\ominus}(Sn^{4+}/Sn^{2+})=0.154$ V

满足条件的电对应 $E^{\ominus}(Cl_2/Cl^-)>E_x>E^{\ominus}(Fe^{3+}/Fe^{2+})$、$E^{\ominus}(Sn^{4+}/Sn^{2+})$，则 $E(Cr_2O_7^{2-}/Cr^{3+})=1.33$ V，$Cr_2O_7^{2-}$ 可满足条件。

(2) $E^{\ominus}(Cu^{2+}/Cu^+)=0.337$ V

$E^{\ominus}(Ag^+/Ag)=0.799$ V

$E^{\ominus}(Fe^{2+}/Fe)=-0.440$ V

符号条件的电对应满足 $E^{\ominus}(Cu^{2+}/Cu^+)$、$E^{\ominus}(Ag^+/Ag)>E_x>E^{\ominus}(Fe^{2+}/Fe)$。因 $E^{\ominus}(H^+/H_2)=0$ V，则 H_2 可作这个还原剂。

15. 某原电池由标准银电极和标准氯电极组成。如果分别进行如下操作，试判断电池电动势如何变化，并说明原因。

(1) 在氯电极一方增大 Cl_2 的分压；

(2) 在氯电极溶液中加入一些 KCl；

(3) 在银电极溶液中加入一些 KCl。

解：正：$Cl_2 + 2e \longrightarrow 2Cl^-$　　$E^{\ominus}(Cl_2/Cl^-) = 1.36\ V$

负：$Ag^+ + e \longrightarrow Ag$　　$E^{\ominus}(Ag^+/Ag) = 0.799\ V$

$$E_+ = E(Cl_2/Cl^-) = E^{\ominus}(Cl_2/Cl^-) + \frac{0.059\ V}{2}\lg\frac{p(Cl_2)/p^{\ominus}}{c^2(Cl^-)}$$

$$E_- = E(Ag^+/Ag) = E^{\ominus}(AgCl/Ag) + 0.059\ V\lg c(Ag^+)$$

$$c(Ag^+) = \frac{K_{sp}^{\ominus}(AgCl)}{c(Cl^-)}$$

(1) $p(Cl_2)\uparrow, E(Cl_2/Cl^-)\uparrow, E_+\uparrow, E\uparrow$；

(2) $c(Cl^-)\uparrow, E(Cl_2/Cl^-)\downarrow, E(Ag^+/Ag)\downarrow, E_-\downarrow, E\downarrow$；

(3) 银电极中 $c(Cl^-)\uparrow, c(Ag^+)\downarrow, E(Ag^+/Ag)\downarrow, E_-\downarrow, E\uparrow$。

16. 利用电极电势表，计算下列反应在 298 K 时的 $\Delta_r G$。

(1) $Cl_2 + 2Br^- = 2Cl^- + Br_2$；

(2) $I_2 + Sn^{2+} = 2I^- + Sn^{4+}$；

(3) $MnO_2 + 4H^+ + 2Cl^- = Mn^{2+} + Cl_2 + 2H_2O$。

解：(1) $E = E^{\ominus}(Cl_2/Cl^-) - E^{\ominus}(Br_2/Br^-) = 1.36\ V - 1.065\ V = 0.295\ V$

$\Delta_r G = -nEF = (-2\times 0.295\times 96\ 485)\ J\cdot mol^{-1} = -5.69\times 10^4\ J\cdot mol^{-1}$

(2) $E = E^{\ominus}(I_2/I^-) - E^{\ominus}(Sn^{4+}/Sn^{2+}) = 0.536\ V - 0.154\ V = 0.382\ V$

$\Delta_r G = -nEF = (-2\times 0.382\times 96\ 485)\ J\cdot mol^{-1} = -7.73\times 10^4\ J\cdot mol^{-1}$

(3) $E = E^{\ominus}(MnO_2/Mn^{2+}) - E^{\ominus}(Cl_2/Cl^-) = 1.23\ V - 1.36\ V = -0.13\ V$

$\Delta_r G = -nEF = (2\times 0.13\times 96\ 485)\ J\cdot mol^{-1} = 2.51\times 10^4\ J\cdot mol^{-1}$

17. 如果下列反应：

(1) $H_2 + \frac{1}{2}O_2 = H_2O$　　$\Delta_r G^{\ominus} = -237\ kJ\cdot mol^{-1}$

(2) $C + O_2 = CO_2$　　$\Delta_r G^{\ominus} = -394\ kJ\cdot mol^{-1}$

都可以设计成原电池，试计算它们的电动势 $E^{\ominus}$。

解：(1) $\Delta_r G^{\ominus} = -nE^{\ominus}F$

$$E^{\ominus} = -\frac{\Delta_r G^{\ominus}}{nF} = -\frac{-237\times 10^3}{2\times 96\ 485}\ V = 1.23\ V$$

(2) $$E^{\ominus} = -\frac{\Delta_r G^{\ominus}}{nF} = -\frac{-394\times 10^3}{4\times 96\ 485}\ V = 1.02\ V$$

18. 利用电极电势表，计算下列反应在 298 K 时的标准平衡常数。

(1) $Zn + Fe^{2+} = Zn^{2+} + Fe$

(2) $2Fe^{3+} + 2Br^- = 2Fe^{2+} + Br_2$

解：(1) $E^{\ominus} = E_+^{\ominus} - E_-^{\ominus} = E^{\ominus}(Fe^{2+}/Fe) - E^{\ominus}(Zn^{2+}/Zn)$

$= -0.440\ V + 0.762\ V = 0.322\ V$

$$\lg K^{\ominus} = \frac{nE^{\ominus}}{0.059\ V} = \frac{2\times 0.322}{0.059} = 10.92$$

$K^{\ominus}=8.32\times10^{10}$

(2) $E^{\ominus}=E^{\ominus}_{+}-E^{\ominus}_{-}=E^{\ominus}(Fe^{3+}/Fe^{2+})-E^{\ominus}(Br/Br^{-})$

$=0.771\ V-1.065\ V=-0.294\ V$

$\lg K^{\ominus}=\frac{nE^{\ominus}}{0.059\ V}=\frac{2\times(-0.294)}{0.059}=-9.97$

$K^{\ominus}=1.07\times10^{-10}$

19. 过量的铁屑置于 $0.050\ mol\cdot L^{-1}Cd^{2+}$ 溶液中，平衡后 Cd^{2+} 的浓度是多少？

解：$Fe+Cd^{2+}\longrightarrow Fe^{2+}+Cd$

$E^{\ominus}=E^{\ominus}_{+}-E^{\ominus}_{-}=E^{\ominus}(Cd^{2+}/Cd)-E^{\ominus}(Fe^{2+}/Fe)=-0.403\ V+0.440\ V=0.037\ V$

$\lg K^{\ominus}=\frac{nE^{\ominus}}{0.059\ V}=\frac{2\times0.037}{0.059}=1.25$

$K^{\ominus}=17.78$

$K^{\ominus}=\frac{c(Fe^{2+})}{c(Cd^{2+})}=\frac{0.050\ mol\cdot L^{-1}}{c(Cd^{2+})}=17.78$

$c(Cd^{2+})=2.81\times1^{-3}\ mol\cdot L^{-1}$

20. 求下列原电池的以下各项：

(－) Pt | $Fe^{2+}(0.1\ mol\cdot L^{-1}),Fe^{3+}(1\times10^{-5}\ mol\cdot L^{-1})\parallel Cr_2O_7^{2-}(0.10\ mol\cdot L^{-1})$, $Cr^{3+}(1\times10^{-5}\ mol\cdot L^{-1}),H^{+}(1\ mol\cdot L^{-1})$ | Pt(＋)

(1) 电极反应式；

(2) 电池反应式；

(3) 电池电动势；

(4) 电池反应的 $K^{\ominus}$；

(5) 电池反应的 Δ_rG。

解：(1) 正：$Cr_2O_7^{2-}+14H^{+}+6e\longrightarrow2Cr^{3+}+7H_2O$

负：$Fe^{3+}+e\longrightarrow Fe^{2+}$

(2) $CrO_7^{2-}+6Fe^{3+}+14H^{+}\longrightarrow2Cr^{3+}+6Fe^{2+}+7H_2O$

(3) $E(Cr_2O_7^{2-}/Cr^{3+})=E^{\ominus}(Cr_2O_7^{2-}/Cr^{3+})-\frac{0.059\ V}{6}\lg\frac{c^2(Cr^{3+})}{c(Cr_2O_7^{2-})\cdot c^{14}(H^{+})}$

$$=1.33\ V+\frac{0.059\ V}{6}\lg10^9=1.4185\ V$$

$E(Fe^{3+}/Fe^{2+})=E^{\ominus}(Fe^{3+}/Fe^{2+})-0.059\ V\lg\frac{c(Fe^{2+})}{c(Fe^{3+})}$

$=0.771\ V-0.059\ V\times4=0.535\ V$

$E=E(Cr_2O_7^{2-}/Cr^{3+})-E(Fe^{3+}/Fe^{2+})=1.4185\ V-0.535\ V=0.8835\ V$

(4) $\lg K^{\ominus}=\frac{nE^{\ominus}}{0.059\ V}=\frac{6\times(1.33-0.771)V}{0.059\ V}=56.85$

$K^{\ominus}=7.08\times10^{56}$

(5) $\Delta_rG=-nEF=(-6\times0.8835\times96\,485)J\cdot mol^{-1}=-5.12\times10^5J\cdot mol^{-1}$

21. 如果下列原电池的电动势为 0.500 V(298 K)$Pt,H_2(100\ kPa)$ | $H^{+}(mol\cdot L^{-1})\cdot$

$Cu^{2+}(1.0\ mol\cdot L^{-1})$ | Cu,那么溶液的 H^+ 浓度应为多少?

解:$E=E_+-E_-=E(Cu^{2+}/Cu)-E(H^+/H_2)=0.337\ V-E(H^+/H_2)=0.500\ V$

$E(H^+/H_2)=-0.163\ V$

$$E(H^+/H_2)=E^\ominus(H^+/H_2)-\frac{0.059\ V}{2}\lg\frac{p(O_2)/p^\ominus}{c^2(H^+)}$$

$$=0-0.059\ V\lg c(H^+)=-0.163\ V$$

$c(H^+)=1.74\times10^{-3}\ mol\cdot L^{-1}$

22. 已知 $PbSO_4+2e^-\rightleftharpoons Pb^{2+}+SO_4^{2-}$　　$\varphi^\ominus=-0.355\ 3\ V$

$Pb^{2+}+2e\rightleftharpoons Pb$　　$\varphi^\ominus=-0.126\ V$

求 $PbSO_4$ 的溶度积。

解:正:$PbSO_4+2e\longrightarrow Pb+SO_4^{2-}$

负:$Pb\longrightarrow Pb^{2+}+2e$

$PbSO_4\longrightarrow Pb^{2+}+SO_4^{2-}$

$$\lg K^\ominus=\frac{nE^\ominus}{0.059\ V}=\frac{2\times(-0.355\ 3+0.126)\ V}{0.059\ V}=-7.77$$

$K^\ominus=K_{sp}^\ominus(PbSO_4)=1.70\times10^{-8}$

23. 已知 $\varphi^\ominus(Ag^+/Ag)=0.799\ V$,$K_{sp}^\ominus(AgBr)=7.7\times10^{-13}$。求下列电极反应的 $\varphi^\ominus$:

$$AgBr+e\rightleftharpoons Ag+Br^-$$

解:正:$AgBr+e\longrightarrow Ag+Br^-$

负:$Ag\longrightarrow Ag^++e$

$AgBr\longrightarrow Ag^++Br^-$

$K^\ominus=K_{sp}^\ominus(AgBr)$

$$\lg K^\ominus=\frac{nE^\ominus}{0.059\ V}=\frac{E^\ominus(AgBr/Ag)-E^\ominus(Ag^+/Ag)}{0.059\ V}=-12.11=\frac{E^\ominus(AgBr/Ag)-0.799}{0.059\ V}$$

$E^\ominus(AgBr/Ag)=0.085\ V$

24. 根据电极电势解释下列现象。

(1) 金属铁能置换 Cu^{2+},而 $FeCl_3$ 溶液又能溶解铜。

(2) H_2S 溶液久置会变混浊。

(3) H_2O_2 溶液不稳定,易分解。

(4) 分别用 $NaNO_3$ 溶液和稀 H_2SO_4 溶液均不能把 Fe^{2+} 氧化,但两者混合后就可将 Fe^{2+} 氧化。

(5) Ag 不能置换 $1\ mol\cdot L^{-1}$ HCl 中的氢,但可置换 $1\ mol\cdot L^{-1}$ HI 中的氢。

解:(1)铁置换 Cu^{2+}:$Fe+Cu^{2+}\longrightarrow Cu+Fe^{2+}$

$E_+=E^\ominus(Cu^{2+}/Cu)=0.337\ V$

$E_-=E^\ominus(Fe^{2+}/Fe)=-0.440\ V$

$E_+-E_->0$

$FeCl_3$ 溶液溶解铜:$2Fe^{3+}+Cu\longrightarrow Cu^{2+}+2Fe^{2+}$

$E_+=E^\ominus(Fe^{3+}/Fe^{2+})=0.771\ V$

$E_{-}=E^{\ominus}(Cu^{2+}/Cu)=0.337\ V$

$E_{+}-E_{-}>0$

(2) H_2S 久置变浑浊：$2H_2S+O_2 \longrightarrow 2S\downarrow+2H_2O$

$E_{+}=E^{\ominus}(O_2/H_2O)=1.229\ V$

$E_{-}=E^{\ominus}(S/H_2S)=0.141\ V$

$E_{+}-E_{-}>0$

(3) H_2O_2 分解：$2H_2O_2 \longrightarrow 2H_2O+O_2\uparrow$

正：$H_2O_2+2H^{+}+2e^{-} \longrightarrow 2H_2O$　　$E_{+}=E^{\ominus}(H_2O_2/H_2O)=0.771\ V$

负：$2H_2O \longrightarrow 4H^{+}+O_2+4e^{-}$　　$E_{-}=E^{\ominus}(O_2/H_2O)=1.229\ V$

$E_{+}-E_{-}>0$

(4) $Fe^{3+}+e \longrightarrow Fe^{2+}$

$E^{\ominus}(Fe^{3+}/Fe^{2+})=0.771\ V$

$E^{\ominus}(H^{+}/H_2)=0\ V$

$E^{\ominus}(H^{+}/H_2)-E^{\ominus}(Fe^{3+}/Fe^{2+})<0$

所以 H_2SO_4 不能氧化 Fe^{2+}

25. In 和 Ti 在酸性介质中的电势图分别为

$$In^{3+}\xrightarrow{-0.43}In^{+}\xrightarrow{-0.15}In$$

$$Ti^{3+}\xrightarrow{+1.25}Ti^{+}\xrightarrow{-0.34}Ti$$

试回答：

(1) In^{+}，Ti^{+} 能否发生歧化反应？

(2) In，Ti 与 1 $mol\cdot L^{-1}$ HCl 反应各得到什么产物？

(3) In，Ti 与 1 $mol\cdot L^{-1}$ Ce^{4+} 反应各得到什么产物？

[已知 $\varphi^{\ominus}(Ce^{4+}/Ce^{3+})=1.61\ V$]

26. 已知氯在碱性介质中的电势图（$\varphi_B^{\ominus}$/V）为

$$ClO_4^{-}\xrightarrow{0.36}ClO_3^{-}\xrightarrow{0.33}ClO_2^{-}\xrightarrow{\varphi_1^{\ominus}}ClO^{-}\xrightarrow{0.42}Cl_2\xrightarrow{1.36}Cl^{-}$$

（ClO_3^{-} 至 ClO^{-}：0.5；ClO^{-} 至 Cl^{-}：$\varphi_2^{\ominus}$）

试求：(1) $\varphi_1^{\ominus}$ 和 $\varphi_2^{\ominus}$；

(2) 哪些氧化态能歧化。

解： (1) $4E^{\ominus}(ClO_3^{-}/ClO^{-})=2E^{\ominus}(ClO_3^{-}/ClO_2^{-})+2E^{\ominus}(ClO_2^{-}/ClO^{-})$

$4\times0.50\ V=2\times0.33V+2E_1^{\ominus}$

$E_1^{\ominus}=0.67\ V$

$2E^{\ominus}(ClO^{-}/Cl^{-})=E^{\ominus}(ClO^{-}/Cl_2)+E^{\ominus}(Cl_2/Cl^{-})$

$2E_2^{\ominus}=0.42\ V+1.36\ V$

$E_2^{\ominus}=0.89\ V$

(2) ClO_3^{-}，ClO_2^{-}，Cl_2 能歧化

27. 用一定体积（mL）的 $KMnO_4$ 溶液恰能氧化一定质量的 $KHC_2O_4\cdot H_2C_2O_4\cdot$

$2H_2O$,同样质量的 $KHC_2O_4 \cdot H_2C_2O_4 \cdot 2H_2O$ 恰恰能被所需 $KMnO_4$ 体积(mL)一半的 $0.200\,0\ mol \cdot L^{-1}$ NaOH 中和,计算 $KMnO_4$ 的浓度。

解:$KHC_2O_4 \cdot H_2C_2O_4 \cdot 2H_2O$ 质量为 m,$KMnO_4$ 体积为 V,浓度为 c。

$4MnO_4^- \sim 5KHC_2O_4 \cdot H_2C_2O_4 \cdot 2H_2O$

$3OH^- \sim KHC_2O_4 \cdot H_2C_2O_4 \cdot 2H_2O$

因为 $\frac{cV}{4} \times 5 = \frac{m}{M}$,$0.200\,0 \times \frac{V}{2} \times \frac{1}{3} = \frac{m}{M}$,

所以 $\frac{5}{4}cV = 0.200\,0 \times \frac{V}{6}$,

$c = 0.026\,7\ mol/L$

28. 称取含 Pb_2O_3 试样 1.234 0 g,用 20.00 mL $0.250\,0\ mol \cdot L^{-1}$ $H_2C_2O_4$ 溶液处理,Pb(Ⅳ)还原至 Pb(Ⅱ)。调节溶液 pH 值,使 Pb(Ⅱ)定理沉淀为 PbC_2O_4。过滤,滤液酸化后,用 $0.040\,00\ mol \cdot L^{-1}$ $KMnO_4$ 溶液滴定,用去 10.00 mL;沉淀用酸溶解后,用同浓度的 $KMnO_4$ 溶液滴定,用去 30.00 mL。计算试样中 PbO 和 PbO_2 的含量。

解:$Pb^{4+} + H_2C_2O_4 \longrightarrow Pb^{2+} + 2CO_2 + 2H^+$

$Pb^{2+} \sim C_2O_4^{2-}$

$2MnO_4^- \sim 5C_2O_4^{2-}$

$$20.00\ mL\ 0.250\,0\ mol \cdot L^{-1}\ H_2C_2O_4 \begin{cases} Pb(\text{Ⅳ}) \rightarrow Pb(\text{Ⅱ}) \\ Pb(\text{Ⅱ}) \xrightarrow{H^+} 30.00\ mL\ KMnO_4 \\ 10.00\ mL\ 0.0400\ mol \cdot L^{-1}\ KMnO_4 \end{cases}$$

$$n_{PbO_2} = \left(0.250\,0 \times 20.00 \times 10^{-3} - 0.040\,00 \times 10.00 \times 10^{-3} \times \frac{5}{2} - 0.040\,00 \times 30.00 \times 10^{-3} \times \frac{5}{2}\right)\ mol \cdot L^{-1} = 1.0 \times 10^{-3} mol$$

$$n_{PbO} = 0.040\,00 \times 30.00 \times 10^{-3} \times \frac{5}{2} - 1.0 \times 10^{-3} = 2.0 \times 10^{-3}(mol)$$

$$\omega_{PbO_2} = \frac{1.0 \times 10^{-3} \times 239.2}{1.234\,0} = 0.194$$

$$\omega_{PbO} = \frac{2.0 \times 10^{-3} \times 223.2}{1.234\,0} = 0.362$$

29. 称取 1.000 g 卤化物的混合物,溶解后配制在 500 mL 的容量瓶中。吸取 50.00 mL,加入过量的溴水将 I^- 氧化至 IO_3^-,煮沸除去过量溴。冷却后加入过量 KI,然后用了 19.26 mL $0.050\,00\ mol \cdot L^{-1}$ $Na_2S_2O_3$ 溶液滴定。计算 KI 的含量。

解:$I^- \sim IO_3^- \sim 3I_2 \sim 6S_2O_3^{2-}$

$$\omega_{KI} = \frac{0.050\,00 \times 19.26 \times 10^{-3} \times \frac{1}{6} \times 168 \times \frac{500.0}{50.0}}{1.000} = 0.269\,6$$

练习题

1. 用氧化数法配平下列氧化还原反应方程式：
   (1) $K_2Cr_2O_7 + H_2S + H_2SO_4 \longrightarrow Cr_2(SO_4)_3 + S + K_2SO_4 + H_2O$
   (2) $AsO_3^{3-} + I_2 + H_2O \longrightarrow AsO_4^{3-} + I^- + H^+$
   (3) $MnO_4^- + C_2O_4^{2-} + H^+ \longrightarrow Mn^{2+} + CO_2 + H_2O$
   (4) $Cl_2 + H_2O \longrightarrow HClO + HCl$
   (5) $MnO_2 + HCl$(浓)$\longrightarrow MnCl_2 + Cl_2 + H_2O$
   (6) $Cu^{2+} + I^- \longrightarrow CuI + I_2$

2. 用离子电子法配平下列氧化还原反应方程式：
   (1) $HNO_2 + I^- + H^+ \longrightarrow NO + I_2$
   (2) $Cr_2O_7^{2-} + H_2S \longrightarrow$
   (3) $Cl_2 + OH^- \longrightarrow ClO^- + Cl^-$
   (4) $MnO_4^- + SO_3^{2-} + OH^- \longrightarrow MnO_4^{2-} + SO_4^{2-}$

3. 根据下列氧化还原反应设计原电池，写出在标准状态下的电池符号：
   (1) $Fe + 2H^+ = Fe^{2+} + H_2$
   (2) $2Fe^{3+} + Sn^{2+} = 2Fe^{2+} + Sn^{4+}$
   (3) $2AgCl + Zn = 2Ag + ZnCl_2$
   (4) $6Fe^{2+} + Cr_2O_7^{2-} + 14H^+ = 6Fe^{3+} + 2Cr^{3+} + 7H_2O$

4. 计算下列电池的电动势：
   (1) $Zn \mid Zn^{2+}(0.5\ mol \cdot L^{-1}) \parallel Cu^{2+}(0.1\ mol \cdot L^{-1}) \mid Cu$
   (2) $Zn \mid Zn^{2+}(0.01\ mol \cdot L^{-1}) \parallel Zn^{2+}(0.1\ mol \cdot L^{-1}) \mid Zn$
   (3) $Pt \mid Fe^{2+}(1.0\ mol \cdot L^{-1}), Fe^{3+}(0.001\ mol \cdot L^{-1}) \parallel I^-(0.0001\ mol \cdot L^{-1}), I_2 \mid Pt$
   (4) $Pt \mid H_2(101.3\ kPa) \mid H^+(0.001\ mol \cdot L^{-1}) \parallel Cl^-(0.50\ mol \cdot L^{-1}) \mid AgCl \mid Ag$

5. 已知电对 Hg_2Cl_2/Hg 的标准电极电位为 0.267 6 V，求电对 Hg^+/Hg 在 Hg^+ 浓度为 0.1 mol·L^{-1}时的电极电位。

6. 判断下列氧化还原反应能否进行：

(1) $Fe^{3+}(1\ mol \cdot L^{-1}) + Cu \longrightarrow Fe^{2+}(1\ mol \cdot L^{-1}) + Cu^{2+}$

(2) $H_3AsO_4(1.0\ mol \cdot L^{-1}) + 2\ H^+(1.0 \times 10^{-7}\ mol \cdot L^{-1}) + 2I^-(1.0\ mol \cdot L^{-1}) \longrightarrow$
$H_3AsO_3(1.0\ mol \cdot L^{-1}) + I_2(s) + H_2O$

(3) $2Ag^+ + 2H^+ + 2I^- \longrightarrow 2AgI + H_2$(标准状态)

(4) $4Fe^{2+} + 4H^+ + O_2 \longrightarrow 4Fe^{3+} + 2H_2O$(标准状态)

7. 根据标准电极电位表中的数据，画出锰元素的元素电势图，并判断哪些物质能够发生歧化反应，并写出其反应方程式。

8. 利用标准电极电位，判断下列反应进行的程度：

(1) $Fe + Cu^{2+} = Fe^{2+} + Cu$

(2) $I_2 + 2S_2O_3^{2-} = 2I^- + S_4O_6^{2-}$

(3) $BrO_3^- + 3Sb_3^+ + 6H^+ = Br^- + 9Sb_5^+ + 3H_2O$

(4) $Cr_2O_7^{2-} + 6Fe^{2+} + 14H^+ = 2Cr^{3+} + 6Fe^{3+} + 7H_2O$

9. 若使下列反应发生，则需盐酸的最低浓度为多少？

$MnO_2 + 4HCl = Cl_2 \uparrow + MnCl_2 + 2H_2O$

10. 有一 Al_2O_3 和 Fe_2O_3 的混合物 0.150 0 g，将其中的铁还原后，用浓度为 0.010 15 mol·L^{-1} 的 $KMnO_4$ 溶液滴定，用去 $KMnO_4$ 溶液 9.51 mL，求混合物中的 Al_2O_3 和 Fe_2O_3 的质量分数。

11. 含有非还原性杂质的KI试样0.600 0 g，用过量的0.213 4 g的$K_2Cr_2O_7$处理后，将溶液煮沸，除去析出的碘，然后加入过量的KI溶液，析出的碘需用浓度为0.100 0 mol·L^{-1}的$Na_2S_2O_3$溶液10.50 mL滴定至终点，求原试样中KI的质量分数。

12. 利用原电池测定溶度积常数，已知原电池(－) Ag|Ag^+=(0.010 mol·L^{-1}) ‖ Ag^+(0.10 mol·L^{-1})|Ag(＋)，向负极中加入NaCl溶液，使其生成AgCl溶液，并使Cl^-的浓度为0.10 mol·L^{-1}，在25 ℃时，测得电池的电动势为0.458 9 V，求K_{sp}(AgCl)。

13. 计算反应$BrO_3^- + 5Br^- + 6H^+ = 3Br_2 + 3H_2O$达到平衡时，当溶液的pH=7.0，$c(Br^{3-})$=0.10 mol·$L^{-1}$，$c(Br^-)$=0.70 mol·$L^{-1}$时溶液中$Br_2$的浓度。

14. 用$K_2Cr_2O_7$法测铁，若称样量为1.000 0 g，为使滴定时标准溶液的消耗量恰好为样品中的铁的质量分数的100倍，求标准$K_2Cr_2O_7$总液的物质的量浓度。

15. 含FeC_2O_4的样品0.500 0 g，须用$KMnO_4$溶液25.00 mL滴定至终点，而所用体积的$KMnO_4$溶液又恰好与0.100 0 mol·L^{-1}的$FeSO_4$溶液22.00 mL完全反应，求原试样中FeC_2O_4的质量分数。

16. 已知电对$Zn^{2+} + 2e = Zn$的标准电极电位$\varphi = -0.763$ V，配合物$Zn(CN)_4^{2-}$的稳定常数为5×10^6。求电对$Zn(CN)_4^{2-} + 2e = Zn + 4CN^-$的标准电极电位。

17. 一含有PbO和PbO_2的样品1.200 g，用20.00 mL 0.250 0 mol·L^{-1}的$H_2C_2O_4$处理，PbO_2被还原成Pb^{2+}。溶液用氨水中和后，使所有的Pb^{2+}沉淀为PbC_2O_4，过滤后将滤液酸化，用10.00 mL 0.040 00 mol·L^{-1} $KMnO_4$溶液滴定至终点。沉淀用酸溶解后，用同样的$KMnO_4$溶液30.00 mL滴定至终点，求试样中PbO和PbO_2的质量分数。

第七章　物质结构基础

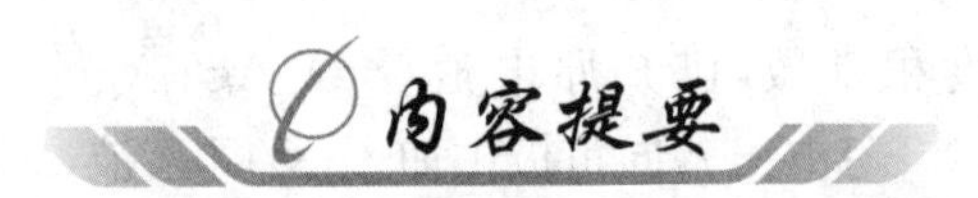

本章重点：量子数的取值原则，原子核外电子排布规律，能级组的概念；离子键理论、共价键理论和轨道杂化理论要点；正确判断简单分子的空间构型。

一、核外电子运动状态

1. 氢原子光谱

氢原子光谱是线状光谱。

2. 玻尔理论

1913 年丹麦物理学家玻尔在卢瑟福“含核模型”的基础上，大胆引用普朗克的量子理论，提出了他的原子结构理论假说，成功地解释了氢原子线状光谱的规律性，该假说后来被称为“玻尔理论”。玻尔因此获得 1922 年诺贝尔物理学奖。玻尔理论虽然引入了量子化，但并没有完全摆脱经典力学的束缚，存在一定局限性。

3. 微观粒子的波粒二相性

(1) 光的波粒二相性

在光子学说中，爱因斯坦用以下两式来表示光的波粒二相性：

$E=h\gamma$　　　　$P=h/\lambda$

能量 E 和动量 P 代表粒子性；频率 γ 和波长 λ 代表波动性，波粒二相性通过 h 联系在一起。

(2) 德布罗依波

1924 年法国青年物理学家德布罗依在光的波粒二相性及有关争论的启发下，大胆提出一切实物微粒都具有波粒二相性。即

$\lambda=h/mv=h/P$（v—实物粒子速度）

此假设 1927 年被美国的戴维森和杰尔麦用电子衍射实验所证实。

(3) 测不准原理

在经典力学中，可以同时用准确的位置和速度来描述一个宏观物体的运动状态，但对具有波粒二相性的微观粒子，不可能同时准确地测定其速度和空间位置。1927 年德国物理学家海森堡经推证提出，如果微粒的运动位置测得越准确，其相应的速度测得越不准确，反之亦然。这就是著名的海森堡不确定原理，即测不准原理。

4. 原子中电子的运动状态

电子在原子核外的运动状态，有几种描述方法：

(1) 波函数(ψ)

ψ 是含有空间坐标(x,y,z)或球坐标(r,θ,φ)的函数式。可表示为 $\psi(x,y,z)$ 或 $\psi(r,\theta,\varphi)$，ψ 的函数式是由解薛定谔方程(它是一个二阶偏微分方程)得到的。求解过程很复杂。波函数和原子轨道是描述核外电子运动状态的同义词。

(2) 图形法

包括原子轨道(ψ) 的空间分布图和电子云 $\psi2$ 的空间分布图。它们分别由各自的角度分布图和径向分布图得到。

a. 原子轨道的角度分布图：以 $Y(\theta,\varphi)$ 角度波函数随角度 θ,φ 的变化而作的图。s 轨道只有 1 种图形，p 轨道有 3 种，d 轨道有 5 种。

电子云的角度分布图：以 $Y2(\theta,\varphi)$ 函数随角度 θ,φ 的变化而作的图，s 电子云只有 1 种图形，p 电子云有 3 种，d 电子有 5 种。

两种图形比较：原子轨道角度分布图有正、负号之分，图形较胖；电子云角度分布图无正、负号之分，图形较瘦。

b. 原子轨道以及电子云的径向分布图：电子云径向分布图是反映电子云随半径 r 变化的图形，它对了解原子的结构和性质，了解原子间的成键过程具有重要意义。

(3) 量子数

核外任一电子的运动状态，可用四个量子数来描述。它们分别是主量子数 n、角量子数 l、磁量子数 m 以及自旋量子数 ms。

下面是 4 个量子数和电子运动状态的关系：

n	1	2		3			4			
l	0(s)	0(2s)	1(2p)	0(3s)	1(3p)	2(3d)	0(4s)	1(4p)	2(4d)	3(4f)
m	0	0	$0,\pm1$	0	$0,\pm1$	$0,\pm1,\pm2$	0	$0,\pm1$	$0,\pm1,\pm2$	$0,\pm1,\pm2,\pm3$
电子层中轨道数 n^2	1	4		9			16			
ms	$\pm1/2$	$\pm1/2$		$\pm1/2$			$\pm1/2$			
状态总数	$2(1s^2)$	$8(2s^2,2p^6)$		$18(3s^2 3p^6 3d^{10})$			$(4s^2 4p^6 4d^{10} 4f^{14})$			

二、多电子原子结构

1. 原子中核外电子的排布

(1) 多电子原子轨道近似能级图

鲍林的原子轨道近似能级图，是按轨道能量高低顺序次排列。各能级组包含的轨道有 1s；2s，2p；3s，3p；4s，3d，4p；5s，4d，5p；6s；4f，5d，6p；7s，5f，6d，7p；…依次为第一至第七能级组。

（2）屏蔽效应和钻穿效应

在多电子原子中，原子核对某一电子的引力总是因其他电子的存在而减小，其他电子对核电荷的这种抵消作用称为屏蔽作用。

$Z* = Z - \delta$

对于 l 相同的轨道来说，n 越大，该层电子受到的屏蔽作用越大，所以能量越高。如 $E_{1S} < E_{2S} < E_{3S} < E_{4S}$，$E_{2P} < E_{3P} < E_{4S}$。

对于 n 相同的轨道来说，l 越大，越容易受到其他电子的屏蔽，电子能量越高，如 $E_{3S} < E_{3P} < E_{3d}$。

对于 n 相同，l 相同的轨道，其能量是相等的。

如果电子处在一定的轨道上，能量是一定的。若电子钻到原子核附近，就回避了其他电子对它的屏蔽作用，这就是钻穿效应。对于许多原子来说，$E_{4S} < E_{3d}$，$E_{6S} < E_{4f} < E_{5d}$。这都是钻穿效应的结果。

（3）原子核外电子的排布规律

根据光谱实验结果和元素周期律，核外电子的排布，一般遵循三个原则：即能量最低原理、包利不相容原理、洪特规则。根据这三条原则，按照近似能级图由较低能级到较高能级的顺序，将电子逐个填入各原子轨道中去，就能得到各元素原子的电子层结构，要注意洪特规则的特例。

2. 原子结构与元素周期律

（1）元素周期表

长式周期表分 7 行 18 列，每行称为一个周期，共 7 个周期，按列分为 16 个族。包括 ⅠA～ⅦA 族，ⅠB～ⅦB 族，Ⅷ族和 0 族，另镧系和锕系列于表下方。按元素原子价电子层结构特点，可分为 5 个区：

s 区——包括Ⅰ，Ⅱ主族元素，外层电子构型为 ns^1 和 ns^2

p 区——包括Ⅲ～Ⅳ主族和零族元素，外层电子构型为 ns^2np^{1-6}

d 区——包括Ⅲ～Ⅶ副族和Ⅷ族元素，外层电子构型为 $(n-1)d^{1-8}ns^2$

ds 区——包括Ⅰ，Ⅱ副族元素，外层电子构型为 $(n-1)d^{10}ns^{1-2}$

f 区——包括镧系、锕系，外层电子构型一般为 $(n-2)f^{1-14}ns^2$

（2）原子结构与周期律

元素周期律是各元素原子内部结构周期性变化的反映，各元素原子电子层结构的周期性变化是元素性质周期性内在原因。因此各元素在周期表中的位置（包括各周期元素数、主副族确定、元素分区等）都是元素原子电子层结构的反映。

（3）元素基本性质的周期性变化

包括原子半径、电离能、电子亲和能、电负性。它们的周期性变化规律也由原子结构来说明。

三、化学键理论

1. 离子键

正、负离子间通过静电引力作用而形成的化学键叫离子键。由离子键形成的化合物叫离子型化合物。

离子键没有饱和性和方向性。离子键的强弱可用键能和晶格能衡量。

离子键的本质是静电引力，离子键形成的重要条件是相互作用的原子的电负性差值要大。

2. 共价键的价键理论

(1) 共价键的价键理论

分子中两个原子间通过共用电子对结合形成的化学键叫共价键。

共价键的本质也是电性的，其结合力是两个原子核对共用电子对形成的负电区域的吸引力，而不是正、负离子间的库仑力。共价键有饱和性和方向性。

(2) 价键理论要点

a. 形成共价键时成键原子的外层原子轨道及其电子参加成键。

b. 成键电子的原子轨道发生重叠时，总是尽可能地最大程度重叠，以降低体系能量。

c. 共价键的类型

两个原子轨道沿键轴方向以头碰头形成重叠，形成的键叫 σ 键。由于发生的是最大重叠，故 σ 键键能大，稳定性高。

两个原子轨道沿键轴以平行方式肩并肩重叠，形成的键叫 π 键，π 键重叠程度比 σ 键小，故 π 键键能低，稳定性小，易断裂。

(3) 键参数

健参数是表征共价键性质的物理量。该量包括键能、键长、键角。共价键的强度用键能量度。

四、多原子分子的空间构型

1. 杂化轨道理论

价键理论比较简明地阐述了共价键的形成过程和本质，并成功解释共价键的饱和性和方向性。但对许多分子的空间构型无法解释。因此，鲍林 1931 年在价键理论基础上，提出了杂化轨道理论。

(1) 要点

a. 若干不同类型，能量相近的原子轨道，重新组合形成一组新轨道，即杂化轨道，杂化轨道若是沿键轴与其他原子发生轨道重叠，形成 σ 共价键。

b. 杂化轨道数目等于参与杂化原子轨道数目。

c. 杂化轨道具有一定空间几何构型，它决定分子的形状。

d. 杂化轨道在空间方向较集中，因此成键能力强。

(2) 杂化类型

sp 杂化	杂化轨道数目 2 个几何构型：直线形
sp^2 杂化	杂化轨道数目 3 个几何构型：平面三角形
等性 sp^3 杂化	杂化轨道数目 4 个几何构型：正四面体形
不等性 sp^3 杂化	杂化轨道数目 4 个几何构型：V 形或三角锥形

2. 分子的极性

(1) 极性分子和非极性分子

正、负电荷重心不重合的分子称为极性分子;正、负电荷重心重合的分子即为非极性分子。

(2) 分子极性的判断

分子极性的大小可用偶数极矩 μ 来度量。

以非极性键结合的分子,均为非极性分子;以极性键结合的双原子分子,肯定为极性分子;以极性键结合的多原子分子,要根据分子结构是否对称,正、负电荷重心是否重合来判断分子的极性。

3. 分子间力与氢键

分子型物质中,在分子之间存在着作用力,这种力叫分子间力(或范德华力),分子间力可分为:

取向力:异性偶极间的吸引力。

诱导力:固有偶极与诱导偶极间的吸引力。

色散力:瞬时偶极间的作用力。

在非极性分子之间只存在色散力;在极性分子和非极性分子之间存在色散力和诱导力;在极性分子之间存在色散力、诱导力和取向力。

一般分子间力非常微弱,所以分子型物质有很低的熔点和沸点。

氢键是存在于某些含氢化合物分子或其内部的一种特殊的作用力。当与 H 结合的是电负性大、半径又小(如 F,O,N 等元素) 的原子时,便可形成氢键。氢键键能比化学键弱得多,但比分子间力强,对物质的性质也有较大的影响。

五、晶体知识

原子、离子和分子在一定条件下均能聚集成晶体,根据晶体中质点间作用力的差别可分为金属晶体、离子晶体、分子晶体和原子晶体。各类晶体间的物理化学性质由于质点间作用力及堆积方式的不同有很大差异。

本章难点:微观粒子的运动特性;量子数的取值规则;杂化轨道理论,以及正确判断分子空间构型的方法。

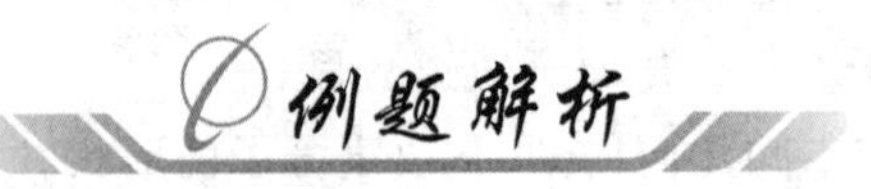

例 1 原子核外电子的运动有什么特性?

分析:解答此题,需要掌握一些概念性东西,原子核外电子属微观粒子,和宏观现象具有本质的区别。

解:原子核外电子的运动具有量子化的特性和波粒二相性。

量子化是指核外电子运动状态的某些物理量是不连续的变化,如核外电子运动能量的量子化是指运动的电子的能量只能取一些不连续的能量状态,又称电子的能级。

波粒二相性是指核外运动的电子既有波的特性又有粒子的特性。波动性和粒子性具有一定的联系。

$$\lambda=h/mv=h/P$$

λ 为波长，表示它具有波动性的特征；P 为动量，表明它具有粒子性的特征。

由于电子的波粒二相性特征，使其不能同时求得准确的位置和动量，即核外电子的运动满足测不准原理。

题后点睛：关于原子结构理论经历了相当长的历史发展时期，在这期间，有许多著名科学家提出的理论，都是比较重要的，在学原子结构一节时，应对这些理论的发展有所认识，这样，原子核外电子的运动特性就较容易掌握。

例 2　试计算：(1) 波长为 401.4 nm 的光子的质量。

(2) 电子在 1 000 V 电压下，运动速度为 5.9×10^{7} m/s 时的波长(电子质量为 9.110×10^{-31} kg)。

分析：此题关键就是须搞清 λ, m, h, v 等的关系。

解：(1) 根据 $\lambda=h/mv$，

$$m=\frac{h}{\lambda v}=\frac{6.626\times10^{-34}}{401.4\times10^{-9}\times2.998\times10^{8}}=5.506\times10^{-36}\ \text{kg}$$

(2) 根据德布罗依关系式

$$\lambda=\frac{h}{mv}=\frac{6.626\times10^{-34}}{9.110\times10^{-31}\times5.9\times10^{7}}=1.233\times10^{-11}\ \text{m}$$

题后点睛：在爱因斯坦的光子学说中，把光的波动性和粒子性通过普朗克常数紧紧联系在一起，即 $P=h/\lambda$。德布罗依在光的波粒二相性及有关争论的启发下，大胆提出一切实物粒子也具有波粒二相性，并提出这种波为德布罗依波或物质波，其波长可用下式求得：$\lambda=h/mv=h/P$，应用上述两个关系式，此题是很容易解的。

例 3　每一个电子层最多只能容纳 $2n^2$ 个电子，为什么？

分析：要知道每层最多容纳的电子数，必须搞清每层可允许的轨道数。

解：第 n 层就是主量子数为 n 的电子层，l 可取的数值有 $0,1,2,\cdots,(n-1)$，共 n 个不同的 l 值，对于给定的 l 值，m 可取 $0,\pm1,\pm2,\cdots,\pm l$，共 $(2l+1)$ 个值，它代表同一亚层 $(2l+1)$ 个不同取向的原子轨道。所以，第 n 层可允许的轨道数为

$$\sum_{l=0}^{n-1}(2l+1)=1+2+\cdots+(2n-1)=n^2$$

n 项等差级数的和

再根据包利不相容原理，每个原子轨道最多可容纳 2 个自旋方向相反的电子，可知每个电子层最多能容纳 $2n^2$ 个电子。

题后点睛：在 4 个量子数里，主量子数 n 决定电子出现几率最大区域离核的远近，又是电子能量的决定因素。角量子数 l 决定电子轨道运动的角动量，角动量不同，原子轨道形状也不同。磁量子数 m 决定着原子轨道在空间的伸展方向。n,l,m 的取值有着相互制约的关系。由 n,l,m 确定原子轨道数，某电子运动状态因其自旋方向不同而不同，由 ms 确定，ms 取值分别为 $+12$ 或 -12。

例 4 下列说法是否正确？应如何改正。

(1) s 电子绕核旋转，其轨道为一个圆圈，而 p 电子是走∞字形。

(2) 主量子数为 1 时，有自旋相反的两条轨道。

(3) 主量子数为 3 时，有 3s，3p，3d，3f 四条轨道。

(4) 磁量子数 $m=0$ 的轨道都是 s 轨道。

分析：4 个量子数的概念和它们之间的关系只要能搞清，对这些说法的正确与否就不难判断。

解：(1) 不对。应改为：s 电子绕核运动，其原子轨道为一球形，而 p 电子绕核运动，其原子轨道为一哑铃形。

(2) 不对。应改为：主量子数为 1 时，只有一个 s 轨道。

(3) 不对。应改为：主量子数为 3 时，有 3s，3p，3d 共 9 个轨道。

(4) 不对。应改为：角量子数 $l=0$，磁量子数 $m=0$ 的轨道都是 s 轨道。

关于原子轨道、电子云的空间、角度分布图须清楚，如 $n=3$ 时，3s 轨道有一种伸展方向，即 1 个轨道；p 有 3 种伸展方向，共 3 个轨道；d 有 5 种伸展方向，共 5 个轨道。在第三层上无 f 轨道，故共有的轨道数为 9。

例 5 指出符号 $4p_x$，3d 所表示的意义及电子的最大容量。

分析：先要分清楚所给符号哪个是表示原子轨道的，哪个是描述电子运动状态的，然后进一步用量子数表示它们各自的含义。

解：$4p_x$ 表示主量子数 $n=4$，角量子数 $l=1$(符号为 p)，其角度分布形状为哑铃形，习惯上称为第 4 电子层的 p 电子亚层的 p_x 轨道，该轨道最多可容纳 2 个不同自旋量子数的电子。

3d 表示主量子数 $n=3$，角量子数 $l=2$(符号为 d)的原子轨道，其角度分布形状为花瓣形，习惯称为第 3 电子层的 d 电子亚层。该亚层最多有 5 种空间伸展方向(由磁量子数 $m=0,\pm1,\pm2$ 决定)，每一种伸展方向就是一个轨道，即共 5 个轨道，根据洪特规则，最多可容纳 10 个电子。

题后点睛：搞清了光谱符号 s，p，d，f 所表示的意义及各自在空间的最多伸展方向，上述问题就不难解决。

例 6 下列铜原子的外层电子构型中，正确的是哪个？

(1) $4s^1$；(2) $4s^2$；(3)$3d^{10}4s^1$；(4) $4s^1 3d^{10}$；(5)$3d^9 4s^2$；(6)$4s^2 3d^9$

分析：解此题目时，首先须弄清原子中的哪些电子属于外层电子构型中的电子，它不一定全是最外电子层的电子，还有对元素性质有显著影响的次外层电子。第二要按主量子数和角量子数增大的顺序排列原子轨道。第三在各原子轨道上分布电子要符合电子排布的三原则。根据以上分析，(1)，(2) 没有考虑次外层的 3d 电子，是错误的。(4)，(6) 原子轨道的顺序没有按主量子数增加的顺序排列。(5) 所表示的电子排布违背了洪特规则。只有(3)是正确的。

题后点睛：这个题目属于选择题类型，只要熟悉有关的概念，原子中电子排列的相关规律，就不难作出准确判断。

例 7 有 A，B 两元素，A 原子的 M 层和 N 层的电子数分别比 B 原子的 M 层和 N 层的电子数少 7 和 4。写出 A,B 两原子的名称和电子排布式,指出推理过程。

分析:M,N 分别代表 $n=3$ 和 $n=4$。

解:A 为钒(V) $1s^2 2s^2 2p^6 3s^2 3p^6 3d^3 4s^2$

B 为硒(Se) $1s^2 2s^2 2p^6 3s^2 3p^6 3d^{10} 4s^2 4p^4$

推理过程:

(1) B 的 N 层比 A 的 N 层多 4 个电子。这 4 个电子一定要填入 4p 轨道,根据电子的填充规律,B 的 3d 必定全满(即 $3d^{10}$),所以 B 的 K,L,M 层均填满。

(2) A 的 M 层比 B 的 M 层少 7 个电子,所以 A 的 M 层电子排布为 $3s^2 3p^6 3d^3$,这样 A 的 K,L 层也就全满,4s 也填满(因为 $E_{3d}>E_{4s}$),所以 A 的电子排布为 $1s^2 2s^2 2p^6 3s^2 3p^6 3d^3 4s^2$。

(3) B 的 N 层比 A 的 N 层多 4 个电子,A 的 N 层已有 $4s^2$,所以 B 的 N 层必为 $4s^2 4p^4$,即 B 的电子排布式为 $1s^2 2s^2 2p^6 3p^6 3d^{10} 4s^2 4p^4$。

题后点睛:做此类题目时,鲍林的原子轨道近似能级图必须掌握,原子核外电子排布遵守的三原则也应掌握,熟悉元素周期表,问题就迎刃而解。

例 8 什么叫原子轨道杂化? 为什么要杂化? sp 杂化有几种类型? 各举一例说明。用杂化轨道理论说明水分子为什么是极性分子。

分析:回答此题关键就是掌握杂化轨道理论以及轨道杂化和分子空间构型的关系。同一原子中的能量相近的某些原子轨道。在成键过程中重新组合成一系列能量相等的新轨道,这一过程称为杂化,所形成的新轨道叫杂化轨道。

杂化轨道的电子云更多地集中在成键方向上,能形成更有效重叠,形成的分子具有最低的能量,故成键时要采取杂化。

杂化有三种类型:

(1) sp 杂化:直线形,如 $BeCl_2$;

(2) sp^2 杂化:为平面三角形,如 BF_3;

(3) sp^3 杂化:(分 sp^3 等性和不等性杂化),等性 sp^3 杂化,为正四面体形,如 CH_4;不等性 sp^3 杂化,有三角锥形,如 NH_3;V 形,如 H_2S 等。

在水分子中,O 以 sp^3 杂化,形成 4 个 sp^3 杂化轨道,其中两个杂化轨道被孤对电子所占据,另外 2 个杂化轨道分别与氢原子的 1s 轨道重叠成键,整个分子呈"V"形结构,故是极性分子。

题后点睛:杂化轨道理论成功地解释了分子的空间构型,但它只能解释而不能准确预测分子的几何构型。要预测分子的几何构型,用价层电子对互斥理论是比较理想的选择。

例 9 化学键的极性是如何产生的? 根据各元素电负性,将下列物质中化学键的极性由小到大依次排列,并指出哪些是极性分子,哪些是非极性分子。

HCl、$NaCl$、$AgCl$、Cl_2、CCl_4

分析:化学键的极性大小可由电负性差值决定,电负性差值越大,键的极性越大。

解:化学键的极性是在不同种元素原子间的共价键中,由于共用电子对偏向于电负性大的原子一方而产生的。

查表可知下列元素的电负性数值为

H	Cl	Na	Ag	C
2.02	3.16	0.93	1.93	2.55

计算出下列物质中元素间的电负性差值为

	HCl	NaCl	AgCl	Cl_2	CCl_4
Δx	1.14	2.23	1.23	0	0.61

在这 5 种物质中，NaCl 电负性差值最大，键的极性也最大，Cl_2 电负性差值为 0，极性最小。所以上述物质中键的极性由小到大依次为

$Cl_2 < CCl_4 < HCl < AgCl < NaCl$

分子是否有极性的判据是看偶极矩 μ 是否为零，偶数矩为零的分子为非极性分子，反之为极性分子。

对双原子分子，键如果是非极性的(即电负性差值为 0)，那么偶极矩 μ 也为零，该分子为非极性分子。反之为极性分子。

对多原子分子键型只要相同，分子空间构型对称，则偶数矩为 0，分子为非极性分子，否则为极性分子。

在 HCl，NaCl，AgCl 这些双原子分子中，它们的键都是极性的，故偶数矩不为零，属极性分子。

在双原子分子 Cl_2 中，它们的键是非极性的，故偶数矩为零，属非极性分子。

在多原子分子 CCl_4 中，虽然键是极性的，但键相同，分子构型"对称"，偶数矩为零，属非极性分子。

题后点睛：通过此类例题，就可弄清元素电负性差值的大小和化学键的关系，以及键的极性和分子极性的关系。

一般来说，对于 AB 型化合物，两个原子电负性差值大于 1.7，认为形成离子键，电负性差值小于 1.7，认为形成共价键。

例 10 说明下列每组分子之间存在着什么形式的分子间作用力。

(1) 苯和 CCl_4；(2) 甲醇和水；(3) HBr 气体；(4) He 和水

分析：分子间力包括取向力、诱导力、色散力，氢键也是一种特殊的分子间作用力。

解：(1) 苯和 CCl_4 都是非极性分子，存在色散力。

(2) 甲醇和水都是极性分子，且水、醇分子有电负性大的氧原子，又有氢原子，所以存在取向力、诱导力、色散力和氢键。

(3) HBr 气体分子间是极性分子与极性分子的作用，存在取向力、诱导力和色散力。

(4) He 和水，主要是非极性分子和极性分子间的作用，存在诱导力和色散力。

题后点睛：通过做此题，可搞清在非极性分子之间，存在色散力。在极性分子和非极性分子之间，存在色散力和诱导力。在极性分子和极性分子之间，存在色散力、诱导力、取向力。若附合形成氢键的条件，还可形成氢键。

习题解答

1. 利用德布罗依关系式计算：

(1) 质量为 9.2×10^{-31} kg，速度为 $6.0\times10^{6}\ m\cdot s^{-1}$的电子，其波长为多少？

(2) 质量为 1.0×10^{-2} kg，速度为 1.0×10^{3} $m\cdot s^{-1}$的子弹，其波长为多少？此两小题的计算结果说明什么问题？

解：(1) $\lambda=\frac{h}{mv}=\frac{6.626\times10^{-34}}{9.2\times10^{-31}\times10^{3}\times6.0\times10^{6}}$ m$=1.2\times10^{-13}$ m；

(2) $\lambda=\frac{h}{mv}=\frac{6.626\times10^{-34}}{1.0\times10^{-2}\times10^{3}\times1.0\times10^{3}}m=6.626\times10^{-38}$ m。

2. 下列各组量子数哪些是不合理的？为什么？

(1) $n=2$　$l=1$　$m=0$

(2) $n=2$　$l=1$　$m=-1$

(3) $n=3$　$l=0$　$m=0$

(4) $n=3$　$l=1$　$m=1$

(5) $n=2$　$l=0$　$m=-1$

(6) $n=2$　$l=3$　$m=\pm2$

解：(1) $n=2,l=1,m=0$　合理

(2) $n=2,l=1,m=-1$　不合理

因为 $n=2$，所以 $l=0,1,m=0,+1,-1$

(3) $n=3,l=0,m=0$　合理

(4) $n=3,l=1,m=1$　合理

(5) $n=2,l=0,m=-1$　不合理

$n=2,l=0$ 时，m 只能为 0

(6) $n=2,l=3,m=\pm2$　不合理

$n=2$，l 只能为 0，1，m 只能为 0，+1，−1。

3. 氮原子中有 7 个电子，写出各电子的四个量子数。

解：7^{N}　$1s^{2}2s^{2}2p^{3}$

1s 轨道 $1,0,0,+\frac{1}{2}$和 $1,0,0,-\frac{1}{2}$

2s 轨道 $2,0,0,+\frac{1}{2}$和 $2,0,0,-\frac{1}{2}$

2p 轨道 $2,1,1,+\frac{1}{2}$、$2,1,0+\frac{1}{2}$、$2,1,-1,+\frac{1}{2}$

4. 用原子轨道符号表示下列各组量子数：

(1) $n=2$　$l=1$　$m=-1$

(2) $n=4$　$l=0$　$m=0$

(3) $n=5$　$l=2$　$m=-2$

(4) $n=6$　$l=3$　$m=0$

解：(1) $n=2,l=1,m=-1$　3 条 2p 轨道中的一个 $2p_x$ 或 $2p_y$ 或 $2p_z$

(2) $n=4,l=0,m=0$　4s

(3) $n=5,l=2,m=-2$　5 条 5d 轨道中的一个 $5d_{xy}$、$5d_{yz}$、$5d_{xz}$、$5d_{z}^{2}$、$5d_{x\,y}^{2\,2}$

(4) $n=6,l=3,m=0$　7 条 6f 轨道中的一个

5. 在氢原子，4s 和 3d 哪一种状态能量高？在 19 号元素钾中，4s 和 3d 哪一种状态能量高？为什么？

解：(1) 氢原子核外只有一个电子

$E_{4s}=-\frac{A}{n^2}=-\frac{A}{16}$ $E_{3d}=-\frac{A}{n^2}=-\frac{A}{9}(A=2.179\times10^{-18}\text{ J})$

$E_{4s}>E_{3d}$

(2) 根据北大徐光宪教授的($n+0.7l$)来确定能量。

E_{4s} $4+0.7\times0=4$

E_{3d} $3+0.7\times2=4.4$

$E_{4s}<E_{3d}$。因为多电子原子中，电子不仅受核的吸引，电子与电子之间还存在相互排斥作用，3d 层受的排斥力比 4s 层大。

6. 写出原子序数分别为 25，49，79，86 的四种元素原子的电子排布式，并判断它们在周期表中的位置。

解：25 $[Ar]3d^5 4s^2$ ⅦB 第四周期

49 $[Kr]4d^{10}5s^2 5p^1$ ⅢA 第五周期

79 $[Xe]4f^{14}5d^{10}6s^1$ ⅠB 第六周期

86 $[Xe]4f^{14}5d^{10}6s^2 6p^2$ ⅣA 第六周期

7. 根据下列各元素的价电子构型，指出它们在周期表中所处的周期和族，是主族还是副族？

$3s^1$ $4s^2 4p^3$

$3d^2 4s^2$ $3d^5 4s^1$

$3d^{10}4s^1$ $4s^2 4p^6$

解：$3s^1$ 第三周期 ⅠA

$4s^2 4p^3$ 第四周期 ⅤA

$3d^2 4s^2$ 第四周期 ⅣB

$3d^5 4s^1$ 第四周期 ⅣB

$3d^{10}4s^1$ 第四周期 ⅠB

$4s^2 4p^6$ 第四周期 0 族(主族)

8. 完成下列表格：

原子序数	电子排布式	价电子构型	周期	族	元素分区
24					
	$1s^2 2s^2 2p^6 3s^2 3p^6 3d^{10} 4s^2 4p^5$				
		$4d^{10}5s^2$			
			六	ⅡA	

解：24 $1s^2 2s^2 2p^6 3s^2 3p^6 3d^5 4s^1$ $3d^5 4s^1$ 四 ⅥB d

35 $1s^2 2s^2 2p^6 3s^2 3p^6 3d^{10} 4s^2 4p^5$ $4s^2 4p^5$ 四 ⅦA p

48 $1s^2 2s^2 2p^6 3s^2 3p^6 3d^{10} 4s^2 4p^6 4d^{10} 5s^2$ $4d^{10}5s^2$ 五 ⅡB ds

56 $1s^2 2s^2 2p^6 3s^2 3p^6 3d^{10} 4s^2 4p^6 4d^{10} 5s^2 5p^6 6s^2$ $6s^2$ 六 ⅡA s

9. 写出下列离子的电子排布式：

Cu^{2+}，Ti^{3+}，Fe^{3+}，Pb^{2+}，S^{2-}

解：Cu^{2+} $[Ar]3d^9$ Ti^{3+} $[Ar]3d^1$

Fe^{3+} $[Ar]3d^5$ Pb^{2+} $[Xe]4f^{14}5d^{10}6s^2$

S^{2-} $[Ne]3s^23p^6$

10. 价电子构型分别满足下列条件的是哪一类或哪一种元素？

(1) 具有 2 个 p 电子。

(2) 有 2 个 $n=4, l=0$ 的电子和 6 个 $n=3, l=2$ 的电子。

(3) 3d 全满，4s 只有一个电子。

解：(1) ⅣA

(2) $4s^2$ 和 $3d^6$ 同具备，为$_{26}Fe$

(3) $3d^{10}4s^1$ 为$_{29}Cu$

11. 某一元素的原子序数为 24，问：

(1) 该元素原子的电子总数是多少？

(2) 它的电子排布式是怎样的？

(3) 价电子构型是怎样的？

(4) 它属第几周期？第几族？主族还是副族？最高氧化物的化学式是什么？

解：(1) 24

(2) $[Ar]3d^54s^1$ 或 $1s^22s^22p^63s^23p^63d^54s^1$

(3) $3d^54s^1$

(4) 第四周期，ⅥB 族，副族。最高氧化物化学式 CrO_3。

12. 试比较下列各对原子或离子半径的大小(不查表)：

Sc 和 Ca Sr 和 Ba K 和 Ag

Fe^{2+} 和 Fe^{3+} Pb 和 Pb^{2+} S 和 S^{2-}

解：$_{21}Sc<_{20}Ca$ 同周期

$_{38}Sr<_{56}Ba$ 同为第二主族(ⅡA)

$_{19}K<_{47}Ag$ K 为第四周期ⅠA，Ag 为第五周期ⅠB 族

$Fe^{2+}>Fe^{3+}$ $Fe^{2+}[Ar]3d^6$ $Fe^{3+}[Ar]3d^5$

$Pb>Pb^{2+}$ Pb^{2+} 为 Pb 失两个电子

$S>S^{2-}$ S^{2-} 为 S 得两个电子

13. 试比较下列各对原子电离能的高低(不查表)：

O 和 N Al 和 Mg Sr 和 Rb

Cu 和 Zn Cs 和 Au Br 和 Kr

解：O>N 同周期，主族从右到左 $I\uparrow$

Al<Mg 以上规律 Mg、Al 和 Be、B 例外

Sr>Rb 同周期，主族从右到左 $I\uparrow$

Cu<Zn $Zn[Ar]3d^{10}4s^2$ 为全满构型，很稳定，难失电子

Cs<Au Cs 为活泼金属，易失电子，Au 为不活泼金属，难失电子 $I\uparrow$

Br＜Kr　同周期稀有气体最稳定，I 最大

14. 将下列原子按电负性降低的次序排列（不查表）：

Ga　S　F　As　Cs

解：Ga　$[Ar]3d^{10}4s^2 4p^1$

S　$[Ne]3s^2 3p^4$

F　$[He]2s^2 2p^5$

As　$[Ar]3d^{10}4s^2 4p^3$

Cs　$[Xe]6s^1$

$x\downarrow$：F＞S＞As＞Ga＞Cs

15. A，B两元素，A元素的M层和N层电子数分别比B原子的M层和N层的电子数多8和3。写出A，B原子的电子排布式和元素符号，并指出推理过程。

解：A原子比B原子M层多8个，说明A原子3d上一定有电子，且N层比B原子多3个，则N层4s上有2个电子，4p上大于等于2个电子，因此3d上是10个电子，满的。B原子3d上应有2个电子，根据排布规则，只能是$[Ar]3d^2 4s^2$，Ti，则A原子为$[Ar]3d^{10}4s^2 4p^3$，As。

16. 指出下列离子分别属于何种电子构型：

Ti^{4+}　Be^{2+}　Cr^{3+}　Fe^{2+}　Ag^+　Cu^{2+}　Zn^{2+}　Sn^{4+}　Pb^{2+}　Tl^+　S^{2-}　Br^-

解：Ti^{4+}　$[Ar]3d^0 4s^0$

Be^{2+}　$[He]2s^0$

Cr^{3+}　$[Ar]3d^3 4s^0$

Fe^{2+}　$[Ar]3d^4 4s^0$

Ag^+　$[Kr]4d^{10}5s^0$

Cu^{2+}　$[Ar]3d^9 5s^0$

Zn^{2+}　$[Ar]3d^{10}4s^0$

Sn^{2+}　$[Sn]5s^0 5p^0$

Pb^{2+}　$[Xe]6s^2 6p^0$

Tl^+　$[Xe]6s^2 6p^0$

S^{2-}　$[Ne]3s^2 3p^6$

Br^-　$[Ar]3d^{10}4s^2 4p^6$

17. 已知KI的晶格能(U)为-631.9 kJ·mol^{-1}，钾的升华热$[S(K)]$为90.0 kJ·mol^{-1}，钾的电离能(I)为418.9 kJ·mol^{-1}，碘的升华热$[S(I_2)]$为62.4 kJ·mol^{-1}，碘的解离能(D)为151 kJ·mol^{-1}，碘的电子亲和能(E)为-310.5 kJ·mol^{-1}，求碘化钾的生成热($\Delta_r H$)。

解：

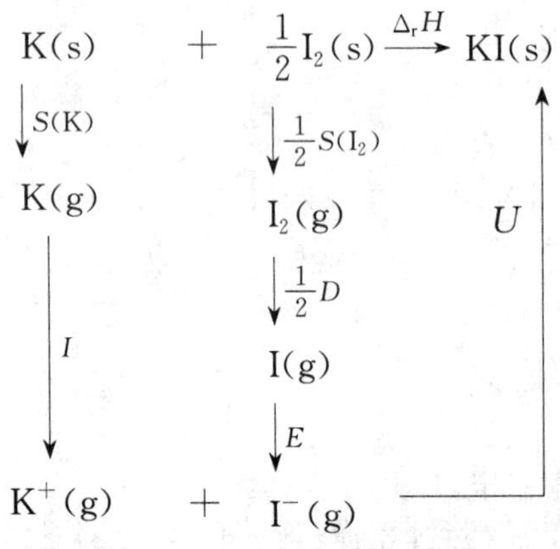

$$K(s) + \frac{1}{2}I_2(s) \xrightarrow{\Delta_r H} KI(s)$$

$K(s) \xrightarrow{S(K)} K(g) \xrightarrow{I} K^+(g)$

$\frac{1}{2}I_2(s) \xrightarrow{\frac{1}{2}S(I_2)} I_2(g) \xrightarrow{\frac{1}{2}D} I(g) \xrightarrow{E} I^-(g)$

$K^+(g) + I^-(g) \xrightarrow{U} KI(s)$

$$\Delta_r H = \Delta_f H(KI) = S(K) + I + \frac{1}{2}S(I_2) + \frac{1}{2}D + E + U$$

$$= \left[90.0 + 418.9 + \frac{1}{2} \times 62.4 + \frac{1}{2} \times 151 + (-310.5) + (-631.9)\right] \text{kJ} \cdot \text{mol}^{-1}$$

$$= -326.8 \text{ kJ} \cdot \text{mol}^{-1}$$

18. 试用杂化轨道理论说明 BF_3 是平面三角形，而 NF_3 却是三角锥形。

解：BF_3 中的 B 的电子构型为$[He]2s^2 2p^1$，为等性 sp^2 杂化，空间构型为平面三角形，而 NF_3 中 N 的电子构型为$[He]2s^2 2p^3$，为不等性 sp^3 杂化，孤电子对的斥力比成键电子大，因此为三角锥形。

19. 指出下列化合物的中心原子可能采取的杂化类型，并预测其分子的几何构型。

BBr_3　SiH_4　PH_3　SeF_6

解：BBr_3	$B[He]2s^2 2p^1$	等性 sp^2 杂化	平面三角形
SiH_4	$Si[Ar]3s^2 2p^2$	等性 sp^3 杂化	正四面体形
PH_3	$P[Ar]3s^2 2p^3$	不等性 sp^3 杂化	三角锥形
SeF_6	$Se[Ar]3d^{10} 4s^2 4p^4$	sp^3d^2 杂化	正八面体

20. 将下列分子按键角从大到小排列：

BF_3　$BeCl_2$　SiH_4　H_2S　PH_3　SF_6

解：BF_3	sp^2 杂化	平面三角形	120°
$BeCl_2$	sp 杂化	直线形	180°
SiH_4	sp^3 杂化	正四面体形	109.5°
H_2S	不等性 sp^3 杂化	V 形	104.5°
PH_3	不等性 sp^3 杂化	三角锥形	107.5°
SF_6	sp^3d^2 杂化	正八面体	90°

键角由大到小：$BeCl_2 > BF_3 > SiH_4 > PH_3 > H_2S > SF_6$

21. 用价层电子互斥理论预言下列分子和离子的几何构型。

CS_2　NO_2^-　ClO_2^-　I_3^-　NO_3^-　BrF_3　PCl_4^+　BrF_4^-　PF_5　BrF_5　$[Al_6]^{3-}$

解：CS_2	BP=2	$LP=\frac{4-2\times 2}{2}=0$	VP=BP+LP=2	直线形
NO_2^-	BP=2	$LP=\frac{5-2\times 2+1}{2}=1$	VP=BP+LP=3	V 形
ClO_2^-	BP=2	$LP=\frac{7-2\times 2+1}{2}=2$	VP=BP+LP=4	V 形
I_3^-	BP=2	$LP=\frac{7-2\times 1+1}{2}=3$	VP=BP+LP=5	V 形
NO_3^-	BP=3	$LP=\frac{5-3\times 2+1}{0}=0$	VP=BP+LP=3	平面三角形
BrF_3	BP=3	$LP=\frac{7-3\times 1}{2}=2$	VP=BP+LP=5	平面三角形
PCl_4^+	BP=4	$LP=\frac{5-4\times 1-1}{2}=0$	VP=BP+LP=4	正四面体形

BrF_4^-　　BP=4　　$LP=\frac{7-4\times1+1}{2}=2$　VP=BP+LP=6　　平面正方形

PF_5　　BP=5　　$LP=\frac{5-1\times5}{2}=0$　　VP=BP+LP=5　　三角双锥形

BrF_5　　BP=5　　$LP=\frac{7-1\times5}{2}=1$　　VP=BP+LP=6　　四棱锥形

$[Al_6]^{3-}$　　BP=6　　$LP=\frac{3+3-1\times6}{2}=0$　VP=BP+LP=6　　正八面体形

22. 试问:下列分子中,哪些是极性的?哪些是非极性的?为什么?

CH_4　$CHCl_3$　BCl_3　NCl_3　H_2S　CS_2

解:CH_4　　正四面体　　非极性

$CHCl_3$　　三角锥形　　极性

BCl_3　　平面三角形　　非极性

NCl_3　　三角锥形　　极性

H_2S　　V形　　极性

CS_2　　直线形　　非极性

23. 根据电负性数据指出下列两组化合物中,哪个化合物中键的极性最小,哪个化合物中键的极性最大。

(1) $LiCl$,$BeCl_2$,BCl_3,CCl_4;　(2)SiF_4,$SiCl_4$,$SiBr_4$,SiI_4。

解:(1) $x(Cl)=3.1$　$x(Li)=0.8$　$x(Be)=1.67$　$x(B)=2.04$　$x(C)=2.55$

所以 LiCl 中键的极性最大,CCl_4 中键的极性最小。

(2) $x(Si)=1.90$　$x(F)=3.99$　$x(Cl)=3.1$　$x(Br)=2.96$　$x(I)=2.66$

所以 SiF_4 中键的极性最大,SiI_4 中键的极性最小。

24. 比较下列各对分子偶极距的大小:

(1) CO_2 和 SO_2;　(2) CCl_4 和 CH_4;　(3) PH_3 和 NH_3;　(4) BF_3 和 NF_3;(5) H_2O 和 H_2S。

解:(1) CO_2 是直线对称形,为非极性分子,SO_2 是V形,为极性分子,所以 SO_2 的偶极矩比 CO_2 大。

(2) CCl_4 和 CH_4 都是正四面体形非极性分子,偶极矩都为0。

(3) PH_3 和 NH_3 都是三角锥形,$x(N)>x(P)$,NH_3 的极性比 PH_3 大,所以 NH_3 的偶极矩比 PH_3 大。

(4) BF_3 是平面三角形,为非极性分子,NF_3 是三角锥形,为极性分子,所以 NF_3 的偶极矩比 BF_3 的偶极矩大。

25. 将下列化合物按熔点从高到低的顺序排列:

NaF　NaCl　NaBr　NaI　SiF_4　$SiCl_4$　$SiBr_4$　SiI_4

解:NaF、NaCl、NaBr、NaI 是离子晶体,$r(F^-)<r(Cl^-)<r(Br^-)<r(I^-)$,则在电荷相同的情况下,电荷半径越小,熔点越高。则熔点 NaF>NaCl>NaBr>NaI。

SiF_4、$SiCl_4$、$SiCl_4$、SiI_4 是分子晶体,熔点比离子晶体低,$r(F^-)<r(Cl^-)<r(Br^-)<r(I^-)$,相同结构,半径越小,键能越大,熔点越高,则 $SiF_4>SiCl_4>SiCl_4>SiI_4$。

所以 $NaF > NaCl > NaBr > NaI > SiF_4 > SiCl_4 > SiCl_4 > SiI_4$。

26. 指出下列各对分子之间存在的分子间作用力的类型(定向力、诱导力、色散力和氢键)：

(1) 苯和 CCl_4；(2) 甲醇和水；(3) CO_2 和水；(4) HBr 和 HI。

解：取向力固有偶极矩，存在于极性分子之间，诱导力由诱导偶极产生，存在于极性分子间与非极性分子间，色散力由瞬间偶极产生，存在于所有分子间。氢键存在于电负性大的 F、O、N 原子与 H 原子间。

(1) 苯非极性，CCl_4 非极性，只有色散力。

(2) 甲醇极性，H_2O 极性，有取向力、诱导力、色散力和氢键。

(3) CO_2 非极性，H_2O 极性，有诱导力和色散力。

(4) HBr 极性，HI 极性，有取向力、诱导力和色散力。

27. 下列化合物中哪些化合物自身能形成氢键？

C_2H_6　H_2O_2　C_2H_5OH　CH_3CHO　H_3BO_3　H_2SO_4　$(CH_3)_2O$

解：一般电负性大的、O、N 原子可与 H 形成氢键，符合要求的为 H_2O、C_2H_5OH、H_3BO_3、H_2SO_4。

28. 下列化合物的分子之间是否有氢键存在？为什么？

C_2H_6，NH_3，C_2H_5OH，H_3BO_3，CH_4

解：C_2H_6：没有　x(C)比较小。

NH_3：有　N—H 间共用电子对强烈偏向 N，使 H 成核带正电，与 N 的一对电子吸引，形成氢键。

C_2H_5OH：有　O—H 间共用电子对强烈偏向 O，使 H 成核带正电，与 O 的一对电子吸引，形成氢键。

H_3BO_3：有　O—H 间共用电子对强烈偏向 O，使 H 成核带正电，与 O 的一对电子吸引，形成氢键。

CH_4：没有　x(C)比较小。

29. 对于下列物质，指出使其为稳定凝固相的吸引力的种类，在每种情况下指出其最大贡献者：

(1) CCl_4；(2) HBr；(3) Xe；(4) HF。

解：(1) CCl_4，非极性，色散力。

(2) HBr，极性，色散力、诱导力、取向力，色散力最大。

(3) Xe，非极性，色散力。

(4) HF，极性，色散力、诱导力、取向力和氢键，氢键最大。

30. 比较下列各组中两种物质的熔点高低，并简单说明原因。

(1) NH_3 和 PH_3；(2) PH_3 和 SbH_3；(3) Br_2 和 ICl；(4) MgO 和 Na_2O；(5) SiO_2 和 SO_2；(6) $SnCl_2$ 和 $SnCl_4$。

解：略

31. 填充下表：

物质	晶格上质点	质点间作用力	晶体类型	熔点(高或低)
MgO				
SiO_2				
Br_2				
NH_3				
Cu				

解：略

一、填空题

1. 微观物体的运动有两个不同于宏观物体的特点：一是________，二是________。
2. 下列原子轨道：H_{3s}，H_{3p}，Na_{3s}，Na_{3p}，其能量高低顺序为________。
3. $n=4$，$l=2$ 的原子轨道符号是________，它的磁量子数 m 的取值为________，当电子为半充满时，应有________个电子。
4. 47 号元素的核外电子排布式为________，价层电子构型为________，它属于________区。
5. 将硼原子的电子排布式写为 $1s^2,2s^3$，这违背了________原则，氮原子的电子排布式写为 $1s^2,2s^2,2p_x^2,2p_z^1$，这违背了________。
6. 离子晶体中，晶格能越大，则________越牢固，该离子化合物的熔、沸点也________。
7. 在共价化合物中，键的极性大小可由成键两原子的________来量度，而分子的极性大小则由________量度。
8. NF_3 分子的空间构型为________，N 原子采用________杂化轨道成键。
9. OF_2分子中，O 原子以__________杂化轨道与 F 原子成键，OF_2 分子的空间构型为__________。
10. 氢键的键能比化学键键能________，氢键一般也有________性、________性。
11. 干冰是由________结合的分子晶体，冰是由________结合的分子晶体，石英砂则是由________结合的________晶体。

二、选择题

1. 下列离子的电子层结构和 Kr 相同的是 （ ）

   A. Na^+ B. K^+ C. Zn^{2+} D. Sr^{2+}

2. 当 $n=3$ 时，l 的取值应为 （ ）

   A. 1,2,3 B. −1,0,+1 C. 0,1,2 D. 2,3,4

3. 已知氢原子 1s 电子的能量 $E_1=-2.18\times10^{-18}$ J，则其 7s 电子能量为 （ ）

   A. 7 E_1 B. 49 E_1 C. $E_1/49$ D. $E_1/7$

4. 基态氢原子中半径为 0.53×10^{-10} m，其含义为 （ ）

   A. 核外电子在距核 0.53×10^{-10} m 处的球面上运动

   B. 在距核 0.53×10^{-10} m 的薄球壳内，电子出现的几率最大

C. 在距核 0.53×10^{-10} m 处各点电子的几率密度最大

5. 已知某元素的+2价离子的电子排布式为 $1s^22s^22p^63s^23p^63d^5$，该元素在周期表中属于（　　）

A. ⅤB族　　B. ⅡA族　　C. ⅦB族　　D. ⅡB族

6. 多电子原子的能量 E 由下列决定的是（　　）

A. 主量子数 n　　B. n 和 l　　C. n,l,m　　D. l,E,m

7. 下列化合物中，化学键极性的大小顺序是（　　）

A. $HF>HI>HCl>F_2>NaF$　　B. $NaF>F_2>HCl>HF>HI$

C. $NaF>HF>HCl>HI>F_2$　　D. $NaF>HF>HI>HCl>F_2$

8. 下列分子中，相邻共价键间夹角最小的是（　　）

A. BF_3　　B. NH_3　　C. H_2O　　D. CCl_4

9. 下列化合物中氢键表现最强的是（　　）

A. NH_3　　B. H_2O　　C. HCl　　D. HF

10. 甲醇和水之间存在的分子间作用力是（　　）

A. 氢键　　B. 取向力

C. 色散力和诱导力　　D. 以上4种作用力都存在

11. 乙醇和醋酸易溶于水，而碘和二硫化碳难溶于水的原因是（　　）

A. 分子量不同　　B. 有无氢键

C. 分子的极性不同　　D. 分子间力不同

12. 按照 AgF，AgCl，AgBr，AgI 的顺序，下列性质变化的叙述正确的是（　　）

A. 颜色变深　　B. 离子键递变到共价键

C. 溶解度变小　　D. A，B，C 都是

三、解答题

1. 原子轨道、几率密度和电子云等概念有何联系和区别？

2. 假定有下列电子的各套量子数，指出哪几种不可能存在，并说明原因。

A. 3，2，21/2　　B. 3，0，－1，12

C. 2，2，2，2　　D. 1，0，0，0

E. 2，－1，0，1/2　　F. 2，0，－2，12

3. 写出下列元素或离子的电子排布式。

Cr　Cl^-　Al^{3+}　Ag　I

4. 已知某元素在周期表中第四周期ⅤB族，试写出该元素原子的电子排布式和价电子排布式。

5. 满足下列条件之一的是哪一族或哪一个元素？

(1) 最外层具有6个p电子

(2) 价电子数是 $n=4,l=0$ 的轨道上有2个电子和 $n=3,l=2$ 的轨道上有5个电子

(3) 次外层d轨道全满，最外层有一个s电子

(4) 某元素+3价离子和氩原子的电子构型相同

(5) 某元素+3价离子的3d轨道半充满

6. X,Y,Z,R的原子序数依次增大，价电子数分别为2,2,7,1，次外层电子数X,R为8，而Y,Z为18。请回答：

(1) 这些元素各属于哪一类族？

(2) 哪些是金属元素？哪些是非金属元素？

(3) 设这些元素位于第四或第五周期，用元素符号依次写出它们的简单离子。

(4) 哪一种元素的氢氧化物碱性最强？

(5) X和Z化合物的分子式。

7. 写出 BF_3 和 NF_3 的杂化类型及分子构型，判断 BF_3，NF_3 是极性分子还是非极性分子。在 BF_3 分子间和 NF_3 分子间的作用力是什么？

8. 指出下列分子间存在着哪种作用力(包括氢键)。

(1) H_2-H_2	(2) H_2O-H_2O
(3) $HBr-H_2O$	(4) I_2-CCl_4
(5) $CH_3COOH-CH_3COOH$	(6) NH_3-H_2O
(7) $C_2H_6-CCl_4$	(8) $C_2H_5OH-H_2O$
(9) $C_6H_6-C_6H_5-CH_3$	(10) CO_2-H_2O
(11) HNO_3-HNO_3	(12) $H_3BO_3-H_3BO_3$

9. 某元素最高化合价为+6价，无负价，原子半径是同族元素中最小的，试回答：

（1）原子的电子排布式；

（2）+3价离子的外层电子排布式，未成对电子数；

（3）元素的电负性相对高低。

10. 以下各化合物中哪一个具有共价键性质？

（1）AgCl　（2）AgBr　（3）AgI　（4）LiBr　（5）NaCl

11. 为什么室温下 CO_2 是气体，而 SiO_2 是固体？

12. 按沸点由低到高的顺序依次排列下面两个系列中的各物质，并说明理由。

（1）H_2，CO，Ne，HF

（2）CI_4，CF_4，CBr_4，CCl_4

13. 预测下列各组物质熔点、沸点的高低，并说明理由。

（1）乙醇和二甲醚　（2）甲醇、乙醇和丙醇　（3）乙醇和丙三醇　（4）HF 和 HCl

第八章　配位化合物和配位滴定法

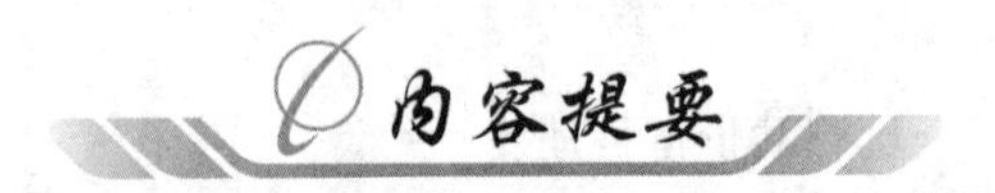

本章重点：配合物的价键理论；与配位平衡有关的多重平衡及其计算问题；EDTA 配位滴定法。

一、配合物的基本概念

1. 配合物的组成

配合物一般由内界(配离子)和外界两部分构成，内界包含中心离子和配位体，外界离子与配离子保持电荷平衡。配合物的组成可图示如下：

$[Co(NH_3)_6]Cl_3$			$K_3[Fe(CN)_6]$		
中心离子	配位体	配体数	配体数	中心离子	配位体
内界		外界	外界	内界	
配合物			配合物		

a. 中心离子：以过渡金属阳离子为主的中心离子具有空的价电子轨道，可以接受配位体的孤电子对而形成配位键。有些中性金属原子或高价非金属离子也具有此功能，例如 $Ni(CO)_4$ 及 $[SiF_6]^{2-}$ 中的 Ni 和 Si(Ⅳ)等。

b. 配位体：含有孤电子对的分子或离子常作为配位体，配位体中与中心离子形成配位键的原子称为配位原子。配位原子均为非金属元素。多基或多齿配位体是指含两个以上配位原子的配位体，如乙二胺($H_2N—CH_2—CH_2—NH_2$，符号 en) 等由多基配位体形成的配合物称为螯合物。螯合物中的配体数小于配位原子的数目。

c. 配位数：直接与中心离子形成配位键的配位原子的数目称为中心离子的配位数。

d. 配离子的电荷：配离子的电荷等于中心离子与配位体两者电荷之和。

2. 配合物的命名

配合物的命名服从一般无机化合物的命名原则，称内外界为某化某或某酸某。其重点在于内界的命名。

a. 内界的命名顺序：配体数→配体的名称[不同配位体名称之间用圆点(·)分开]→“合”字→中心离子名称→中心离子氧化数(加括号，用罗马数字注明)。

b. 配体的命名顺序：无机配位体在前，有机配位体在后；先阴离子，后中性分子；由简单到复杂。同类配位体的命名，按配位原子的元素符号的英文字母顺序排列。

二、配合物的价键理论

中心离子与配位体形成的是配位键，中心离子提供杂化的空轨道，配位体提供孤电子对。杂化轨道的类型决定配合物的空间构型及其有关性质见表 1。

表 1 配合物的有关性质

配合物种类	稳定性	实例	配位数	杂化轨道类型	空间构型
外轨型	单电子数多，高自旋，磁矩大，稳定性差。	$[Ag(NH_3)_2]^+$，$[Cu(CN)_2]^-$ $[Zn(NH_3)_4]^{2+}$，$[FeCl_4]^-$ $[FeF_6]^{3-}$，$[Co(H_2O)_6]^{3+}$	2 4 6	sp sp^3 sp^3d^2	直线形 正四面体 正八面体
内轨型	单电子数少，低自旋，磁矩小，稳定性强。	$[Ni(CN)_4]^{2-}$，$[PtCl_4]^{2-}$ $[Fe(CN)_6]^{3-}$，$[Co(CN)_6]^{3-}$	4 6	dsp^2 $2dsp^3$	平面正方形 正八面体

三、配位平衡

1. 配合物（配离子）的稳定常数

配离子的形成过程是逐级完成的，配离子的稳定常数 K_f 遵循多重平衡规则。

2. 配位平衡的移动与多重平衡问题

由于溶液酸度、沉淀剂以及其他配位剂对某配合物稳定性的影响，可能造成平衡的移动，从而因生成弱酸、弱碱、沉淀或新的配合物而使原配合物离解。这种平衡移动的实质是不同化合物间的竞争反应，是多重平衡问题，多重竞争反应的平衡常数可用 K_f，K_{sp}，K_a，K_b 及 K_w 的相互组合来表达。

氧化剂或还原剂也可破坏配合物的稳定性，属于氧化还原反应与配位反应间的竞争反应，此类竞争平衡的有关计算问题应从能斯特方程式入手。

四、配位滴定法

1. EDTA 即乙二胺四乙酸，分析化学中常用其二钠盐

EDTA 在水溶液中是分步电离的，酸度(pH)对 EDTA 某种型体(Y)的影响可用酸效应系数(αY(H))来表达。某型体的酸效应系数 αY(H)与其分布系数 δY 互为倒数关系。pH 越大，分布系数 δY 越大，酸效应系数 αY(H)越小。

EDTA 与大多数金属离子 1∶1 的形成具有环状结构的螯合物，螯合物比一般配合物更稳定。EDTA 是常用的配位滴定剂。

2. 条件稳定常数 $K_{MY'}$

$K_{MY'}$ 指考虑了酸效应等副反应作用后的稳定常数，若排除其他副反应而只考虑酸效应时，$\lg K_{MY'}=\lg K_{MY}-\lg \alpha_{Y(H)}$。

3. 金属离子能被准确滴定的条件

当 $\lg c_M \cdot K_{MY'}\geqslant 6$ 时，金属离子能被准确滴定。若 $c_M=0.01\ mol\cdot L^{-1}$，则金属离子能被准确滴定的条件是 $\lg K_{MY'}\geqslant 8$。据此，可确定不同金属离子被准确滴定的最低 pH 值，即根据 $\lg \alpha_{Y(H)}=\lg K_{MY}-\lg K_{MY'}$ 求出 $\lg \alpha_{Y(H)}$ 值后，再得到的相应 pH 值。

4. 酸效应曲线及其作用

由于酸效应的存在，必须了解金属离子可被准确滴定的最低 pH 值。以金属离子的 $\lg K_{MY'}$ 为横坐标，以其最低 pH 值为纵坐标所得的曲线即为 EDTA 的酸效应曲线。利用酸效应曲线除可方便地查出准确滴定某金属离子所需的最低 pH 值外，还可判断干扰离子的种类及分步滴定共存离子的可能性。

5. 混合离子分步滴定的条件

若 $\lg K_{MY'}\cdot c_M\geqslant 6$，$\lg K_{NY'}\cdot c_N\geqslant 6$，且 $\lg K_{MY'}\cdot c_M-\lg K_{NY'}\cdot c_N\geqslant 5$，则可通过调整 pH 值分别准确滴定 M 和 N 而互不干扰。

6. 金属指示剂

除满足作为指示剂的一般要求外，金属指示剂的选择还必须考虑体系的酸度和指示剂与金属离子形成的配合物的稳定性，即要求 $\lg_{MI'n}\geqslant 2$，$\lg K_{M'Y}-\lg K_{MI'n}\geqslant 2$，同时要注意指示剂的封闭、僵化和氧化变质现象并加以避免。

本章难点：配合物的价键理论，需回顾并熟悉原子核外电子的排布规律和杂化轨道理论；多重平衡问题，在摆明反应物间相互关系的前提下，应设平衡体系中数量最小的有关物质为求解对象，以便近似计算。

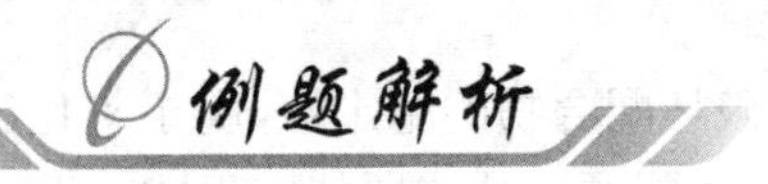

例 1 指出下列配合物的名称、配位数、配位原子、中心离子及配离子的电荷：

① $Na_3[Ag(S_2O_3)_2]$

② $[CoBr(NH_3)_5]SO_4$

③ $Na[Cr(OH)_4]$

④ $[NiCl(NH_3)_3]Cl$

分析：(1) [中心离子电荷＋配位体总电荷]＋外界离子总电荷＝0；

(2) 命名时—OH 为羟基，—NO_2 为硝基，—CO 为羰基，简单阴离子直呼其名，复杂阴离子叫“某酸根”；

(3) $S_2O_3^{2-}$ 中的配位原子是硫而不是氧，且只有 1 个 S 为配位原子。

解：

配合物	名称	电荷		配位体	配位原子	配位数
		中心离子	配离子			
①	二硫代硫酸根合银(Ⅰ)酸钠	+1	−3	$S_2O_3^{2-}$	S	2
②	硫酸一溴·五氨合钴(Ⅲ)	+3	−2	Br^-,NH_3	Br,N	6
③	四羟基合铬(Ⅲ)酸钠	+3	−1	OH^-	O	4
④	氯化一氯·三氨合镍(Ⅱ)	+2	+1	Cl^-,NH_3	Cl,N	4

例 2　分别说明$[Cd(NH_3)_4]^{2+}$,$[Au(CN)_4]^-$,$[Fe(CN)_6]^{3-}$是否是内轨型配离子，指出其杂化轨道类型、空间结构及单电子数。

分析：(1) 受强配位体(如CN^-等)的影响，在形成配离子前，不仅要对中心离子的原子轨道进行杂化，还要考虑对中心离子的价电子是否进行重排；

(2) Cd^{2+}为d^{10}结构，价电子均已成对，无重排可能，且NH_3不是强配位体；

(3) 与d^{10}结构的Cu^+或Ag^+不同的是Au^{3+}为d^8结构，受CN^-影响可发生价电子的重排。d^5结构的Fe^{3+}在强配CN^-的影响下也会发生电子重排。

解：

配离子	是否内轨型	杂化轨道类型	空间结构	单电子数
$[Cd(NH_3)_4]^{2+}$	否	sp^3	正四面体	0
$[Au(CN)_4]^-$	是	dsp^2	平面正方形	0
$[Fe(CN)_6]^{3-}$	是	d^2sp^3	正八面体	1

例 3　在浓度均为 0.20 $mol \cdot L^{-1}$ 的 NH_3-NH_4Cl 缓冲溶液中，加入等体积的 0.02 $mol \cdot L^{-1}$ $[Cu(NH_3)_4]Cl_2$ 溶液，问混合液中有无 $Cu(OH)_2$ 沉淀生成？(已知 $K_f(Cu(NH_3)_4^{2+})=4.8\times10^{12}$，$K_b(NH_3)=1.76\times10^{-5}$，$K_{sp}(Cu(OH)_2)=2.2\times10^{-20}$)

分析：(1) 本题是酸碱平衡、配位平衡及沉淀溶解平衡三者间的多重竞争平衡，但却不宜从多重平衡常数入手，避免问题的复杂化；

(2) 抓住是否有$Cu(OH)_2$沉淀这一核心问题，通过配位平衡求出$c(Cu^{2+})$，通过酸碱平衡求出缓冲溶液的$c(OH^-)$，最后利用溶度积规则，根据Q_c与K_{sp}的大小关系进行判断；

(3) 溶液等体积混合后相关物质浓度均减半。

解：(1) 混合液的 pH 值由缓冲体系 NH_3-NH_4Cl 决定

$$NH_3 \cdot H_2O \longrightarrow NH_4^+ + OH^-$$

$$K_b=\frac{c(NH_4^+)c(OH^-)}{c(NH_3)}$$

$$c(OH^-)=\frac{c(NH_3)K_b}{c(NH_4^+)}=\frac{0.1\times1.76\times10^{-5}}{0.1}=1.76\times10^{-5}\ mol \cdot L^{-1}$$

(2) Cu^{2+}浓度由配合物的离解平衡所决定

$$Cu^{2+}+4NH_3 \longrightarrow [Cu(NH_3)_4]^{2+}$$

$$K_f=\frac{c(Cu(NH_3)_4^{2+})}{c(Cu^{2+})c^4(NH_3)}$$

$$c(Cu^{2+})=\frac{c(Cu(NH_3)_4^{2+})}{K_f\cdot c^4(NH_3)}=\frac{0.01}{4.8\times10^{12}\times0.1^4}=2.1\times10^{-11}\ mol\cdot L^{-1}$$

(3) 有无沉淀生成由浓度积是否大于溶度积决定

$Q_c=c(Cu^{2+})c^2(OH^-)$，$2.1\times10^{-11}\times(1.76\times10^{-5})^2=6.5\times10^{-21}$

$K_{sp}=2.2\times10^{-20}$，$Q_c<K_{sp}$，

所以无 $Cu(OH)_2$ 沉淀生成。

例 4 在 50.0 mL 0.20 $mol\cdot L^{-1}$ $AgNO_3$ 溶液中加入 50.0 mL 0.20 $mol\cdot L^{-1}$ 的 KCl 溶液，欲阻止沉淀的析出，需再加入 100 mL 氨水溶液。试计算所需氨水溶液的最低浓度。（已知 $K_b(NH_3)=1.76\times10^{-5}$，$K_f(Ag(NH_3)_2^+)=1.6\times10^{-7}$，$K_{sp}(AgCl)=1.56\times10^{-10}$）

分析：(1) 溶液混合后因体积变化有关物质的浓度按倍数减小；

(2) 题目求解的不是混合液中氨水的浓度；

(3) 对多重平衡反应有多种途径可解题。本题可以从沉淀生成条件入手，也可把不析出 AgCl 沉淀看作是氨水将 AgCl 完全溶解生成配合物 $[Ag(NH_3)_2]^+$ 的结果，即多重平衡问题，从求多重平衡常数入手。

解：方法一：$c(Cl^-)=50.0\times0.20/200=0.050\ (mol\cdot L^{-1})$

为了不使 AgCl 沉淀析出，溶液中 Ag^+ 浓度的最大限度为

$$c(Ag^+)=\frac{K_{sp}}{c(Cl^-)}=\frac{1.56\times10^{-10}}{0.05}=3.12\times10^{-9}(mol\cdot L^{-1})。$$

先假定 Ag^+ 全部形成了配合物，则 $c(Ag(NH_3)_2^+)=0.050\ mol\cdot L^{-1}$，再认为 $[Ag(NH_3)_2]^+$ 离解的 Ag^+ 浓度最大为 $3.12\times10^{-9}\ mol\cdot L^{-1}$，则

$c(Ag(NH_3)_2^+)=0.050-3.12\times10^{-9}=0.050\ (mol\cdot L^{-1})$

据反应式

$$Ag^++2NH_3\longrightarrow[Ag(NH_3)_2]^+$$

$$K_f=\frac{c(Ag(NH_3)_2^+)}{c(Ag^+)c^2(NH_3)}$$

$$c(NH_3)=\left(\frac{c(Ag(NH_3)_2^+)}{c(Ag^+)\cdot K_f}\right)^{\frac{1}{2}}=\left(\frac{0.050}{3.12\times10^{-9}\times1.6\times10^7}\right)^{\frac{1}{2}}=1.0\ (mol\cdot L^{-1})。$$

即为混合液中游离 NH_3 的浓度。

与 Ag^+ 配位所需的 NH_3 为 $0.050\times2=0.10\ (mol\cdot L^{-1})$，故所需 100 mL 氨水的原始浓度最低应为

$200\times(1.0+0.10)/100=2.2\ (mol\cdot L^{-1})$。

方法二：

$$AgCl(s)+2NH_3(aq)\rightleftharpoons[Ag(NH_3)_2]^+(aq)+Cl^-(aq)$$

$$K=\frac{c(Ag(NH_3)_2^+)c(Cl^-)}{c^2(NH_3)}=K_{sp}(AgCl)K_f(Ag(NH_3)_2^+)=1.56\times10^{-10}\times1.6\times10^7=2.5\times10^{-3}。$$

假定 $AgNO_3$ 与 NH_3 完全反应生成 $[Ag(NH_3)_2]^+$ 且其离解部分忽略不计，

$c(Ag(NH_3)_2^+)=50.0\times0.20/200=0.050\ (mol\cdot L^{-1})$

混合液中

$c(Cl^-)=50.0\times0.20/200=(0.050\ mol\cdot L^{-1})$

即 $\frac{0.050\times0.050}{c^2(NH_3)}=2.5\times10^{-3}$，

解得 $c(NH_3)=1.0\ mol\cdot L^{-1}$，

故氨水原液的浓度为

$200\times(1.0+0.050\times2)/100=2.2(mol\cdot L^{-1})$。

题后点睛：此类题最易忽视的就是平衡浓度与初始浓度的差异。

例 5　将铜电极浸在含有 $1.00\ mol\cdot L^{-1}NH_3\cdot H_2O$ 和 $1.00\ mol\cdot L^{-1}[Cu(NH_3)_4]^{2+}$ 的溶液中，与标准氢电极组成原电池 $Cu|[Cu(NH_3)_4]^{2+},NH_3\parallel H^+,H_2|Pt$，测得其电动势为 0.038 V，已知 $\varphi(Cu^{2+}/Cu)=0.340\ 2\ V$，求 $[Cu(NH_3)_4]^{2+}$ 的稳定常数 K_f。

分析：(1) 有关配合物的电化学性质或氧化还原反应问题，应以能斯特方程式为基础，引入与稳定常数有关的数据后再进行计算；

(2) 按题中原电池的写法，此时标准氢电极为正极且 $\varphi H^+/H_2=0.00\ V$；

(3) 据题中条件

$E=E\varphi H^+/H_2-\varphi[Cu(NH_3)_4]^{2+}/Cu=-\varphi[Cu(NH_3)_4]^{2+}/Cu=0.038\ V$。

解：$0.038=0.00-\varphi Cu^{2+}/Cu=0-\left(\varphi Cu^{2+}/Cu+\frac{0.059\ 2}{2}\lg c(Cu^{2+})\right)$。

据 $Cu^{2+}+4NH_3\rightleftharpoons[Cu(NH_3)_4]^{2+}$

设平衡时 $c(Cu^{2+})=x\ mol\cdot L^{-1}$，

由于 K_f 值一般较大，与 $[Cu(NH_3)_4]^{2+}$ 及 $NH_3\cdot H_2O$ 的浓度相比时 x 可忽略不计，则

$$K_f=\frac{c(Cu(NH_3)_4^{2+})}{c(Cu^{2+})c^4(NH_3)}=\frac{1.0}{c(Cu^{2+})},$$

$$c(Cu^{2+})=\frac{1}{K_f},$$

故 $0.038=-\left(0.340\ 2-\frac{0.059\ 2}{2}\lg K_f\right)$，

解得 $K_f(Cu(NH_3)_4^{2+})=5.98\times10^{12}$。

题后点睛：必须强调，与氧化还原反应有关的多重平衡问题，一定要以能斯特方程式为主。

例 6　计算说明 1.433 g AgCl 能否完全溶解于 1 L $2.000\ mol\cdot L^{-1}$ 的氨水溶液中。(已知 $K_b(NH_3)=1.76\times10^{-5}$，$K_f([Ag(NH_3)_2]^+)=1.12\times10^7$，$K_{sp}(AgCl)=1.77\times10^{-10}$，$M(AgCl)=143.32\ g\cdot mL^{-1}$)

分析：(1) 用 $2.00\ mol\cdot L^{-1}NH_3\cdot 2H_2O$ 可溶解的 AgCl 的量进行判断；

(2) 用溶解 1.433 gAgCl 所需的 $NH_3\cdot H_2O$ 的浓度进行判断；

(3) 用题给条件用多重平衡常数进行判断；

(4) 用溶度积规则进行判断。

解：方法一：1.433 g AgCl 若完全溶解，则

$c(Cl^-)=1.433/143.3=0.010\ 0\ mol\cdot L^{-1}$

设每升 2.0 $mol \cdot L^{-1} NH_3 \cdot H_2O$ 可溶解 AgCl x mol

$$AgCl+2NH_3 \rightleftharpoons [Ag(NH_3)_2]^+ + Cl^-$$

$$2.0-2x \qquad\qquad x \qquad\qquad x$$

$K=K_{sp} \cdot K_f=1.77\times10^{-10}\times1.12\times10^{-7}=1.98\times10^{-3}$,

$1.98\times10^{-3}=\dfrac{x^2}{2.0-2x}$,

解得 $x=0.062\,9\ mol \cdot L^{-1}>0.010\,0\ mol \cdot L^{-1}$,

所以 1.433 9 AgCl 已完全溶解。

方法二:求溶解 1.433 g AgCl 所需 $NH_3 \cdot H_2O$ 的浓度 x,与 2.00 $mol \cdot L^{-1}$ 比较后判断。

$$AgCl+2NH_3 \longrightarrow [Ag(NH_3)_2]^+ + Cl^-$$

$$x \qquad\qquad 0.010\,0 \qquad\qquad 0.010\,0$$

$K=1.98\times10^{-3}=\dfrac{0.010\,0\times0.010\,0}{x}$,

解得 $x=0.050\,0\ mol \cdot L^{-1}$。

总共需氨的浓度为 $0.050\,0+0.010\,0\times2=0.070\,0\ (mol \cdot L^{-1})$。

$2.00>0.070\,0$,故 1 L 2.00 $mol \cdot L^{-1}$ 氨水可将 1.433 g AgCl 完全溶解。

方法三:求多重平衡反应的反应商 Q_c,与其平衡常数 K 比较后判断。

先设 AgCl 已全部溶解并形成配合物

$AgCl+2NH_3 \rightleftharpoons [Ag(NH_3)_2]^+ + Cl^-$

$Q_c=0.010\,0\times\dfrac{0.010\,0}{2.00-0.020\,0}=\dfrac{10^{-4}}{1.98}=5.05\times10^{-5}$,

$K=K_{sp} \cdot K_f=1.98\times10^{-3}$。

$Q_c<K$,故反应向右进行,即沉淀确已完全溶解。

方法四:求配离子电离出的 Ag^+ 浓度,而后根据 Q_c 与 K_{sp} 进行判断。

设完全溶解后形成的配离子电离的 $c(Ag^+)=x\ mol \cdot L^{-1}$。

$$[Ag(NH_3)_2]^+ \rightleftharpoons Ag^+ + 2NH_3$$

$$0.010\,0-x \qquad\qquad x \qquad\qquad (2.00-0.02)+2x$$

由于电离的量很小,可认为 $0.010\,0-x=0.010\,0$,$1.98+2x=1.98$,则

$K_f=\dfrac{c(Ag(NH_3)_2^+)}{c(Ag^+)c^2(NH_3)}=\dfrac{0.010\,0-x}{x(1.98+2x)^2}$,

$1.12\times10^7=\dfrac{0.010\,0}{1.98^2 x}$,

解得 $x=2.3\times10^{-10}\ mol \cdot L^{-1}$。

计算结果说明计算中所做的近似处理是可行的。

$Q_c=c(Ag^+)c(Cl^-)=2.3\times10^{-10}\times0.010\,0=2.3\times10^{-12}$,

$K_{sp}=1.77\times10^{-10}$,$Q_c<K_{sp}$,

故无沉淀生成,即原沉淀已被完全溶解。

题后点睛:多处解法对考生答题有利,可灵活应用所学过的有关知识。练习者对几种解法均应了解并精通其一二。

例 7　在 1 L 含有 0.10 mol·L^{-1}[$Ag(NH_3)_2$]$^+$的溶液中，加 0.20 mol 的 KCN 晶体，通过计算回答[$Ag(NH_3)_2$]$^+$是否完全转化为[$Ag(CN)_2$]$^-$。已知 $K_f(Ag(CN)_2^-)=1.3\times10^{21}$，$K_f(Ag(NH_3)_2^+)=1.12\times10^7$。

分析：(1) 配合物之间的转化规律是由 K_f 值小的转化为 K_f 值更大的配合物。据题意，可假定已完全转化为[$Ag(CN)_2$]$^-$，然后再计算证实；

(2) 应设转化后平衡时[$Ag(NH_3)_2$]$^+$的浓度为 x，且可近似认为 $c(Ag(CN)_2^-)=x=0.10$ mol·L^{-1}；

(3) 完全转化的标准为被转化离子的浓度低于 10^{-5}mol·L^{-1}。

解：　　$[Ag(NH_3)_2]^+ + 2CN^- \longrightarrow [Ag(CN)_2]^- + 2NH_3$

平衡时：　　x　　　$2x$　　　$0.10-x$　　　$0.20-2x$

$$K=\frac{c(Ag(CN)_2^-)c^2(NH_3)}{c(Ag(NH_3)_2^+)c^2(CN^-)}=\frac{K_f(Ag(CN)_2^-)}{K_f(Ag(NH_3)_2^+)}=\frac{1.3\times10^{21}}{1.12\times10^7}=1.1\times10^{14},$$

$$1.1\times10^{14}=\frac{(0.10-x)(0.20-2x)^2}{x(2x)^2}=\frac{0.10\times0.20^2}{4x^3},$$

解得 $x=2.1\times10^{-6}$ mol·$L^{-1}<10^{-5}$ mol·L^{-1}。

结果说明[$Ag(NH_3)_2$]$^+$已完全转化为[$Ag(CN)_2$]$^-$。

例 8　若有关金属离子的浓度均为 0.01 mol·L^{-1}，查表并计算后回答在 pH=4.5 时，Fe^{3+}，Mg^{2+}，Zn^{2+}，Ca^{2+}各离子能否被 EDTA 单独准确滴定。

分析：(1) 准确滴定的条件是 $\lg K_{MY'}+\lg c_M\geq6$，本题中为 $\lg K_{MY'}\geq8$；

(2) 据 $\lg K_{MY}=\lg K_{MY'}-\lg\alpha Y(H)\geq8$ 可得 $\lg\alpha Y(H)=\lg K_{MY}-8$，查配合物的稳定常数表，得到 $\lg K_{MY}$后便可求出 $\lg\alpha Y(H)$值；

(3) 据 $\lg\alpha Y(H)$值查表得到对应的 pH，即准确滴定该金属离子所需的最低 pH 值；

(4) 将该最低 pH 值与 pH=4.5 进行比较，若 pH 值大于 4.5，则相应的金属离子在 pH=4.5 时不能被准确滴定。

解：查表所得有关数据($\lg K_{MY}$及最低 pH 值) 及据此计算或推断结果见下表：

金属离子	$\lg K_{MY}$	$\lg\alpha Y(H)$	所允许的最低 pH 值	pH=4.5 时能否被准确滴定
Fe^{3+}	24.23	16.23	1.4	能
Mg^{2+}	9.12	1.12	9.2	不能
Zn^{2+}	16.36	8.36	4.1	能
Ca^{2+}	11.0	3.0	7.3	不能

例 9　欲测定黏土试样中的铁含量，称取 1.000 g 黏土试样，碱熔后分离除去 SiO_2，滤液定容为 250 mL。用移液管移取 25.00 mL 样品溶液，在 pH=2.5 的热溶液中，用磺基水杨酸作指示剂，滴定其中的 Fe^{3+}，用去 0.011 08 mol·L^{-1}的 EDTA 标准溶液 7.45 mL。试计算粘土样品中 Fe%和 Fe_2O_3%(已知 $M(Fe_2O_3)=159.7$ g·mol^{-1}，$M(Fe)=55.85$ g·mol^{-1})。

分析：(1) EDTA 与大多数金属离子形成 1∶1 的螯合物；

(2) 求 Fe_2O_3%时基本单元为$\frac{1}{2}Fe_2O_3$；

(3) 配位滴定取样是只是原试样的一部分。

解：$Fe\%=\frac{c(EDTA)V(EATA)M(Fe)}{m}\times\frac{250.0}{25.00}\times100\%$

$=\frac{0.011\ 08\times0.007\ 45\times55.85}{1.000}\times10\times100\%=4.61\%$。

$Fe_2O_3\%=\frac{c(EDTA)V(EDTA)M\left(\frac{1}{2}Fe_2O_3\right)}{m}\times\frac{250.0}{25.00}\times100\%$

$=\frac{0.011\ 08\times0.007\ 45\times\frac{1}{2}\times159.7}{1.000}\times10\times100\%=6.59\%$

或 $Fe_2O_3\%=\frac{Fe\%\times M\left(\frac{1}{2}Fe_2O_3\right)}{M(Fe)}=\frac{4.61\times\frac{1}{2}\times159.2}{55.85}=6.59\%$。

题后点睛：同一元素的不同化合物或不同表达形式间的含量转换可利用化学因数 F，由 Fe 转换为 Fe_2O_3 的化学因数 $F=\frac{M\left(\frac{1}{2}Fe_2O_3\right)}{M(Fe)}$。

例 10 分析测定铜锌镁合金中铜锌镁含量，称取试样 2.500 0 g，用酸溶解后定容 500 mL，每次吸取 25.00 mL 用 0.050 00 mol・L^{-1}的 EDTA 标准溶液进行配位滴定。在 pH=6.0 时，用 PAN 作指示剂测定铜和锌，平均每 25.00 mL 试样溶液消耗 EDTA 标准溶液 37.30 mL。在 pH=10.0 时，先加 KCN 以掩蔽铜和锌，此时以铬黑 T 为指示剂测定镁，消耗 EDTA 标准溶液 4.10 mL。然后滴加甲醛以解蔽锌，又消耗 EDTA13.30 mL。计算 Cu，Zn，Mg 的百分含量。(已知 Zn，Cu，Mg 的相对原子质量分别为 65.39，63.55 和 24.31)

分析：(1) pH=6.0 时，EDTA 与 Mg^{2+} 不反应；

(2) 在 pH=10.0 条件下测 Zn^{2+} 时，甲醛还未破坏 $[Cu(CN)_4]^{2-}$，而 Mg^{2+} 已先期被滴定；

(3) 不能简单认为合金中铜、锌、镁的总量为 100%。

解：$M\%=\frac{c(EDTA)V(EDTA)M(M)}{m}\times\frac{500.0}{25.00}\times100\%$；

$Mg\%=\frac{0.050\ 00\times0.004\ 10\times24.31}{2.500\ 0}\times20.00\times100\%=3.99\%$；

$Zn\%=\frac{0.050\ 00\times0.013\ 40\times65.39}{2.500\ 0}\times20.00\times100\%=35.04\%$；

$Cu\%=\frac{0.050\ 00\times(0.037\ 30-0.013\ 40)\times63.55}{2.500\ 0}\times20.00\times100\%=60.75\%$。

题后点睛：对多种组分的定量分析题目，应注意理清各步骤的分析对象，并据题示理解所加各种试剂的作用，找准有关定量关系，最后注出正确结果。

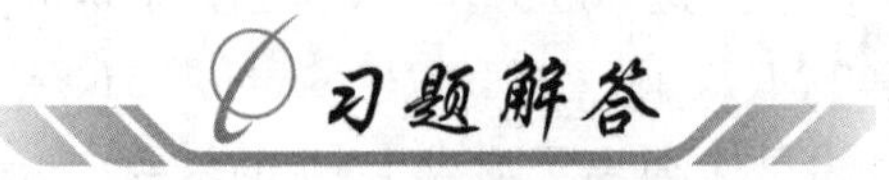

1. 指出下列配合物的名称、中心离子的氧化值和配位数、配离子的电荷。

$[Pt(NH_3)_2Cl_2]$　$[Co(N_3)(NH_3)_3]SO_4$　$Na_3[Ag(S_2O_3)_2]$　$[Pt(CN)_4(NO_2)I]^{2-}$

$[Fe(CN)_5(CO)]^{3-}$ $[Co(ONO)(NH_3)_3(H_2O)_2]Cl_2$ $K_2[Zn(OH)_4]$ $[Cr(en)_3]^{3+}$

注：NO_2 代表以 N 原子配位的硝基，ONO 代表以 O 原子配位的亚硝酸根，en 代表乙二胺。

解：

名称	氧化值	配位数	配离子电荷
(1) 二氯·二氨合铂(Ⅱ)	2+	4	0
(2) 硫酸一叠氮酸根·三氨合钴(Ⅲ)	3+	6	2+
(3) 二硫代硫酸根合银(Ⅰ)酸钠	1+	2	3-
(4) 一碘·四氰一硝酸合铂(Ⅵ)离子	4+	6	2-
(5) 五氰·一羰基合铁(Ⅱ)离子	2+	6	3-
(6) 二氯亚硝酸根·二水三氨合钴(Ⅲ)	3+	6	2+
(7) 四羟基合锌(Ⅱ)酸钾	2+	4	2-
(8) 三乙二胺合铬(Ⅲ)离子	3+	6	3+

2. $AgNO_3$ 能从化合物 $Pt(NH_3)_6Cl_4$ 的溶液中将所有的氯沉淀为 AgCl，但在 $Pt(NH_3)_3Cl_4$ 溶液中仅能沉淀 $\frac{1}{4}$ 的氯。试根据这些事实写出这两种配合物的结构式。

解：$AgNO_3$ 沉淀的是 Cl^-，不能沉淀配合物中作为配体的 Cl，配离子内界 Cl^- 无法沉淀，配离子外界 Cl^- 可以沉淀，所以前者为 $[Pt(NH_3)_6]Cl_4$，后者为 $[PtCl_3(NH_3)_3]Cl$。

3. 有两种配位化合物 A 和 B，元素分析表明它们具有相同的组成：21.95%Co，39.64%Cl，26.08%N，6.38%H，5.95%O，根据下列实验现象，确定它们的配离子、中心离子和配位数。

(1) A 和 B 的水溶液都呈微酸性，加入强碱并加热至沸腾时，有氨放出，同时析出 Co_2O_3 沉淀；

(2) 向 A 和 B 的水溶液中加入 $AgNO_3$ 溶液时都生成 AgCl 沉淀；

(3) 过滤除去上述两种溶液中的 AgCl 后，再加 $AgNO_3$ 均无变化，但加热至沸腾时，在 B 的溶液中又有 AgCl 生成，其质量为原来析出沉淀的一半。

解：Co∶Cl∶N∶H∶O＝21.95∶39.64∶26.08∶6.38∶5.95＝1∶3∶5∶17∶1，

所以化学式为 $CoCl_3(NH_3)_5 \cdot H_2O$ 或 $CoCl_3N_5H_{17}O$。

(1) 水溶液呈酸性，说明 NH_3 在内界，均与 Co^{3+} 配位，当加入碱并加热至沸腾时配离子被破坏放出氨气，同时析出 Co_2O_3 沉淀。

(2) 说明在外界含有 Cl^-，所以加入 $AgNO_3$ 都生成 AgCl 沉淀。

(3) 说明 B 配合物中内界的 Cl^- 仅为外界的一半，即为两个 Cl^- 在外界，一个 Cl^- 在内界。

	中心离子	配位数
A：$[Co(NH_3)_5 \cdot H_2O]Cl_3$	Co^{3+}	6
B：$[Co(NH_3)_5 \cdot Cl]Cl_2 \cdot H_2O$	Co^{3+}	6

4. 根据配合物的价键理论，指出下列配离子的中心离子的电子排布、杂化轨道的类型和配离子的空间构型。

$[Ag(CN)_2]^-$ $[Mn(H_2O)_6]^{2+}$ $[Fe(CN)_6]^{3-}$ $[FeF_6]^{3-}$ $[Cr(H_2O)_5Cl]^{2+}$

$[Ni(CN)_4]^{2-}$　$[Fe(CO)_5]$

解： 配离子　电子排布　杂化轨道　空间构型

配离子	电子排布	杂化轨道	空间构型
(1) $[Ag(CN)_2]^-$	$[Kr]4d^{10}$ ↑↓ ↑↓ ↑↓ ↑↓ ↑↓ (4d)	sp	直线形
(2) $[Mn(H_2O)_6]^{2+}$	$[Ar]3d^5$ ↑ ↑ ↑ ↑ ↑ (3d)	sp^3d^2	八面体
(3) $[Fe(CN)_6]^{3-}$	$[Ar]3d^5$ ↑↓ ↑↓ ↑ (3d)	d^2sp^3	八面体
(4) $[FeF_6]^{3-}$	$[Ar]3d^5$ ↑ ↑ ↑ ↑ ↑ (3d)	sp^3d^2	八面体
(5) $[Cr(H_2O)_5Cl]^{2-}$	$[Ar]3d^3$ ↑ ↑ ↑ (3d)	d^2sp^3	八面体
(6) $[Ni(CN)_4]^{2-}$	$[Ar]3d^8$ ↑↓ ↑↓ ↑↓ ↑↓	dsp^2	平面四边形
(7) $Fe[(CO)_5]$	$[Ar]3d^8$ ↑↓ ↑↓ ↑↓ ↑↓	dsp^3	三角双锥

5. 试根据磁矩判断下列配合物是内轨型还是外轨型，请说明理由。

(1) $K_4[Mn(CN)_6]$测得磁矩 $\mu=2.00$B. M

(2) $(NH_4)_2[FeF_5(H_2O)]$测得磁矩 $\mu=5.78$B. M

解：(1) $K_4[Mn(CN)_6]$　磁矩$\frac{m}{\mu_B}=2.00$B. M

只有一个未成对电子

${}_{25}Mn^{2+}$，$3d^54s^0$

↑↓ ↑↓ ↑，d^2sp^3 杂化，外轨型。

(2) $(NH_4)_2[FeF_5(H_2O)]$　磁矩$\frac{m}{\mu_B}=5.78$M. B

有五个未成对电子

${}_{26}Fe^{2+}$，$3d^54s^0$

↑ ↑ ↑ ↑ ↑，sp^3d^2 杂化，外轨型。

6. 根据配位物化学知识来解释下列事实：

(1) 为何大多数过渡元素的配合物是有色的，而Zn(Ⅱ)和Cd(Ⅱ)的配合物基本是无色的？

(2) 为何大多数四配位的Cu(Ⅱ)配合物的空间构型为平面正方形？

(3) HgS 为何能溶于 Na_2S 和 NaOH 的混合溶液，而不溶于$(NH_4)_2S$ 和 $NH_3 \cdot H_2O$ 中？

(4) 为何将红色的 Cu_2O 溶于浓氨水中，得到的溶液却为无色？

(5) 为何 AgI 不能溶解于过量的氨水中，却能溶于 KCN 溶液中？

(6) AgBr 沉淀可溶于 KCN 溶液，为何 Ag_2S 却不溶解？

解：(1) 由于多数过渡金属离子的 d 轨道未充满，当吸收一定光能后，就可产生从低能级的 d 轨道向高能级的电子跃迁，从而使配离子显颜色，而 Zn(Ⅱ)和 Cd(Ⅱ)离子的 d 轨道是全充满的，不能发生 d—d 跃迁，因而无色。

(2) 大多数 Cu(Ⅱ)的配离子为平面正方形，是因为 Cu^{2+} 的价电子层结构是 $3d^9$，在形成配离子过程中，由于配位体的影响，使 3d 轨道被激发到 4p 轨道上，空出一个 3d 轨道，形成 dsp^2 杂化，即 3d 4s 4p。

Cu^{2+} ↑↓ ↑↓ ↑↓ ↑↓ ↑ ＿＿

↑↓ ↑↓ ↑↓ ↑↓ ↑↓ ↑↓ ＿＿

dsp 杂化

dsp^2 杂化轨道键的配离子则为平面正方形。

(3) 因为在 Na_2S 和 NaOH 混合溶液中，溶液为强碱性，S^{2-} 水解程度小，$[S^{2-}]$ 大，加 HgS 时，形成 $Na_2[HgS_2]$配合物而溶解。

$HgS+Na_2S═Na_2[HgS_2]$

而在$(NH_4)_2S$ 和 $NH_3 \cdot H_2O$ 中为弱碱性，由于 NH_4^+ 与 S^{2-} 的双水解 S^{2-} 溶度小，加 HgS 时，不能形成$[HgS_2]$，则 HgS 不溶于$(NH_4)_2S$ 和 $NH_3 \cdot H_2O$ 中，而溶于 Na_2S 和 NaOH 中。

(4) 因为 Cu_2O 溶于氨水中，形成稳定的无色配合物$[Cu(NH_3)_2]^+$

$Cu_2O+4NH_3 \cdot H_2O═2[Cu(NH_3)_2]^+$(无色)$+2OH^-+3H_2O$

但$[Cu(NH_3)_2]^+$很快在空气中氧化成蓝色$[Cu(NH_3)_4]^+$。

(5) 因为 AgI 的溶度积很小，NH_3 的配位能力不如 CN 强，CN 能抢夺 AgI 中的 Ag 生成更稳定的$[Ag(CN)_2]$，而 NH_3 却不能，因而 AgI 不溶于过量氨水而能溶于 KCN 中。

(6) 因为 Ag_2S 的 K_{sp} 远小于 AgBr 的 K_{sp}，以至于 CN^- 不能与之配位形成易溶的配合物，而 AgBr 却能与 CN^- 作用，生成$[Ag(CN)_2]^-$，而使 AgBr 溶解。

7. 现有 0.1 $mol \cdot L^{-1}$ $AgNO_3$ 溶液 50 mL，加入密度为 0.923 $g \cdot L^{-1}$ 含 NH_3 18.24% 的氨水 30 mL 后，搅拌使充分反应后，将溶液加水稀释到 100 ML。问：达到平衡时此溶液中 Ag^+、$[Ag(NH_3)_2]^+$ 和 NH_3 的浓度分别为多少？(配离子$[Ag(NH_3)_2]^+$的稳定常数为 1.7×10^7)。

解：反应开始时，NH_3 的浓度为

$c(NH_3)=30\times0.932\times18.24\%\div17\div0.1=3\ (mol \cdot L^{-1})$

设溶液中 Ag^+ 的浓度为 x $mol \cdot L^{-1}$，根据配位平衡，有如下关系：

	$Ag^+ +$	$2NH_3$ ═	$[Ag(NH_3)_2]^+$
起始浓度 $mol \cdot L^{-1}$	0.05	3	0
平衡浓度 $mol \cdot L^{-1}$	x	$3-0.1+2x$	$0.05-x$

由于 $c(Ag^+)$较小，$(0.05-x)=c([Ag(NH_3)_2]^+)=0.05\ mol \cdot L^1$

$$c(NH_3)=3-0.1+2x\approx2.9\ mol \cdot L^{-1}$$

将平衡浓度代入稳定常数表达式为

$K_f^\ominus=\dfrac{c([Ag(NH_3)_2]^+)}{c(Ag^+)c^2(NH_3)}$，所以 $c(Ag^+)=3.7\times10^{-10}\ mol \cdot L^{-1}$。

8. 计算 AgBr 在 1.00 $mol \cdot L^{-1}$ NH_3 溶液中的溶解度，以 $g \cdot L^{-1}$ 表示。

解： $AgBr + 2NH_3 \rightleftharpoons [Ag(NH_3)_2]^+ + Br^-$

起始浓度 $mol \cdot L^{-1}$ 　　1　　0　　0

平衡浓度 $mol \cdot L^{-1}$ x　　$1-2x$　　x　　x

$K = K_{sp} \cdot K_{稳} = 5.35\times10^{-13}\times1.6\times10^{7} = 8.6\times10^{-6} = \dfrac{x^2}{(1-2x)^2}$，所以 $x=0.68$ g/L。

9. 阳离子 M^{2+} 可以与氯离子形成配离子 $[MCl_4]^{2-}$，其不稳定常数为 1.0×10^{-21}，MI_2 的溶度积为 1.0×10^{-15}。计算若使 0.01mol MI_2 溶解于 1 L 溶液中，Cl^- 的最初浓度至少为多少。

解： 设 Cl^- 的最初浓度为 x mol/L

$MI_2 + 4Cl^- \rightleftharpoons [MCl_4]^{2-} + 2I^-$

平衡时　0.01　$x-0.01\times4$　0.01　0.02

该反应的 $K = \dfrac{K_{sp}(MI_2)}{K_{稳}([MCl_4]^{2-})} = \dfrac{1\times10^{-15}}{1\times10^{-21}} = 1\times10^{6}$

若要使 0.1 mol MI_2 溶于 1L 溶液中，至少在溶解后浓度商 $=K$ 即 $(Q=K)$

所以 $\dfrac{[I^-]^2[[MCl_4]^{2-}]^2}{[Cl^-]^4} = \dfrac{K_{sp}(MI_2)}{K_{不稳}([MCl_4]^{2-})}$，$\dfrac{(0.02)^2(0.01)^2}{(x-0.01\times4)^4} = \dfrac{K_{sp}(MI_2)}{K_{不稳}([MCl_4]^{2-})}$，

所以 $x = 0.04 + \sqrt{20} \approx 4.51$(mol/L)。

10. 计算下列反应的平衡常数，并判断反应进行的方向。

(1) $[Cu(NH_3)_2]^+ + 2CN^- \rightleftharpoons [Cu(CN)_2]^- + 2NH_3$

(2) $[Cu(NH_3)_4]^{2+} + Zn^{2+} \rightleftharpoons [Zn(NH_3)_4]^{2+} + Cu^{2+}$

(3) $[HgCl_4]^{2-} + 4I^- \rightleftharpoons [HgI_4]^{2-} + 4Cl^-$

(4) $[Fe(CN)_6]^{3-} + 6H^+ \rightleftharpoons Fe^{3+} + 6HCN$

解： (1) $[Cu(NH_3)_2]^+ + 2CN^- \rightleftharpoons [Cu(CN)_2]^- + 2NH_3$

$$K^{\ominus} = \frac{[Cu(CN)_2]^-[NH_3]^2}{[Cu(NH_3)_2]^+ \cdot [CN^-]^2} \cdot \frac{[Cu^+]}{[Cu^+]} = \frac{K_{稳}[Cu(CN)_2]^-}{K_{稳}[Cu(NH_3)_2]^+} = \frac{\dfrac{[Cu(CN)_2]^-}{[Cu^+][CN^-]^2}}{\dfrac{[Cu(NH_3)_2]^+}{[Cu^+][CN^-]^2}}$$

$$= \frac{10^{30.30}}{10^{10.86}} = 10^{19.44},$$

所以正向。

(2) $[Cu(NH_3)_4]^{2+} + Zn^{2+} \rightleftharpoons [Zn(NH_3)_4]^{2+} + Cu^{2+}$

$$K^{\ominus} = \frac{[Zn(NH_3)_4]^{2+} \cdot [Cu^{2+}]}{[Cu(NH_3)_4]^{2+} \cdot [Cu^{2+}]} \cdot \frac{[NH_3]^4}{[NH_3]^4} = \frac{K_f^{\ominus}[Zn(NH_3)_4]^{2+}}{K_f^{\ominus}[Cu(NH_3)_4]^{2+}} = \frac{10^{2.37}}{10^{10.86}} = 10^{-8.49}。$$

(3) $[HgCl_4]^{2-} + 4I^- \rightleftharpoons [HgI_4]^{2-} + 4Cl^-$

$$K^{\ominus} = \frac{[HgI_4]^{2-}[Cl^-]^4}{[HgCl_4]^{2-}[I^-]^4} \cdot \frac{[Hg^{2+}]}{[Hg^{2+}]} = \frac{K_{稳}[HgI_4]^{2-}}{K_{稳}[HgCl_4]^{2-}} = \frac{10^{29.83}}{10^{15.07}} = 10^{14.76}。$$

(4) $[Fe(CN)_6]^{3-} + 6H^+ \rightleftharpoons Fe^{3+} + 6HCN$

$$K^{\ominus}=\frac{[Fe^{3+}][HCN]^6}{[Fe(CN)_6]^{3-}[H^+]^6}\cdot\frac{[CN^-]^6}{[CN^-]^6}=\frac{1}{K_{稳}[Fe(CN)_6]^{3+}}\cdot\frac{1}{K(HCN)}$$

$$=\frac{1}{10^{42}}\cdot\frac{1}{6.2\times10^{-10}}=1.613\times10^{-33}。$$

11. 已知 25 ℃时配位反应：$Cu^{2+}+4NH_3 \rightleftharpoons [Cu(NH_3)_4]^{2+}$ 的 $\Delta_r H_m^{\ominus}=-46.4\ kJ\cdot mol^{-1}$，$\Delta_r S_m^{\ominus}=-8.37 J\cdot mol^{-1}\cdot K^{-1}$，求配离子$[Cu(NH_3)_4]^{2+}$的稳定常数。

解：$Cu^{2+}+4NH_3=[Cu(NH_3)_4]^{2+}$

$$\Delta_r G_m^{\ominus}=\Delta_r H_m^{\ominus}-T\Delta_r S_m^{\ominus} \quad (1)$$

$$\Delta_r G_m^{\ominus}=-RT\ln K_{稳}^{\ominus} \quad (2)$$

由(1)(2)式求得 $\Delta_r H_m^{\ominus}-T\Delta_r S_m^{\ominus}=-RT\ln K_{稳}^{\ominus}$

所以 $K_{稳}^{\ominus}=e^{\frac{T\Delta_r S_m^{\ominus}-\Delta_r H_m^{\ominus}}{RT}}=4.9\times10^7$。

12. 计算下列各电对的标准电极电势 $\varphi^{\ominus}$：

(1) $[Fe(CN)_6]^{3-}+e^- \rightleftharpoons [Fe(CN)_6]^{4-}$

(2) $[Cu(NH_3)_4]^{2+}+2e^- \rightleftharpoons Cu+4NH_3$

(3) $[Ag(NH_3)_2]^{+}+e^- \rightleftharpoons Ag+2NH_3$

(4) $[Co(NH_3)_6]^{3+}+e^- \rightleftharpoons [Co(NH_3)_6]^{2+}$

解：(1) $K_{稳}=\frac{[Fe(CN)_6]^{4-}}{[Fe(CN)_6]^{3-}}=\frac{\frac{[Fe(CN)_6]^{4-}}{Fe^{2+}[CN^-]^6}}{\frac{[Fe(CN)_6]^{3-}}{Fe^{3+}[CN^-]^6}}=\frac{10^{35}}{10^{42}}=10^{-7}$，

$\varphi=\varphi^{\ominus}+0.059\,2\lg 10^{-7}=0.36+0.059\,2\lg 10^{-7}=-0.054\,4(V)$；

(2) $K_{稳}=\frac{[Cu(NH_3)_4]^{2+}}{[Cu^{2+}][NH_3]^4}=10^{12.86}$，

$[Cu^{2+}]=\frac{1}{10^{-12.86}}\times\frac{1}{4}=5.523\times10^{-13}$，

$\varphi=\varphi^{\ominus}\left(\frac{Cu^{2+}}{Cu}\right)=0.337+\frac{0.059\,2}{2}\lg(5.523\times10^{-13})=-0.026(V)$；

(3) $K_{稳}[Ag(NH_3)_2]^{+}=\frac{[Ag(NH_3)_2]^{+}}{[Ag^+][NH_3]^2}=10^{7.05}=\frac{1}{[Ag^+]}$，

$[Ag^+]=10^{-7.05}$，

$\varphi=\varphi^{\ominus}\left(\frac{Ag^{+}}{Ag}\right)+0.059\,2\lg[Ag(NH_3)_2]^{+}=0.8+0.059\,2\lg 10^{7.05}=1.244(V)$；

(4) $K_{稳}=\frac{[Co(NH_3)_6]^{2+}}{[Co^{3+}][NH_3]^6}=10^{35.2}=\frac{1}{[Co^{3+}]}$，

$[Co^{3+}]=10^{-35.2}$，

$\varphi=\varphi^{\ominus}\left(\frac{Co^{3+}}{Co}\right)+0.059\,2\lg\frac{Co^{3+}}{Co}=0.36+0.059\,2\lg 10^{-35.2}=-1.199\,84(V)$。

13. 已知 $Co^{3+}+e^- \rightleftharpoons Co^{2+}$ $\varphi^{\ominus}=1.82\ V$；$4H^++O_2+4e^- \rightleftharpoons 2H_2O$ $\varphi^{\ominus}=1.23\ V$。试通过计算判断 Co^{3+} 在水溶液中是否稳定。利用上题计算的数据 $\varphi^{\ominus}$ ($[Co(NH_3)_6]^{3+}$ /

$[Co(NH_3)_6]^{2+}$)判断配离子$[Co(NH_3)_6]^{3+}$是否稳定。

解：$4Co^{3+}+2H_2O \xlongequal{} 4Co^{2+}+4H^{+}+O_2$

$E^{\ominus}=\varphi_{+}^{\ominus}-\varphi_{-}^{\ominus}=\varphi\left(\frac{Co^{3+}}{Co^{2+}}\right)-\varphi\left(\frac{O_2}{H_2O}\right)=1.82\ V-1.23\ V=0.59\ V$。

因为$E^{\ominus}>0$,反应正向进行。

由势力学趋势,所以Co^{2+}在水溶液中不稳定。

$$\varphi^{\ominus}([Co(NH_3)_6]^{3+}/[Co(NH_3)_6]^{2+})$$

$$=\varphi\left(\frac{Co^{3+}}{Co^{2+}}\right)+\frac{0.059\ 15}{n}\lg\frac{[Co^{3+}]}{[Co^{2+}]}=\varphi\left(\frac{Co^{3+}}{Co^{2+}}\right)+0.059\ 15\ \lg\frac{K_{稳}(Co^{2+})}{K_{稳}(Co^{3+})}$$

$$=1.82+0.059\ 15\ \lg\frac{10^{5.11}}{10^{35.2}}<1.23,$$

所以配离子$[Co(NH_3)_6]^{3+}$稳定。

14. 称取分析纯$CaCO_3$ 4.206 g,用HCl溶液溶解后,稀释成500.00 mL。取出该溶液50.00 mL,用钙指示剂在碱性溶液中以EDTA滴定,用去38.84 mL。计算EDTA标准溶液的浓度。配制该浓度的EDTA 1 L,应该称取$Na_2H_2Y \cdot 2H_2O$多少克?

解：$c(H_4Y)=\frac{4.206\times50\times100}{500\times100.09\times38.84}=0.010\ 82\ mol/L$, $m(Na_2H_2Y \cdot 2H_2O)=0.010\ 82\times1\times372.26=4.028\ g$

15. 称取含磷试样0.100 0 g,将试样处理成溶液,并以$MgNH_4PO_4$形式沉淀。将沉淀分离,洗涤,溶解,然后用0.010 00 $mol \cdot L^{-1}$的EDTA标准溶液滴定,共消耗20.00 mL。求该试样中P的质量分数(以P_2O_5形式表示)。

解：$\omega(P_2O_5)=\frac{0.01\times20\times141.95}{0.1\times1\ 000\times2}=0.142$。

16. 称取铜锌合金试样0.500 0 g,用酸溶解并配成100.0 mL试液。吸取该溶液25.00 mL,调至pH=6.0,以PAN作指示剂,用浓度为0.050 00 $mol \cdot L^{-1}$的EDTA标准溶液滴定Cu^{2+}和Zn^{2+},用去37.30 mL。另取一份25.00 mL试液,调至pH=10,加KCN以掩蔽Cu^{2+}和Zn^{2+},用同浓度的EDTA标准溶液滴定Mg^{2+},用去4.10 mL。然后再加甲醛以解蔽Zn^{2+},又用同浓度的EDTA溶液滴定,用去13.40 mL。计算铜锌合金试样中Cu^{2+}、Zn^{2+}和Mg^{2+}的含量。

解：$\omega(Mg^{2+})=\frac{0.05\times4.1\times100\times24.3}{25\times0.5\times1\ 000}=0.039\ 9$,

$\omega(Zn^{2+})=\frac{0.05\times13.4\times100\times65.39}{25\times0.5\times1\ 000}=0.350\ 4$,

$\omega(Cu^{2+})=\frac{0.05\times(37.30-13.40)\times100\times63.55}{25\times0.5\times1\ 000}=0.607\ 5$。

1. 判断题

(1) 配位数相同时,对某中心离子所形成的内轨型配合物比其外轨型配合物要稳定。 ( )

(2) 配合物中心离子杂化轨道的主量子数必须是相同的。 (　　)

(3) 配位键没有方向性和饱和性。 (　　)

(4) 在$[FeF_6]^{3-}$溶液中加入强酸,配离子的稳定性和稳定常数不变。 (　　)

(5) 螯合物中的配位体是多基配位体,配位体与中心离子形成环状结构。 (　　)

(6) 中心离子的单电子数越小,配合物则越稳定。 (　　)

(7) 在Fe^{3+}溶液中加入F^-后,Fe^{3+}的氧化性降低。 (　　)

(8) 金或铂能溶于王水,王水中的盐酸具有配位剂作用。 (　　)

(9) 酸效应曲线是某酸的各种型体在不同 pH 值时的分布曲线。 (　　)

(10) EDTA 是配位滴定常用的基准物质。 (　　)

2. 选择题

(1) 配合物中心离子的配位数等于 (　　)

A. 配位体数　　B. 配位体中的原子数

C. 配位原子数　　D. 配位原子中的孤对电子数

(2) EDTA 中可提供的配位原子数为 (　　)

A. 2　　B. 4　　C. 6　　D. 8

(3) 在$FeCl_3$溶液中滴加 KSCN 试剂,则溶液 (　　)

A. 颜色变浅　　B. 变红　　C. 有沉淀出现　　D. 无变化

(4) 能很好溶解 AgBr 的试剂是 (　　)

A. NH_3　　B. HNO_3　　C. H_3PO_4　　D. KCN

(5) 下列配合物属于内轨型的是 (　　)

A. $[Fe(CN)_6]^{3-}$　　B. $[FeF_6]^{3-}$　　C. $[Fe(H_2O)_6]^{2+}$　　D. $[Fe(H_2O)_6]^{3+}$

(6) 配离子$[CuCl_4]^{3-}$的磁矩为零,则其空间构型为 (　　)

A. 四面体　　B. 正方形　　C. 平面三角形　　D. 八面体

(7) 下列离子在形成八面体配离子时,具有高自旋或低自旋两种可能性的是 (　　)

A. $Ag^+(4d^{10})$　　B. $Fe^{2+}(3d^6)$　　C. $Ni(3d^8)$　　D. $Cr^{3+}(3d^3)$

(8) 反应 $AgCl+2NH_3 = [Ag(NH_3)_2]^+ + Cl^-$ 的平衡常数为 (　　)

A. $K_{sp} \cdot K_f$　　B. $\frac{K_{sp}}{K_f}$　　C. $\frac{K_f}{K_{sp}}$　　D. $(K_{sp} \cdot K_f)^{-1}$

(9) 利用酸效应曲线可选择单独滴定金属离子时的 (　　)

A. 最低酸度　　B. pH 突跃范围

C. 最低 pH 值　　D. 最高 pH 值

(10) 对于电对 Fe^{3+}/Fe^{2+},加入 NaF 后,其电极电位将 (　　)

A. 降低　　B. 增大　　C. 不变　　D. 无法确定

3. $[(Co(Cl)_2(en)_2]Cl$ 的系统命名为________,中心离子是________,配位体是______,配位原子为________,配位数是________,配位体数是________,中心离子的电荷是________,配离子的电荷是________。

4. 命名下列配合物,并指出中心离子、配位体、配位原子和中心离子的配位数。

(1) $[CoCl_2(H_2O)_4]Cl$

(2) $[PtCl_4(en)]$

(3) $[NiCl_2(NH_3)_2]$

(4) $K_2[Co(SCN)_4]$

(5) $Na_2[SiF_6]$

(6) $[Cr(H_2O)_2(NH_3)_4](SO_4)_3$

(7) $K_3[Fe(C_2O_4)_3]$

(8) $(NH_4)_3[SbCl_6]\cdot 2H_2O$

5. 向含 0.10 $mol\cdot L^{-1}[Ag(NH_3)_2]^+$，0.1 $mol\cdot L^{-1}Cl^-$，5.0 $mol\cdot L^{-1}NH_3\cdot H_2O$ 的混合溶液中滴加 HNO_3 至恰好有白色沉淀生成。近似计算此时溶液的 pH（忽略体积的变化）。（已知 $K_b(NH_3\cdot H_2O)=1.76\times10^{-5}$，$K_f(Ag(NH_3)^+)=1.12\times10^7$，$K_{sp}(AgCl)=1.77\times10^{-10}$）

6. 1.0 mL0.05 $mol\cdot L^{-1}[Ag(NH_3)_2]^+$ 溶液与 1.0mL0.1 $mol\cdot L^{-1}$ NaCl 溶液混合，此混合液中 $NH_3\cdot H_2O$ 的浓度为多少时，才能防止 AgCl 沉淀的生成？

7. 将 100 mL 0.020 $mol\cdot L^{-1}$ Cu^{2+} 溶液与 100 mL 0.28 $mol\cdot L^{-1}$ 氨水混合，求混合液中 Cu^{2+} 的平衡浓度。（已知 $K_f(Cu(NH_3)_4^{2+})=2.09\times10^{13}$）

8. 1.00 mL Ni^{2+} 溶液用蒸馏水和 NH_3-NH_4Cl 缓冲溶液稀释，然后用 15.00 mL 0.010 00 $mol\cdot L^{-1}$ EDTA 标准溶液处理。过量的 EDTA 用 0.015 00 $mol\cdot L^{-1}$ $MgCl_2$ 标准溶液回滴，用去 4.37 mL。计算 Ni^{2+} 溶液的浓度。

9. 取纯钙样 0.100 5 g，溶解后用 100.00 mL 容量瓶定容。吸取 25.00 mL，在 pH=12 时，用钙指示剂指示终点，用 EDTA 标准溶液滴定，用去 24.90 mL。试计算：
   (1) EDTA 的浓度；
   (2) 每毫升的 EDTA 溶液相当于多少克 ZnO、Fe_2O_3（已知 $M(ZnO)=81.38\ g \cdot mol^{-1}$，$M(Fe_2O_3)=159.69\ g \cdot mol^{-1}$）。

10. 称取 0.500 0 g 煤试样，灼烧并使其中硫完全氧化成 SO_4^{2-}，处理成溶液，除去重金属离子后，加入 $0.050\ 00\ mol \cdot L^{-1}$ $BaCl_2$ 溶液 20.00 mL，使其生成 $BaSO_4$ 沉淀。用 $0.025\ 00\ mol \cdot L^{-1}$ EDTA 溶液滴定过量的 Ba^{2+} 用去 20.00 mL。计算煤中硫的百分含量。

11. 滴定 25.00 mL $0.010\ 0\ mol \cdot L^{-1}$ $CaCO_3$ 标准溶液需 20.00 mL EDTA，用该 EDTA 溶液测定水度时，取 75.00 mL 水样，需 30.00 mL EDTA 溶液。计算该水样中 CaO 的含量（$mg \cdot L^{-1}$）（已知 $M(CaO)=56.08\ g \cdot mol^{-1}$）。

12. 现用 25.00 mL $0.045\ 20\ mol \cdot L^{-1}$ EDTA 处理一 50.00 mL 含 Ni^{2+} 和 Zn^{2+} 的溶液，使与其完全反应。过量未反应的 EDTA 需用 12.40 mL $0.012\ 30\ mol \cdot L^{-1}$ Mg^{2+} 溶液进行滴定。然后再加入过量的 2,3-二巯基丙醇从锌 EDTA 配合物中置换去 EDTA。释放出的 EDTA 需 29.20 mL Mg^{2+} 溶液滴定。试计算原试液中 Ni^{2+} 和 Zn^{2+} 的浓度。

13. 氰化物可用 EDTA 间接法测定。加入一已知过量的 Ni^{2+} 于氰化物的溶液中，形成四氰合镍离子：$4CN^- + Ni^{2+} = [Ni(CN)_4]^{2-}$。当用标准 EDTA 溶液滴定过量 Ni^{2+} 时，$[Ni(CN)_4]^{2-}$ 不与其反应。现用 25.00 mL 含 Ni^{2+} 标准溶液处理 12.70 mL 氰化物溶液形成四氰合镍离子。过量的 Ni^{2+}，需用 10.10 mL $0.013\ 00\ mol \cdot L^{-1}$ EDTA 与其完全反应。在另一实验中，滴定 30.00 mL 标准 Ni^{2+} 溶液需 39.30 mL $0.013\ 00\ mol \cdot L^{-1}$ EDTA。试计算原试样中 CN^- 的浓度。

14. 用连续滴定法分析某铁(Ⅲ)和铝(Ⅲ)溶液。取 50.00 mL 试液缓冲至 pH 约为 2,加约 200 mg 水杨酸,溶解后,用 0.040 16 mol·L^{-1}EDTA 溶液滴定至铁(Ⅲ)水杨酸配合物的红色刚好消失,需 29.61 mL。然后加入 50.00 mL 同一 EDTA 溶液,煮沸使铝(Ⅲ)全部配合。调节至 pH=5,最后 0.032 28 mol·L^{-1}铁(Ⅲ)标准溶液滴定过量 EDTA,以刚出现试样中铁(Ⅲ)水杨酸的红色为终点,用去 19.03 mol。计算原试样中铁(Ⅲ)和铝(Ⅲ)的浓度。

15. 称取 0.243 8 g 不纯的苯巴比妥($NaCl_2H_{11}N_2O_3$)试样,在 60 ℃时溶于 100 mL 0.02 mol·L^{-1}NaOH 溶液中。冷却后,用醋酸将溶液酸化,转移进 250 mL 容量瓶,加入 25.00 mL 0.020 31 mol·L^{-1} $Hg(ClO_4)_2$ 溶液稀释至标线,放置,直至形成沉淀:$Hg^{2+}+2Cl_2H_{11}N_2O_3^- \longrightarrow Hg(Cl_2H_{11}N_2O_3)_2(s)$,最后将溶液用干滤纸过滤。取 50.00 mL 滤液用 10.00 mL 0.011 28 mol·L^{-1}Mg-EDTA 配合物处理,释出的 Mg^{2+} 在 pH=10 时,用 5.89 mL 0.012 12 mol·L^{-1}EDTA 溶液滴定至铬黑 T 终点。计算试样中苯巴比妥的质量分数(已知 $M(NaCl_2H_{11}N_2O_3)=181$ g/mol)。

第九章　仪器分析法选介

本章重点：光的吸收定律——朗伯-比耳定律应用；吸光光度法的测量误差；直接电位法和电位滴定法的基本原理；原子吸收分光光度法的基本原理；色谱分析法的基本原理。

一、紫外-可见分光光度法

1. 朗伯-比耳定律

(1) 透光率和吸光度

透光率(T)是光在经过溶液后，透射光(I_t)占入射光(I_0)的比率：

$$T=\frac{I_t}{I_0}$$

吸光度(A)是溶液对光的吸收能力的度量：

$$A=\lg\frac{I_0}{I_t}=\lg\frac{1}{T}=-\lg T$$

(2) 朗伯-比耳定律

朗伯-比耳定律描述了物质吸收光时的定量关系：当一单色光射入溶液时，溶液中的溶质对光的吸收满足下列式子：

$$A=abc$$

式中 A 为吸光度；a 为该质的吸光系数；b 为光所经过的液层厚度；c 为溶液的浓度。

吸光度的大小说明了物质对光的吸收程度，根据朗伯-比耳定律，在一定条件下，溶液的浓度越大，则对光的吸收程度越大。

摩尔吸光系数：当吸光溶液的液层厚度为 1 cm，溶液浓度为 1 $mol \cdot L^{-1}$时，吸光物质对某一单色光的吸光度，表示为 ε。

2. 显色反应

为了使许多颜色较浅，吸光系数小的物质的测量的灵敏度提高，可以采用一定的化学反应(显色反应)使被测物质转化为颜色较深的有色物质，再进行有色物质吸光度的测量。显色反应满足以下几个条件：(1) 定量进行；(2) 选择性好；(3) 灵敏度高；(4) 生成的有色物质具有一定的稳定性。

控制适当的条件，可以使显色结果满足测量的要求，这些条件包括显色时间、显色剂的用量、溶液的酸度和温度等。一般可以利用实验来确定。

3. 光度测量的误差

(1) 读数误差

实际测量时，仪器读数误差一定，由此误差引起的测量结果（浓度）误差在溶液的吸光度为 0.434 3 时最小，这时溶液的透光率为 36.8%。

(2) 偏离吸收定律引起的误差

入射光的单色性不好，溶液浓度过大，溶液对光产生反射、散射等都会使吸收情况不符合朗伯-比耳定律，因此产生误差。

(3) 仪器误差

由于仪器的精度、稳定性及杂散光引起的误差。

4. 测量条件

测量时在确定了适当的显色反应和显色条件后，还须选择适当的光度测量条件：

(1) 入射光的波长

以所选波长的光有较高的吸收灵敏度和较低的干扰为原则。

(2) 吸光度范围

通过调节浓度，选择不同厚度的比色杯使测得的吸光度在 0.2～0.8 之间。这样所产生的误差可以满足一般的测量要求。

(3) 参比溶液

被测溶液的吸光度与参比溶液的吸光度之差是被测组分或有色物质的真实吸光度。参比溶液是不含被测物质的“被测溶液”。

5. 测量方法

(1) 定性测量

利用物质都有其特定形状的吸收曲线，用标准物质和被测物质的吸收曲线对比进行定性。

(2) 定量测量

a. 比较法：选一浓度(c_s)与被测溶液浓度(c_x)相近的标准溶液与被测溶液在同样的条件下，测定两者的吸光度，得到

$$A_s = \varepsilon b c_s, A_x = \varepsilon b c_x$$

两式相除，则

$$c_x = \frac{A_x \cdot c_x}{A_s}$$

b. 标准曲线法：配制一系列不同规定的标准溶液，与被测溶液在相同的条件下测量它们的吸光度，然后作出标准曲线。根据被测溶液的吸光度在曲线上查得其浓度。

6. 吸收光谱(吸收曲线)

(1) 物质对光的选择性吸收

物质在吸收光时,使物质体系从低能级状态跃迁为高能级状态。物质的能级状态与物质的结构和性质相关,所以当物质一定时,其内部的能级分布也一定,吸收光时也就只吸收特定能量的光。即物质对光的吸收是有选择性的。物质对不同波长光有着不同的吸收能力。

(2) 吸收曲线

以入射光的波长为横坐标,以被测物质对相应波长的光的吸光度为纵坐标作图,得到一条曲线,称为吸收曲线,即吸收光谱。吸收曲线表明了某物质对不同波长(频率)的光的吸收能力。

不同的物质的吸收曲线的形状不同,吸收曲线与物质一一对应。

二、电位分析法

1. 电位分析法基本原理

电位分析法是能斯特方程式在分析化学中的一个典型应用。能斯特方程式描述了电极反应的电对物质活度(浓度)与电极电位之间的关系。因此可以通过电极电位的测量来测定相应物质的活度(浓度)。

由于单个电极的电极电位是无法测量的,所以测量时将被测电极与参比电极构成一个原电池,测量原电池的电动势 E,然后根据原电池电动势与两电极的电极电位的关系 $E=\varphi^{+}-\varphi^{-}$ 求得测量电极的电极电位(相对)值,然后求得相关物质的浓度。

2. 电极种类及其电位

(1) 参比电极

在测量过程中,其电极电位保持不变的电极。

常用的参比电极有甘汞电极和银-氯化银电极等。

a. 甘汞电极

电极反应

$$Hg_2Cl_2+2e \longrightarrow 2Hg+2Cl^-$$

电极电位

$$\varphi=\varphi(Hg_2Cl_2/Hg)-0.059\ 2\lg c(Cl^-)$$

温度一定时,甘汞电极的电极电位决定于其内参溶液的 Cl^- 活度,内参比液的 Cl^- 活度一定,则甘汞电极的电极电位一定,不随被测溶液的离子浓度而变化。

b. 银-氯化银电极

电极反应

$$AgCl+e = Ag+Cl^-$$

电极电位

$$\varphi=\varphi(AgCl/Ag)-0.059\ 2\lg c(Cl^-)$$

银-氯化银电极的电极电位与甘汞电极的电位相似，也取决于其内参比溶液的Cl^-的活度。

(2) 指示电极

测量时，电极电位会受到溶液中某种离子活度影响的电极。

a. 第一类电极(金属与其盐溶液)

电极反应

$$M^{n+}+ne=M$$

电极电位

$$\varphi=\varphi+\frac{0.0592}{n}\lg c(M^{n+})$$

b. 第二类电极(金属与其难溶盐)

电极反应

$$M_nX_m+m\cdot ne\longrightarrow nM+mX^{n-}$$

电极电位

$$\varphi=\varphi+\frac{0.0592}{n}\lg c^m(X^{n-})$$

c. 第三类电极(将铂、金等惰性电极浸入含有氧化还原电对的溶液中构成的电极)

电极反应

$$M^{m+}+ne\longrightarrow M^{(m-n)+}$$

电极电位

$$\varphi=\varphi+\frac{0.0592}{n}\lg\frac{c(M^{m+})}{c(M^{(m-n)+})}$$

3. 离子选择性电极

离子选择性电极是指示电极的一种，其电极电位高低主要决定于其敏感膜的膜电位。膜电位与相关敏感离子活度(浓度)之间存在函数关系。

若离子选择性电极敏感的是阳离子，则膜电位与离子的活度关系为

$$\varphi=K+\frac{0.0592}{n}\lg c$$

若离子选择性电极敏感的是阴离子，则膜电位与离子的活度关系为

$$\varphi=K-\frac{0.0592}{n}\lg c$$

当离子选择性电极制成后，电极的电位变化取决于膜电位的变化，因此上述式子也可以看成是电极的电位与溶液中敏感离子活度(浓度)的关系。

4. 直接电位法

利用离子选择性电极的电极电位与敏感离子的活度间的关系，与一参比电极构成原电

池，通过测定原电池的电动势，求得敏感离子的浓度。

a. 比较法：选一标准溶液在与被测溶液同样的电池中进行测量，通过下列两式联立求解：

$$E_s = K_s \pm \frac{0.0592}{n} \lg c_x$$

$$E_x = K_x \pm \frac{0.0592}{n} \lg c_x$$

式中 E_s，E_x——用标准溶液和被测溶液测得的电动势，

$$K_s = K_x$$

b. 标准曲线法：配制一系列浓度梯度的标准溶液，与被测溶液同时测定电动势值，然后以浓度的对数值为横坐标，以电动势值为纵坐标作图，得到标准曲线。根据被测溶液的电动势值在图中查得 $\lg c_x$，进而求得 c_x。

c. 标准加入法：向被测溶液中加入体积很小的标准溶液，使溶液的浓度稍有增加，而体积基本不变。比较标准溶液加入以前和加入以后的电位计算出被测溶液的活度（浓度）。

$$c_x = \frac{c_s V_s}{V_x} = (10^{\frac{\Delta E}{s}} - 1)^{-1} \quad s = \frac{2.303\,RT}{nF}$$

5. 电位滴定法

离子选择性电极可以测定相关离子的浓度，所以也就可以指示容量分析的滴定终点。这种方法称为电位滴定法。

电位滴定法可以采用滴定曲线、滴定曲线的一阶导数、滴定曲线的二阶导数三种曲线来确定滴定终点。

6. 电导分析法

电解质溶液的导电性可以用电导值来衡量。溶液的电导值的大小与溶液中的离子浓度直接相关。

（1）电导

电导在数值上等于电阻的倒数：$L = 1/R$

电导的单位是西门子（S）。

当导体的横截面积为 1 cm^2，长度为 1 cm 时的电导称为导体的电导率，电导率的单位是 $S \cdot cm^{-1}$。若在 1 cm 平行电极间有 1 mol 电解质时，溶液的导电能力称为摩尔电导率，单位为 $S \cdot cm^2 \cdot mol^{-1}$。

（2）测量分析

测量溶液的电导率可以评价溶液导电能力，确定溶解在溶液中的电解质的相对多少，但不能确定电导率是由哪种离子或物质贡献的。电导测量通常用于评价水质、电导滴定或某些物理、化学常数的测定。

三、原子吸收光谱法

原子吸收光谱法是基于原子蒸气对于特定波长光的吸收作用来进行定量分析的一种现

代仪器分析方法。

1. 原子吸收光谱仪

由光源、原子化器(吸收池)、光学系统、检测和显示系统四部分组成。

光源　光源的作用是发射待测元素的共振线供原子蒸气吸收。共振线的波长和待测元素的共振吸收线波长完全重合。最常用的光源是空心阴极灯,空心阴极灯的阴极采用待测元素的同种金属制成。

原子化器　其作用是使试样溶液中的待测元素转变成原子(基态)蒸气。原子化器的工作状态对于原子吸收的灵敏度、精密度和受干扰程度有非常大的影响,是原子吸收测定的关键。根据原子化方式的不同,原子化器可分为火焰原子化器、电热石墨炉原子化器和氢化物原子化器。火焰原子化利用火焰的能量使试样中待测元素的原子实现原子化,是最常用的原子化方式之一。电热石墨炉原子化器是利用大电流快速加热石墨炉产生高温,使置于炉内的小体积试样溶液在一瞬间转变为原子蒸气的电热原子化装置。最大特点是灵敏度高,一般要比火焰原子化高 2～3 个数量级。

光学系统　由外光路聚光系统和分光系统两部分组成。当测定不同的元素时,可以根据该元素共振线的波长,通过旋转光栅转角,选择测定波长。

检测和显示系统　检测和显示系统的功能是将原子吸收的光信号转换为吸光度值并在显示器上显示。该系统由检测器、放大器和对数转换器、显示器三部分所组成。

2. 分析方法

标准曲线法　和紫外-可见光度法中介绍的基本相同。

标准加入法　向待测的试样溶液中加入一定量的待测元素的标准溶液,通过测定加入后分析信号的增量,对原试样中的待测元素定量。可通过下式计算待测试样的浓度:

$$c_x=\frac{A_x}{A_{x+0}-A_x}c_0$$

也可以通过作图法求解。

四、色谱分析法

利用不同物质在两相(流动相和固定相)中具有不同的分配系数,当流动相携带着混合物流过固定相时,使得性质不同的各个组分随流动相移动的速度产生了差异,经过一段距离的移动之后,混合物中的各组分被一一分离开来。

1. 分类

(1) 按流动相和固定相的物态分:气固色谱、气液色谱、液固色谱、液液色谱;

(2) 按操作形式分:柱色谱法、纸色谱法、薄层色谱法。

(3) 按分离的机理分:分配色谱法、吸附色谱法、离子交换色谱法、空间排阻色谱法和亲和色谱法等。

2. 分配系数

各组分按其在两相间溶解能力的大小,以一定的比例分配在流动相和固定相之间。在一定的温度下,组分在两相之间分配达到平衡时的浓度比称为分配系数 K:

$$K=\frac{\text{组分在固定相中的浓度}}{\text{组分在流动相中的浓度}}=\frac{c_s}{c_M}$$

3. 色谱图和色谱峰参数

保留时间(t_R)　从进样开始到检测器测到某组分信号最大值时所需的时间。

死时间(t_M)　完全不溶解于固定相因而不被固定相所保留的组分从进样到该组分信号最大值出现时所需要的时间。

校正保留时间(t'_R)　某组分的保留时间减去死时间即为该组分的校正保留时间。

相对保留(r_{21})　两组分的校正保留时间之比，可以证明也就是两组分的分配系数之比，即

$$r_{21}=\frac{t'_{R_2}}{t'_{R_1}}=\frac{K_2}{K_1}$$

峰高(h)　从基线到组分峰最大值(峰顶)间的距离所代表的信号值。

峰底宽度(Y)　自色谱峰上升沿和下降沿的拐点所作切线在基线上的截距。

半峰宽($Y_{1/2}$)　峰高一半处的色谱峰宽度。$Y=1.70\ Y_{1/2}$。

根据色谱峰的保留值可以进行定性鉴定；根据色谱峰的峰高或峰面积可以进行定量测定；根据色谱峰的保留值和峰宽参数可以评价色谱的分离效率。

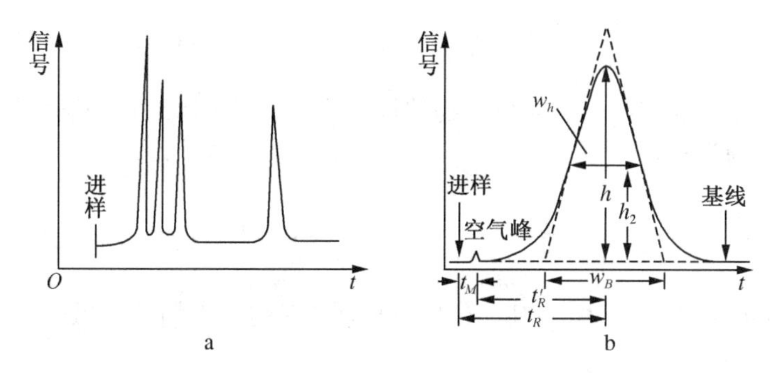

图 1　色谱图(a)和色谱峰参数(b)示意图

4. 柱效和分离度

柱效用理论塔板数 N 来表示：

$$N=5.54\left(\frac{t_R}{Y_{1/2}}\right)^2=16\left(\frac{t_R}{Y}\right)^2$$

分离度(R)用来衡量相邻峰的分离程度：

$$R=\frac{t_{R_2}-t_{R_1}}{1/2(Y_2-Y_1)}$$

5. 定性分析

在相同的色谱条件下，分别将未知试样和标准试样进样分离，然后将未知物色谱图中的峰与标准试样的色谱图加以对照，未知试样中保留值与某标准物相同的即可初步确定为同

种化合物。对于组成复杂的未知化合物的定性分析，往往要借助于色谱与质谱、光谱的联用才能获得较为可靠的定性鉴定结果。

6. 定量分析

在一定的色谱条件下，待测组分 i 的质量（或在流动相中的浓度）与检测器的响应信号（表现为色谱图上的峰面积或峰高）成正比，即

$$m_i = f'A\, A_i$$

（1）峰面积的测量

峰形对称的峰　$A = 1.065\, hY_{\frac{1}{2}}$

不对称峰　$A = 0.5\, h(Y_{0.15} + Y_{0.85})$

由定量校正因子 f_i' 计算相对校正因子：

$$f_i = \frac{f'_{m,i}}{f'_{m,s}} = \frac{m_i / A_i}{m_s / A_s}$$

（2）定量计算方法

归一法　在试样中的所有组分都能流出色谱柱并在色谱图上得到对应的色谱峰时应用：

$$w_i = \frac{m_i}{m} = \frac{A_i f_i}{A_1 f_1 + A_2 f_2 + \cdots + A_i f_i + \cdots + A_n f_n} = \frac{c_s}{c_M}$$

内标法　通过外加的内标物与待测物的峰面积、校正因子之间的比例关系，通过内标物的量来确定待测物的量：

$$w_i = \frac{m_i}{m} \times 100\% = \frac{f_i A_i m_s}{f_s A_s m} \times 100\%$$

外标法　又称标准曲线法，与其他仪器分析法中所使用的标准曲线基本一样。

7. 气相色谱仪

由载气系统、进样系统、分离系统、检测和记录系统等部分所组成。

载气系统　向色谱仪的分离、检测系统提供纯度高、流速稳定的气体流动相。由气源（一般 N_2、H_2 钢瓶）、气体净化器、载气流量调节阀和流量表所组成。

进样系统　由进样口、气化室和微量注射器所组成。

分离系统　由色谱柱所组成，是色谱分离的关键部分。

检测器　最常用的检测器有执导池检测器（根据待测组分和载气在导热能力上的差异设计成的一种检测器）和氢火焰离子化检测器（根据有机化合物在氢火焰中燃烧时能产生少量的离子而设计成的一种离子化检测器）。

记录系统　采用微机控制和数据处理。

五、高效液相色谱法

以高压下的液体为流动相的液相柱色谱法，由于采用了极细的固定相，柱效大大提高

了。高效液相色谱仪一般由储液器、高压泵、进样系统、分离系统、检测和记录系统等部分组成。

本章难点：朗伯-比耳定律数学表达式的建立；离子选择性电极的膜电位产生原理；原子吸收光谱法分析方法；色谱法分析方法。

例题解析

例 1 浓度为 1.2×10^{-4} mol·L^{-1}的 $KMnO_4$ 溶液在 2.0 cm 的比色杯中的透光率为 32.3%，若将此溶液稀释一倍时，则其在 1.0 cm 的比色杯中的透光率为多少？

分析：在一定条件下，溶液的吸光度与其浓度和溶液厚度成正比，符合朗伯-比耳定律，但是却不与溶液的透光率成正比。所以当溶液的浓度变化时，应先求得原溶液的吸光度，然后计算当浓度变化和液层厚度变化时产生的吸光度变化结果，最后换算求得稀释后的溶液透光率。

解：原溶液的吸光度为

$$A_1=-\lg T=-\lg 0.323=0.491$$

当溶液稀释 1 倍时的吸光度为

$$A'_1=\frac{A_1}{2}=\frac{0.491}{2}=0.246$$

当比色杯从 2.0 cm 变为 1.0 cm 时，溶液的吸光度为

$$A''_1=\frac{A'_1}{2}=\frac{0.246}{2}=0.123$$

所以溶液稀后在 1.0 cm 的比色杯中的透光率为

$$\lg T'=-A''_1=-0.123$$

即 $T'=0.753=75.3\%$

题目点睛：此例的关键是溶液浓度与透光率和吸光度及液层厚度的关系不同，溶液浓度不与溶液的透光率成正比，而与溶液的吸光度及液层厚度成正比。

例 2 在某单色光入射时，某化合物的摩尔吸收系数为 2.0×10^5 L·cm^{-1}·mol^{-1}。若欲配制 10 L 该化合物质溶液，并且使该溶液稀释 200 倍后在 1.0 cm 比色杯中的吸光度为 0.660，若化合物的分子量为 275，则需称多少克该化合物？

分析：根据朗伯-比耳定律由摩尔吸收系数、比色杯中的厚度（即液层厚度）和稀释倍数求得所配制溶液的浓度，然后根据溶液体积和化合物的摩尔质量求得要称量的质量。

解：稀释后的溶液的浓度根据朗伯-比耳定律：$A=\varepsilon bc$ 有

$$c=\frac{A}{\varepsilon b}=\frac{0.660}{2.0\times10^5\times1}=3.3\times10^{-6}(\text{mol}\cdot\text{L}^{-1})$$

所以需化合物的质量为

$$3.3\times10^{-6}\times10\times275\times200=1.815\ (\text{g})$$

题后点睛：本例直接利用摩尔吸收系数的概念进行计算，注意溶液的稀释的倍数。

例 3 用邻二氮菲法测 Fe^{3+} 的含量。用浓度为 2.5×10^{-3} mol·L^{-1} 的 Fe^{3+} 标准溶液显色后在 510 nm 波长下，用 1.0 cm 的比色杯测得吸光度为 0.43，若用一未知浓度的溶液在同样的条件下测量测得其吸光度为 0.62，求未知液浓度。

分析：在同样入射光时，同种物质的吸光系数不受浓度的影响。分别列出标准溶液和未知溶液的吸光度与浓度的关系式，然后两式相除，求出未知溶液的浓度。

解：测定标准溶液时有以下关系

$$A_s=\varepsilon bc_s$$

测定未知溶液时，则有

$$A_x=\varepsilon bc_x$$

两式相除，整理得

$$c_x=\frac{A_x\cdot c_s}{A_s}=\frac{0.62\times2.5\times10^{-3}}{0.43}=3.6\times10^{-3}\ \text{mol}\cdot\text{L}^{-1}$$

题后点睛：本例用比较法求未知溶液的浓度，是吸光光度常用的方法。

例 4 用玻璃电极与甘汞电极构成下列电池，测量溶液的 pH 值。

（－）玻璃电极｜被测溶液‖甘汞电极（＋）

用 pH＝4.00 的标准缓冲液测得电池的电动势为 0.15 V，若测得两未知溶液的电动势分别为①0.25 V 和②－0.01 V，求两未知溶液的 pH 值。

分析：玻璃电极是离子选择性电极的一种，它对溶液中的 H^+ 浓度的变化敏感，因为 H^+ 是阳离子，所以玻璃电极的电极电位满足下列式子：

$$\varphi_{玻}=K+0.059\,2\lg c(H^+)=K-0.059\,2\,\text{pH}$$

当参比电极一定时，可以将其电极电位看作零进行计算。这样根据电池的电动势及参比电极的电极电位求得玻璃电极的电极电位，再利用比较法计算未知液的 pH 值。

解：用 pH＝4.00 的标准缓冲液测量时的玻璃电极的电极电位为

$$\varphi_s=\varphi^+-E=0-0.15=-0.15\ (\text{V})$$

当电池的电动势为 0.25 V 时，玻璃电极的电极电位为

$$\varphi_x=\varphi^+-E=0-0.25=-0.25(\text{V})$$

将 φ_s 和 φ_x 代入玻璃电极的电位计算式：

$$\varphi_s=K-0.059\,2\,\text{pH}_s$$

$$\varphi_x=K-0.059\,2\,\text{pH}_x$$

两式相减，整理后得

$$0.059\,2\,\text{pH}_x=\varphi_s-\varphi_x+0.059\,2\,\text{pH}_s$$

$$0.0592\,pH_x = -0.15 + 0.25 + 0.0592 \times 4$$

所以 $pH_x = 5.69$

同理当电池的电动势为 −0.01 V 时，则玻璃电极的电极电位为 0.01 V，这时

$$0.0592\,pH_x = \varphi_s - \varphi_x + 0.0592\,pH_s$$

$$0.0592\,pH_x = -0.15 - 0.01 + 0.0592\,pH_s$$

$$pH_x = 1.30$$

题后点睛：离子选择性电极的电极电位与敏感离子的活度相关，当题中给出电动势时，应注意根据电池的电极关系求得玻璃电极的电位，然后进行求算。

例 5　在 25 ℃时测定 F^- 浓度时，在 100.0 mL F^- 溶液中加入 1.0 mL 的 0.1 $mol \cdot L^{-1}$ 的 NaF 溶液后，F^- 选择性电极的电位减少了 6 mV，求原溶液 F^- 的浓度。

分析：在未加入标准的 NaF 溶液时的电极的电极电位为 φ_x，而加入标准溶液后由于 F^- 浓度增加，F^- 离子选择性电极的电位就会下降（因为敏感离子是负离子），变为 φ_{x+s}，根据标准溶液加入前和加入后的电极电位的变化即可求出原溶液的浓度。

解：F^- 离子选择性电极在原试液中的电位为

$$\varphi_x = K - 0.0592\lg c_x$$

当加入 NaF 标准溶液后，电极的电位为

$$\varphi_{x+s} = K - 0.0592\lg \frac{c_x V_x + c_s V_s}{V_x + V_s}$$

两式相减

$$\Delta\varphi = \varphi_x - \varphi_{x+s} = 0.0592\lg \frac{c_x V_x + c_s V_s}{c_x (V_x + V_s)}$$

因为 $V_x \gg V_s$，所以 $V_s + V_x \approx V_x$，解上式得

$$c_x = 3.85 \times 10^{-3}\ mol \cdot L^{-1}$$

题后点睛：本例是一个典型的标准加入法的例子。计算时要特别注意电极敏感离子是负离子，其浓度增大时，电极的电位是降低的。

例 6　表格中的数据是用 0.1000 $mol \cdot L^{-1}$ 的 NaOH 溶液滴定 50.00 mL 某一元弱酸的数据如下：

V/mL	pH	V/mL	pH
0.00	2.90	15.00	7.04
1.00	4.00	15.50	7.70
2.00	4.50	16.00	10.61
4.00	5.05	17.00	11.30
7.00	5.47	18.00	11.60
10.00	5.85	20.00	11.96
12.00	6.11	24.00	12.39
14.00	6.60	28.00	12.57

求该弱酸的浓度和电离常数。

分析：用滴定过程中的 pH 和标准溶液加入量绘出滴定曲线时，曲线的拐点相对应的标准溶液的用量即反应的计量点。这时参加反应的弱酸应该完全被中和，生成相应的盐。若采用二级微商法进行计算，则可以省去作图过程，并且可以减少误差。可以根据所给数据求得二级微商，其中二级微商由正变负的区间即包含了计量点(终点)。利用终点区间两侧的二级部商值求得终点时的 pH 值，也可以求得相应的电位值。由于求得了终点，也就是说得到了被测弱酸的浓度，因此可以计算中和了部分弱酸时，被测弱酸的浓度(分析浓度)，并且根据滴定曲线的数据得知其 pH 值(即得到离子浓度)，就可以求算其电离常数了。

解：(1) 首先求得滴点的二级微商

NaOH 体积	pH	$\Delta pH/\Delta V$	$\Delta^2 pH/\Delta V^2$
0.00	2.90	1.10	8.16
1.00	4.00	0.500	65
2.00	4.50	0.275	−59
4.00	5.05	0.140	−31
7.00	5.47	0.127	
10.00	5.85	0.130	
12.00	6.11	0.245	
14.00	6.60	0.440	
15.00	7.04	1.32	
15.50	7.70	5.40	
15.60	8.24	11.90	
15.70	9.43	6	
15.80	10.03	2.9	
16.00	10.61	0.69	
17.00	11.30	0.3	
18.00	11.60	0.18	
20.00	11.96	0.108	
24.00	12.39	0.045 0	
28.00	12.57		

由所给数据可知：终点时标准溶液用量在 15.60～15.70 mL 之间。在此区间，$\Delta^2 pH/\Delta V^2$ 每增加 1，则须加入标准溶液的体积为 $\frac{15.70-15.60}{65-(-59)}$，当 $\Delta^2 pH/\Delta V^2$ 由 65 变为 0 时，需加入的标准溶液的体积为

$$\frac{15.70-15.60}{65-(-59)}\times(65-0)=0.05(\text{mL})$$

所以终点时标准溶液的体积为 15.60+0.05=15.65(mL)

所以弱酸的浓度为

$$c_x=\frac{0.1000\times15.65}{50.00}=0.03130(\text{mol}\cdot\text{L}^{-1})$$

(2) 当标准溶液加入 10.00 mL 时，这时弱酸的剩余浓度为

$$\frac{0.03130\times\left(50.00-\frac{50.00}{15.65}\times10\right)}{50.00+10.00}=9.417\times10^{-3}(\text{mol}\cdot\text{L}^{-1})$$

同理所生成的酸根的浓度为

$$\frac{0.03130\times\frac{50.00}{15.65}\times10}{50.00+10.00}=0.01667(\text{mol}\cdot\text{L}^{-1})$$

这时的 H^+ 浓度为 1.413×10^{-6}(pH=5.85)

由于 H^+ 较少，所以电离常数为

$$K=\frac{c_{H^+}\cdot c_{A^-}}{c_{HA}-c_{H^+}}\approx\frac{c_{H^+}\cdot c_{A^-}}{c_{HA}}=\frac{1.413\times10^{-6}\times0.01667}{9.417\times10^{-3}}=2.5\times10^{-6}$$

题后点睛：本例提供了一个电位滴定的计算过程，虽然所用的不是电位值而是 pH 值，但其本质完全相同。

习题解答

1. 某有色溶液置于 1 cm 比色皿中，测得吸光度为 0.30，则入射光强度减弱了多少？若置于 3 cm 比色皿中，则入射光强度又减弱了多少？

解：已知 $b_1=1$ cm，$b_2=3$ cm，$A_1=0.30$，则

$A=\lg\frac{I_0}{I_t}=\lg\frac{1}{T}=kcb$，$0.30=kcb_1=\lg\frac{1}{T_1}$，$T_1=50\%$

透过光只有入射光的 50%，则入射光强度减弱了 50%。

$A_2=\lg\frac{1}{T_2}=kcb_2$，$\lg\frac{1}{T_2}=0.30\times3=0.9$，$T_2=13\%$

透过光只有入射光的 13%，则入射光强度减弱了 87%。

2. 用 1.0 cm 比色皿在 480 nm 处测得某有色溶液的透射比为 60%。若用 5.0 cm 比色皿，要获得同样的透射比，则该溶液的浓度应为原来浓度的多少倍？

解：$\lg\frac{1}{T}=kcb$，$\lg\frac{1}{0.60}=kc_1\times1.0$，$\lg\frac{1}{0.60}=kc_2\times5.0$，$c_2=\frac{1.0}{5.0}c_1=0.20c_1$

3. 准确称取 1.00 mmol 指示剂 HIn 5 份，分别溶解于 1.0 L 不同 pH 的缓冲溶液中，用1.0 cm 比色皿在 615 nm 波长处测得吸光度如下。试求该指示剂的 pK_a。

pH	1.00	2.00	7.00	10.00	11.00
A	0.00	0.00	0.588	0.840	0.840

解：根据题意 HIn 在 615 nm 处不吸收，当 pH=10.00，11.00 时，溶液中指示剂全部以 In^- 存在，其浓度为 $c=1.0\times10^{-3}$ mol·L^{-1}。

$A=kbc$，则 $0.840=k\times1.0\times1.0\times10^{-3}$，$k=8.4\times10^{2}\ L\cdot mol^{-1}\cdot cm^{-1}$

根据 pH=7.00 时，HIn 和 In^- 共存，$Ka^{\ominus}=c(H^+)\cdot\dfrac{c(In^{-1})}{c(HIn)}$，

$c(HIn)+c(In^-)=c=1.0\times10^{-3}\ mol\cdot L^{-1}$，$0.588=kbc(In^-)$，

$c(In^-)=7.0\times10^{-4}\ mol\cdot L^{-1}$，$c(HIn)=3.0\times10^{-4}\ mol\cdot L^{-1}$，$K_a^{\ominus}=2.33\times10^{-7}$，$pK_a^{\ominus}=6.63$

4. 某苦味酸胺试样 0.025 0 g，用 95%乙醇溶解并配成 1.0 L 溶液，在 380 nm 波长处用 1.0 cm 比色皿测得吸光度为 0.760。试估计该苦味酸胺的相对分子质量为多少(已知在 95%乙醇溶液中的苦味酸胺在 380 nm 时 $\lg k=4.13$)。

解：已知 $A=0.760$，$b=1.0$ cm，$\lg k=4.13$，$c=\dfrac{n}{V}=\dfrac{0.025\ 0}{M\times1.0}=\dfrac{0.025}{M}\ mol\cdot L^{-1}$，$A=kbc$，则 $0.760=10^{4.13}\times1.0\times0.025/M$，解得 $M=444\ g\cdot mol^{-1}$

5. 有一溶液，每毫升含铁 0.056 mg。吸取此试液 2.0 mL 于 50 mL 容量瓶中定容显色，用 1.0 cm 比色皿于 508 nm 处测得吸光度 $A=0.400$。试计算吸光系数 a，摩尔吸收系数 ε 和桑德尔灵敏度 $S(M(Fe)=56\ g\cdot mol^{-1})$。

解：$c=\dfrac{2.0\ mL\times0.056\ mg\cdot mL^{-1}}{5\ mL}=2.24\times10^{-3}g\cdot L^{-1}$

$A=abc$，$a=\dfrac{A}{bc}=\dfrac{0.400}{1.0\times2.24\times10^{-3}}L\cdot g^{-1}\cdot cm^{-1}=1.79\times10^{2}\ L\cdot g^{-1}\cdot cm^{-1}$

$k=Ma=56\times1.79\times10^{2}=1.0\times10^{4}\ L\cdot g^{-1}\cdot cm^{-1}$

$S=\dfrac{M}{k}=\dfrac{56}{1.0\times10^{4}}=5.6\times10^{-3}\mu g\cdot cm^{-2}$

6. 称取钢样 0.500 g，溶解后定量转入 100 mL 容量瓶中，用水稀释至刻度。从中移取 10.0 mL 试液置于 50 mL 容量瓶，将其中的 Mn^{2+} 氧化为 MnO_4^-，用水稀至刻度，摇匀。于 520 nm 处用 2.0 cm 比色皿测得吸光度为 0.50。试求钢样中锰的质量分数(已知 $k=2.3\times10^{3}\ L\cdot mol^{-1}\cdot cm^{-1}$，$M(Mn)=55\ g\cdot mol^{-1}$)。

解：$A=kbc$，$c=\dfrac{A}{kb}=\dfrac{0.50}{2.3\times10^{3}\times2.0}\ mol\cdot L^{-1}=1.1\times10^{-4}\ mol\cdot L^{-1}$

$m=1.1\times10^{-4}\ mol\cdot L^{-1}\times55\ g\cdot mol^{-1}\times50.0\times10^{-3}L\times100.0\ mL/10.0mL=3.0\times10^{-3}g$

$\omega=\dfrac{3.0\times10^{-3}g}{0.5\ g}\times100\%=0.6\%$

7. 有一化合物在醇溶液中的 λ_{max} 为 240 nm，其 k 为 $1.7\times10^{4}\ L\cdot mol^{-1}\cdot cm^{-1}$，摩尔质量为 $314.47\ g\cdot mol^{-1}$。试问：配制什么样的浓度范围最为合适？

解：最合适的吸光度测量范围 0.2～0.7

$a=\dfrac{k}{M}=\dfrac{1.7\times10^{4}\ L\cdot mol^{-1}\cdot cm^{-1}}{314.47\ g\cdot mol^{-1}}=54\ L\cdot g^{-1}\cdot cm^{-1}$，

$A=abc$，

$c_1=\dfrac{A_1}{ab}=\dfrac{0.2}{54\ L\cdot g\cdot cm^{-1}\times1.0\ cm}=3.7\times10^{-3}g\cdot L^{-1}$，

$c_2=\frac{A_2}{ab}=\frac{0.7}{54\ L\cdot g\cdot cm^{-1}\times 1.0\ cm}=1.3\times 10^{-2} g\cdot L^{-1}$。

浓度范围为 $3.7\times 10^{-3} g\cdot L^{-1}\sim 1.3\times 10^{-2} g\cdot L^{-1}$。

8. 有一 A 和 B 两种化合物混合溶液，已知 A 在波长 282 nm 和 238 nm 处的吸光系数分别为 720 $L\cdot g^{-1}\cdot cm^{-1}$ 和 270 $L\cdot g^{-1}\cdot cm^{-1}$，而 B 在上述两波长处吸光度相等。现把 A 和 B 混合液盛于 1 cm 吸收池中，测得在 λ_{max} 为 282 nm 处的吸光度为 0.442，在 λ_{max} 为 238 nm处的吸光度为 0.278，求化合物 A 的浓度。

解：因为吸光度可加合，得方程

$$\begin{cases}A_{282}=a_{282}^{A}\cdot b\cdot c_A+A_{282}^{B},\\A_{238}=a_{238}^{A}\cdot b\cdot c_A+A_{238}^{B},\end{cases}$$

$A_{282}=0.442, A_{238}=0.278, b=1.0\ cm, a_{282}^{A}=720, a_{238}^{A}=270, A_{282}^{B}=A_{238}^{B}$，

$$\begin{cases}0.442=720\times 1.0\times c_A+A_{282}^{B},\\0.278=270\times 1.0\times c_A+A_{238}^{B},\end{cases}$$

解得 $c_A=3.64\times 10^{-4} g\cdot L^{-1}$。

9. 用纯品氯霉素（$M=323.15\ g\cdot mol^{-1}$）2.00 mg 配制成 100 mL 溶液，以 1 cm 吸收池在其最大吸收波长 278 nm 处测得透射比为 24.3%。试求氯霉素的摩尔吸光系数。

解：$c=\frac{2.00}{100\times 323.15}\ mol\cdot L^{-1}=6.19\times 10^{-5}\ mol\cdot L^{-1}$，$A=-\lg T=kbc$，$-\lg 0.243=k\times 1.0\times 6.19\times 10^{-5}$，$k=1.0\times 10^{4} L\cdot mol^{-1}\cdot cm^{-1}$。

10. 精密称取 0.0500 g 试样，置 250 mL 容量瓶中，加入 HCl 溶液稀释至刻度。准确吸取 2 mL 试液，稀释至 100 mL。以 0.02 $mol\cdot L^{-1}$ HCl 溶液为空白，在 263 nm 处用1.0 cm吸收池测得透射比为 41.7%，其 k 为 12 000 $L\cdot mol^{-1}\cdot cm^{-1}$，被测物摩尔质量为 100.0 $g\cdot mol^{-1}$。试计算 263 nm 处的吸光系数 a 和试样的含量。

解：$a=\frac{k}{M}=\frac{120\ 00\ L\cdot mol^{-1}\cdot cm^{-1}}{100.0\ g\cdot mol^{-1}}=120.0\ L\cdot g^{-1}\cdot cm^{-1}$，$-\lg T=kbc$，$c=\frac{-\lg 0.417}{120\ 00\ L\cdot mol^{-1}\cdot cm^{-1}\times 1.0\ cm}=3.2\times 10^{-5}\ mol\cdot L^{-1}$，

$$\omega=\frac{3.2\times 10^{-5}\ mol\cdot L^{-1}\times 100\times 10^{-3}\times 250\ mL\times 100.0\ g\cdot mol^{-1}}{2\ mL\times 0.050\ 0\ g}\times 100\%=80\%。$$

11. 25 ℃时，用电池 SCE‖H^+| 玻璃电极测量溶液的 pH。用 pH=4.00 的缓冲液测得电动势为 0.209 V。用未知溶液测得的电动势分别为 0.312 V，0.088 V，试计算未知溶液的 pH。

解：$pH_{x1}=pH_s+\frac{E_s-E_x}{2.303RT/F}=4.00+\frac{0.209-0.312}{0.059}=2.26$，

$$pH_{x2}=pH_s+\frac{E_s-E_x}{2.303RT/F}=4.00+\frac{0.209-0.088}{0.059}=6.05。$$

12. 25 ℃时，用氟离子选择性电极测定水样中的氟。取水样 25.00 mL，加 TISAB 溶液 25 mL，测得氟电极相对于 SCE 的电势（即工作电池的电动势）为 0.137 2 V；再加入$1.00\times 10^{-3}\ mol\cdot L^{-1}$标准氟溶液 1.00 mL，测得其电势为 0.117 0 V（相对于 SCE）。忽略稀释影

响，计算水样中氟离子的浓度。

解：$c_x=\dfrac{c_sV_s}{V_x}(10^{\Delta E/s}-1)^{-1}=\dfrac{1.00\times10^{-3}\times1.00}{25.00}\times[10^{(0.1372-0.1170)/0.059}-1]^{-1}\ \mathrm{mol\cdot L^{-1}}$ $=3.35\times10^{-5}\ \mathrm{mol\cdot L^{-1}}$。

1. 若一溶液的吸光度为0.390，则其透光率为多少？若将此溶液的浓度增大一倍，则其透光率又为多少？

2. 某一分光光度计读数平均误差$\Delta T=0.05\%$，求当溶液的透光率分别为20%，36.8%和56.2%时，测得的浓度的相对误差。

3. 两份某物质的溶液的透光率分别为20%和40%，当两溶液等体积混合时，混合溶液的透光率为多少？

4. 某标准溶液的浓度为$2.5\times10^{-3}\ \mathrm{mol\cdot L^{-1}}$，如果在1cm的比色杯中测得其吸光度为0.463，那么当浓度为$1.5\times10^{-3}\ \mathrm{mol\cdot L^{-1}}$时，在2 cm的比色杯中测得的吸光反应为多少？

5. 欲使某样品的溶液用1 cm的比色杯测量的吸光度在0.2～0.8之间，若该物质的摩尔吸光系数为$4.0\times10^4\ \mathrm{cm^{-1}\cdot L\cdot mol^{-1}}$，则样品溶液的浓度范围为多少？

6. 浓度为$0.50\ \mu\mathrm{g\cdot mL^{-1}}$的$Cu^{2+}$溶液，经显色后在600 nm波长测量，用2 cm的比色杯测得其吸光度为0.690，求有色物质的吸光系数。

7. 从原试液中取出一定体积的溶液稀释后进行测量，用 5 cm 的比色杯在一定波长下测得吸光度为 0.220，若稀释前的溶液在同样的波长下，用 1 cm 的比色杯测得透光率为 36.3%，问：原试液被稀释了几倍？

8. 用玻璃电极与甘汞电极组成下列电池：

玻璃电极 | $H(\alpha=x)$ ‖ 饱和甘汞电极

测量溶液的 pH 值，当用 pH＝4.00 的标准缓冲液测量时，测得电池的电动势为 0.200 V。若改用未知溶液测量时，测得电池的电动势为 0.00 V，求溶液的 pH 值。

9. F^- 用下列电池测量：F^- 离子选择电极| F^- (2.00×10^{-3} mol·L^{-1}) ‖ 饱和甘汞电极，测得电池电动势为 0.325 V，若用未知溶液代替电池中的 F^- 离子溶液，测得电池的电动势为 0.340 V，求未知液中 F^- 的浓度。

10. 用离子选择性电极法测定浓度，用 20.00 mL 的 1.0×10^{-4} mol·L^{-1} 的 K^+ 标准溶液测得 K^+ 选择性电极的电位为－150 mV。在加入 2.00 mL 未知样后，测得电极的电极电位变为－102 mV，求未知试样中 K^+ 的浓度。

11. 用自动电位滴定法进行测量时，常需得到滴定终点时的电位。若 $AgNO_3$ 作标准溶液滴定含 Cl^- 的溶液，当 Cl^- 被反应后在溶液中剩余浓度为 10^{-5} mol·L^{-1} 时，则认为反应恰好达到终点，求终点时 Ag^+/Ag 电对的电极电位。

第十章　重要元素及其化合物

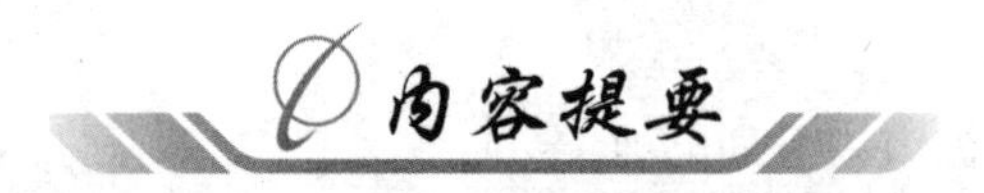

本章重点：s 区、p 区、d 区、ds 区元素通性、重要元素及其化合物。

一、元素概述

人类已发现的元素和人工合成的元素有 112 种，其中地球上天然存在的元素有 92 种。根据研究目的不同，元素的分类常见的有三种：

1. 根据元素的性质进行分类，可分为金属与非金属。
2. 根据元素在自然界中的分布及应用情况，可分为普通元素和稀有元素。
3. 根据元素的生物效应不同，又分为有生物活性的生命元素和非生命元素。

二、s 区元素

1. 通性

碱金属　ⅠA 族　由 Li　Na　K　Rb　Cs　Fr　六种元素组成，价层电子构型 ns^1，

碱土金属　ⅡA 族　由 Be　Mg　Ca　Sr　Ba　Ra　六种元素组成，价层电子构型 ns^2。

其中，Fr 和 Ra 为放射性元素，不对其进行讨论。

对于碱金属和碱土金属来讲，因为它们的最外层分别只有一个和两个 s 电子，而它们的原子半径在同周期中又是最大的，所以它们在反应中易失去最外层的 s 电子而表现出很高的化学活泼性，并且它们总是在反应中失去最外层电子，内层电子不参与反应，故在化合物中只有一种氧化值，碱金属＋1、碱土金属＋2。

其化学活泼性的递变规律：同一主族从上到下逐渐增大；同一周期的碱金属又比碱土金属活泼。

2. 重要化合物

(1) 氢化物

碱金属和碱土金属(Be 和 Mg 除外)，在高温下与氢直接化合，可得离子型氢化物：

$2M+H_2 = 2MH$

$M+H_2 = MH_2$

在这些氢化物中存在 H^-，$\varphi^\ominus(H_2/H^-)=-2.23$ V，说明离子型氢化物具有极强的还原性，如：

$H^- + H_2O = H_2 + OH^-$

$TiCl_4 + 4NaH \xlongequal{高温} Ti + 4NaCl + 2H_2(g)$

(2) 氧化物

可形成三种类型的氧化物，即：正常氧化物（含 O^{2-}）、过氧化物（含 O_2^{2-}）、超氧化物（含 O_2^-）（从 O_2 出发分别分析其结构和磁性）。

$O_2[KK(\sigma_{2s})^2(\sigma_{2s}^*)^2(\sigma_{2px})^2(\pi_{2py})^2(\pi_{2pz})^2(\pi_{2py}^*)^1(\pi_{2pz}^*)^1$

a. 正常氧化物

在空气中燃烧时 Li 和碱土金属主要形成正常氧化物：

$4Li + O_2 = 2Li_2O; 2M + O_2 = 2MO$

碱金属的其他正常氧化物可由金属与过氧化物或硝酸盐作用得到：

$Na_2O_2 + 2Na = 2Na_2O$

$2KNO_3 + 10K = 6K_2O + N_2$

碱土金属的碳酸盐、硝酸盐热分解也能得到相应的氧化物。

b. 过氧化物

除 Be 外均可得到过氧化物，其中直接在空气中燃烧时 Na、Ba 可得过氧化物（Ba 在高压下）。

性质：与水、稀酸、CO_2 作用

$Na_2O_2 + 2H_2O = 2NaOH + H_2O_2$

$Na_2O_2 + H_2SO_4 = Na_2SO_4 + H_2O_2$

$Na_2O_2 + 2CO_2 = 2Na_2CO_3 + O_2$

Na_2O_2 具有强氧化性：$Na_2O_2 + MnO_2 = Na_2MnO_4$

c. 超氧化物

除 Li、Be、Mg 外，都可形成超氧化物。其中 K、Rb、Cs 在空气中燃烧即得超氧化物。

$K + O_2 = KO_2$

性质：$2KO_2 + 2H_2O = 2KOH + H_2O_2 + O_2$

$4KO_2 + 2CO_2 = 2K_2CO_3 + 3O_2$

(3) 氢氧化物

ROH 规则：对氧化物的水合物（含氧酸或氢氧化物），均可用 ROH 表示，其水溶液的酸碱性与 ROH 的解离方式有关：

R—O┼H ：发生酸式解离，溶液呈酸性

R┼O—H ：发生碱式解离，溶液呈碱性

碱金属和碱土金属碱性递变规律：

MOH	Li 中强碱	Na 强碱	K 强碱	Rb 强碱	Cs 强碱
$M(OH)_2$	Be 两性	Mg 中强碱	Ca 强碱	Sr 强碱	Ba 强碱

其碱性的递变规律为：同一主族从上到下碱性逐渐增强；同一周期碱金属氢氧化物的碱

性强于碱土金属。

还得出：

① 同一周期不同元素的最高正氧化值氧化物对应水合物的酸碱性递变规律性：

$NaOH$、$Mg(OH)_2$、$Al(OH)_3$、H_2SiO_3、H_3PO_4、H_2SO_4、$HClO_4$

② 同一主族从上到下，相同氧化值氧化物对应水合物酸碱性的递变规律：

$HClO_3$、$HBrO_3$、HIO_3

(4) 重要盐类的性质

主要有卤化物、硝酸盐、硫酸盐、碳酸盐等。

晶体类型：碱金属盐大多为离子型的，其熔、沸点高。Li^+ 半径小，极化力强，某些盐带有一定程度的共价性；碱土金属离子电荷大、半径小，极化力较碱金属离子强，故离子键特征比碱金属离子差，不过随着离子半径的增大，离子性增强。

如碱土金属氯化物的熔点：

	$BeCl_2$	$MgCl_2$	$CaCl_2$	$SrCl_2$	$BaCl_2$
熔点/℃	405	714	782	876	962

$BeCl_2$ 中，因 Be^{2+} 半径小，极化力强，为共价型化合物，相应的晶体为分子晶体，故熔点低。

含氧酸盐的热稳定性规律，以碳酸盐为例说明：

如对 MCO_3：用价层电子对互斥理论可分析得出 CO_3^{2-} 空间构型为平面正三角形。据离子极化理论：对中间的 C 来说，氧化值为+4(形式电荷为+4)，在离子极化理论中将其看成带四个单位正电荷。则 C^{4+} 所产生的电场会使 O 的电子云变形而产生诱导偶极，从而增强了 C—O 间的作用力。当某一正离子(为简便见，设为二价离子)与 CO_3^{2-} 结合形成碳酸盐。显然 M^{2+} 对 O 也有极化作用而产生诱导偶极，且所产生的诱导偶极正好与前面相反，这称为反极化，从而削弱了 C—O 间的作用力，在一定条件下可分解 M^{2+} 的极化力越强，反极化作用越强，从而碳酸盐的热稳定性越差。

据此可分析得出：

a. Na_2CO_3、$NaHCO_3$、H_2CO_3 的热稳定性变化规律；

b. 碱土金属碳酸盐的热稳定性变化规律；

c. 同周期碱金属、碱土金属碳酸盐热稳定性大小；

d. 预测某些碳酸盐，如 $PbCO_3$、$CoCO_3$ 等的热稳定性大小。

三、p 区元素

1. 通性

p 区元素包括ⅢA 至ⅧA 六个主族，目前共有 31 个元素，是元素周期表中唯一包含金属和非金属的一个区。在同周期元素中，由于 p 轨道上电子数的不同而呈现出明显不同的性质。在同一族元素中，原子半径从上到下逐渐增大，而有效核电荷只是略有增加。因此，金属性逐渐增强，非金属性逐渐减弱。

2. 卤素

(1) 概述

周期表中的ⅦA元素有:F、Cl、Br、I、At五种元素,也称为卤素。其中At是用人工方法制得的放射性元素,不对它进行讨论。

卤素的价电子层结构:ns^2np^5,因此它们容易得到一个电子变为8电子的稳定结构,所以它们都是非金属性很强的元素,其单质具有较强的氧化性。在化合物中,其常见的氧化值为−1;另外除F外在化合物中都可显示+1、+3、+5、+7的氧化值。

卤素单质的化学性质:

由于卤素的单质具有较强的氧化性,为活泼的非金属元素,因此它们能与许多物质直接反应,其反应的剧烈程度按F、Cl、Br、I的顺序递减。

a. 与H_2反应:

F_2	Cl_2	Br_2	I_2
黑暗处爆炸	加热或光照时爆炸	加热时反应	加热时慢慢反应且可逆

b. 与水反应:

F_2:$2F_2+2H_2O \xlongequal{} O_2\uparrow+4HF$

即可把水中的氧置换出来。

Cl_2、Br_2、I_2:$X_2+H_2O \rightleftharpoons HX+HXO$,即发生歧化反应。

这是一个可逆反应,显然在上述平衡体系中加碱可以使平衡向右移动,促进歧化反应的进行:$X_2+2OH^- \rightleftharpoons X^-+XO^-+H_2O$

Cl_2、Br_2、I_2在碱性条件下可发生歧化反应生成卤化物和次卤酸盐。在碱性条件下,次卤酸盐还可以发生歧化反应:

$$3XO^- \rightleftharpoons 2X^-+XO_3^-$$

(2) 卤化氢和卤化物

a. 卤化氢

制备:

HF:萤石与浓H_2SO_4作用,$CaF_2+H_2SO_4 \xlongequal{\triangle} 2HF\uparrow+CaSO_4$

HCl:$Cl_2+H_2 \xlongequal{燃烧} 2HCl$

实验室:$NaCl+H_2SO_4 \xlongequal{\triangle} NaHSO_4+HCl\uparrow$

HBr、HI:不能用其卤化物与浓硫酸反应制得,这是由于HBr、HI的还原性强,可与浓硫酸反应。

$H_2SO_4+2HBr \xlongequal{} SO_2\uparrow+Br_2+2H_2O$

$H_2SO_4+8HI \xlongequal{} H_2S\uparrow+4I_2+4H_2O$

可以用浓H_3PO_4代替浓硫酸:$NaI+H_3PO_4(浓) \xlongequal{} HI\uparrow+NaH_2PO_4$,HI脱离反应体系。

另外可用非金属卤化物的水解来制备:

$PBr_3+3H_2O \longrightarrow 3HBr+H_3PO_3$

实际应用时并不需要预先制得三卤化磷，而是将溴或碘与磷混合后滴加水：

$3Br_2+2P+6H_2O \longrightarrow 6HBr+2H_3PO_3$

卤化氢或氢卤酸的性质：

HF　HCl　HBr　HI

熔、沸点：低 ⟶ 高

热稳定性：大 ⟶ 小

标准生成热的负值越大，$2HX \longrightarrow H_2(g)+X_2(g)$所需的能量越大，则卤化氢热稳定性越大。

氢卤酸的酸性：酸性增强 ⟶

经理论计算 $Ka^{\ominus}$ 值分别为 $10^{-3.5}$，$10^{8.2}$，10^{11}，10^{12}

除 HF 外，其余均为强酸，且酸性增强。

还原性：还原性增强 ⟶

标准电极电势的值越小，还原性越强

b. 卤化物

卤素与电负性比它小的元素生成的二元化合物叫卤化物。卤化物可分为金属卤化物和非金属卤化物。

(3) 卤素含氧酸及其盐

Cl、Br、I 可以形成氧化值为＋1、＋3、＋5、＋7 的含氧酸及其盐，其中以氯的含氧酸及其盐最为重要，故重点对其进行介绍。

a. 次氯酸及其盐：

HClO，氯的氧化值＋1，为一元弱酸，其酸性比 H_2CO_3 还弱。

制备：$Cl_2+H_2O \rightleftharpoons HCl+HClO$

$Cl_2+2NaOH(冷) \longrightarrow NaCl+NaClO+H_2O$

性质：强氧化性：$2Fe(OH)_3+3ClO^-+4OH^- \longrightarrow 2FeO_4^{2-}+3Cl^-+5H_2O$

b. 氯酸及其盐

制备：

$$HClO_3: Ba(ClO_3)_2+H_2SO_4 \longrightarrow 2HClO_3+BaSO_4\downarrow$$

氯酸盐：氯气通入热碱溶液中，发生歧化反应：

$$3Cl_2+6KOH \longrightarrow 5KCl+KClO_3+3H_2O$$

工业上就是用无隔膜法电解热的 KCl 溶液，使阳极产物 Cl_2 与阴极产物 KOH 发生上述歧化反应。

性质：$HClO_3$ 是一个强酸，其酸性接近于 HCl。

强氧化性，在酸性条件下：$\varphi^{\ominus}(ClO_3^-/Cl_2)=1.47\ V$；$\varphi^{\ominus}(ClO_3^-/Cl^-)=1.45\ V$；$\varphi^{\ominus}(Cl_2/Cl^-)=1.36\ V$，可见在酸性条件下 ClO_3^- 是一个强氧化剂，可将 I^- 氧化成 IO_3^-：$E^{\ominus}(IO_3^-/I^-)=1.20\ V$

I^- 过量：$ClO_3^- + 6I^- + 6H^+ \xlongequal{} 3I_2 + Cl^- + 3H_2O$

ClO_3^- 过量：$6ClO_3^- + 5I^- + 6H^+ \xlongequal{} 5IO_3^- + 3Cl_2 + 3H_2O$

$KClO_3$ 溶液在中性或碱性条件下氧化性很差。而固体 $KClO_3$ 在加热时为强氧化剂，如高锰酸钾的制备：$3MnO_2(s) + KClO_3(s) + 6KOH(s) \xlongequal{熔槽} 3K_2MnO_4 + KCl + 3H_2O$

c. 高氯酸及其盐

$HClO_4$ 的制备：$KClO_4 + H_2SO_4$(浓)$\xlongequal{} KHSO_4 + HClO_4$

经减压蒸馏可将 $HClO_4$ 分离出来，$HClO_4$ 是最强的无机酸之一。

d. 氯的含氧酸及其盐性质的递变规律

对氯的含氧酸根结构分析可知，从 ClO^- 到 ClO_4^- 其对称性增加，若它们与同一种金属离子形成盐，则盐的热稳定性与含氧酸根的结构有关。一般说来，结构的对称性越好的盐其热稳定性越大，所以氯的含氧酸盐热稳定性递增。含氧酸的热稳定性与含氧酸盐一致。

含氧酸的氧化性与其稳定性有关，稳定性大则氧化性弱，从有关电对标准电极电势值也可看出：

	ClO_4^-/Cl^-	ClO_3^-/Cl^-	$HClO_2/Cl^-$	$HClO/Cl^-$
$\varphi_A^\ominus/V$	1.38	1.45	1.57	1.49

可见其氧化性递减。氯的含氧酸盐氧化性的递变规律与含氧酸一致。$HClO_2$ 例外，其热稳定性最差、氧化性最强。

3. 氧族

(1) 氧族元素概述

元素周期表中ⅥA 族有：O、S、Se、Te、Po 这五种元素，也称为氧族元素，其中 Po 为放射性元素。

氧族元素价电子构型为 ns^2np^4，故有获得电子变为稀有气体稳定结构的趋势，因而氧族元素具有较强的非金属性，当然其非金属性比同周期的卤素要弱。

(2) 氢化物

a. 硫化氢

硫化氢中 S 的氧化值为－2，处于最低氧化值，故只具有还原性，且为一较强的还原剂

$$\varphi^\ominus(S/H_2S) = 0.141\ V$$

如在空气中燃烧：$2H_2S + 3O_2 \xlongequal{} 2SO_2 + 2H_2O$

与 SO_2 反应：$2H_2S + SO_2 \xlongequal{} 3S + 2H_2O$

氢硫酸：硫化氢的水溶液称为氢硫酸，更易被氧化。

如在空气中久置会发浑，这是因为空气中的氧气将其氧化析出 S：

$2H_2S + O_2 \xlongequal{} 2S\downarrow + 2H_2O$

b. 过氧化氢

过氧化氢的分子式为 H_2O_2，俗称双氧水。

$\varphi_A^\ominus/V$：$O_2 \xrightarrow{0.682} H_2O_2 \xrightarrow{1.77} H_2O$　$Cr_2O_7^{2-}/Cr^{3+}$：1.33 V

$\varphi_B^\ominus/V$：$O_2 \xrightarrow{-0.076} HO_2^- \xrightarrow{0.88} H_2O$　$CrO_4^{2-}/[Cr(OH)_4]^-$：－0.12 V

化学性质：

不稳定性：由元素电势图可见，H_2O_2 可发生歧化反应：$2H_2O_2 \rightleftharpoons 2H_2O+O_2$，通常情况下，反应速率是很慢的，但是引入催化剂（如某些金属离子：Mn^{2+}、Fe^{3+}、Cr^{3+}等）、见光、加热可加速 H_2O_2 的分解。

氧化还原性：H_2O_2 中 O 的氧化值为－1，处于中间价态，故既有氧化性又有还原性。不过其氧化性表现得更突出一些。如：

在酸性条件下：$H_2O_2+2Fe^{2+}+2H^+ = 2Fe^{3+}+2H_2O$

$H_2SO_3+H_2O_2 = H_2SO_4+H_2O$

$PbS+4H_2O_2 = PbSO_4+4H_2O$

在碱性条件下：$2[Cr(OH)_4]^-+3H_2O_2+2OH^- = 2CrO_4^{2-}+8H_2O$

在上述反应中，H_2O_2 均作为氧化剂。H_2O_2 作为氧化剂的优点是还原产物为水，不会给反应体系引入杂质；另外由于 H_2O_2 的热不稳定性，过量的 H_2O_2 可加热除去。

H_2O_2 的氧化性比较强，但如其遇到更强的氧化剂，则可被氧化而起还原剂的作用：

$2MnO_4^-+5H_2O_2+6H^+ = 2Mn^{2+}+5O_2+8H_2O$

(3) 氧化物及其水合物的酸碱性

a. ROH 规则

b. 鲍林规则

鲍林规则可以半定量地估计含氧酸的强度。包括以下两条：

一、多元含氧酸的标准逐级解离常数 $K_1^\ominus$，$K_2^\ominus$，$K_3^\ominus$，…其数值之比约为 $1:10^{-5}:10^{-10}:\cdots$

二、具有 $RO_m(OH)_n$ 形式的酸，其标准解离常数与 m（m 为非羟基氧原子数）值的关系是：

当 $m=0$ 时，$K^\ominus \leqslant 10^{-7}$，是很弱的酸　（如 H_3BO_3）

当 $m=1$ 时，$K^\ominus \approx 10^{-2}$，是弱酸　（如 H_2SO_3）

当 $m=2$ 时，$K^\ominus \approx 10^{3}$，是强酸　（如 H_2SO_4）

当 $m=3$ 时，$K^\ominus \approx 10^{8}$，是极强的酸　（如 $HClO_4$）

(4) 金属硫化物

对金属硫化物除了碱金属及部分碱土金属以外，大多难溶于水。为了使其溶解，必须使 $Q<K_{sp}^\ominus$，溶度积越小，则溶解越困难。比如，为了使 CuS 溶解，如用 HCl 所需 H^+ 浓度高达 3.6×10^{10} mol·L^{-1}，这样高的浓度是达不到的，故只能用氧化性的酸如 HNO_3 使其溶解。这是利用氧化还原反应。

$3CuS+8HNO_3 = 3Cu(NO_3)_2+3S+2NO+4H_2O$

而 HgS 溶度积常数更小，必须用王水才可使其溶解，这是利用配位反应和氧化还原反应同时降低正、负离子的浓度。

$3HgS+2NO_3^-+12Cl^-+8H^+ = 3[HgCl_4]^{2-}+3S+2NO+4H_2O$

(5) 硫的含氧酸及其盐

a. 硫酸及其盐

硫酸的酸性：是一个二元酸，其第一步离解完全，第二步部分离解，故存在离解平衡：

$$HSO_4^- \rightleftharpoons H^+ + SO_4^{2-} \quad K_2^\ominus = 1.2\times10^{-2}$$

浓硫酸的性质：吸水性、脱水性和强烈的氧化性。

强烈的氧化性：特别是在加热时能氧化许多金属与非金属。

$C+2H_2SO_4$(浓)$=CO_2+2SO_2+2H_2O$

$Cu+2H_2SO_4$(浓)$=CuSO_4+SO_2+2H_2O$

$Zn+2H_2SO_4$(浓)$=ZnSO_4+SO_2+2H_2O$

由于锌的还原性较强，还可进一步将其还原为S、甚至H_2S。

由上述反应可知，浓硫酸的氧化性是体现在氧化值为6的S上，反应后生成S的较低氧化值物质，故金属与浓硫酸反应不会产生氢气。

而对稀硫酸来讲：$Zn+H_2SO_4$(稀)$=ZnSO_4+H_2\uparrow$

H_2SO_4(稀)也作为氧化剂，但其氧化性体现在H^+上，故与活泼金属反应可放出氢气。

b. 二氧化硫、亚硫酸及其盐(略介)

二氧化硫、亚硫酸及其盐中S的氧化值为+4，处于中间价态，故它们既具有氧化性又有还原性。其电极电势值见p.220，可见它为一较强的还原剂和弱的氧化剂：

$H_2SO_3+2H_2S=3S\downarrow+3H_2O$

$H_2SO_3+I_2+H_2O=H_2SO_4+2HI$　　直接碘量法测SO_3^{2-}

c. 硫代硫酸及其盐

制备：将硫粉加入Na_2SO_3溶液中，煮沸：$Na_2SO_3+S=Na_2S_2O_3$

性质：1)具有还原性，且是一个较强的还原剂

$2S_2O_3^{2-}+I_2=S_4O_6^{2-}+2I^-$；连四硫酸根离子，S的平均氧化值为+2.5。

这是分析化学中碘量法的重要反应。

更强的氧化剂则可将其氧化为SO_4^{2-}：

$S_2O_3^{2-}+4Cl_2+5H_2O=2SO_4^{2-}+8Cl^-+10H^+$

2)配位剂：$AgBr+2S_2O_3^{2-}=[Ag(S_2O_3)_2]^{3-}+Br^-$，可用作定影剂。

3)与酸反应：遇酸迅速分解：$S_2O_3^{2-}+2H^+=SO_2(g)+S\downarrow+H_2O$

d. 过硫酸

过硫酸可以看成是H_2O_2分子中的H原子被—SO_3H取代的产物：

性质：具有强烈的氧化性，$\varphi^\ominus(S_2O_8^{2-}/SO_4^{2-})=2.01\ V$

例：$2Mn^{2+}+5S_2O_8^{2-}+8H_2O \xlongequal{Ag^+} 2MnO_4^-+10SO_4^{2-}+16H^+$

该反应可用于鉴定Mn^{2+}。

4. 氮族

(1) 氮族元素概述

周期表中ⅤA族有：N、P、As、Sb、Bi这五种元素，也称为氮族元素，其价电子构型为ns^2np^3，同一族从上到下金属性逐渐增强，非金属性逐渐减弱。

惰性电子对效应：

ⅢA　ⅣA　ⅤA　对主族元素来讲，它所呈现的最高正氧化值与所在的族数

B　　C　　N　　相同。但是对ⅢA、ⅣA、ⅤA元素来讲，其最高正氧化值物质的
↓　　↓　　↓　　稳定性随原子序数的增加而减小，而比相应族数少 2 的低氧化值
Tl　　Pb　　Bi　　物质的稳定性依次增强。如第六周期的 Tl、Pb、Bi 稳定的氧化值分别为＋1、＋2、＋3，即就是最外层 6p 电子易失去，而两个 6s 电子则难失去，这一对电子称为惰性电子对，这种效应就称为惰性电子对效应。因为惰性电子对效应使氧化值为＋3、＋4、＋5 的 Tl、Pb、Bi 具有很强的氧化性。

(2) 氨和铵盐

a. 氨

氨是氮的重要化合物，几乎所有的含氮化合物都可用氨为原料制取。

制备：工业上以 N_2、H_2 为原料在高温、高压及有催化剂存在的条件下直接合成。

化学性质：

① 加合反应：因为 NH_3 分子中的 N 原子上有孤对电子，故可以作为配体给出电子对，形成一系列配位化合物：$[Ag(NH_3)_2]^+$、$[Cu(NH_3)_4]^{2+}$、NH_4^+ 等。

② 氧化反应：NH_3 中 N 的氧化值为－3，处于最低氧化值，故具有还原性而发生氧化反应。

如在纯氧中可以燃烧：$4NH_3 + 3O_2 = 2N_2 + 6H_2O$

在催化剂存在下：$4NH_3 + 5O_2 \xlongequal{\text{催化剂}} 4NO + 6H_2O$ 为氨氧化法制 HNO_3 中的重要反应。$2NH_3 + 3Cl_2 = N_2 + 6HCl$，HCl 与剩余的 NH_3 反应生成 NH_4Cl 而冒白烟，工业上用于检验氯气管道是否漏气。

③ 取代反应：NH_3 分子的 H 可被其他元素取代。

$2NH_3(\text{液}) + 2Na = 2NaNH_2 + H_2$

与过量的 Cl_2 反应：$NH_3 + 3Cl_2 = NCl_3 + 3HCl$

b. 铵盐

氨与酸反应即生成相应的铵盐。铵盐的晶型、溶解度等方面与碱金属盐类，特别是 K 盐很相似，但也有不同之处。如它们盐类的热分解规律不同：

铵盐的热分解可分为两类：

① 非氧化性酸的铵盐(对成酸元素而言)

$NH_4Cl \xlongequal{\triangle} NH_3 + HCl$　　酸为挥发性酸

$NH_4HCO_3 \xlongequal{\triangle} NH_3 + H_2O + CO_2$　　酸为不稳定酸

$(NH_4)_3PO_4 \xlongequal{\triangle} 3NH_3 + H_3PO_4$　　酸为难挥发性，残留物为酸

可见非氧化性酸的铵盐，加热分解后生成 NH_3，N 的氧化值不发生变化。

② 氧化性酸的铵盐

$NH_4NO_2 \xlongequal{\triangle} N_2(g) + 2H_2O$

$NH_4NO_3 \xlongequal{\triangle} N_2O(g) + 2H_2O$(加热温度不同，分解产物可能不同)

$(NH_4)_2Cr_2O_7 \xlongequal{\triangle} N_2(g) + Cr_2O_3 + 4H_2O$

可见对氧化性酸的铵盐，加热分解 NH_3 会被氧化，生成 N_2 或 N 的氧化物。

(3) 氮的含氧酸及其盐

a. 硝酸及其盐

制备：工业上采用氨氧化法制硝酸。

性质：在此仅介绍其氧化性。在硝酸中 N 的氧化值为 +5，处于最高正氧化值，具有较强的氧化性，可以与许多金属及非金属反应，还原产物与硝酸的浓度及还原剂的强弱有关。

① 与不活泼金属，如 Cu、Ag、Hg 等，Au、Pt 等除外。

$Cu+4HNO_3(浓)=Cu(NO_3)_2+NO_2(g)+2H_2O$

$3Cu+8HNO_3(稀)=3Cu(NO_3)_2+2NO(g)+4H_2O$

② 与非金属反应，如 C、S、P 等。

不论浓稀，主要的还原产物为 NO，只不过浓度大时易反应；浓度小时难反应。

$4HNO_3(浓)+3C=3CO_2(g)+4NO(g)+2H_2O$

$2HNO_3(浓)+S=H_2SO_4+2NO(g)$

$3P+5HNO_3+2H_2O=3H_3PO_4+5NO(g)$；浓硝酸则更易反应

③ 与较活泼金属反应

$Mg+4HNO_3(浓)=Mg(NO_3)_2+2NO_2(g)+2H_2O$

$4Mg+10HNO_3(稀)=4Mg(NO_3)_2+N_2O(g)+5H_2O$

$4Mg+10HNO_3(极稀)=4Mg(NO_3)_2+NH_4NO_3+3H_2O$

由上可见，HNO_3 的还原产物是比较复杂的，通常是几种含氮化合物的混合物，只不过在某种条件下某一还原产物是主要的。

b. 王水：一体积的浓硝酸和三体积的浓盐酸的混合酸称王水，不溶于浓硝酸的金、铂可溶于王水中。

$Au+HNO_3+4HCl=H[AuCl_4]+NO+2H_2O$

所有的硝酸盐均易溶于水，固体硝酸盐加热可分解，除 NH_4NO_3 外，其热分解情况可分为三类：

分解成亚硝酸盐（比 Mg 活泼的金属）：

$2NaNO_3 \xlongequal{\triangle} 2NaNO_2+O_2$

分解成金属氧化物（活泼性在 Mg～Cu 间及碱土金属硝酸盐）：

$2Pb(NO_3)_2 \xlongequal{\triangle} 2PbO+4NO_2+O_2$

分解成金属（活泼性比 Cu 差）：其氧化物也不稳定

$2AgNO_3 \xlongequal{\triangle} 2Ag+2NO_2+O_2$

(4) 亚硝酸及其盐

性质：亚硝酸是一种不稳定的弱酸，低温下分解生成 N_2O_3，溶于水呈蓝色：

$2HNO_2 \rightleftharpoons H_2O+N_2O_3 \rightleftharpoons H_2O+NO(g)+NO_2(g)$

因此亚硝酸盐在低温下酸化，首先溶液变蓝而后蓝色褪去并有红棕色气体产生。

在亚硝酸及其盐中 N 的氧化值为 +3，处于中间氧化值，故既具有氧化性又有还原性，但以氧化性为主：

$2NO_2^- + 2I^- + 4H^+ = 2NO(g) + I_2 + 2H_2O$　该反应可用于 NO_2^- 的定量测定

$5NO_2^- + 2MnO_4^- + 6H^+ = 5NO_3^- + 2Mn^{2+} + 3H_2O$

即可使 $KMnO_4$ 溶液褪色，据此可区分亚硝酸盐和硝酸盐。

5. 磷及其化合物

（1）磷

磷在自然界都是以磷酸盐的形式存在的，单质磷是以磷酸盐为原料制备的：

$2Ca_3(PO_4)_2 + 6SiO_2 + 10C = 6CaSiO_3 + P_4 + 10CO$

将 $Ca_3(PO_4)_2$、炭粉、石英砂混合后放在 1 400 ℃左右的电炉中加热，生成的气体通入冷水中，即得白磷。

（2）磷的氧化物

磷在空气中燃烧时可得 P_2O_5，若空气不足时则得 P_2O_3。实际上它们都是以双聚分子的形式存在的，即 P_4O_{10}、P_4O_6，不过通常简写成 P_2O_5 和 P_2O_3。可从 P_4 分子出发，说明其空间构型。

P_2O_5 具有很强的吸水性能，不仅可吸收气体和液体中的水，还能从许多化合物中夺取与水分子相当的氢和氧。如：$P_2O_5 + 3H_2SO_4 = 3SO_3 + 2H_3PO_4$

（3）磷的含氧酸及其盐

a. 磷酸：又称正磷酸，是一个非氧化性的中强三元酸。

磷酸在加热时会脱水，形成多种缩合酸，如：

两分子磷酸失去一分子水，形成焦磷酸：$H_4P_2O_7$

由几个单酸脱水，再通过氧原子连起来的酸叫多酸或缩合酸。磷酸可以形成多种多磷酸，如：

三分子磷酸脱去三分子水：$3H_3PO_4 \xlongequal{-3H_2O} (HPO_3)_3$　三偏磷酸

三分子磷酸脱去两分子水：$3H_3PO_4 \xlongequal{-2H_2O} H_5P_3O_{10}$　三聚磷酸

三偏磷酸、三聚磷酸都是优良的水处理试剂，但目前已限制其使用。

b. 磷酸根离子的鉴定

在硝酸介质中，加过量的钼酸铵，加热。有黄色的磷钼酸铵沉淀产生：

$$PO_4^{3-} + 3NH_4^+ + 12MoO_4^{2-} + 24H^+ = (NH_4)_3[P(Mo_3O_{10})_4](s) + 12H_2O$$

6. 砷、锑、铋的重要化合物

（1）含氧化合物

a. 酸碱性变化规律

由 ROH 规则知，相同氧化值氧化物对应水合物从上到下碱性逐渐增强而酸性逐渐减弱；且同一元素的高氧化值氧化物对应水合物的酸性比低氧化值氧化物对应水合物的酸性强。而对应氧化物酸碱性的变化规律与其水合物相同。

	$+3$		$+5$		
还原性增强↑ 稳定性增加↓ 碱性增强↓	As_2O_3	H_3AsO_3	As_2O_5	H_3AsO_4	氧化性增强↓ 稳定性增加↑ 酸性增强↓
	白色	两性偏酸	白色	中强酸	
	Sb_2O_3	$Sb(OH)_3$	Sb_2O_5	$Sb_2O_5 \cdot xH_2O$	
	白色	两性	淡黄色	两性偏酸	
	Bi_2O_3	$Bi(OH)_3$	Bi_2O_5		
	黄色	弱碱性	极不稳定		

酸性增强→

b. 氧化还原性及稳定性

由于惰性电子对效应，使氧化值为+5的砷、锑、铋化合物稳定性降低而氧化性增强；对氧化值为+3的化合物稳定性增强而还原性减弱。

+3：在碱性条件下

$AsO_3^{3-} + I_2 + 2OH^- = AsO_4^{3-} + 2I^- + H_2O$

还原性较强，在碱性条件下 I_2 即可将其氧化。

$Bi(OH)_3 + Cl_2 + 3NaOH = NaBiO_3(s) + 2NaCl + 3H_2O$

有淡黄色的偏铋酸钠沉淀生成，即必须用强氧化剂才可将其氧化，NaClO 也可。

+5：在酸性条件下

$H_3AsO_4 + 2I^- + 2H^+ = H_3AsO_3 + I_2 + H_2O$

氧化性虽弱，但也可以将 I^- 氧化，这说明溶液酸碱性的变化可能会改变氧化还原反应方向。

$5NaBiO_3 + 2Mn^{2+} + 14H^+ = 2MnO_4^- + 5Bi^{3+} + 5Na^+ + 7H_2O$

具有极强的氧化性，可用于 Mn^{2+} 的鉴定。

(2) 硫化物

砷的硫化物，有 As_2S_3 和 As_2S_5，其酸性递变规律与对应氧化物一致。

$As_2S_3 + 3Na_2S = 2Na_3AsS_3$

$As_2S_3 + 6NaOH = Na_3AsS_3 + Na_3AsO_3 + 3H_2O$

(As_2S_5 酸性更强，则在 Na_2S 或 NaOH 溶液中更易溶解)

它们的硫代酸均不稳定，故在硫代酸盐溶液中加酸，则发生如下反应：

$2AsS_3^{3-} + 6H^+ = As_2S_3\downarrow + 3H_2S\uparrow$

7. 碳族

(1) 碳族元素概述

元素周期表ⅣA族有C、Si、Ge、Sn、Pb这五种元素，也称为碳族元素。其价层电子构型为 ns^2np^2，能够形成氧化值为+2、+4的化合物。对Ge、Sn、Pb来讲，因惰性电子对效应，氧化值为+2的Ge、Sn的化合物有较强的还原性，氧化值为+4的化合物较为稳定；而对Pb来讲，氧化值为+2的化合物稳定而+4的化合物具有强氧化性。

(2) 碳的化合物

a. 碳酸盐

CO_2 溶于水部分形成 H_2CO_3，对 H_2CO_3 来说为二元弱酸，故其盐类有两种即正盐和酸式盐。

在此仅介绍碳酸盐以下三方面的性质：

1）溶解性：对于正盐除了铵及碱金属（Li 除外）可溶于水外，其余大多难溶于水；而难溶于水的碳酸盐对应的酸式盐在水中的溶解度较大。

2）金属离子与可溶性碳酸盐作用：

① 若氢氧化物的溶解度小于碳酸盐，则生成氢氧化物沉淀，如：Al^{3+}、Fe^{3+}、Cr^{3+} 等。

$2Al^{3+}+3CO_3^{2-}+3H_2O = 2Al(OH)_3\downarrow+3CO_2\uparrow$

② 若氢氧化物的溶解度与碳酸盐的相近，则生成碱式碳酸盐沉淀，如：Bi^{3+}、Cu^{2+}、Mg^{2+}、Pb^{2+} 等。

$2Cu^{2+}+2CO_3^{2-}+H_2O = Cu_2(OH)_2CO_3\downarrow+CO_2\uparrow$

③ 若碳酸盐的溶解度小于氢氧化物，则形成碳酸盐沉淀，如：Ba^{2+}、Ca^{2+}、Ag^+ 等。

$Ba^{2+}+CO_3^{2-} = BaCO_3\downarrow$

3）热稳定性

前已介绍，碳酸盐的热稳定性较差，正离子的极化力越强，则碳酸盐越易分解。

（3）硅的化合物

a. 二氧化硅

SiO_2 晶体为原子晶体，其中 Si 以 sp^3 杂化轨道分别与四个 O 原子成键，其结构单元为 Si—O 四面体，不存在单个的分子，其熔、沸点很高。

SiO_2 的化学性质稳定，不溶于强酸，仅与 HF 作用：$SiO_2+4HF = SiF_4(g)+2H_2O$

SiO_2 在高温下与碱熔融则会生成硅酸盐：$SiO_2+Na_2CO_3 \xlongequal{熔融} Na_2SiO_3+CO_2$

b. 硅酸

H_2SiO_3 是一个极弱的二元酸，其酸性比碳酸还弱，故在可溶性的硅酸盐溶液中加入 HCl、NH_4Cl 或通入 CO_2，则会发生如下反应：

$Na_2SiO_3+2HCl = 2NaCl+H_2SiO_3$

但开始时并无沉淀，因此时以溶胶形式存在。放置后便会失去水聚合成多硅酸而有胶状物出现，称为硅凝胶，经干燥后脱水得硅胶，可作为干燥剂。

（4）锡、铅的化合物

锡和铅均可形成氧化值为+2、+4 的氧化物和氢氧化物。

	酸性增强 →				
碱性增强 ↓	SnO	$Sn(OH)_2$	SnO_2	$Sn(OH)_4$	↑ 酸性增强
	PbO	$Pb(OH)_2$	PbO_2	$Pb(OH)_4$	
	← 碱性增强				

1）酸碱性

其氧化物和氢氧化物都是两性的，酸碱性的递变规律如上，这可用 ROH 规律解释。

如在 Sn^{2+}、Pb^{2+} 溶液中加 NaOH 则均生成沉淀，因其氢氧化物呈两性，所以还可溶于过量的 NaOH 溶液中：

$Sn(OH)_2+OH^- = Sn(OH)_3^-$

$Pb(OH)_2+OH^- = Pb(OH)_3^-$

当然 $Pb(OH)_2$ 的酸性较弱，故需用较浓的碱。

2) 氧化还原性

因为惰性电子对效应，Pb(Ⅳ)具有很强的氧化性，Pb(Ⅱ)的还原性差，较为稳定；而Sn(Ⅳ)的氧化性则很差，Sn(Ⅱ)的还原性则较强。如：

Sn(Ⅱ)：$Sn^{2+}+2Fe^{3+}=Sn^{4+}+2Fe^{2+}$

$HgCl_2$ 中加 $SnCl_2$：$2HgCl_2+SnCl_2=SnCl_4+Hg_2Cl_2\downarrow$　白色

如 $SnCl_2$ 过量：$Hg_2Cl_2+SnCl_2=SnCl_4+2Hg\downarrow$　黑色

结果有灰黑色沉淀生成，该反应可用于鉴定 Sn^{2+} 或 Hg^{2+}。

对于氧化值为+2 的 Pb 其还原性较差，必须用强氧化剂才可将其氧化：

碱性条件：$Pb(OH)_2+NaClO=PbO_2\downarrow+NaCl+H_2O$

而对氧化值为+4 的 Pb 则具有很强的氧化性，如：

$PbO_2+4HCl(浓)=PbCl_2+Cl_2\uparrow+2H_2O$

$5PbO_2+2Mn^{2+}+4H^+=5Pb^{2+}+2MnO_4^-+2H_2O$

应该用硝酸酸化，该反应可用于 Mn^{2+} 的鉴定。

另外对铅来讲还有另一种类型的氧化物：Pb_3O_4（鲜红色，俗称铅丹），从反应性能上可将其看成是 PbO_2 和 PbO 的混合物，如反应：

$Pb_3O_4+8HCl=3PbCl_2+Cl_2\uparrow+4H_2O$

8. 硼族

(1) 硼族元素概述

元素周期表ⅢA 族有：B、Al、Ga、In、Tl 五种元素，也称为硼族元素，其价电子层构型为 ns^2np^1。可见对硼族元素，其价电子数少于价层轨道数，这类原子称为缺电子原子，由缺电子原子所形成的共价化合物有时为缺电子化合物，具有较强的接受电子对的能力。

如：$BF_3+F^-=[BF_4]^-$

在化合物中，对 B、Al 的氧化值一般为+3。而从 Ga 到 Tl 因惰性电子对效应，氧化值为+1 的化合物趋于稳定，Tl(Ⅲ)则具有较强的氧化性。

(2) 硼的化合物

a. 硼的氢化物

硼与氢不能直接化合，但可通过间接的方法得到硼氢化物，因它们的物理性质与碳的氢化物类似，称为硼烷，其中以乙硼烷最为重要。

$3NaBH_4+4BF_3=3NaBF_4+2B_2H_6$

乙硼烷的结构：B 的价电子数为 3，最简单的硼氢化物似乎应为 BH_3，但是由测定气体分子密度发现，最简单的硼氢化物为乙硼烷（B_2H_6）。对于乙硼烷，若其结构类似于乙烷，则每个键由一对电子构成，共应有 14 个价电子。而对乙硼烷其价电子数为 12，故乙硼烷的结构与乙烷不同。为此人们提出，对硼氢化物不能用一般的共价键理论来描述，而要用所谓的“氢桥键”来说明。

H
H　　H
B　B
H　　H
H

在形成乙硼烷时，每个硼原子分别与两个氢原子形成正常的共价单键，还剩下一个电子。由一个B原子提供一个电子，H原子提供一个电子和另一个B原子共用，形成“三中心两电子键”，这种键可以看成是由氢原子将两个硼原子连接起来，故称为“氢桥键”。因此对硼氢化物其结构特殊，存在着氢桥键。由于氢桥键比一般的共价键弱得多，故硼烷的性质比碳烷烃活泼得多。

b. 硼酸

硼酸是一个极弱的一元酸，$K_a^\ominus = 6\times10^{-10}$。硼酸显酸性并不是它可离解出 H^+，而是可以接受水离解出的 OH^-：

$$H_3BO_3 + H_2O \rightleftharpoons [B(OH)_4]^- + H^+$$

这是由于B为缺电子原子，可以接受孤对电子而形成配位键。若在硼酸溶液中加入多羟基化合物，则因形成配合物使酸性增强：

$$2\ \begin{matrix} R \\ | \\ HC-OH \\ | \\ HC-OH \\ | \\ R \end{matrix} + H_3BO_3 = \left[\begin{matrix} R & & R \\ | & & | \\ HC-O & & O-CH \\ | & \diagdown\ \diagup & | \\ | & B & | \\ | & \diagup\ \diagdown & | \\ HC-O & & O-CH \\ | & & | \\ R & & R \end{matrix}\right] + H^+ + 3H_2O$$

c. 硼酸盐

最重要的硼酸盐是四硼酸钠（$Na_2B_4O_7\cdot10H_2O$），俗称硼砂，但其化学式写成 $Na_2[B_4O_5(OH)_4]\cdot8H_2O$ 更恰当些。硼砂很容易提纯，在分析化学上常用作标定酸的基准物。另外硼砂在熔融时能溶解许多金属氧化物，形成具有特殊颜色的偏硼酸的复盐，可用来鉴定这些金属离子，称为硼砂珠试验，如：

$Na_2B_4O_7 + CoO \xlongequal{} 2NaBO_2\cdot Co(BO_2)_2$　宝石蓝色

$Na_2B_4O_7 + NiO \xlongequal{} 2NaBO_2\cdot Ni(BO_2)_2$　淡红色

(3) 铝及其化合物

铝是两性金属，既可溶于酸又可溶于碱：

$2Al + 6HCl \xlongequal{} 2AlCl_3 + 3H_2$

$2Al + 2NaOH + 6H_2O \xlongequal{} 2Na[Al(OH)_4] + 3H_2$

氢氧化铝：为两性氢氧化物，同样地既能与酸起反应又能与碱反应。

例题解析

例1　有三种白色固体，分别是NaCl，NaBr，NaI。试用两种简便方法加以鉴别。

解：(1) 各取少量固体于试管中，用水溶解后滴加 $AgNO_3$ 溶液，比较产生卤化银沉淀的颜色可区别这三种固体。

$NaCl + AgNO_3 \xlongequal{} AgCl(白色) + NaNO_3$

$NaBr + AgNO_3 \xlongequal{} AgBr(浅黄色) + NaNO_3$

$NaI + AgNO_3 \xlongequal{} AgI(黄色) + NaNO_3$

(2) 各取少量固体于试管中，用水溶解后再加入 CCl_4，滴加氯水，振荡后观察 CCl_4 层颜色的变化。无变化的是NaCl，变橙黄色的是NaBr，变紫红色的是NaI。

例 2　$KMnO_4$ 溶液在酸性、中性和强碱性介质中与 Na_2SO_3 溶液反应的现象如何？写出有关化学方程式。

解：在酸性介质中，溶液从红色变为无色：

$$2MnO_4^- + 5SO_3^{2-} + 6H^+ \xlongequal{} 2Mn^{2+} + 5SO_4^{2-} + 3H_2O$$

在中性介质中，有黑褐色沉淀生成：

$$2MnO_4^- + 3SO_3^{2-} + H_2O \xlongequal{} 2MnO_2\downarrow + 3SO_4^{2-} + 2OH^-$$

在强碱性介质中，溶液从红色变为灰绿色：

$$2MnO_4^- + SO_3^{2-} + 2OH^- \xlongequal{} 2MnO_4^{2-} + SO_4^{2-} + H_2O$$

例 3　以食盐为原料如何制备下列物质？写出化学方程式。

（1）金属钠　　（2）氢氧化钠　　（3）碳酸钠

解：（1）以电解熔融的氯化钠制备：

$$2NaCl \xlongequal{熔融电解} 2Na + Cl_2\uparrow$$

（2）电解 NaCl 水溶液可制备 NaOH：

$$2NaCl + 2H_2O \xlongequal{电解} Cl_2\uparrow + H_2\uparrow + 2NaOH$$

（3）先由电解制备得到 NaOH，再在其溶液中通入 CO_2 制得 Na_2CO_3：

$$2NaCl + 2H_2O \xlongequal{电解} Cl_2\uparrow + H_2\uparrow + 2NaOH$$

$$2NaOH + CO_2 \xlongequal{} Na_2CO_3 + H_2O$$

略

一、判断题

1. s 区元素的单质都具有很强的还原性。　　（　　）
2. 粉红色的变色硅胶吸水后变成蓝色。　　（　　）
3. $HgCl_2$ 和 Hg_2Cl_2 可用加水的方法而加以分离。　　（　　）
4. 由于 d 区元素的价电子构型 $(n-1)d^{1-8}ns^{1-2}$，易失去电子，因此 d 区元素均为金属元素。　　（　　）
5. 向酸性 $K_2Cr_2O_7$ 溶液中通入 SO_2 时，溶液由橙变绿。　　（　　）
6. $Ca(HCO_3)_2$ 易溶于含有二氧化碳的水中。　　（　　）
7. 无水 $CuSO_4$ 吸水后从白色变为蓝色，利用这一性质可检验乙醇等有机溶剂中所含的微量水分。　　（　　）
8. ds 区元素的 $(n-1)$d 轨道是全充满的稳定状态，因此与 d 区元素相比，具有相对较高的熔、沸点。　　（　　）
9. 凡是金属活泼性在氢以前的金属与稀硫酸作用都可产生氢气。　　（　　）
10. 卤素单质与 H_2 化合反应性随 F_2，Cl_2，Br_2，I_2 的顺序依次减弱，因此形成的卤化氢的稳定性随 HF，HCl，HBr，HI 的顺序逐渐增加。　　（　　）

二、选择题

1. 下列有关卤素的论述不正确的是 （　）
   A. 溴可由氯作氧化剂制得　　B. I_2 是最强的还原剂
   C. F_2 是最强的氧化剂　　D. 卤素单质都可由电解熔融卤化物得到
2. 卤素单质中，与水不发生水解反应的是 （　）
   A. F_2　　B. Cl_2　　C. Br_2　　D. I_2
3. 既有氧化性，又有还原性，但以氧化性为主的二元弱酸是 （　）
   A. H_2S　　B. H_2SO_4　　C. H_2O_2　　D. H_2SiO_3
4. 干燥 NH_3 可选择的干燥剂是 （　）
   A. 浓 H_2SO_4　　B. N_2O　　C. P_2O_5　　D. CaO
5. 稀硝酸与锌反应，产物除了稀 $Zn(NO_3)_2$ 外，还可能有 （　）
   A. NO　　B. N_2O　　C. NH_4^+　　D. 以上产物都可能存在
6. 金属与浓硝酸反应，产物中不能存在的是 （　）
   A. 硝酸盐　　B. 金属氧化物　　C. 氮化物　　D. 致密氧化膜
7. 下列化合物中，溶解度最小的是 （　）
   A. $CaSO_4$　　B. $CaCO_3$　　C. $Ca(OH)_2$　　D. $Ca(HCO_3)_2$
8. 可以形成记忆合金的金属单质是 （　）
   A. Ti　　B. Fe　　C. Al　　D. Na
9. 下列有关 s 区元素的说法不正确的是 （　）
   A. 都是熔点低，硬度小，密度小的金属单质(除 H 外)
   B. 同族中，还原性从上到下以此增强
   C. 碱金属的还原性比碱土金属的还原性弱
   D. 具有良好的导电性能和传热性能
10. 下列说法错误的是 （　）
    A. 无水 $ZnCl_2$ 是固体盐中溶解度最大的
    B. 汞(Hg)是常温下唯一的液态金属
    C. 钨(W)是熔点最高的金属单质
    D. 氮(N)是地壳中含量最高的元素

三、填空题

1. 氨(NH_3)的结构和氮的氧化值来考虑，NH_3 的反应类型应包括________、________和________。
2. 含 Cr_2O_3 的 $\alpha-Al_2O_3$ 俗称为________。
3. 铝制容器能盛装冷的浓硫酸或浓硝酸是因为生成________而发生________作用。
4. 写出下列物质的俗名：
   $NaHCO_3$ ________；Hg_2Cl_2 ________；
   $CaSO_4 \cdot 2H_2O$ ________；NaOH ________；
   CaO ________；浓 HNO_3 ∶ 浓 HCl＝1∶3 ________；
   $Na_2S_2O_3 \cdot 5H_2O$ ________；$Na_2B_4O_7 \cdot 10H_2O$ ________。

5. 硫酸的化学性质主要表现在三个方面：________、________、________。
6. d区元素的许多水合离子、配离子均呈一定颜色，这主要是由于________所致。
7. 硝酸银晶体收日光照射易分解，其分解反应式为__________________。

四、简答题

1. 如何区别下列各组物质？
   (1) $HgCl_2$ 和 Hg_2Cl_2
   (2) NaCl 和 NaClO
   (3) $Na_2S_2O_3$ 和 Na_2SO_4
   (4) Na_2CO_3 和 $NaHCO_3$
   (5) Ti 和 Fe
   (6) $Ca(OH)_2$ 和 CaO
   (7) $ZnCl_2$ 和 $MgCl_2$

2. 如何用铁和硝酸制备硝酸铁和硝酸亚铁？

3. 解释下列实验现象：
   (1) 氮肥氯化铵不能与石灰混用。
   (2) 金子耐普通酸腐蚀，却能溶解在王水中。
   (3) 大苏打在照相业中作定影剂。
   (4) 铝锅不能盛放强碱性物质。
   (5) 氯化钙不能用来干燥氨气。
   (6) 焊接金属时，要先用“熟镪水”处理金属表面。
   (7) 高锰酸钾需保存在棕色瓶中。

4. 无色晶体A溶于水后加入盐酸得白色沉淀B，分离后将B溶于 $Na_2S_2O_3$ 溶液得无色溶液C。向C中加入盐酸得白色沉淀混合物D和无色气体E。向A的水溶液中滴加少量 $Na_2S_2O_3$ 溶液立即生成白色沉淀F，该沉淀由白变黄、变橙、变棕最后转化为黑色，说明有G生成。请给出A,B,C,D,E,F,G所代表的化合物或离子，并给出相关的反应方程式。

第十一章　常见离子的定性分析

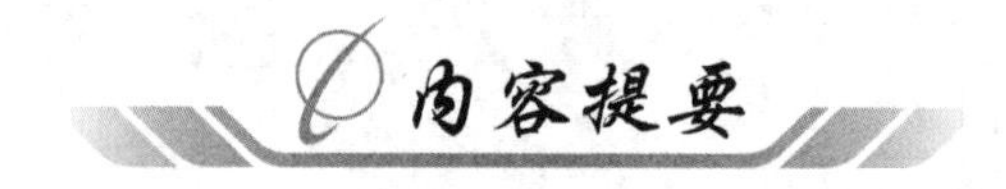

一、概述

定性无机分析是分析化学中的一种用来寻找无机化合物中元素组成的分析方法。它主要来鉴定水溶液中的离子，因此，一些其他形式的物质在用标准方法分析之前，先要转化为水溶液中的离子形式。之后，溶液会加入多种试剂，通过化学反应来检测针对特定离子的可能出现的颜色变化、沉淀或其他可观现象。

在进行定性分析时，对于求知的元素采用的是系统排除法，即用已知的组合试剂与可能存在的元素进行排除式的化学反应试验，这就需要对未知的按其性质进行离子分组，从而针对这些分组选择组合试剂。离子分组分为阳离子和阴离子两大类，每种离子又分为若干个组别，以方便按分组进行定性分析。这样在大概知道所分析的样品中离子可能在哪一个分组中时，就能较快地进行定性分析而得到答案。

二、常见阳离子的分析

1. 常见阳离子与常用试剂的反应

(1) Mg^{2+}：加入 NaOH 溶液，生成白色沉淀[$Mg(OH)_2$]，该沉淀不溶于过量的 NaOH 溶液。

(2) Al^{3+}：加入 NaOH 溶液，生成白色絮状沉淀，该沉淀能溶于盐酸或过量的 NaOH 溶液，但不能溶于氨水。

(3) Ba^{2+}：加入稀硫酸或可溶性硫酸盐溶液，生成白色沉淀($BaSO_4$)，该沉淀不溶于稀硝酸。

(4) Ag^+：① 加入稀盐酸或可溶性盐酸盐，生成白色沉淀($AgCl$)，该沉淀不溶于稀硝酸。② 加入氨水，生成白色沉淀，继续滴加氨水，沉淀溶解。

(5) Fe^{2+}：① 加入少量 NaOH 溶液，生成白色沉淀[$Fe(OH)_2$]，迅速变成灰绿色，最终变成红褐色[$Fe(OH)_3$]。② 加入 KSCN 溶液，无现象，然后加入适量新制的氯水，溶液变红。

(6) Fe^{3+}：① 加入 KSCN 溶液，溶液变为血红色。② 加入 NaOH 溶液，生成红褐色沉淀。

(7) Cu^{2+}：① 加入 NaOH 溶液，生成蓝色沉淀[$Cu(OH)_2$]。② 插入铁片或锌片，有红色的铜析出。

(8) NH_4^+：加入浓 NaOH 溶液，加热，产生刺激性气味气体(NH_3)，该气体能使湿润的红色石蕊试纸变蓝。

(9) H^+：① 加入锌或 Na_2CO_3 溶液，产生无色气体；② 能使紫色石蕊试液、pH 试纸变红。

(10) K^+：铂丝蘸其溶液，在无色酒精灯火焰上灼烧，火焰呈浅紫色(透过蓝色钴玻璃观察)。

(11) Na^+:铂丝蘸其溶液,在无色酒精灯火焰上灼烧,火焰呈黄色。

(12) Ca^{2+}:铂丝蘸其溶液,在无色酒精灯火焰上灼烧,火焰呈砖红色。

2. 常见阳离子系统分组

由于阳离子种类较多,共28种,又没有足够的特效鉴定反应可利用,所以当多种离子共存时,阳离子的定性分析多采用系统分析法,首先利用它们的某些共性,按照一定顺序加入若干种试剂,将离子一组一组地分批沉淀出来,分成若干组,然后在各组内根据它们的差异性进一步的分离和鉴定。

阳离子的系统分析方案已达百种以上,但应用比较广泛,比较成熟的是硫化氢系统分析法和两酸两碱系统分析法。硫化氢系统分组方案依据的主要是各离子硫化物以及它们的氯化物、碳酸盐和氢氧化物的溶解度不同,采用不同的组试剂将阳离子分成五个组,然后在各组内根据它们的差异性进一步分离和鉴定。

3. 常见阳离子的硫化氢系统分析法

硫化氢系统的优点是系统严谨,分离较完全,能较好地与离子特性及溶液中离子平衡等理论相结合,但不足之处是硫化氢会污染空气,污染环境。

两酸两碱系统是以最普通的两酸(盐酸、硫酸)、两碱(氨水、氢氧化钠)作组试剂,根据各离子氯化物、硫酸盐、氢氧化物的溶解度不同,将阳离子分为五个组,然后在各组内根据它们的差异性进一步分离和鉴定。两酸两碱系统的优点是避免了有毒的硫化氢,应用的是最普通最常见的两酸两碱,但由于分离系统中用的较多的是氢氧化物沉淀,而氢氧化物沉淀不容易分离,并且由于两性及生成配合物的性质,以及共沉淀等原因,使组与组的分离条件不容易控制。

两酸两碱分组及鉴定简图

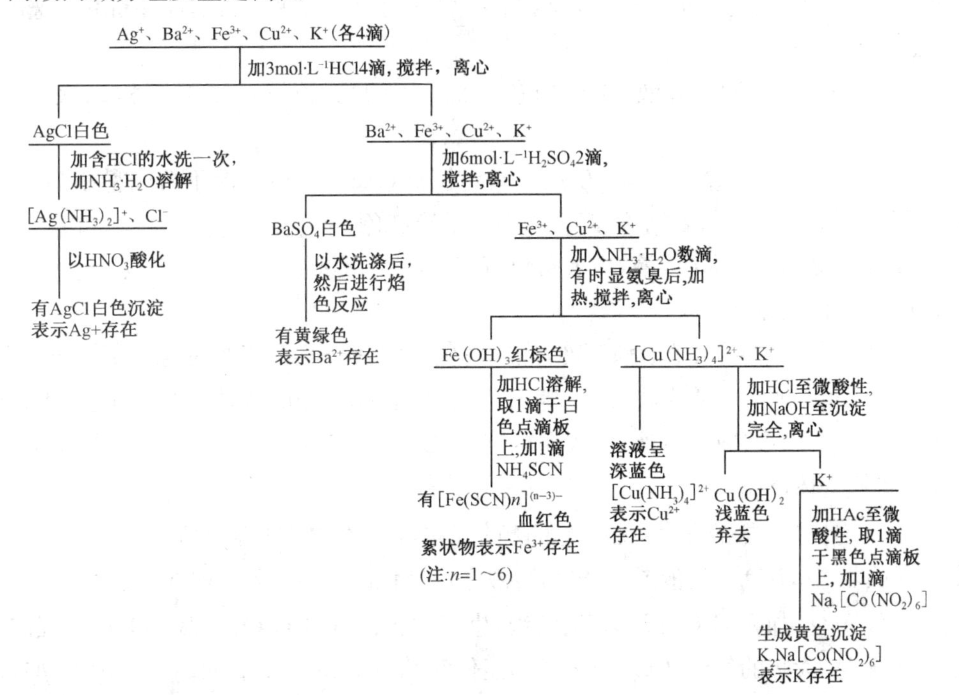

两酸两碱分组及鉴定有关反应方程式

$Ag^{+}+Cl^{-}=AgCl\downarrow$

$AgCl+2NH_3\cdot H_2O=[Ag(NH_3)_2]^{+}+Cl^{-}+2H_2O$

$Ba^{2+}+SO_4^{2-}=BaSO_4\downarrow$

$Fe^{3+}+3OH^{-}=Fe(OH)_3\downarrow$

$Fe(OH)_3+3H^{+}=Fe^{3+}+3H_2O$

$Fe^{3+}+nSCN^{-}=[Fe(SCN)_n]^{(n-3)-}$

$Cu^{2+}+4NH_3\cdot H_2O=[Cu(NH_3)_4]^{2+}_{深蓝色}+4H_2O$

$Cu^{2+}+2OH^{-}=Cu(OH)_2\downarrow$

$2K^{+}+Na^{+}+[Co(NO_2)_6]^{3-}=K_2Na[Co(NO_2)_6]\downarrow$

三、常见阴离子的基本性质和鉴定

1. 阴离子的分析特性

大多数情况下阴离子分析中彼此干扰较小,因此阴离子分析一般都采用分别分析(不经过系统分离,直接检验出离子)的方法。但是为了搞清楚溶液中离子存在的情况,节省时间,减少分析步骤,进行阴离子系统分析还是有必要的。与阳离子的系统分析不同,阴离子的系统分析的主要目的是应用组试剂来预先检查各组离子是否存在,并不是提供分组把它们系统分离,如果在分组时,已经确定某组离子并不存在,就不必进行该组离子的检出,这样可以简化分析操作过程。

2. 常见阴离子与常用试剂的反应

(1) OH^{-}:能使无色酚酞、紫色石蕊等指示剂分别变为红色、蓝色;能使红色石蕊试纸、pH 试纸变蓝。

(2) Cl^{-}:加入 $AgNO_3$ 溶液,生成白色沉淀(AgCl)。该沉淀不溶于稀硝酸,能溶于氨水。

(3) Br^{-}:① 加入 $AgNO_3$溶液,生成淡黄色沉淀(AgBr),该沉淀不溶于稀硝酸。② 加入氯水后振荡,滴入少许四氯化碳,四氯化碳层呈橙红色。

(4) I^{-}:① 加入 $AgNO_3$溶液,生成黄色沉淀(AgI),该沉淀不溶于稀硝酸。② 加入氯水和淀粉试液,溶液变蓝。

(5) SO_4^{2-}:加入 $BaCl_2$、硝酸钡溶液,生成白色沉淀($BaSO_4$),滴加稀硝酸沉淀不溶解。

(6) SO_3^{2-}:① 加入盐酸或硫酸,产生无色、有刺激性气味的气体(SO_2),该气体可使品红溶液褪色。② 加入 $BaCl_2$溶液,生成白色沉淀($BaSO_3$),该沉淀可溶于盐酸,产生无色、有刺激性气味的气体(SO_2)。

(7) S^{2-}:① 加入盐酸,产生臭鸡蛋气味的气体,且该气体可以使湿润的 $Pb(NO_3)_2$试纸变黑。② 能与 $Pb(NO_3)_2$溶液或 $CuSO_4$ 溶液生成黑色的沉淀(PbS 或 CuS)。

(8) CO_3^{2-}:① 加入 $CaCl_2$或 $BaCl_2$ 溶液,生成白色沉淀($CaCO_3$或 $BaCO_3$),将沉淀溶于强酸,产生无色、无味的气体(CO_2),该气体能使澄清的石灰水变混浊。② 加入盐酸,产生无色、无味的气体，该气体能使澄清的石灰水变浑浊；向原溶液中加入 $CaCl_2$ 溶液，产生白色沉淀。

(9) HCO_3^-：加入盐酸，产生无色、无味的气体，该气体能使澄清的石灰水变浑浊；向原溶液中加入 $CaCl_2$ 溶液，无明显现象。

(10) NO_3^-：向浓溶液中加入铜片、浓硫酸加热，放出红棕色、有刺激性气味的气体（NO_2）。

(11) PO_4^{3-}：加 $AgNO_3$ 溶液、稀硝酸生成黄色沉淀，加硝酸沉淀溶解

(12) SiO_3^{2-}：加稀盐酸产生白色胶状沉淀，过量盐酸沉淀不溶解

(13) AlO_2^-：加入适量盐酸产生白色沉淀，过量盐酸则沉淀溶解

3. 阴离子分组

根据阴离子与稀 HCl、$BaCl_2$ 及 $CaCl_2$ 溶液和用稀 $HN0_3$ 酸化过的 $AgNO_3$ 作用，将阴离子分为四组。

阴离子分组

组别	构成各组的阴离子	组试剂	特性
第一组（挥发组）	S^{2-}、SO_3^{2-}、CO_3^{2-}、NO_2^- 等离子	HCl	在酸性介质中不稳定，易形成挥发性酸或易分解的不稳定的酸
第二组（钙、钡盐组）	SO_4^{2-}、PO_4^{3-}、SiO_3^{2-}、AsO_4^{3-} 等离子	$BaCl_2$ 中性或弱碱性介质	钙盐、钡盐难溶于水
第三组（银盐组）	Cl^-、Br^-、I^- 等离子	$AgNO_3$ HNO_3	银盐难溶于水及稀硝酸
第四组（易溶组）	NO_3^-、ClO_3^-、CH_3COO^- 等离子	无组试剂	银盐、钡盐、钙盐等均易溶于水

例题解析

1. 已知用生成 AsH_3 气体的方法鉴定砷时，检出限量为 1 μg，每次取试液 0.05 mL。求此鉴定方法的最低浓度（分别以 ρ 和 $1:G$ 表示）。

解：$m=\rho V$

$$\rho=\frac{m}{V}=\frac{1\ \mu g}{0.05\ mL}=20\ \mu g\cdot mL^{-1}$$

$1:G=\rho\times10^{-6}:1=1:5\times10^4$

2. 取一滴（0.05 mL）含 Hg^{2+} 试液滴在铜片上，立即生成白色斑点（铜汞齐）。经过实验发现，出现斑点的必要条件是汞的含量应不低于 $100\ \mu g\cdot mL^{-1}$。求此鉴定方法的检出限量。

解：$m=\rho V=100\ \mu g\cdot mL^{-1}\times0.05\ mL=5\ \mu g$

1. 用 $K_4Fe(CN)_6$ 试剂鉴定 Cu^{2+} 的最低浓度为 $0.4\ \mu g\cdot mL^{-1}$，检出限量是 0.02 μg，则取试

液的体积应为多少毫升?

解:$m=\rho V$

$V=\frac{m}{\rho}=\frac{0.02\ \mu g}{0.4\ \mu g\cdot mL^{-1}}=0.05\ mL$

2. 取含铁试样 0.01 g 制成 2 mL 试液,如用 1 滴 NH_4SCN 饱和溶液与 1 滴试液作用,仍可肯定检出 Fe^{3+},试液再稀释,反应不可靠,已知此反应的检出限量为 0.5 $\mu g Fe^{3+}$,最低浓度为 5 $\mu g\cdot mL^{-1}$,估计此试样中铁的质量分数。

解:已知最低浓度为 5 $\mu g\cdot mL^{-1}$,制成的 2 mL 含铁试样中铁的最低质量为

$$m_{Fe}=5\ \mu g\cdot mL^{-1}\times 2\ mL=10\ \mu g$$

$$\omega_{Fe}=\frac{10\times10^{-6}\ g}{0.01\ g}\times100\%=0.1\%$$

3. 用 K_2CrO_4 作试剂,鉴定 Ag^+ 时,将含有 Ag^+ 为 1 $mg\cdot mL^{-1}$ 的溶液稀释 25 倍,仍能得出正结果,再稀释反应为负结果,结果鉴定每次取试液 0.05 mL,求此反应的检出量 m 和最低浓度。

解:最低浓度

$$\rho=\frac{1\ mg\cdot mL^{-1}}{25}=40\ \mu g\cdot mL^{-1}$$

检出量

$$m=\rho V=40\ \mu g\cdot mL^{-1}\times 0.05\ mL=2\ \mu g$$

4. 用一种试剂将下列每一组物质分开?

(1) As_2S_3, HgS　答:NaOH;As_2S_3 溶于 NaOH,HgS 则不溶

(2) CuS, HgS　答:热的稀 HNO_3;CuS 溶于热的稀 HNO_3,HgS 则不溶

(3) Sb_2S_3, As_2S_3　答:氨水;As_2S_3 溶于氨水,Sb_2S_3 则不溶

(4) $PbSO_4$, $BaSO_4$　答:浓 NH_4Ac;$BaSO_4$ 溶于浓 NH_4Ac,$PbSO_4$ 则不溶

(5) $Cd(OH)_2$, $Bi(OH)_3$　答:过量氨水;$Cd(OH)_2$ 溶于氨水,$Bi(OH)_3$ 则不溶

(6) $Pb(OH)_2$, $Cu(OH)_2$　答:过量 NaOH;$Pb(OH)_2$ 溶于 NaOH,$Cu(OH)_2$ 则不溶

(7) SnS_2, PbS　答:Na_2S;SnS_2 溶于 Na_2S,PbS 则不溶

(8) SnS, SnS_2　答:Na_2S;SnS_2 溶于 Na_2S,SnS 则不溶

(9) ZnS, CuS　答:稀 HCl;ZnS 溶于稀 HCl,CuS 则不溶

5. 如何将下列各对沉淀分离?

(1) Hg_2SO_4 - $PbSO_4$　答:加入 NH_4Ac,$PbSO_4$ 溶解,Hg_2SO_4 则不溶

(2) Ag_2CrO_4 - Hg_2CrO_4　答:加氨水,Ag_2CrO_4 溶解,Hg_2CrO_4 则不溶

(3) Hg_2CrO_4 - $PbCrO_4$　答:加 NaOH,$PbCrO_4$ 溶解,Hg_2CrO_4 则不溶

(4) AgCl - $PbSO_4$　答:加入 NH_4Ac,$PbSO_4$ 溶解,AgCl 则不溶

(5) $Pb(OH)_2$ - AgCl　答:加 HNO_3,$Pb(OH)_2$ 溶解,AgCl 则不溶

(6) Hg_2SO_4 - AgCl　答:加氨水,AgCl 溶解,Hg_2SO_4 则不溶

1. 如何区别下列各对固体物质?

(1) NH_4Cl 与 NaCl　　(2) $(NH_4)_2C_2O_4$ 与 $(NH_4)_2SO_4$

(3) $BaCl_2$ 与 $CaCl_2$　　(4) $(NH_4)_2C_2O_4$ 与 NH_4Cl

2. 有下列七种物质,以两种或更多种混合,然后做(1)～(4)项实验,试判断存在的、不存在的和存在与否不能确定的物质各是什么。

$BaCl_2$,$Ca(NO_3)_2$,$MgCl_2$,K_2CrO_4,NaCl,$(NH_4)_2SO_4$,$(NH_4)_2C_2O_4$

(1) 加水配制成 0.1 $mol \cdot L^{-1}$ 溶液,得白色沉淀(A)和无色溶液(B);

(2) (A)全溶于稀 HCl 溶液;

(3) (B)中加 0.1 $mol \cdot L^{-1}$ $Ba(NO_3)_2$,得到的白色沉淀不溶于稀 HCl 溶液;

(4) 灼烧除去(B)中的铵盐,加 NH_3 后无沉淀生成。

3. 有一阴离子未知溶液,在初步实验中得到以下结果,试将应进行分别鉴定的阴离子列出。

(1) 加稀 H_2SO_4 时有气泡发生;

(2) 在中性时加 $BaCl_2$ 有白色沉淀;

(3) 在稀 HNO_3 存在下加 $AgNO_3$ 得白色沉淀;

(4) 在稀 H_2SO_4 存在下加 KI-淀粉溶液无变化;

(5) 在稀 H_2SO_4 存在下加 I_2-淀粉溶液无变化;

(6) 在稀 H_2SO_4 存在下加 $KMnO_4$,紫红色褪去。

第十二章　化学中常见的分离方法

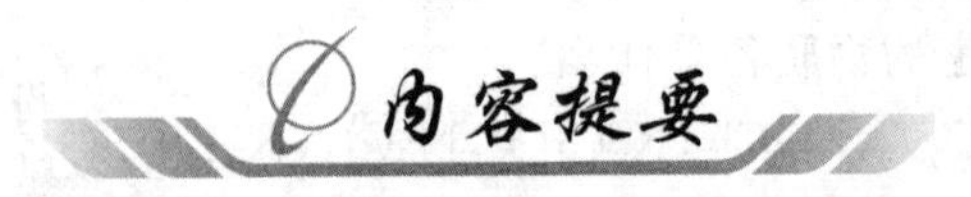

本章重点：各种分离富集方法的原理与特点。

一、概述

1. 分离与富集在定量分析中的作用

对复杂试样，在定量分析前往往需要预分离与富集，通过预分离与富集可以将被测组分从复杂体系中分离出来后进行测定；可以把对被测组分测定有干扰的组分分离除去；可以将性质相近的组分互相分开；可以把微量或痕量的待测组分富集。

2. 常用的分离与富集方法

有沉淀分离法、溶剂萃取分离法、离子交换法、色谱分离法、蒸馏和挥发分离法等。

二、沉淀分离法

沉淀分离法是采用沉淀剂，通过沉淀反应将被测组分或干扰组分形成沉淀，最后达到液-固分离。主要包括：

1. 氢氧化物沉淀分离法

沉淀剂：氢氧化钠、氨和氨缓冲液。

特点：共沉淀现象较严重；选择性差。

2. 硫化物沉淀分离法

沉淀剂：H_2S。

有 40 多种金属离子可生成硫化物沉淀，而且各种金属硫化物沉淀的溶度积相差较大。溶液中硫离子浓度与溶液的酸度有关，控制溶液 pH 可控制金属离子分步沉淀。

特点：H_2S 气体有毒；共沉淀现象较严重；选择性较差。

3. 有机沉淀剂沉淀分离法

特点：高选择性；高灵敏度；应用广泛。

4. 共沉淀分离和富集

利用共沉淀现象来分离和富集微量组分，可采用无机共沉淀剂和有机共沉淀剂。

三、溶剂萃取分离法

1. 基本原理

被分离物质由水相转入互不相常溶的有机相的过程称为萃取。萃取的原理是利用被萃取组分在两相中的溶解度具有较大的差异。萃取的本质是物质由亲水性转化为疏水性。把有机相中的物质再转入水相的过程称为反萃取。

2. 分配系数和分配比

在恒温、恒压、较稀浓度下，溶质在两相中达到平衡时，溶质在两相中的平衡浓度之比为一常数，该常数称为分配系数 K_D。

$$K_D = \frac{c\ (A)_o}{c\ (A)_w}$$

式中 $c(A)_o$，$c(A)_w$分别为溶质 A 在有机相和水相中的平衡浓度。

分配系数用于溶质存在形式单一的情况，如果有多种存在形式，那么需引入分配比这一参数，它是指溶质在有机相中的各种存在形式的总浓度 c_o和在水相中的各种存在形式的总浓度 c_w之比，用 D 表示为

$$D = \frac{c_o}{c_w}$$

3. 萃取率

物质被萃取到有机相中的百分率称为萃取率，用公式表示为

$$E = \frac{\text{被萃取物质在有机相中的总量}}{\text{被萃取物质的总量}} \times 100\%$$

萃取率与分配比之间的关系为

$$E = \frac{c_o V_o}{c_o V_o + c_w V_w} \times 100\% = \frac{D}{D + \frac{V_w}{V_o}} \times 100\%$$

为提高萃取率，常常采用连续几次萃取的方法提高萃取效率。

设体积为 V_w的水溶液中含有被萃取的溶质质量 m_o，当用体积为 V_o 的有机溶剂萃取 n 次，水相中剩余溶质 m_n 为

$$m_n = m_0 \left(\frac{V_w}{DV_o + V_w}\right)^n$$

4. 重要的萃取体系

螯合物萃取体系利用萃取剂（即螯合剂）与待萃取的金属离子形成电中性的螯合物而被有机溶剂萃取；

离子缔合物萃取体系利用阴离子和阳离子通过静电引力结合形成的电中性化合物（即离子缔合物）而被有机溶剂萃取。

四、离子交换分离法

1. 离子交换分离法

利用离子交换剂与溶液中离子发生交换反应而使离子分离的方法，称为离子交换分离法。

2. 离子交换树脂

离子交换树脂是以网状结构的高分子聚合物为骨架，骨架上有可以被交换的活性基团。根据活性基团的不同，离子交换树脂可分为

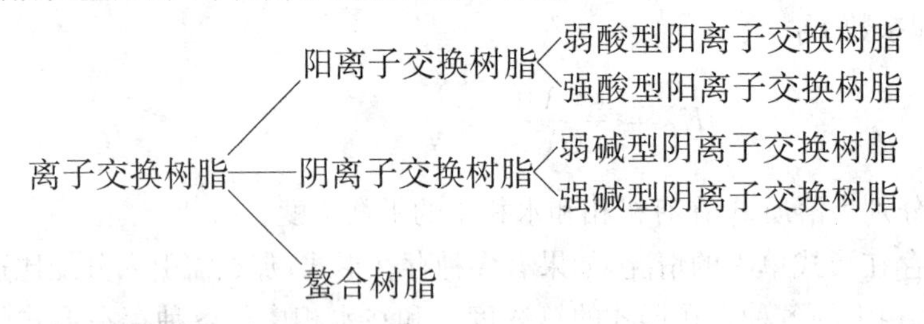

3. 交联度和交换容量

树脂中所含交联剂的质量百分数就是该树脂的交联度。树脂的交联度一般在4%—14%为宜。

交换容量是指每克干树脂所能交换的物质的量，通常以 $mmol \cdot g^{-1}$ 表示。

4. 离子交换亲和力

离子在树脂上的交换能力大小称为离子交换的亲和力。亲和力的大小与水合离子半径、离子的电荷以及离子的极化程度有关。水合离子半径越小、电荷越高、极化度越高，其亲和力越大。

5. 离子交换分离操作过程

树脂的选择和处理；装柱；交换；洗脱；树脂的再生。

6. 离子交换分离法的应用

水的净化；干扰组分的分离；痕量组分的富集。

五、层析分离法

1. 层析分离法和薄层层析分离法

层析分离法是由一种流动相带着试样经过固定相，物质在两相之间进行反复的分配，由于物质在两相中的分配系数不同，移动的速度也不同，从而达到相互分离的目的。薄层层析分离法是在一块平滑的玻璃板上均匀地涂布一层吸附剂作为固定相的一种层析分离法。

2. 比移值

比移值(R_f)是指溶质在固定相上由原点移动至斑点中心的距离与展开剂由原点移动至溶剂前沿的距离之比，其数学表达式为

$$R_f = \frac{a}{b}$$

式中 a 为溶质在固定相上由原点移动至斑点中心的距离；b 为展开剂由原点移动至溶剂前沿的距离。

根据物质的 R_f 值，可以判断各组分彼此能否用薄层层析法分离。一般说，R_f 值只要相差 0.02 以上，就能彼此分离。同时，在一定条件下，R_f 值是物质的特征值，可以利用 R_f 值作为定性分析的依据。

3. 吸附剂和展开剂的选择原则

非极性组分的分离，选用活性强的吸附剂和非极性展开剂；极性组分的分离，选用活性弱的吸附剂和极性展开剂。

六、超临界流体和超临界萃取分离法

当流体的温度和压力处于它的临界温度和临界压力以上时，称该流体处于超临界状态。利用超临界流体作为萃取剂的萃取分离法即称为超临界萃取分离法。超临界流体的密度对温度与压力的变化非常敏感，而其溶解能力在一定压力下与其密度成正比，因此可通过对温度和压力的控制改变物质的溶解度。特别是在临界点附近，温度、压力的微小变化可导致溶质溶解度发生几个数量级的变化，这正是超临界萃取的依据。

七、膜分离

膜分离过程是以选择性透过膜为分离介质，当膜两侧存在某种推动力（如浓度差、压力差、电位差等）时，原料侧组分选择性地透过膜，从而达到分离、提纯的目的。实现一个膜分离过程必须具备膜和推动力这两个必要条件。

例 1 用萃取分离法分离水中痕量的氯仿。取水样体积为 100 mL，用 1.0 mL 戊烷萃取时，萃取率为 53%，试计算当取水样 10 mL，用 2.0 mL 戊烷分两次萃取，每次用 1.0 mL 萃取时，水相剩余的氯仿为原来的百分之几。

分析：解题关键是要根据条件求出分配比 D 的值。

解：萃取率与分配比之间的关系为

$$E = \frac{D}{D + \frac{V_w}{V_o}} \times 100\%$$

$$E = \frac{D}{D + \frac{100}{1.0}} \times 100\% = \frac{D}{D + 100} \times 100\%$$

$$D = 113$$

当取水样 10 mL，用 2.0 mL 戊烷分两次萃取，每次用 1.0 mL 萃取时，水相剩余的氯仿

为

$$m_n = m_0\left(\frac{V_w}{DV_o + V_w}\right)^n$$

因此 $\frac{m_n}{m_0} = \left(\frac{V_w}{DV_o + V_w}\right)^n = \left(\frac{10}{113 \times 1.0 + 10}\right)^2 = 0.66\%$

例 2 某强酸型阳离子交换树脂的交换容量为 5.00 mmol · g^{-1}，计算每克该干树脂可交换 Ca^{2+} 和 Na^+ 各多少毫克。

分析：Ca^{2+} 带两个正电荷，因此与阳离子树脂发生交换时，1 molCa^{2+} 交换2 mol H^+；而 Na^+ 带一个正电荷，因此与阳离子发生交换时，1 mol Na^+ 交换 1 mol H^+。

解：1 g 干树脂可交换 Ca^{2+} 和 Na^+ 的量分别为

$$m(Ca^{2+}) = \frac{1}{2} \times 5.00\ \text{mmol} \cdot \text{g}^{-1} \times 1.00\ \text{g} \times 40.08\ \text{mg} \cdot \text{mmol}^{-1} = 100\ \text{mg}$$

$$m(Na^+) = 5.00\ \text{mmol} \cdot \text{g}^{-1} \times 1.00\ \text{g} \times 22.99\ \text{mg} \cdot \text{mmol}^{-1} = 115\ \text{mg}$$

例 3 设一含有 A，B 两组分的混合溶液，已知 $R_f(A) = 0.32$，$R_f(B) = 0.70$，若用纸上色谱法进行分离，滤纸长度为 15 cm，则 A，B 组分分离后斑点中心相距最大距离为多少？

解：设分离后 A，B 组分斑点及溶剂前沿至原点的距离分别为 $l(A)$，$l(B)$，l_0，则

$$R_f(A) = l(A)/l_0, l(A) = R_f(A) \cdot l_0$$

同理可得　$l(B) = R_f(B) \cdot l_0$

两斑点的中心距离差值为

$$\Delta l = l(B) - l(A) = [R_f(B) - R_f(A)] \cdot l_0 = (0.70 - 0.32) \cdot l_0 = 0.38 \cdot l_0$$

由于 $l_0 \leqslant 15$ cm，因此

$$\Delta l \leqslant 0.38 \times 15\ \text{cm} = 5.7\ \text{cm}$$

例 4 简述如何用离子交换法将大量 Fe^{3+} 和微量 Mg^{2+} 分离。

解：先将 Fe^{3+} 和 Mg^{2+} 的混合试液配制在 9 mol · L^{-1} 的 HCl 介质中，结果 Fe^{3+} 与 Cl^- 结合形成配阴离子，反应式如下：

$$Fe^{3+} + 4Cl^- = FeCl_4^-$$

而 Mg^{2+} 仍以阳离子形式存在，因此采用阳离子交换分离法将两者分离开。分离时先将 $FeCl_4^-$ 除去，Mg^{2+} 被富集于柱上，然后洗脱。

习题解答

1. 0.02 mol · L^{-1} Fe^{2+} 溶液加 NaOH 进行沉淀时，要使其沉淀达 99.99%以上，溶液的 pH 至少要达到多少？已知 $K_{sp} = 8 \times 10^{-16}$。

解：沉淀达 99.99%以上，则

$$[Fe^{2+}] = 0.02\ \text{mol} \cdot \text{L}^{-1} \times 0.01\% = 2 \times 10^{-6}\ \text{mol} \cdot \text{L}^{-1}$$

$$[OH^-]=\sqrt{\frac{K_{sp}}{c_{Fe^{3+}}}}=2\times10^{-5}\text{mol}\cdot\text{L}^{-1}$$

$$pH=14.00-pOH=9.30$$

2. 已知某萃取体系的萃取率 $E=98\%$，$V_w=V_o$，求分配比 D。

解：

$$E=\frac{c_oV_o}{c_oV_o+c_wV_w}=\frac{D}{D+\frac{V_w}{V_o}}=\frac{D}{D+1}=0.98$$

$$D=49$$

3. 现有 0.100 0 mol·L^{-1}某有机一元弱酸(HB)100 mL，若用 50 mL 甲苯萃取后，取水相 20 mL，用 0.020 00 mol·L^{-1}NaOH 滴定至终点，消耗 15 mL，计算一元弱酸在两相中的分配系数 K_D。

解：根据萃取定律，有

$$0.02000\times15.00\times\frac{100}{20.00}=0.1000\times100\times\left(\frac{100}{50\,K_D+100}\right)$$

解得该一元弱酸在两相中的分配系数 $K_D=11.33$

4. 25 ℃时，Br_2 在 CCl_4 和水中的分配比为 29.0，水溶液中的溴分别用等体积、1/2 体积的 CCl_4 萃取 2 次，1/3 体积的 CCl_4 萃取三次时，萃取率各为多少？

解：用等体积的 CCl_4 萃取时，萃取率为

$$E=\frac{D}{D+\frac{V_w}{V_o}}\times100\%=\frac{29}{29+1}\times100\%=96.7\%$$

用 1/2 体积的 CCl_4 萃取两次，萃取率为

$$E=\frac{m_0-m_n}{m_0}\times100\%=\frac{m_0-m_0\left(\frac{V_w}{DV_o+V_w}\right)^n}{m_0}\times100\%=1-\left(\frac{V_w}{DV_o+V_w}\right)^n\times100\%$$

$$E=1-\left(\frac{V_w}{29\times\frac{1}{2}V_w+V_w}\right)^2\times100\%=1-\left(\frac{1}{29\times\frac{1}{2}+1}\right)^2\times100\%=99.6\%$$

用 1/3 体积的 CCl_4 萃取三次，萃取率为

$$E=1-\left(\frac{V_w}{29\times\frac{1}{3}V_w+V_w}\right)^3\times100\%=1-\left(\frac{1}{29\times\frac{1}{3}+1}\right)^3\times100\%=99.9\%$$

5. 碘在某有机溶剂和水中的分配比是 8.0，如果用该有机溶剂 100 mL 和含碘 0.05 mol·L^{-1}的水溶液 50 mL 一起摇动至平衡，取此平衡的有机溶剂 10.0 mL，那么需 0.06 mol·L^{-1}$Na_2S_2O_3$ 多少毫升才能把碘定量还原？

解：

$$D=\frac{c_o}{c_w}=\frac{n_o/V_o}{n_w/n_w}$$

$$8.0=\frac{n_o/0.1}{0.05\times 0.05-n_o/0.05}$$

$$n_o=0.002\ 35$$

10.0 mL 有机溶剂中含碘

$$n=0.002\ 35\ \text{mol}\times\frac{10}{100}=0.235\ \text{mmol}$$

$$I_2+2S_2O_3^{2-}\rightleftharpoons S_4O_6^{2-}+2I^-$$

需要 0.06 mol·L^{-1} $Na_2S_2O_3$ 的体积为

$$V_{S_2O_3^{2-}}=\frac{n_{S_2O_3^{2-}}}{c_{S_2O_3^{2-}}}=\frac{2n_{I_2}}{c_{S_2O_3^{2-}}}=\frac{2\times 0.235\ \text{mmol}}{0.06\ \text{mol}\cdot\text{L}^{-1}}=7.8\ \text{mL}$$

6. 某含铜试样用二苯硫腙- $CHCl_3$ 光度法测定铜，称取试样 0.200 00 g，溶解后定容为 100 mL，取出 10 mL 显色并定容至 25 mL，用等体积的 $CHCl_3$ 萃取一次，有机相在最大吸收波长处以 1 cm 比色皿测得吸光度为 0.380，在该波长下 $\varepsilon=3.8\times10^4$ L·mol^{-1}·cm^{-1}，若分配比 $D=10$，$Mr(Cu)=63.55$，试计算：

(1) 萃取百分率 E；

(2) 试样中铜的质量分数。

解：(1) 萃取率

$$E=\frac{D}{D+\frac{V_w}{V_o}}\times 100\%=\frac{10}{10+1}\times 100\%=90.91\%$$

(2) 根据朗伯-比尔定律

$$A=\varepsilon bc$$

$$c=\frac{A}{bc}=\frac{0.380}{3.8\times10^4\ \text{L}\cdot\text{mol}^{-1}\cdot\text{cm}^{-1}\times 1\ \text{cm}}=0.01\ \text{mmol}\cdot\text{L}^{-1}$$

$$\omega_{Cu^{2+}}=\frac{0.01\ \text{mmol}\cdot\text{L}^{-1}\times 25\ \text{mL}\times 63.55\ \text{g}\cdot\text{mol}^{-1}\times\frac{100}{10}\times 10^{-6}}{0.200\ 0\ \text{g}\times 0.909\ 1}\times 100\%=0.087\%$$

7. 若以分子状态存在在 99%以上时可通过蒸馏完全分离，而允许误差以分子状态存在在 1%以下，试通过计算说明在什么酸度下可挥发分离甲酸和苯酸。

解：查表得甲酸和苯酚的 pK_a 值分别为 3.73 和 9.95，则苯酚先从酸性水溶液中挥发分离，

苯酚完全分离的最低酸度为

$$[H^+] = K_a \frac{[phOH]}{[phO^-]} = 10^{-9.95} \times \frac{99\%}{1\%} = 10^{-7.96}\ ,pH=7.96$$

甲酸开始蒸馏的最低酸度：

$$[H^+] = K_a \frac{[HCOOH]}{[HCOO^-]} = 10^{-3.75} \times \frac{1\%}{99\%} = 10^{-5.74}\ ,pH=5.74$$

说明 pH 在 5.74～7.96 范围内可挥发分离甲酸和苯酸。

8. 称取 1.000 0 g H-型阳离子交换树脂，以 0.102 5 mol·L^{-1}NaOH 溶液 50.00 mL 浸泡 24 h，使树脂上的 H^+ 全部交换到溶液中，再用 0.105 0 mol·L^{-1}HCl 标准溶液滴定过量的 NaOH，用去 25 mL，计算该阳离子交换树脂的交换容量。

解：交换容量 $= \frac{0.1025\ mol \cdot L^{-1} \times 50.00\ mL - 0.1050\ mol \cdot L^{-1} \times 25.00\ mL}{1.0000\ g}$

$= 2.5\ mmol \cdot g^{-1}$

9. 现称取 KNO_3 试样 0.278 6 g，溶于水后使其通过强酸型阳离子交换树脂，流出液用 0.107 5 mol·L^{-1}NaOH 滴定，如用甲基橙作指示剂，用去 NaOH 23.85 mL，计算 KNO_3 的纯度。

解：

$$\omega_{KNO_3} = \frac{c_{NaOH} \times V_{NaOH} \times Mr_{KNO_3}}{m} \times 100\%$$

$$= \frac{0.1075\ mol \cdot L^{-1} \times 23.85 \times 10^{-3} L \times 101.10\ g \cdot mol^{-1}}{0.2786\ g} \times 100\% = 93.04\%$$

10. 含 A、B 两组分的混合溶液用纸色谱分离，已知 R_f(A)=0.40，R_f(B)=0.65，欲使 A、B 组分分离后的斑点中心相距 4 cm，问：滤纸条至少多少厘米？

解：设滤纸条长度为 x

$$R_f(B)x - R_f(A)x = 4 \qquad x = 16\ cm$$

则滤纸条长度至少为 16 cm。

练习题

一、填空题

1. 分析化学中常用的分离方法有沉淀分离法、________分离法、________分离法和________分离法。
2. 萃取分离法是基于物质在互不相溶的两相中________的不同而建立的分离方法，萃取过程的本质是将物质由________性转化为________性的过程。
3. 萃取体系主要有________体系和________体系。
4. 离子交换树脂是一类具有________结构的高分子聚合物。按照活性基团的不同，离子交换树脂可分为________离子交换树脂、________离子交换树脂及螯合树脂。
5. 强酸型的阳离子交换树脂的活性基团为________。
6. 离子交换树脂的酸性越弱，则 H^+ 与其的亲和力越________。离子交换树脂的碱性越弱，则 OH^- 与其的亲和力越________。

7. 离子交换树脂的交换容量是指________，它取决于树脂网状结构中________。
8. 树脂的交联度是指________，交联度的大小直接影响树脂的________。
9. 薄层层析分离法是以________作为固定相，分离结束后，溶剂前沿离原点的距离为 10 cm，某组分分斑点离原点的距离为 5 cm，则该组分的比移值为________。
10. 醋酸在苯和水中的分配过程可表示为

$$CH_3COOH_{水} \rightleftharpoons CH_3COOH_{苯}$$

但是在水相中还可能存在 CH_3COO^-，在有机相中则可能存在二聚体 $(CH_3COOH)_{2苯}$，当用苯萃取醋酸时，分配系数的表达式为________，分配比的表达式为________。

二、计算题

1. 用 10 mL 异丙醚萃取 10 mL 含有 1.0 mgSb(Ⅳ)溶液中的 Sb(Ⅳ)，分配比 $D=49$，试计算用 10 mL 异丙醚分两次萃取(每次用 5 mL)后水溶液中残留的 Sb(Ⅳ)是多少毫克，萃取的百分率是多少。

2. 计算 Cu^{2+} 浓度为 0.010 $mol \cdot L^{-1}$ 的溶液：

(1) $Cu(OH)_2$ 开始沉淀时的 pH；

(2) Cu^{2+} 沉淀完全，即 $c(Cu^{2+}) \leqslant 1 \times 10^{-5} mol \cdot L^{-1}$ 时溶液的 pH。

已知 $[K_{sp}(Cu(OH)_2)] = 2.2 \times 10^{-20}$

3. 碘在有机相和水相中的分配比为 9.0，将 100 ml 浓度为 0.100 $mol \cdot L^{-1}$ 的 I_2 的水溶液与 100 mL 有机溶剂振荡，平衡后取 10.00 mL 有机相，用 0.800 $mol \cdot L^{-1}$ 的 $Na_2S_2O_3$ 标准溶液进行滴定，计算滴定至终点时消耗 $Na_2S_2O_3$ 标准溶液的体积。

4. 移取 25.00 mL 含有 $MgCl_2$ 的 HCl 稀溶液，用 0.100 0 $mol \cdot L^{-1}$ NaOH 标准溶液滴定至终点时，消耗 19.80 mL NaOH 标准溶液。另取 10.00 mL 试液，通过强碱性阴离子交换树脂，流出液用 0.100 0 $mol \cdot L^{-1}$ HCl 标准溶液滴定，终点时用去 24.05 mL。计算试样溶液中 $MgCl_2$ 和 HCl 的浓度。

自测试题一

一、选择题(每小题 2 分,共 30 分)

1. 欲配制 0.20 $mol \cdot L^{-1}$的 NaOH 溶液 1.0 L,则需 4.0 $mol \cdot L^{-1}$的 NaOH 溶液 (　　)

A. 0.10 L　　B. 0.50 L　　C. 0.050 L　　D. 0.20 L

2. 在反应 $2MnO_4^- + 5C_2O_4^{2-} + 16H^+ \xlongequal{} 10CO_2 + 2Mn^{2+} + 8H_2O$ 中,若规定 MnO_4^- 的基本单元为$\frac{1}{5}MnO_4^-$,则 $C_2O_4^{2-}$ 的基本单元为 (　　)

A. $5C_2O_4^{2-}$　　B. $\frac{1}{5}C_2O_4^{2-}$　　C. $\frac{1}{2}C_2O_4^{2-}$　　D. $2C_2O_4^{2-}$

3. 同体积的甲醛(CH_2O)和葡萄糖($C_6H_{12}O_6$)溶液在指定的温度下渗透压相等,则溶液中甲醛和葡萄糖的质量之比是 (　　)

A. 1∶6　　B. 6∶1　　C. 1∶3　　D. 3∶1

4. $AgNO_3$ 与不足量的 KBr 作用,则所形成的胶团中的电位离子与反离子分别为 (　　)

A. Ag^+　　B. K^+,NO_3^-　　C. Ag^+,NO_3^-　　D. K^+,Br^-

5. 要形成油/水性乳浊液,常用的乳化剂是 (　　)

A. 钾、钠肥皂　　B. 钙、镁肥皂　　C. 高级醇　　D. 石墨

6. 在 293 K 时,反应 $CO(g) + NO_2(g) \xlongequal{} CO_2(g) + NO(g)$ 的实验数据如下:

项目编号	$c(NO_2)/mol \cdot L^{-1}$	$c(CO)/mol \cdot L^{-1}$	$v/mol \cdot L^{-1} \cdot s^{-1}$
1	0.10	0.10	0.005 0
2	0.20	0.10	0.010
3	0.10	0.20	0.010
4	0.10	0.30	0.015

下列正确的是 (　　)

A. $v = kc(CO) \cdot c^2(NO_2)$　　B. $v = kc(CO) \cdot c(NO_2)$

C. $v = kc^2(CO) \cdot c(NO_2)$　　D. $v = kc^3(CO) \cdot c(NO_2)$

7. 在 CH_3Cl,CO,CO_2,SO_2 四种分子中,偶极矩为零的分子是 (　　)

A. CH_3Cl　　B. CO　　C. CO_2　　D. SO_2

8. 已知反应 $2NO + O_2 \xlongequal{} 2NO_2$ 平衡常数为 K_1,反应 $2NO_2 \xlongequal{} N_2O_4$ 平衡常数为 K_2,在相同的温度下,反应 $2NO + O_2 \xlongequal{} N_2O_4$ 的平衡常数 $K_3 =$ (　　)

A. $K_1 + K_2$　　B. $K_1 \cdot K_2$　　C. K_1/K_2　　D. K_2/K_1

9. 某二元弱酸(H_2A)的 $K_{a_1}=1.0\times10^{-4}$,$K_{a_2}=1.0\times10^{-9}$,则 0.10 mol·L^{-1} Na_2A 溶液的 pH 值为 ( )

A. 3.0　　B. 11.0　　C. 6.0　　D. 5.0

10. 在酒精的水溶液中,存在 ( )

A. 色散力、取向力　　B. 色散力、诱导力、取向力

C. 氢键、色散力、诱导力　　D. 氢键、色散力、诱导力、取向力

11. 在$[Co(NH_3)_3(H_2O)_2Cl]^{2+}$中,(Co)的氧化数和配位数分别为 ( )

A. +2 和 4　　B. +3 和 4　　C. +3 和 6　　D. +2 和 6

12. 用 $K_2Cr_2O_7$ 法测定 Fe^{2+},用二苯胺磺酸钠作指示剂时,加入 H_3PO_4 的目的是 ( )

A. 扩大指示剂的变色范围　　B. 缩小指示剂的变色范围

C. 提高 $\varphi(Fe^{3+}/Fe^{2+})$的电位　　D. 降低 $\varphi(Fe^{3+}/Fe^{2+})$的电位

13. 在容量分析中,滴定管的读数误差为±0.02 mL,若要求读数的相对误差不大于 2‰,则标准溶液用量最少为 ( )

A. 10 mL　　B. 20 mL　　C. 30 mL　　D. 40 mL

14. 已知 $\varphi(Cu^{2+}/Cu)=0.34$ V,$\varphi(Cu^{+}/Cu)=0.52$ V,则 $\varphi(Cu^{2+}/Cu^{+})$的数值为 ( )

A. 0.36 V　　B. 0.26 V　　C. 0.16 V　　D. 0.43 V

15. Volhard 法测定 Cl^- 时,如果溶液中没有加有机溶剂,那么在滴定过程中使结果 ( )

A. 偏低　　B. 偏高

C. 无影响　　D. 正、负误差不定

二、填空题(每小题 2 分,共 20 分)

1. 5.20 g 尿素溶于 100.0 g 水中,则该溶液在标准压强下沸点为________,凝固点为________。(已知 H_2O 的沸点上升常数为 0.512 K·kg·mol^{-1},凝固点下降常数为 1.86 K·kg·mol^{-1})

2. 已知 298 K 时 AgCl 的 K_{sp} 为 1.8×10^{-10},则在该温度时 AgCl 的溶解度为________。

3. 质量分数为 0.002%的 $KMnO_4$ 溶液在 3.0 cm 的吸收池中的透光率为 22%,若将溶液稀释一倍后,则该溶液在 1.0 cm 的吸收池的透光率为________。

4. 有一标准 Fe^{3+} 溶液,其浓度为 2.5×10^{-5}mol/L,用 1 cm 的比色杯在 420 nm 波长下测得透光率为 35%,则摩尔吸光系数 ε 为________。

5. 24 号元素 Cr 的电子排布式为________。

6. 对于 $BeCl_2$,PH_3,H_2S,SiH_4 分子,中心原子在成键时以 $7sp^3$ 不等性杂化的是________。

7. 配合物$[Cr(OH)_3(H_2O)(en)]$的名称为________。

8. 在 25 ℃时用标准加入法测定铜离子浓度。于 100 mL 铜盐溶液中添加 1.0 mL 的 0.1 mol/L 的 $Cu(NO_3)_2$ 溶液后,电动势增加 4 mV,则原试样中铜的总浓度为________。

9. 某铵盐含氮量的测定结果为 $X=21.30\%$;$S=0.06$;$n=4$,则置信概率为 99%时平均值的置信区间为________。(已知 $n=4$,$f=3$,$P=99\%$时,$t=5.84$)

10. 用 EDTA 法测定自来水的硬度时,要求在 pH 值为________的 NH_3-NH_4Cl 缓冲体系中进行,该滴定的指示剂为________。

三、计算题(任选 5 道题,共 50 分)

1. 某一含 Na_2CO_3,$NaHCO_3$ 及惰性杂质的样品 0.602 8 g,加水溶解,用 0.202 2 mol·L^{-1} HCl 溶液滴定至酚酞终点,用去 HCl 溶液 20.30 mL,加入甲基橙,继续滴定至甲基橙变色,又用去 HCl 溶液 22.45 mL。求 Na_2CO_3 和 $NaHCO_3$ 的质量分数。

2. 在 0.10 mol·L^{-1} $ZnCl_2$ 溶液中通入 H_2S 气体至饱和,如果加入盐酸以控制溶液的 pH 值,试计算开始析出 ZnS 沉淀和 Zn^{2+} 沉淀完全时溶液的 pH 值。(已知 $K_{sp}(ZnS)=2.5\times10^{-22}$,$K_{a_1}(H_2S)=1.3\times10^{-7}$,$K_{a_2}(H_2S)=7.1\times10^{-15}$)

3. 在 0.30 mol·L^{-1} $[Cu(NH_3)_4]^{2+}$ 溶液中,加入等体积的 0.20 mol·L^{-1} NH_3 和 0.2 mol·L^{-1} NH_4Cl 的混合溶液,问:是否有 $Cu(OH)_2$ 沉淀生成?(已知 $[Cu(NH_3)_4]^{2+}$ 的 $K_f=2.09\times10^{13}$,NH_3 的 $K_b=1.8\times10^{-5}$,$Cu(OH)_2$ 的 $K_{sp}=2.2\times10^{-22}$)

4. 称取 1.000 0 g 土壤,经消解处理后制成 100.00 mL 溶液。吸取该溶液 10.00 mL,同时取 4.00 mL 浓度为 10.0 μg·mL^{-1} 的磷标准溶液分别于两个 50.00 mL 容量瓶中显色、定容。在 1 cm 的吸收池中测得标准溶液的吸光度为 0.260,土壤试液的吸光度为 0.362,计算土壤试样中磷的百分含量。

5. 298 K 时,测得下列电池的电动势为 0.728 V。已知 $\varphi(Ag^+/Ag)=0.80$ V,计算 AgBr 的 K_{sp}。

   (−)Ag | AgBr(s) | Br^-(0.10 mol·L^{-1}) ‖ Ag^+(1.0 mol·L^{-1}) | Ag(+)

6. 已知 298 K 时 CO(g)和 CO_2(g)的标准摩尔生成焓变、标准摩尔熵变分别为 −110.5 kJ·mol^{-1},197.9 J·mol^{-1}·K^{-1} 和 −393.5 kJ·mol^{-1},213.6 J·mol^{-1}·K^{-1},C(石墨)的标准摩尔熵变 5.69 J·mol^{-1}·K^{-1}。对于反应 C(石墨)+CO_2(g)=2CO(g),问:(1) 该反应在 298 K 时能否自发进行?(2) 反应在 900 ℃时的标准平衡常数?

自测试题二

一、选择题(每题 1 分,共 20 分)

1. 以 $AgNO_3$ 与 NaCl 反应生成 AgCl 沉淀,该沉淀优先选择吸附的离子是 (　　)

A. NO_3^-　　B. Cl^-　　C. Na^+　　D. H^+

2. 难挥发非电解质稀溶液沸点升高的原因在于 (　　)

A. 蒸气压下降　　B. 凝固点降低

C. 高分子溶液的保护　　D. 渗透压降低

3. 对于 AgI 正溶胶而言,下列聚沉值顺序正确的是 (　　)

A. $Na^+ > Ca^{2+} > Al^{3+}$　　B. $Na^+ < Ca^{2+} < Al^{3+}$

C. $Cl^- > SO_4^{2-} > PO_4^{3-}$　　D. $Cl^- < SO_4^{2-} < PO_4^{3-}$

4. 氧化还原指示剂的理论变色范围是 (　　)

A. $pK_{HIn} \pm 1$　　B. $pK_{HIn} \pm 0.059\ 2/n$

C. $\varphi \pm 1$　　D. $\varphi \pm 0.059\ 2/n$

5. 若要使某一沉淀溶解,则必须满足的条件是 (　　)

A. $Q > K_{sp}$　　B. $Q < K_{sp}$

C. $Q = K_{sp}$　　D. 三种情况均可以

6. $KMnO_4$ 滴定的介质应该是 (　　)

A. 酸性介质　　B. 中性介质　　C. 碱性介质　　D. 无要求

7. 可以用来描述 3d 电子的一组量子数是 (　　)

A. $3,0,1,+\frac{1}{2}$　　B. $3,1,1,+\frac{1}{2}$　　C. $3,2,1,-\frac{1}{2}$　　D. $3,3,1,-\frac{1}{2}$

8. 在乙醇的水溶液中,所含有的分子间作用力包括 (　　)

A. 色散力　　B. 色散力、诱导力

C. 色散力、诱导力、取向力　　D. 色散力、诱导力、取向力、氢键

9. $\Delta_f G_m$表示 (　　)

A. 自由能变　　B. 标准生成自由能变

C. 标准自由能变　　D. 生成自由能变

10. 已知下列反应的平衡常数

$H_2(g) + S(s) \rightleftharpoons H_2S(g)$　　K_1

$S(s) + O_2(g) \rightleftharpoons SO_2(g)$　　K_2

则反应 $H_2(g) + SO_2(g) \rightleftharpoons O_2(g) + H_2S(g)$的平衡常数是 (　　)

A. $K_1 - K_2$　　B. $K_1 \cdot K_2$　　C. K_1/K_2　　D. K_2/K_1

11. 对于放热反应而言，$\Delta_r H_m<0$，则升高温度，平衡的变化趋势为 （　　）

A. 向正反应方向移动　　B. 向逆反应方向移动

C. 向分子数增加的方向移动　　D. 向分子数减少的方向移动

12. pH＝2.300 的有效数字位数是 （　　）

A. 1　　B. 2　　C. 3　　D. 4

13. 有一碱液，可能含有 NaOH，Na_2CO_3，$NaHCO_3$，今以盐酸滴定之，先以酚酞为指示剂，消耗盐酸的体积为 V_1，再以甲基橙为指示剂，消耗盐酸体积为 V_2，且有 $V_1>V_2$，则该碱液的组成为 （　　）

A. $NaOH+Na_2CO_3$　　B. $NaHCO_3+Na_2CO_3$

C. $NaOH+NaHCO_3$　　D. Na_2CO_3

14. 已知 $\varphi(MnO_4^-/Mn^{2+})=+1.51$ V，$\varphi(Fe^{3+}/Fe^{2+})=+0.771$V，$\varphi(I_2/I^-)=+0.535$ V，若以 $KMnO_4$ 滴定 Fe^{2+}，I^- 的混合液，先反应的是 （　　）

A. Fe^{2+}　　B. I^-　　C. 一起反应　　D. 均不反应

15. 对于电极反应 $2H^+(c)+2e$ ═══ $H_2\uparrow(p)$，其 Nernst 方程表达式为 （　　）

A. $\varphi=\varphi+\frac{0.0592}{2}\lg c(H^+)$　　B. $\varphi=\varphi-\frac{0.0592}{2}\lg c(H^+)$

C. $\varphi=\varphi-\frac{0.0592}{2}\lg\frac{p(H_2)}{c(H^+)}$　　D. $\varphi=\varphi-\frac{0.0592}{2}\lg\frac{c(H^+)}{p(H_2)}$

16. 离子选择性电极产生电极响应的机理是 （　　）

A. 氧化还原反应　　B. 离子在膜内的扩散

C. 选择性吸附　　D. 电性引力

17. BF_3 的杂化类型及空间构型为 （　　）

A. sp，直线形　　B. sp^2，平面三角形

C. sp^3，正四面体形　　D. 不等性 sp^3，三角锥形

18. 砝码生锈属于 （　　）

A. 系统误差　　B. 偶然误差

C. 人为误差　　D. 过失误差

19. 以 $K_2Cr_2O_7$滴定 Fe^{2+}，以苯胺磺酸钠作指示剂，加入磷酸的目的在于 （　　）

A. 降低 $\varphi(Fe^{3+}/Fe^{2+})$　　B. 升高 Fe^{3+}/Fe^{2+}

C. 降低 $\varphi(Cr_2O_7^{2-}/Cr^{3+})$　　D. 升高 $\varphi(Cr_2O_7^{2-}/Cr^{3+})$

20. $c\left(\frac{1}{6}K_2Cr_2O_7\right)=0.05000\ mol\cdot L^{-1}$ 的溶液对铁的滴定度为 $M(Fe)=55.85$ g/mol，$M(K_2Cr_2O_7)=294.2$ g/mol （　　）

A. 0.007 500 g/mL　　B. 0.002 793 g/mL

C. 0.002 452 g/mL　　D. 0.016 76 g/mL

二、填空题（每题 1 分，共 20 分）

1. $\frac{20.00\times0.1000\times10^{-3}\times100.09}{0.300}\times100$，计算结果的有效数字应保留________位。

2. 误差是测定结果与________的差，它是测定结果________度的反映；而偏差则是测定结

果与________的差，它是测定结果________度的反映。

3. 写出由 Na 与过量的 $AgNO_3$ 制备 AgI 溶胶的胶团结构式：________。

4. 计算一组数据：2.01，2.02，2.03，2.04，2.06，2.00 的相对标准偏差为________。

5. 反应 $H_2+2NO \longrightarrow H_2O_2+N_2$ 为基元反应，其反应速率方程式的表达式为________，该反应的级数为________。

6. 直接电位法测定采用________电极和________电极构成原电池，然后测量原电池电动势，从而求得待测物质含量的。

7. 朗伯-比尔定律的数学表达式为________。

8. 当测得某溶液的吸光度为 0.100 时，其透光率 $T=$________。

9. 将 NaAc 加入 HAc 到溶液中，则 HAc 的________减小，该效应称为________。

10. 计算 Na_2HPO_4 的 H^+ 浓度的最简式为 $c(H^+)=$________。

11. 在反应 $2MnO_4^-+5H_2O_2+6H^+ = 2Mn^{2+}+5O_2\uparrow+8H_2O$ 中，$KMnO_4$ 和 H_2O_2 的基本单元满足的等量关系为________。

12. 判断 $H_2C_2O_4$ 能否被 NaOH 分步滴定的依据是________。

13. 基准试剂可以采用________法配制标准溶液，非基准试剂只能采用________法配制，而且需要________过程来确定它的准确浓度。

14. 一个体系在一次变化中，放热 1 000 J，环境对体系做功 420 J，则其内能的变化为________ J。

15. 在原电池中，负极发生________反应。

16. 在 $[Ag(NH_3)_2]^+$ 溶液中加入 Br^-，使之转化为 AgBr 沉淀，则反应的竞争常数为________。

17. $H_2[SiF_6]$ 命名为________。

18. H_2O 的共轭酸是________。

19. 以 HCl 滴定 NaCN 溶液，已知二者的浓度均为 0.100 0 $mol \cdot L^{-1}$，且 $K_a=6.2\times10^{-10}$，则滴定终点的 pH=________。

20. 已知原电池 $(-)Zn|Zn^{2+}(0.1\ mol/L)\|Cu^{2+}(1\ mol/L)|Cu(+)$，$\varphi(Zn^{2+}/Zn)=-0.763\ V$，$\varphi(Cu^{2+}/Cu)=+0.337\ V$，则该电池反应的方程式为________，其电池电动势为________ V，平衡常数 $K=$________。

三、判断正误(每题 1 分，共 10 分)

1. $KMnO_4$ 可以在 HCl 介质中进行。 (　　)

2. 分析精密度高，准确度不一定高。 (　　)

3. 由于 $K_{sp}(Ag_2CrO_4)<K_{sp}(AgCl)$，故 Ag_2CrO_4 的溶解度小于 AgCl。 (　　)

4. 状态函数仅与过程的始、终态有关，而与途径无关。 (　　)

5. 偶然误差是不可避免的。 (　　)

6. 化学反应速率的质量作用定律是一个普遍规律，适用于任何化学反应。 (　　)

7. 若某一化学反应的 $Q_K>1$，则 $G>0$。 (　　)

8. 电子云是高速运动的电子在原子核外所形成的云。 (　　)

9. 酸效应对配合滴定不利，所以滴定体系的 pH 值越高越好。 (　　)

10. 化学平衡常数是化学反应本质决定的，因此与反应的条件无关。 (　　)

四、计算题（第一题 5 分，第二到第四题每题 15 分，共 50 分）

1. 称取银合金试样 0.300 0 g，以 HNO_3 溶解后，加入铁铵矾指示剂，用 0.100 0 mol/L 的 NH_4SCN 标准溶液滴定，用去 23.80 mL，计算试样中银的百分含量。（已知：$M(Ag)=107.9$ g/mol）

2. 计算下列反应在 298 K 时的 $\Delta_r G_m$，说明反应的自发性，并计算该反应在 298 K 时的标准平衡常数。

$$CH_3OH(l) \rightleftharpoons CH_4(g) + \frac{1}{2}O_2(g)$$

已知：	$\Delta_r H_m$(kJ/mol)	$\Delta_r S_m$(J/mol·K)
$CH_3OH(l)$	−238.6	123.6
$CH_4(g)$	−74.85	186.2
$O_2(g)$	0	205.03

3. 若要配制 $c\left(\frac{1}{6}K_2Cr_2O_7\right)=0.100\ 0$ mol/L 的标准溶液 500.0 mL，问：需称取基准 $K_2Cr_2O_7$ 多少克？若移取 25.00 mL 该标准溶液标定 $Na_2S_2O_3$ 溶液，耗用 $Na_2S_2O_3$ 溶液 20.00 mL，问：$c(Na_2S_2O_3)$是多少？（$M(K_2Cr_2O_7)=294.19$ g/mol）

4. 碘化氢分解速率常数在 836 K 时为 0.001 05 s^{-1}，在 943 K 时为 0.002 68 s^{-1}，计算该反应的活化能，并计算在 1 000 K 时该反应的速率常数。

自测试题三

一、填空题(每小题 2 分,共 30 分)

1. 将 1.17 gNaCl(M(NaCl)=58.44 g/mol)溶于 200 gH_2O 中,此溶液的质量摩尔浓度是________。
2. 将 12 mL 0.01 mol·L^{-1}KCl 溶液 100 mL 0.005 mol·L^{-1} $AgNO_3$ 溶液混合,以制备 AgCl 溶液;胶团结构式为________。
3. $BaCO_3$(K_{sp}=8.1×10^{-9}),AgCl(K_{sp}=1.56×10^{-10}),CaF_2(K_{sp}=4.0×10^{-11}) 溶解度从大到小的顺序是________。
4. 由 $MnO_2 \xrightarrow{+0.95\ V} Mn^{3+} \xrightarrow{+1.5V} Mn^{2+}$(酸性溶液中),可知当三者浓度均为 1 mol·$L^{-1}$ 时的反应方向是________(用配平的化学反应方程式表示)。
5. 写出 HCO_3^-(K_{a_2}=5.6×10^{-11}),$H_2PO_4^-$(K_{a_2}=2.6×10^{-7}),HF(K_{a_1}=3.5×10^{-4})的共轭碱并排出碱性从强到弱的顺序:________。
6. $Cu+2Ag^+ \xlongequal{} Cu^{2+}+2Ag$ 在溶液中的反应平衡常数表达式是________。
7. $2NO_2Cl \longrightarrow 2NO_2+Cl_2$ 是一级反应,其反应速率表达式为________。
8. K[$PtCl_3NH_3$]的名称是________。
9. 内能、焓、功、熵、热 5 个物理量中属于状态函数的是________。
10. 在硝酸钾溶于水的变化中,水温是降低的,由此可判断此变化的 ΔH ________;ΔG ________;ΔS ________(用>0 或<0 表示)。
11. CCl_4 与 $CHCl_3$ 的分子间作用力有________。
12. BF_3和 PF_3 中 B 和 P 的杂化轨道分别是________杂化和________杂化,________是极性分子。
13. 数据 m=0.026 0 g,pH=4.86,$c\left(\frac{1}{5}KMnO_4\right)$=0.102 3 mol·$L^{-1}$中 0.026 0,4.86,0.102 3三者的有效数字依次是________、________、________位。
14. 某元素价电子构型是 $4s^24p^3$,则该元素是第________周期________族的________区元素,其原子序数为________。
15. 对于反应 $C(s)+CO_2(g) \xlongequal{} 2CO(g)$,若缩小反应体系的体积,预期会使平衡时 CO 的产量________,则逆反应速率________。

二、判断题(每小题 1 分,共 10 分)

1. 色散力越大,比色分析的误差越大。 ( )
2. 用酸效应曲线可选择酸碱滴定的指示剂。 ( )
3. 增加实验次数可降低偶然误差。 ( )
4. 同一原子中运动状态完全相同的两个电子是不存在的。 ( )

5. 滴定 pH 相等的等体积 NaOH 溶液和氨水溶液所需盐酸的量是不相同的。 (　　)
6. 渗透压不同的两液体用半透膜相隔时,渗透压大的液体将迫使渗透压小的液体液面有所升高。 (　　)
7. 配位数就是配位体的数目。 (　　)
8. 缓冲容量越大,溶液抗酸抗碱的能力越强。 (　　)
9. 溶液中若不存在同离子效应,也就不会构成缓冲溶液。 (　　)
10. 某反应的 $\Delta H<0$,若升高温度则其平衡常数增大。 (　　)

三、选择题(每小题 1 分,共 20 分)

1. 浓度增大反应速率加快的主要原因是 (　　)
A. 速率常数增大　　B. 活化分子百分数增大
C. 活化分子总数增大　　D. 反应活化能增大
2. 电解质 $NaNO_3$,Na_2SO_4,$MgCl_2$,$AlCl_3$ 对某溶胶的相对聚沉值分别为 300,148,12.5 和 0.17,则它们聚沉能力的相对大小顺序为 (　　)
A. $AlCl_3>MgCl_2>Na_2SO_4>NaNO_3$　　B. $Na_2SO_4>NaNO_3>MgCl_2>AlCl_3$
C. $NaNO_3>Na_2SO_4>MgCl_2>AlCl_3$　　D. $MgCl_2>AlCl_3>Na_2SO_4>NaCl$
3. 在 101.325 KPa,298.15 K 时符合生成焓定义的是 (　　)
A. $CO(g)+O_2(g)$══$CO_2(g)$　　B. C(石墨)$+O_2(g)$══$CO_2(g)$
C. $2CO(g)+O_2(g)$══$2CO_2(g)$　　D. 2C(石墨)$+O_2(l)$══$2CO(g)$
4. 下列浓度均为 $0.1\ mol\cdot L^{-1}$ 的水溶液 pH 值最大的是 (　　)
A. HCl　　B. H_2S　　C. NH_3　　D. $NaHCO_3$
5. 下列元素电负性随其原子序数递增而增大的是 (　　)
A. Al,Si,P,S　　B. Be,Mg,Ca,Sr
C. C,Si,Ge,Se　　D. F,Cl,Br,I
6. 据反应式 NH_3+NH_3 ══$NH_4^++NH_2^-$,其中酸是 (　　)
A. NH_3　　B. NH_4^+
C. NH_2^-　　D. NH_3 和 NH_4^+
7. 在室温下,某酸的 $K_a=4.9\times10^{-10}$,在水溶液中有 0.007% 的分子电离成离子,该酸溶液的浓度是 (　　)
A. $0.1\ mol\cdot L^{-1}$　　B. $0.01\ mol\cdot L^{-1}$
C. $2.0\ mol\cdot L^{-1}$　　D. $1.3\ mol\cdot L^{-1}$
8. 将 4.5 g 某非电解质溶 12 g 水中($K_f=1.86$),凝固点为-0.37℃,则溶液的摩尔质量为 (　　)
A. $80\ g\cdot mol^{-1}$　　B. $90\ g\cdot mol^{-1}$
C. $160\ g\cdot mol^{-1}$　　D. $180\ g\cdot mol^{-1}$
9. 下列化合物偶极矩不为零的是 (　　)
A. CS_2　　B. $CHCl_3$　　C. CCl_4　　D. BF_3

10. 下列成对物质的标准电极电位值最大的是 ( )

A. Ag 和 AgCl　　B. Ag 和 $AgNO_3$

C. Ag 和$[Ag(NH_3)_2]^+$　　D. Ag 和 AgOH

11. 下列物质中的中心离子属于 sp^3d^2 杂化的是 ( )

A. $[Cu(CN)_4]^{2-}$　　B. $[Fe(CN)_6]^{3-}$　　C. $[Cu(NH_3)_4]^{2+}$　　D. $[FeF_6]^{3-}$

12. 浓度均为 0.1 mol·L^{-1}的下列溶液，冰点最低的是 ( )

A. NaCl　　B. $C_6H_{12}O_6$　　C. Na_2SO_4　　D. HAc

13. 下列气相反应平衡不受压力影响的是 ( )

A. $N_2+3H_2 \rightleftharpoons 2NH_3$　　B. $2NO_2 \rightleftharpoons N_2O_4$

C. $2CO+O_2 \rightleftharpoons 2CO_2$　　D. $2NO \rightleftharpoons N_2+O_2$

14. 下列关系错误的是 ( )

A. $H=U+pV$　　B. $\Delta U_{体系}+\Delta U_{环境}=0$　　C. $\Delta G=\Delta H$　　D. $\Delta U=Q+W$

15. 确定标准溶液浓度的过程称为 ( )

A. 滴定　　B. 标定　　C. 定容　　D. 定位

16. 0.01 mol·L^{-1}某一元弱酸能被准确滴定的条件是 ( )

A. $K_a \geqslant 10^{-6}$　　B. $K_a \geqslant 10^{-8}$　　C. $K_b \geqslant 10^{-6}$　　D. $K_b \geqslant 10^{-8}$

17. 量子数组合 4,2,0,$\frac{1}{2}$表示(　　)上的 1 个电子。 ( )

A. 4p　　B. 4d　　C. 4s　　D. 4f

18. 有效数字加减运算结果的误差取决于其中 ( )

A. 位数最多的　　B. 位数最少的

C. 绝对误差最大的　　D. 绝对误差最小的

19. 若用双指示剂法测由 $NaHCO_3$ 和 Na_2CO_3 组成的混合碱，则达两等量点时，所需盐酸标准溶液的体积关系为 ( )

A. $V_1<V_2$　　B. $V_1>V_2$　　C. $V_1=V_2$　　D. 无法判断

20. $CaCO_3$在下列溶液中的溶解度较大的是 ( )

A. $Ca(NO_3)_2$　　B. Na_2CO_3　　C. $NaNO_3$　　D. 无法判断

四、计算题(每题 10 分，共 40 分)

1. 现有 HAc 和 NaAc 溶液，浓度均为 0.1 mol·L^{-1}，培养某种微生物需要 pH=4.90 的缓冲溶液 1 000 毫升，各需多少毫升？(HAc 的 $pK_a=4.75$)

2. 在 1 L1.0 mol·$L^{-1}NH_3 \cdot H_2O$ 中，加入 0.01 mol AgCl(s)后彻底搅拌，计算说明其中 AgCl 是否全部溶解。($K_{sp}(AgCl)=1.56\times10^{-10}$)，$K_f(Ag(NH_3)_2^+)=1.12\times10^7$)

3. 每升溶液中含 9.806 g $K_2Cr_2O_7$ 时其 $c\left(\frac{1}{6}K_2Cr_2O_7\right)$是多少？在酸性溶液中 15.00 mL 此溶液需用 0.100 0 $mol \cdot L^{-1}$ $FeSO_4$ 标准溶液多少毫升才可滴至等量点？等量点组成原电池时的电动势是多少？写出配平的反应方程式。（已知 $M(K_2Cr_2O_7)=294.2\ g \cdot mol^{-1}$）

4. 反应 $H_2(g)+\frac{1}{2}O_2(g) \longrightarrow H_2O(g)$可用于火箭推进，在标准状态下，1 000 ℃时每克氢气完全反应后，最多可得多少有用功？（已知 298 K 时 $\Delta_r H_m(H_2O,g)=-241.82\ kJ \cdot mol^{-1}$，$\Delta_r S_m=-44.369\ kJ \cdot mol^{-1}$）

自测试题四

一、选择题(每小题 2 分,共 40 分)

1. 将 4.5 g 某非电解质溶于 125 g 水中,若此溶液的凝固点为 -0.372℃,则该物质的分子量为($K_f=1.86$)　(　　)

A. 135　B. 172.4　C. 90　D. 180

2. 反应 $2NO_2$(g,棕色)══N_2O_4(g,无色)达到平衡后,降低温度,混合物的颜色变浅,说明此反应　(　　)

A. $\Delta H=0$　B. $\Delta H>0$　C. $\Delta H<0$　D. 无法判断

3. 某反应的 $\Delta G<0$,则该反应　(　　)

A. 进行得很彻底　B. 在等温等压下是自发的

C. 是放热反应　D. 活化能是负值

4. 向一含 Pb^{2+} 和 Sr^{2+} 的溶液中逐渐滴加 Na_2SO_4 溶液,首先生成沉淀 $SrSO_4$,然后生成 $PbSO_4$ 沉淀,则　(　　)

A. $K_{sp}(PbSO_4)>K_{sp}(SrSO_4)$　B. $c_{Pb^{2+}}<c_{Sr^{2+}}$

C. $\frac{c_{Pb^{2+}}}{c_{Sr^{2+}}}>\frac{K_{sp}(PbSO_4)}{K_{sp}(SrSO_4)}$　D. $\frac{c_{Pb^{2+}}}{c_{Sr^{2+}}}<\frac{K_{sp}(PbSO_4)}{K_{sp}(SrSO_4)}$

5. 下列配离子在强酸性介质中肯定较稳定存在的是　(　　)

A. $[Fe(C_2O_4)_3]^{3-}$　B. $[AlF_6]^{3-}$　C. $[Mn(NH_3)_6]^{2+}$　D. $[AgCl_2]^-$

6. 下列电对中,电极电位与介质酸度无关的是　(　　)

A. $\frac{O_2}{H_2O}$　B. $\frac{MnO_4^-}{MnO_4^{2-}}$　C. $\frac{H^+}{H_2}$　D. $\frac{MnO_4^-}{MnO_2}$

7. 反应 A(g)+B(g)══C(g)+D(g)的 $\Delta H<0$,达到平衡后,加入高效催化剂,则反应的　(　　)

A. $\Delta G>0$　B. $\Delta G=0$　C. $\Delta G<0$　D. 无法判断

8. 可逆反应 A(g)+2B(g)══E(g)+Q(g)的 $\Delta H>0$,A,B 获得高转化率的条件为(　　)

A. 高温低压　B. 高温高压　C. 低温高压　D. 低温低压

9. 某元素基态原子,有量子数 $n=4,l=0,m=0$ 的一个电子,有 $n=3,l=2$ 的 10 个电子,此元素价电子层构型及其在周期表中的位置为　(　　)

A. $3p^63d^44s^1$,第四周期ⅤB 族　B. $3p^63d^{10}4s^1$,第四周期ⅠB 族

C. $3p^63d^44s^1$,第三周期ⅤB 族　D. $3p^63d^{10}4s^1$,第三周期ⅠB 族

10. 向 1 L 0.1 $mol\cdot L^{-1}$ 的 $NH_3\cdot H_2O$ 溶液中加入一些 NH_4Cl 晶体,会使　(　　)

A. $NH_3\cdot H_2O$ 的 K_b 增大　B. $NH_3\cdot H_2O$ 的 K_b 减小

C. 溶液的 pH 值增大　D. 溶液的 pH 值减小

11. 某弱酸 HA 的 $K_a=2.0\times10^{-5}$，若要配制 pH＝5.00 的缓冲溶液用 1.0 mol·L^{-1}的 NaA 溶液 100 mL，则需要 1.0 mol·L^{-1}HA 溶液 （　　）

A. 20 mL　　B. 50 mL　　C. 100 mL　　D. 150 mL

12. 下列分子都具有极性的一组是 （　　）

A. H_2O，$HgCl_2$，CH_3Cl　　B. CH_4，CCl_4，H_2S

C. NH_3，H_2S，PCl_3　　D. CO_2，H_2S，BF_3

13. 难挥发的非电解质的水溶液，在不断加热沸腾时，其沸点 （　　）

A. 恒定不变　　B. 不断升高　　C. 不断下降　　D. 无法判断

14. 一般的非极性分子的分子间作用力主要是 （　　）

A. 色散力　　B. 诱导力　　C. 取向力　　D. 氢键

15. 用 50 mL 滴定管进行滴定时，为使测量的相对误差小 0.1%，则滴定剂的体积应大于 （　　）

A. 10 mL　　B. 20 mL　　C. 30 mL　　D. 100 mL

16. 1 L0.1 mol·L^{-1}的 NaOH 溶液中的 NaOH 与多少升 0.1 mol·L^{-1}的 H_3PO_4溶液中的 H_3PO_4的物质的量相等 （　　）

A. 1 L　　B. 2 L　　C. 3 L　　D. 1/3 L

17. 双指示剂法测定混合碱，试样中若含有 NaOH 和 Na_2CO_3，则消耗标准盐酸的体积关系为 （　　）

A. $V_1=V_2$　　B. $V_1<V_2$　　C. $V_1>V_2$　　D. $V_2=0$

18. EDTA 与金属离子进行络合时，真正起作用的是 （　　）

A. 二钠盐　　B. EDTA 分子

C. 四价酸根离子　　D. EDTA 的所有形态

19. 沉淀滴定的佛尔哈德法的指示剂是 （　　）

A. 铬黑 T　　B. 甲基橙　　C. 铁铵矾　　D. 铬酸钾

20. 水硬度的单位是以 CaO 为基准确定的，1°为 1 L 水中含有 （　　）

A. 1 g CaO　　B. 0.1 g CaO　　C. 0.01 g CaO　　D. 0.001 g CaO

二、填空题（每小题 2 分，共 20 分）

1. 673 K 时，反应 $N_2(g)+3H_2(g)\rightleftharpoons2NH_3(g)$的平衡常数为 6.19×10^{-4}，则反应$NH_3(g)\rightleftharpoons\frac{1}{2}N_2(g)+\frac{3}{2}H_2(g)$ 在同温度下的平衡常数 $K=$________。

2. 10 mL 0.01 mol·L^{-1} KCl 溶液中加入 10 mL 0.1 mol·L^{-1} $AgNO_3$ 溶液，混合制取________溶胶，其胶团结构为________，电泳时，胶粒向________极移动，欲使该溶胶聚沉，在 $MgSO_4$，$K_3[Fe(CN)_6]$，$AlCl_3$ 中最好选________。

3. 已知 $\varphi(Co^{3+}/Co^{2+})=1.80$ V，$\varphi(O_2/H_2O)=1.23$ V，所以 Co^{3+} 在水溶液中________稳定存在，若 $c(Co^{3+}/Co^{2+})$小于________时，则 $\varphi(Co^{3+}/Co^{2+})=\varphi(O_2/H_2O)$。

4. 某化学反应，正反应的活化能________逆反应的活化能，反应的 $\Delta H<0$，升高温度，平衡常数________，平衡向________方向移动。

5. 溶液的________、凝固点下降都与溶液的________直接有关。

6. 活化能越高的反应，速率常数越________，速率常数随________的变化率越大。
7. 同一样品在多次测定时，各平行测定值之间的________称为________。
8. 基准物的摩尔质量一般要求较大，目的是________。
9. 滴定分析中，指示剂的作用是________。
10. 若弱酸能被准确滴定，要求________，若要分步滴定，则________。

三、判断正误（每小题1分，共10分）

1. 拉乌尔定律只适用非电解质溶液，对电解质溶液毫无意义。（　）
2. 某反应的 ΔG 越负，则反应进行得越快。（　）
3. 所谓 sp^3 杂化，是指1个s电子与3个p电子的杂化。（　）
4. 增加平衡中的某种反应物的浓度，会使该物质的转化率增大。（　）
5. 只要缓冲对确定，缓冲溶液的pH值就为一定值。（　）
6. 同周期元素，随着原子序数的递增，其电负性逐渐增大。（　）
7. 分析测定的次数越多，则结果的准确度越高。（　）
8. 已知浓度的酸碱溶液都可以作标准溶液。（　）
9. 常用的金属指示剂不稳定，应用固体NaCl保持其稳定。（　）
10. 电极电位高的电对可以氧化电极电位低的电对。（　）

四、计算题（每小题10分，共30分）

1. 已知 $\Delta_f H_m(H_2O,l)=-285.8\ kJ\cdot mol^{-1}$，$\Delta_f H_m(CH_4,g)=-74.85 kJ\cdot mol^{-1}$，$\Delta_c H_m(CH_4,g)=-890.36\ kJ\cdot mol^{-1}$，求反应 $C(s)+2H_2O(l)=\!=\!=CO_2(g)+H_2(g)$ 的 $\Delta_r U_m$ 和 $\Delta_r H_m$。

2. 已知 $\varphi(Ag^+/Ag)=0.799\ V$，$K_f(Ag(NH_3)_2^+)=1.6\times10^7$，求 $\varphi(Ag(NH_3)_2^+/Ag)$。

3. 测定种子含氮量，取样0.506 0 g，消解后，加入浓碱蒸馏出的 NH_3 用过量的2%的硼酸吸收，加入指示剂，用0.103 6 $mol\cdot L^{-1}$ 的HCl标准溶液23.62 mL滴定至终点，求含氮量。（原子量N=14.007）

自测试题五

一、选择题(每小题 1 分,共 20 分)

1. 已知 $K_{sp}(AB)=4.0\times10^{-10}$,$K_{sp}(A_2B)=3.2\times10^{-11}$,则两物质在水中的溶解度关系为 ( )

A. $S(AB)>S(A_2B)$　　B. $S(A)<S(A_2B)$

C. $S(AB)=S(A_2B)$　　D. 不能确定

2. 具有下列外层电子构型的原子,第一电离能最低的是 ( )

A. ns^2np^3　　B. ns^2np^4　　C. ns^2np^5　　D. ns^2np^6

3. 已知反应 $CaCO_3(s) = CaO(s)+CO_2(g)$,$\Delta_r H_m=178\ kJ\cdot mol^{-1}$,则反应在标准状态下 ( )

A. 高温自发　　B. 低温自发

C. 任何温度下都自发　　D. 任何温度下都不自发

4. 对于基元反应 $2NO(g)+O_2(g) = 2NO_2(g)$,若将体系的压力增加一倍,则反应速度为原来的 ( )

A. 4 倍　　B. 2 倍　　C. 8 倍　　D. 6 倍

5. 已知 HAc 的 $pK_a=4.75$,HF 的 $pK_a=3.45$,HCN 的 $pK_a=9.31$,则下列物质的碱性强弱顺序正确的是 ( )

A. $F^->CN^->Ac^-$　　B. $Ac^->CN^->F^-$

C. $CN^->Ac^->F^-$　　D. $CN^->F^->Ac^-$

6. 已知 H,S,O 的相对原子质量分别为 1.007 97,32.064,15.999 4,则 H_2SO_4 的相对分子质量为 ( )

A. 98.077 54　　B. 98.077 5　　C. 98.078　　D. 98.08

7. 在配离子$[Co(en)_2Br_2]^+$中,钴的氧化数和配位数分别为 ( )

A. +2 和 4　　B. +2 和 6　　C. +3 和 4　　D. +3 和 6

8. 在 298 K 时,缩小气体平衡体系的体积后,测得反应商 Q 等于 K,则反应前后气体物质的量之差 Δn ( )

A. 大于 1　　B. 小于 1　　C. 等于 1　　D. 等于 0

9. 当碘溶于酒精后,碘分子与酒精分子之间产生的作用力有 ( )

A. 色散力　　B. 色散力和诱导力

C. 诱导力和取向力　　D. 范德华力和氢键

10. 已知 AgI 的溶积度为 K_{sp},$[Ag(CN)_2]^-$ 的稳定常数为 K_f,则反应 $AgI+2CN^- = [Ag(CN)_2]^-+I^-$ 的平衡常数 K 为 ( )

A. $K_{sp}+K_f$　　B. $K_{sp}-K_f$　　C. $K_{sp}\cdot K_f$　　D. K_{sp}/K_f

11. 根据元素标准电势图 $M^{4+} \xrightarrow{-0.10V} M^{2+} \xrightarrow{+0.40V} M$,下列说法正确的是 ( )
A. M^{4+} 是强氧化剂
B. M 是强还原剂
C. M^{4+} 能与 M 反应生成 M^{2+}
D. M^{2+} 能歧化生成 M 和 M^{4+}

12. 乙二胺四乙酸(EDTA)分子中可作配位原子的原子数为 ( )
A. 2　B. 6　C. 8　D. 10

13. 下列说法正确的是 ( )
A. 单质的 $\Delta_f H_m$ 和 $\Delta_f G_m$ 为零,但单质的 s^2 98 不为零
B. 化学反应的 $\Delta_r G_m$ 越负,表明该反应进行的速度越快
C. 零级反应的反应速率不随反应时间变化
D. 化学反应的恒压热效应 Q_p 与反应途径无关,故它是状态函数

14. 对 AB_2 型分子,若测得某偶极矩,则可判断出 ( )
A. 键的极性
B. 元素的电负性
C. 分子的大小
D. 分子的几何形状

15. 下列缓冲溶液的缓冲能力最大的是 ( )
A. 5 mL 0.1 mol・L^{-1}的 HAc 与 5 mL 0.1 mol・L^{-1}的 NaAc 混合
B. 5 mL 0.1 mol・L^{-1}的 HAc 与 5 mL 0.2 mol・L^{-1}的 NaAc 混合
C. 5 mL 0.2 mol・L^{-1}的 HAc 与 5 mL 0.1 mol・L^{-1}的 NaOH 混合
D. 5 mL 0.2 mol・L^{-1}的 NH_3 与 5 mL 0.2 mol・L^{-1}的 NH_4Cl 混合

16. 用 $K_2Cr_2O_7$ 标准溶液滴定 Fe^{2+} 时,1 mol Fe^{2+} 需要多少 mol $K_2Cr_2O_7$ 可滴至等量点 ( )
A. 6　B. 4　C. 13　D. 16

17. 合成氨反应中,若用 $\Delta c(NH_3)/\Delta t$ 表示反应的平均速度,下列表示式中与其相等的是 ( )
A. $-\frac{\Delta c(N_2)}{\Delta t}$　B. $-\frac{2\Delta c(N_2)}{\Delta t}$　C. $-\frac{3\Delta c(N_2)}{2\Delta t}$　D. $-\frac{\Delta c(N_2)}{2\Delta t}$

18. 滴定分析过程中,指示剂突然变色说明 ( )
A. 到达滴定终点了
B. 到达等量点了
C. 指示剂氧化质了
D. 上述三项都对

19. 下列电对中,标准电极电势最大的是 ( )
A. $\frac{AgBr}{Ag}$　B. $\frac{AgCl}{Ag}$　C. $\frac{AgI}{Ag}$　D. $\frac{Ag^+}{Ag}$

20. 吸光光度分析中,利用( )来确定最大吸收波长 ( )
A. 标准曲线　B. 滴定曲线　C. 酸效应曲线　D. 吸收曲线

二、填空题(每空 1 分,共 30 分)

1. 在其他条件不变时,使用催化剂可显著加快反应速度,这是因为催化剂改变了________,降低了________。
2. 在醋酸溶液中加入少量盐酸,醋酸的电离度将________,溶液的 pH 值________。
3. 氧的氢化物的沸点比同族其他元素的氢化物都高,这是因为该物质的分子间除具有________外,还具有________。

4. 等体积的 0.01 mol·L^{-1} $AgNO_3$ 溶液与 0.008 mol·L^{-1} KBr 溶液混合，可形成 AgBr 溶胶，其胶团结构为________，用 NaCl，Na_2SO_4，Na_3PO_4 等电解质使溶胶聚沉时，最沉值最小的电解质是________。
5. 配合物[$CoBr_2(NH_3)_4$]Cl 的名称为________，四氯一氨一水合铂(Ⅱ)酸钾的化学式为________。
6. 当白光透过溶液时，溶液呈现出________光的颜色，即溶液呈现的是其吸收________光色。
7. 往一支试管中加入 10 滴 0.1 mol·L^{-1} Na_2SO_3 溶液和 5 滴 6 mol·L^{-1} NaOH 溶液后，摇匀，再加入 2 滴 0.02 mol·L^{-1}的 $KMnO_4$ 溶液，振摇后混合液的颜色为________，该反应的离子方程式为________。
8. 已知某反应 300 K 和 500 K 时的标准自由能 $\Delta_r G_m$ 分别－105.0 kJ·mol^{-1}和－125.0 kJ·mol^{-1}，则该反应的标准 $\Delta_r H_m$ 为________ kJ·mol^{-1}，标准熵变 $\Delta_r S_m$ 为________ J·mol^{-1}（忽略温度对 ΔH_m，ΔS_m的影响）。
9. 42 号元素原子的价电子构型为________，最外层电子的 4 个量子数取值分别为________.
10. 配制 $SnCl_2$ 溶液时，应先将 $SnCl_2$ 固体溶解在________中，然后加水稀释至一定体积，其原因是________。
11. NH_4^+ 离子结构中 N—H 键的夹角为________，其空间构型为________。
12. $[Ni(CN)_4]_2^-$ 配离子中心原子的杂化轨道类型为________，其空间构型为________。
13. 按杂化轨道理论，H_2O 中 O 的杂化类型为________，空间构型为________。
14. 溶液中某一金属离离子可用配位滴定法准确测定的条件是________，某一元弱酸可被强碱准确滴定的条件是________。
15. 直接电位法测溶 pH 值时，参比电极可选用________，指示电极可选用________。

三、判断题（每小题 1 分，共 15 分）

1. 微观粒子的测不准关系，是因为仪器误差的缘故。若仪器的准确度越高，则 Δx 与 Δp 之值越小。（ ）
2. 阿仑尼乌斯公式不仅适用于基元反应，对某些复杂反应也是适用的。（ ）
3. 同一原子内不能有两个运动状态完全相同的电子存在。（ ）
4. 将氨水的浓度加水稀释一倍，则溶液中的 OH^- 浓度减小到原来的二分之一。（ ）
5. 参比电极的内充液叫参比溶液。（ ）
6. $\Delta G<0$ 的反应为自发反应。（ ）
7. 欲使溶液中某一离子沉淀完全，加入的沉淀剂越多越好。（ ）
8. 在多步反应中，反应速率最慢的一步决定整个反应的速度。（ ）
9. 反应 $2Fe^{3+}+2I^-=2Fe^{2+}+I_2$ 和反应 $Fe^{3+}+I^-=Fe^{2+}+1/2I_2$ 的平衡常数不同，因此，由上述两种反应组装成的原电池的标准电动势也是不相同的。（ ）
10. 某元素的原子所能形成的最大价键数等于该原子中的未成对电子数。（ ）
11. 一般来说，同类非极性分子的沸点是随着分子量的增大而升高的。（ ）
12. 某阳离子的外层电子构型为$(n-1)\ d^5 ns$，该阳离子的配合物都是高自旋的。（ ）
13. 中和等体积 pH 值相同的盐酸和醋酸所需要的 NaOH 的量是相同的。（ ）

14. 在一定温度下，参与反应的各物质浓度都一定时，电极电位越高者，其电对的氧化能力越强。 （　）

15. 对于一平衡体系，只要平衡条件不发生变化，则体系的状态函数也不发生变化。（　）

四、计算题(8 分+9 分+9 分+9 分=35 分)

1. 已知 298 K 时下列热力学数据

	$Mg(OH)_2(s) \longrightarrow$	$Mg^{2+}(aq)+$	$2OH^-(aq)$
$\Delta_f H_m$(kJ/mol)	−924.66	−461.96	−229.94
S_m(J/mol·K)	63	−118	−11

根据上述热力学数据计算 298 K 时 $Mg(OH)_2$ 的溶度积常数 K_{sp}。

2. 称取含惰性杂质的混合碱(可能含 NaOH，Na_2CO_3，$NaHCO_3$ 或它们的混合物)试样 1.200 g，溶于水后用 0.500 0 mol·L^{-1} HCl 滴至酚酞褪色，用去 30.00 mL。然后加入甲基橙指示剂，用盐酸标准溶液继续滴至橙色，又用去 5.00 mL。问：试样由何种碱组成？各组分的百分含量为多少？(已知 NaOH，Na_2CO_3，$NaHCO_3$ 的相对分子质量分别为 40.00，106.0，84.01)

3. 已知 $\varphi(H_3AsO_4/H_3AsO_3)=0.58$ V，$\varphi(I_2/I^-)=0.54$ V，反应 $H_3AsO_4+2I^-+2H^+ = H_3AsO_3+I_2+H_2O$。
(1) 在标准状态时，反应能否正向进行？为什么？
(2) 若 pH=6.00，其他物质则处于标准态，计算后说明反应能否正向进行。

4. 在含有 1 mol $AgNO_3$ 和 2 mol NH_3 的溶液中加入 HNO_3 后，使总体积为 1 L 且自由 Ag^+ 的浓度为 0.990 mol·L^{-1}，求溶液的 pH 值(已知 NH_3 的 $K_a=1.8\times10^{-5}$，$[Ag(NH_3)_2]^+$ 的 $K_f=1.12\times10^7$)。

参考答案

第一章

一、填空题

1. 12.4,24.8 **2.** 2.92,2.57 **3.** 3.82 **4.** 100.45 ℃,−1.61 ℃

5. 1 mol·L^{-1} H_2SO_4<1 mol·L^{-1} NaCl<1 mol·L^{-1} $C_6H_{12}O_6$<0.1 mol·L^{-1} NaCl<0.1 mol·L^{-1} CH_3COOH<0.1 mol·L^{-1} $C_6H_{12}O_6$;1 mol·L^{-1} H_2SO_4>1 mol·L^{-1} NaCl>1 mol·L^{-1} $C_6H_{12}O_6$>0.1 mol·L^{-1} NaCl>0.1 mol·L^{-1} CH_3COOH>0.1 mol·L^{-1} $C_6H_{12}O_6$

6. 175 g/mol **7.** $\{(AgCl)_m \cdot nCl^- \cdot (n-x)K^+\}^{x-} \cdot xK^+$;$Cl^-$;$K^+$

8. $\{[Fe(OH)_3]_m \cdot nFeO^+ \cdot (n-x)Cl^-\}^{x+} \cdot xCl^-$;$FeO^+$;$Cl^-$

9. 在胶体表面的硅酸分子发生以下电离:$H_2SiO_3 = HSiO_3^- + H^+$ $HSiO_3^- = SiO_3^{2-} + H^+$ 在硅胶粒子表面留下 SiO_3^{2-} 和 $HSiO_3^-$,使胶粒带负电荷,H^+ 则进入溶液中。$\{(SiO_2)_m \cdot nHSiO_3^- \cdot (n-x)H^+\}^{x-} \cdot xH^+$

10. $[(As_2S_3)_m \cdot nHS^{-1} \cdot (n-x)H^+]^{x-} \cdot xH^+$ **11.** 1∶2.0∶24∶1765;负电荷;正

12. $6\times10^7 cm^2$ **13.** W/O;O/W **14.** $[(As_2S_3)_m \cdot nHS^{-1} \cdot (n-x)H^+]^{x-}$;正极

二、计算题

1. 5 738 g/mol

2. (1) 251.7 g/mol (2) −0.015 ℃ (3) 4.54×10^{-4} kPa **3.** (1) 374.43 K (2) 1 333 kPa,3.14 kPa **4.** $[Hg(NO_3)_2]$完全离解,$HgCl_2$ 未离解 **5.** (1) 1.50×10^{-4} mol/L (2) 6.7×10^4 g/mol **6.** 48 m **7.** 776.15 kPa

8. NaCl 的聚沉值为 95.0 m mol·L^{-1} Na_2SO_4的聚沉值为 1.92 m mol·L^{-1} Na_3PO_4的聚沉值为 0.089 m mol·L^{-1} 聚沉能力之比 NaCl∶Na_2SO_4∶Na_3PO_4=1∶49.48∶1 067 由三种电解质的聚沉值大小可知,电解质负离子对该溶胶起主要聚沉作用,所以该溶胶带正电荷。

9. $a=b$ 时,不能形成胶体;$a>b$ 时,可形成带正电荷的胶体,$\{(AgI)_m \cdot nAg^+ \cdot (n-x)NO_3^-\}^{x+} \cdot xNO_3^-$;$a<b$ 时,可形成带负电荷的胶体,$\{(AgI)_m \cdot nI^- \cdot (n-x)K^+\}^{x-} \cdot xK^+$。

10. 负极,$\{(AgI)_m \cdot nAg^+ \cdot (n-x)NO_3^-\}^{x+} \cdot xNO_3^-$

11. 由溶胶的双电层结构可知,同种溶胶粒子带有相同符号的电荷,所以溶胶体系的胶粒之间是相互排斥的,另外,胶体的电位离子和反离子周围,都有一层溶剂化膜,对胶粒起到一定的保护作用,因此,尽管溶胶本身是热力学不稳定体系,但许多溶胶可以稳定存在。

12. 当保持溶胶稳定的外部环境或条件发生变化时,可以使溶胶粒子聚结成较大的颗粒而沉降,这个过程称为溶胶的聚沉。促使溶胶聚沉的方法有加入电解质、加热及加入带相反电荷的胶体等。

13. 由于天然水中含有带负电荷的悬浮物(黏土等),使天然水比较浑浊,而明矾

[$KAl(SO_4)_2 \cdot 12H_2O$]的水解产物 $Al(OH)_3$ 粒子却带正电荷，当将明矾加入天然水中时，两种电性相反的胶体相互吸引而聚沉，从而达到净水的效果。

14. φ 电位与 ε 电位的主要区别：

(1) 由于 ε 电位是发生电动现象时，吸附层与扩散层液体内部的电位，而吸附层中吸附了一部分反离子，它们抵消了一部分电荷，所以 ε 电位比 φ 电位小。

(2) φ 电位的大小决定于电位离子在溶液中的浓度，只要被吸附的电位离子浓度不变，φ 电位就不变。ε 电位除与电位离子在溶液中的浓度有关外，还随着溶液中其他离子浓度的变化而变化，外加电解质可以使 ε 电位降低。

(3) 由于电动电位是胶粒与分散剂相对滑动面的电位，所以胶粒与分散剂发生相对移动即电渗或电泳时的速度与 ε 电位直接相关，而与 φ 电位无直接关系，当 ε 电位减少到零时，电泳速度也变为零。所以，溶胶的电渗或电泳速度与 ε 电位直接相关，而与 φ 电位无直接关系。

第二章

一、填空题

1. W,0,0　**2.** 一样，不同　**3.** 孤立　**4.** 循环　**5.** 非体积，定压　**6.** Br_2(l)，H_2(g)　**7.** $\Delta_f G_m(H_2,g,298\ K)$　**8.** $\Delta_r H_m = -75\ kJ \cdot mol^{-1}$；$\Delta_r S_m = 100\ J \cdot mol^{-1} \cdot K^{-1}$　**9.** 放热反应　吸热反应　不变化　减小　不变　**10.** 198.9 kJ/mol；$4.1 \times 10^{-4}\ s^{-1}$　小　**11.** 不　**12.** 10　**13.**

操作条件	J 正	J 逆	k 正	k 逆	K	平衡移动的方向
增加A的分压	增加	增加	不变	不变	不变	正向移动
压缩体积	不变	不变	不变	不变	不变	不移动
降低温度	减小	减小	减小	减小	增大	正向移动
使用正催化剂	增加	增加	增加	增加	不变	不移动

14. 0.024

二、选择题

1. D　**2.** C　**3.** C　**4.** A　**5.** C　**6.** A

三、解答题

1. (1) 若反应是放热的，则反应的 ΔH 为负值，但是反应的焓变正、负值不以作为反应自发性的唯一标准，也就是说是不可靠的，因为化学反应的方向是由 ΔG 决定，ΔG 是由 ΔH 和 $T\Delta S$ 决定的，所以单纯地说放热反应是自发的，是不对的。　(2) 不对。因为规定标准状态下稳定单质的 $\Delta_f H_m$，$\Delta_f G_m$ 为 0，而不是所有单质的 $\Delta_f H_m$，$\Delta_f G_m$ 都为 0，如臭氧的 $\Delta_f H_m$ 和 $\Delta_f G_m$ 就不为 0，而纯单质即使最稳定的纯单质的标准 S_m 也不为 0。　(3) 反应的产物中，若增加了气体物质的量，必同时增加熵，ΔS 为正值，对于不包括气体的反应，反应后产物的分子数只有比反应物分子数多得多时才导致熵增。　(4) 据 $\Delta G = \Delta H - T\Delta S$，若 ΔH，ΔS 皆为正值，升高温 T，则 $T\Delta S$ 项增大，$T\Delta S$ 项愈大，ΔH 和 $T\Delta S$ 差值就愈小，所以当升温时，ΔG 减小。

2. 解：(3)×2－[(1)＋(2)]＝反应式(4)

$\Delta_r H_{m,4} = 2 \times \Delta_r H_{m,3} - [\Delta_r H_{m,1} + \Delta_r H_{m,2}] = 2 \times (-258.8) - [-316 + (-110.50)] = -91.1(kJ \cdot mol^{-1})$

3. 解：[3×(1)−(2)]−2×(3)]/6 即所求式

$$即\ \Delta_r H_m = \frac{(3 \times \Delta_r H_{m,1} - \Delta_r H_{m,2}) - 2 \times \Delta_r H_{m,3}}{6}$$

$$= \frac{[3 \times (0 - 27.50) - (-58.50)] - 2 \times 38.16}{6} = -16.72(kJ \cdot mol^{-1})$$

4. 解：C(石)→C(金)　$\Delta_r H_m = \Delta_f H_m(金) - \Delta_f H_m(石) = 1.896(kJ \cdot mol^{-1})$　$\Delta_r G_m = \Delta_f G_m(金) - \Delta_f G_m(石) = 2.866(kJ \cdot mol^{-1})$　由 $\Delta_r G_m = \Delta_r H_m - T\Delta_r S_m$　$\Delta_r S_m = \Delta_r H_m - \Delta_r G_m$　$\Delta_r S_m = \frac{\Delta_r H_m - \Delta_r G_m}{T} = \frac{1.896 - 2.866}{298} \times 10^3 = -3.255(J \cdot mol^{-1} \cdot K^{-1})$　由 $\Delta_r S_m = S_m(金) - S_m(石)$　$S_m(金) = \Delta_r S_m + S_m(石) = -3.255 + 5.692 = 2.437\ (J \cdot mol^{-1} \cdot K^{-1})$

5. 解：$\Delta H = -816.91 \times \frac{1}{0.25} = -3\ 267.64(kJ \cdot mol^{-1})$　$\Delta U = \Delta H - \Delta nRT = -3\ 267.64 - \left(\frac{12}{2} - \frac{1}{2}\right) \times 8.314 \times 10^{-3} \times 298 = -3\ 263.92(kJ \cdot mol^{-1})$

6. 解：由热化学方程式可知，1 mol 甘油三油酸酯与氧气完全反应可放热 3.35×10^4 kJ，该物质的摩尔质量为 884，故 100 g 该物质中放出热量

$100/884 \times 3.35 \times 10^4 = 3.79 \times 10^3(kJ)$

由附表查明 $\Delta_f H_m(CO_2, g) = -393.51\ kJ \cdot mol^{-1}$

$\Delta_f H_m(H_2O, l) = -285.83\ kJ \cdot mol^{-1}$

$\Delta_f H_m(O_2, g) = 0\ kJ \cdot mol^{-1}$

则 $\Delta_r H_m = [57\Delta_f H_m(CO_2, g) + 52\Delta_f H_m(H_2O, l)] - \Delta_f H_m(C_{57}H_{104}O_6S)$，

则 $\Delta_f H_m(C_{57}H_{104}O_6S) = [57 \times (-393.51) + 52 \times (-285.83)] - (-3.79 \times 10^3) = -3.35 \times 10^4(kJ \cdot mol^{-1})$

7. 解：$\Delta_r G_{m,1} = 173.38\ kJ \cdot mol^{-1}$　$\Delta_r G_{m,2} = 207.32\ kJ \cdot mol^{-1}$　$\Delta_r G_{m,3} = -32.24\ kJ \cdot mol^{-1}$　只有 $\Delta_r G_{m,3} < 0$，故选(3)

8. 解：$\Delta_r G_m = [2\Delta_f G_m(Al, S) + 3\Delta_f G_m(CO_2, g)] - [\Delta_f G_m(Al_2O_3, S) + 3\Delta_f G_m(CO, g)] = 810\ kJ \cdot mol^{-1}$

上述反应非自发

$\Delta_r S_m = 5.71\ J \cdot mol^{-1} \cdot K^{-1}$

$\Delta_r H_m = 827\ kJ \cdot mol^{-1}$

使反应自发进行，须 $\Delta_r G_m < 0$，则

$T > \Delta_r H_m$

$\Delta_r G_m = 15\ 397.51\ K$

反应进行的最低温度是要大于 15 397.51 K，理论上是可行的，但实际上很难达到这样的高值，故用 CO 还原 Al_2O_3 是不可行的。

9. 解：(1) $\Delta_r H_m = 234.5\ kJ \cdot mol^{-1}$，$\Delta_r S_m = 0.279\ 65\ kJ \cdot mol^{-1} \cdot K^{-1}$，

令 $\Delta_r G_m < 0$,则有

$$T > \frac{\Delta_r H_m}{\Delta_r S_m} = \frac{234.5}{0.279\ 65} = 838.5(\mathrm{K})$$

(2) $\Delta_r H_m = 98\ \mathrm{kJ \cdot mol^{-1}}$,$\Delta_r S_m = 0.144\ 2\ \mathrm{kJ \cdot mol^{-1} \cdot K^{-1}}$,

令 $\Delta_r G_m < 0$,则

$T > 98/0.144\ 2 = 679.6(\mathrm{K})$

第 2 种反应自发进行温度较低

10. 解(2)−(1)得 $S_{正} = S_{单}$

$\Delta_r H_m = \Delta_r H_{m,2} - \Delta_r H_{m,1} = -296.80 - (-297.09) = 0.29\ \mathrm{kJ \cdot mol^{-1}}$

$\Delta_r S_m = S_{m,2} - S_{m,1} = 32.6 - 31.8 = 0.8(\mathrm{kJ \cdot mol^{-1} \cdot K^{-1}})$

$\Delta_r G_{m,298} = \Delta_r H_m - T\Delta_r S_m = 0.29 - 298 \times 0.8 \times 10^{-3} = 0.052(\mathrm{kJ \cdot mol^{-1}})$

25 ℃标准态下,$\Delta_r G_m > 0$ 说明正交硫较单斜硫稳定。

$\Delta_r G_m, 293 = \Delta_r H_m - T\Delta_r S_m = 0.29 - 393 \times 0.8 \times 10^{-3} = -0.024(\mathrm{kJ \cdot mol^{-1}})$

120 ℃标准态下,$\Delta_r G_m < 0$,说明单斜硫较正交硫稳定。

$$T_{转} = \frac{\Delta_r H_m}{\Delta_r S_m} = \frac{0.29}{0.8 \times 10^{-3}} = 362.5(\mathrm{K})$$

11. 解:$AgNO_3(s) = Ag(s) + NO_2(g) + \frac{1}{2}O_2(g)$

$\Delta_r H_m = \Delta_f H_m(Ag, s) + \Delta_f H_m(NO_2, g) + \frac{1}{2}\Delta_f H_m(O_2, g) - \Delta_f H_m(AgNO_3, s) = 156.99\ \mathrm{kJ \cdot mol^{-1}}$

$\Delta_r S_m = S_m(Ag, s) + S_m(NO_2, g) + \frac{1}{2}S_m(O_2, g) - S_m(AgNO_3, s) = 244.43\ \mathrm{kJ \cdot mol^{-1} \cdot K^{-1}}$

$$T_{转} = \frac{156.99}{244.43 \times 10^{-3}} = 642\ (\mathrm{K})$$

保存 $AgNO_3(s)$时,应采取低温避光保存。

12. 解:(1) 由 $\Delta_r G_m = -2.303RT\lg K$

$$\lg K = \frac{-\Delta_r G_m}{2.303\ RT} = \frac{-40.0}{2.303 \times 8.314 \times 10^{-3} \times 298} = -7.01 \quad K = 9.77 \times 10^{-8}$$

$$Q = \frac{P_{(B)}}{P} = \frac{1.02 \times 10^3}{1.132\ 5} = 1 \times 10^{-5}$$

$$\Delta_r G_m = 2.303\ RT\lg K = 2.303 \times 8.314 \times 10^{-3} \times \lg\frac{1 \times 10^{-5}}{9.77 \times 10^{-8}} = 11.4(\mathrm{kJ \cdot mol^{-1}})$$

(2) $\Delta_r G_m > 0$,正向反应不以自发进行。

可见当 $\Delta_r G_m = 40\ \mathrm{kJ \cdot mol^{-1}}$时,较大幅度地改变分压并不能改变 $\Delta_r G_m$ 的正负号。

13. (1) $J = kc^2$ (2) $480\ \mathrm{L \cdot mol^{-1} \cdot min^{-1}}$ (3) $0.071\ \mathrm{mol \cdot L^{-1}}$

14. (1) 2 级 (2) $6.07 \times 10^{-3}\mathrm{L \cdot mol^{-1} \cdot s^{-1}}$

15. (1) 2 级 (2) $2.0\ \mathrm{L \cdot mol^{-1} \cdot s^{-1}}$ (3) $4.5 \times 10^{-2}\ \mathrm{mol \cdot L^{-1} \cdot s^{-1}}$

16. $1.61 \times 10^{-3}\ \mathrm{L \cdot mol^{-1} \cdot s^{-1}}$

17. $p(PCl)_5 = 158.34\ \mathrm{kPa}$,$p(PCl)_3 = p(Cl_2) = 17.59\ \mathrm{kPa}$; 1.93×10^{-2};10%

18. (1) 178.46 kJ·mol^{-1} (2) 吸热

19. 2.1×10^7

20. (1) 50% (2) 67.8%,向右移动

第三章

1. (1) 系统误差(仪器误差),校正砝码 (2) 随机误差 (3) 随机误差 (4) 系统误差(试剂误差),空白实验 (5) 系统误差(方法误差),对照实验 (6) 随机误差

2. $\overline{X}=25.3\ \mu g\cdot g^{-1}$,$\bar{d}=0.22$,$\bar{d}_r=0.87\%$,$S=0.28$,$S_r=1.1\%$,$E=-0.1$,$E_r=-0.4\%$

3. 249.686(1997 年表) **4.** (1) 8.03 (2) 3.35×10^4 (3) 6.9 (4) 3.0×10^2

5. (1) 35.36 %,34.77 %,三种检验方法检验不舍 (2) $X=35.03\%$,$S=0.18\%$
(3) $\mu=35.03\pm0.14\%$ (4) 分析方法存在系统误差

6. 温度对测定结果有影响

7. 甲的报告合理。因为乙的报告结果的准确度已经超过了称量的准确度,这是不合理的

8. 相对误差分别是±0.7%,±0.07%,说明在相同的读数误差下,滴定体积越大,滴定的相对误差越小

9. $T(HCl)=0.003\ 646 g\cdot mol^{-1}$,$T(HCl/Na_2CO_3)=0.005\ 300\ g\cdot mol^{-1}$

10. N %=5.07%

11. 应称取 $KMnO_4$ 1.58 g;应称取 $Na_2C_2O_4$ 0.17~0.20 g

12. 0.106 6 mol·L^{-1}

第四章

1. 只是酸的有 HAc,H_2S,$[Al(H_2O)_6]^{3+}$
只是碱的有 CO_3^{2-},NH_3,OH^-
既是酸又是碱的有 $H_2PO_4^-$,HS^-,H_2O

2. SO_4^{2-} 的共轭酸是 HSO_4^-
S^{2-} 的共轭酸是 HS^-
HSO_4^- 的共轭酸是 H_2SO_4,共轭碱是 SO_4^{2-}
$H_2PO_4^-$ 的共轭酸是 H_3PO_4,共轭碱是 HPO_4^{2-}
NH_3 的共轭酸是 NH_4^+
H_2O 的共轭酸是 H_3O^+,共轭碱是 OH^-
$HClO_4$ 的共轭碱是 ClO_4^-
HPO_4^{2-} 的共轭酸是 $H_2PO_4^-$,共轭碱是 PO_4^{3-}
H_2S 的共轭碱是 HS^-

3. (1) $H_3O^+=OH^-+H_2PO_4^-+2HPO_4^{2-}+3PO_4^{3-}$
(2) $H_3O^++H_3PO_4=NH_3+OH^-+HPO_4^{2-}+2PO_4^{3-}$
(3) $H_3O^++2H_3PO_4+H_2PO_4^-=OH^-+PO_4^{3-}$
(4) $H_3O^++HS^-+2H_2S=OH^-$

(5) $H_3O^+ + HCO_3^- + 2H_2CO_3 = OH^- + NH_3$

(6) $H_3O^+ + NH_4^+ + Na^+ = OH^-$

(7) $H_3O^+ = H_2BO_3^- + NH_3 + OH^-$

4. 8.63,5.48,12.58,11.11,6.35,1.49,8.31

5. 9.78

6. (1) $K_a = 1.0\times10^{-8}$,$\alpha = 0.10\%$ (2) pH=5.15,$K_a = 1.0\times10^{-8}$,$\alpha = 0.14\%$

(3) pH=8.00

7. 主要以 HCO_3^- 形式流入,占 91.47%

8. pH=9.19

9. 8.44 mL

10. (1) 合适 **11.** $K_b = 6.67\times10^{-6}$

12. pH=1.00,$c(S^{2-}) = 4.69\times10^{-21}\ mol\cdot L^{-1}$

13. (1) 不可 (2) 不可 (3) 可以,pH=8.72;指示剂选百里酚兰、酚酞 (4) 不可 (5) 可以,pH=5.28;指示剂选溴甲酚绿、甲基红 (6) 可以,pH=5.96;指示剂选溴甲酚绿、甲基红 (7) 可以,pH=4.53;指示剂选甲基红

14. (1) 有两个突跃,第一个突跃,pH=4.51,指示剂选溴甲酚绿、甲基红;第二个突跃,pH=9.09,指示剂选百里酚兰、酚酞 (2) 有两个突跃,第一个突跃,pH=9.78,指示剂选百里酚兰、酚酞;第二个突跃,pH=4.70,指示剂选溴甲酚绿、甲基红 (3) 一个突跃,pH=8.81,指示剂选百里酚兰、酚酞 (4) 一个突跃,pH=8.44,指示剂选百里酚兰、酚酞 (5) 一个突跃,pH=5.80,指示剂选甲基红

15. $c(NaOH) = 0.097\,90\ mol\cdot L^{-1}$

16. (0.11~0.16)g

17. (1) 第一步,以酚酞为指示剂,以 NaOH 滴定到终点,为硫酸和磷酸的合量;第二步,再加入甲基红为指示剂,用 HCl 滴定到终点,为磷酸的量;第三步,以差减法算出硫酸的量。 (2) 第一步,以甲基橙为指示剂,以 HCl 滴定到终点,为 NH_3 的量;第二步,再加入过量的碱,蒸馏法测总铵量;第三步,以差减法算出 NH_4Cl 的量。

18. (1) 称样:0.61 g (2) 标准溶液:0.100 0 mol·L^{-1} (3) 等量点:第一等量点,pH=9.85,指示剂为百里酚酞,耗用标准溶液体积为 V_1;第二等量点,pH=4.67,指示剂为甲基红,耗用标准溶液体积为 V_2 (4) 计算公式

$$Na_3PO_4\% = \frac{c(HCl)\cdot V_1\cdot M(Na_3PO_4)}{G}\times100\%$$

$$Na_2HPO_4\% = \frac{c(HCl)\cdot(V_2 - V_1)\cdot M(Na_2HPO_4)}{G}\times100\%$$

19. 以 NaOH 为标准溶液,第一等量点,指示剂为甲基红,耗用标准溶液体积为 V_1,第二等量点,指示剂为百里酚酞,耗用标准溶液体积为 V_2,第三等量点,指示剂为百里酚酞 $CaCl_2$,耗用标准溶液体积为 V_3

(1) 若 $V_1 < V_2 < V_3$,为 H_3PO_4,Na_2HPO_4,NaH_2PO_4的混合物

$$H_3PO_4\% = \frac{c(HCl)\cdot V_1\cdot M(H_3PO_4)}{V}\times100\%$$

$$NaH_2PO_4\% = \frac{c(HCl) \cdot (V_2 - V_1) \cdot M(NaH_2PO_4)}{V} \times 100\%$$

$$Na_2HPO_4\% = \frac{c(HCl) \cdot (V_3 - V_2) \cdot M(Na_2HPO_4)}{V} \times 100\%$$

(2) $V_1=0, V_2<V_3$，为 Na_2HPO_4，NaH_2PO_4 的混合物

$$NaH_2PO_4\% = \frac{c(HCl) \cdot V_2 \cdot M(NaH_2PO_4)}{V} \times 100\%$$

$$Na_2HPO_4\% = \frac{c(HCl) \cdot (V_3 - V_2) \cdot M(Na_2HPO_4)}{V} \times 100\%$$

(3) 若 $V_1=V_2<V_3$，为 H_3PO_4，Na_2HPO_4 的混合物

$$H_3PO_4\% = \frac{c(HCl) \cdot V_1 \cdot M(H_3PO_4)}{V} \times 100\%$$

$$Na_2HPO_4\% = \frac{c(HCl) \cdot (V_3 - V_2) \cdot M(Na_2HPO_4)}{V} \times 100\%$$

(4) 若 $V_1<V_2=V_3$，为 H_3PO_4，NaH_2PO_4 的混合物

$$H_3PO_4\% = \frac{c(HCl) \cdot V_1 \cdot M(H_3PO_4)}{V} \times 100\%$$

$$NaH_2PO_4\% = \frac{c(HCl) \cdot (V_2 - V_1) \cdot M(NaH_2PO_4)}{V} \times 100\%$$

(5) 若 $V_1=V_2=V_3$，为 H_3PO_4

$$H_3PO_4\% = \frac{c(HCl) \cdot V_1 \cdot M(H_3PO_4)}{V} \times 100\%$$

(6) 若 $V_1=0, V_2=V_3$，为 NaH_2PO_4

$$NaH_2PO_4\% = \frac{c(HCl) \cdot V_2 \cdot M(NaH_2PO_4)}{V} \times 100\%$$

(7) 若 $V_1=V_2=0, V_3>0$，为 Na_2HPO_4

$$Na_2HPO_4\% = \frac{c(HCl) \cdot V_3 \cdot M(Na_2HPO_4)}{V} \times 100\%$$

20. 5.024%　**21.** 13.7%　**22.** 83.6%，13.8 %　**23.** 0.228 4 $mol \cdot L^{-1}$，0.230 7 $mol \cdot L^{-1}$
24. 21.12 mL　**25.** 0.132 3%，指示剂选百里酚酞、酚酞

第五章

1. 2.5 g　**2.** (1) 1.7×10^{-6} $mol \cdot L^{-1}$；(2) 1.1×10^{-10} $mol \cdot L^{-1}$　**3.** 有沉淀析出
4. (1) $c(OH^-)=9.0\times10^{-7}$ $mol \cdot L^{-1}$，pH=8.05　(2) $c(Fe^{2+})=6.05\times10^{-5}$ $mol \cdot L^{-1}$
5. (1) $BaSO_4$先沉淀　(2) $c(SO_4^{2-})=1.1\times10^{-9}$ $mol \cdot L^{-1}$　(3) 能　**6.** pH=2.8～9.4
7. (1) $K=1\times10^{-22}$　(2) 1.0×10^{5} $mol \cdot L^{-1}$　(3) 不能　**8.** 0.890 g　**9.** $c(AgNO_3)=$ 0.136 8 $mol \cdot L^{-1}$　$c(SCN^-)=0.164\ 1$ $mol \cdot L^{-1}$　**10.** KCl%=34.84%　KBr%=65.16%
11. (1) ×　(2) ×　(3) ×　(4) ×　(5) ×　(6) ×　(7) ×　(8) ×　(9) √
(10)×

12. (1) C　(2) B　(3) B　(4) B　(5) B　(6) D　(7) D　(8) B　(9) C　(10) D
13. 同离子　减小　盐　增大　**14.** 1.65×10^{-4}　1.65×10^{-4}　3.30×10^{-4}　**15.** 相同　较小　较大

第六章

1.（略）　**2.**（略）　**3.**（略）　**4.** (1) 1.08 V　(2)(3) 0.178 V　(4) 0.003 8 V　**5.** 0.766 V
6. (1) 能　(2) 否　(3) 能　(4) 能　**7.**（略）　**8.** (1) 4.42×10^{26}　(2) 2.41×10^{15}　(3) 4.7　(4) 6.86×10^{56}　**9.** 5.83 $mol\cdot L^{-1}$　**10.** Fe_2O_3:25.69%　Al_2O_3:74.31%
11. 90.25 %　**12.** 1.77×10^{-10}　**13.** 8.4×10^{-5}　**14.** 0.029 76 $mol\cdot L^{-1}$　**15.** 21.12%
16. −1.26 V　**17.** PbO:37.2%　PbO_2:19.9%

第七章

一、填空题

1. 能量量子化　具有波动性　**2.** $H_{3s}=H_{3p}>Na_{3p}>Na_{3s}$　**3.** 4d,0,±1,±2,5
4. $1s^2 2s^2 2p^6 3s^2 3p^6 3d^{10} 4s^2 4p^6 4d^{10} 5s^1$, $4d^{10} 5s^1$, ds　**5.** 保利不相容原理　洪特规则　**6.** 离子晶体　高　**7.** 电负性　偶极矩　**8.** 三角锥形　sp^3　不等性　**9.** sp^3　不等性　√
10. 小　饱和　方向　**11.** 范德华力　氢键+范德华力　共价键　原子

二、选择题

1. D　**2.** C　**3.** C　**4.** B　**5.** C　**6.** B　**7.** C　**8.** C　**9.** D　**10.** D　**11.** C　**12.** D

三、解答题

1. 原子轨道是指原子核外电子可能的空间运动状态。它可用波函数 ψ 来表示，ψ 是由 n, l, m 三个量子数确定的数学函数式，原子轨道和波函数是同义语。几率密度是描述核外电子在空间某处单位体积内出现机会的多少，用$|\psi|2$ 表示。电子云是电子在核外空间出现几率密度分布的形象化描述，也即电子行为统计结果的一种形象表示。原子轨道、几率密度、电子云都是描述核外电子运动的，它们虽有联系，但各个描述的方式和所代表的语义又是不同的，原子轨道是指电子一定的空间运动状态，而电子一定的空间运动状态除了有一定有秘率密度外，还包括能量、平均距离等物理性质。原子轨道图像和电子云图像除了在形状上有所不同外，更大的差别在于原子轨道图像有正负之分，电子云图像不分正负，这种符号的差异在原子轨道组合成分子轨道时起着关键作用。

2. B,C,E,F 不可能存在。

因为 B,m 只能为 0;C,l 只能为 0,1,m 只能是 0,+1 或 −1,m_s 只能为 $+\frac{1}{2}$ 或 $-\frac{1}{2}$;D,m_s 只能为 $+\frac{1}{2}$ 或 $-\frac{1}{2}$;E,l 只能为 0 或 1,F,m 只能是 0

3. Cr(24e)$1s^2 2s^2 2p^6 3s^2 3p^6 3s^5 4s^1$　$[Ar]3d^5 4s^1$
Cl^-(18e)$1s^2 2s^2 2p^6 3s^2 3p^6$　$[Ne]3s^2 3p^6$
Al^{3+}(10e)$1s^2 2s^2 2p^6$　$[He]2s^2 2p^6$
Ag(47e)$1s^2 2s^2 2p^6 3s^2 3p^6 3s^{10} 4s^2 4p^6 4d+105s^1$　$[Kr]4d^{10} 5s^1$

I(53e)$1s^2 2s^2 2p^6 3s^2 3p^6 3d^{10} 4s^2 4p^6 4d^{10} 5s^2 5p^5$　[Kr]$5s^2 5p^5$

4. 第4周期ⅤB族，是第4周期的第5种元素，第1,2,3周期共有2+8+8=18(种)元素，所以该原子序数18+5=23，电子排布式$1s^2 2p^6 3s^2 3p^6 3s^3 4s^2$价电子排布$3d^3 4s^2$。

5. (1) 具有p^6(即np^6)构型的是稀有气体。　(2) $n=4, l=0$(即4s)轨道上2个电子和$n=3, l=2$轨道(即3d)上5个电子的构型的元素为Mn(锰)　(3) 具有$(n-1)d^{10}ns^1$构型的元素为ⅠB族元素　(4) 氩必为第三周期最后一个元素，某元素正价离子和它的电子构型相同，该元素必为第四周元素，又因失去3个电子(+3价)，故该元素为Sc(钪)　(5) 既然+3价(失去3e后)离子构型为$3d^5$，那么该元素原子的电子层结构是[Ar]$3d^6 4s^2$，即为Fe(铁)

6.

(1) 类族	ⅡA	ⅡB	ⅦA	ⅠA
(2)	金属	金属	非金属	金属
(3)	Ca^{2+}	Zn^{2+}	Br^-	Rb^+

(4) Rb的氢氧化物碱性最强　(5) $CaBr_2$

7. BF_3，sp^2杂化，平面三角形，非极性分子，分子间存在色散力；NF_3，sp^3不等性杂化，三角锥形，极性分子，分子间存在色散力、诱导力、取向力

8. (1) 色散力　(2) 色散力、诱导力、取向力、氢键　(3) 色散力、诱导力、取向力　(4) 色散力　(5) 色散力、诱导力、取向力、氢键　(6) 同(5)　(7) 色散力　(8) 同(5)(6)　(9) 色散力、诱导力　(10) 同(9)　(11) 色散力、诱导力、取向力　(12) 色散力、氢键

9. 从该元素是高合物价+6价，可知该元素可能在ⅦA族，也可能在ⅥB族，因其无负价，所以它是金属元素，同族元素原子半径最小的是同一纵行中最上面的那种元素，由这点看该元素若在ⅥA族，则是氧元素，一种典型的非金属元素，与题意不符；该元素若在ⅥB族，则是金属元素铬，符合题意，因而该元素在第四周期ⅥB族，原子序数24。

(1) 原子的电子排布式$1s^2 2s^2 2p^6 3s^2 3p^6 3d^5 4s^1$

(2) +3价离子的外层电子排布式为$3s^2 3p^6 3d^3$，有3个未成对电子

(3) 该元素在第4周期ⅥB族，元素金属性较强，所以电负性相对较低

10. (3)，由于Ag^+是18电子结构，有附加极化作用，I^-体积大，变形性大，故AgI有共价键性质，其表现是难溶于水，实际上除NaCl是典型离子键外，其他几个化合物都有一定程度的共价特征，不过以AgI最突出。

11. 因为CO_2是分子晶体，而SiO_2是原子晶体，原子晶体的作用力是共价键力，分子晶体的作用力是范德华力，共价键力比范德华力大得多，所以室温下CO_2是气体，SiO_2是固体。

12. 解：(1) H_2<Ne<CO<HF，H_2，Ne，CO，HF的分子量(或原子量)依次增大，色散力增大，此外，CO，HF分子中还存在取向力和诱导力(因为极性分子)，HF分子中还存在氢键，故沸点依次增高。　(2) $CF_4<CCl_4<CBr_4<CI_4$，因为CF_4，CCl_4，CBr_4，CI_4均为非极性分子，依次分子量增大，色散力增大，所以沸点依次增大。

13. (1) 乙醇>甲醚　因乙醇有氢键　(2) 丙醇>乙醇>甲醇　分子间力按相对分子质量增大　(3) 乙醇<丙三醇　丙三醇可以构成三个氢键　(4) HF>HCl　HF有氢键

第八章

1. (1) √ (2) × (3) × (4) × (5) √ (6) × (7) √ (8) √ (9) × (10) ×

2. (1) C (2) C (3) B (4) D (5) A (6) A (7) B (8) A (9) C (10) A

3. 氯化二氯·二乙二胺合钴(Ⅲ),Co^{3+},Cl^-,en Cl,N,6,4,+3,+1

4. (1) 氯化二氯·四水合钴(Ⅲ) (2) 四氯·一乙二胺合铂(Ⅳ) (3) 二氯·二氨合镍(Ⅱ) (4) 四硫氰根合钴(Ⅱ)酸钾 (5) 六氟合硅(Ⅳ)酸钠 (6) 硫酸四氨·二水合铬(Ⅲ) (7) 三草酸根合铁(Ⅲ)酸钾 (8) 二水合六氯合锑(Ⅲ)酸铵

5. 9.17 **6.** 0.456 $mol \cdot L^{-1}$ **7.** 4.78×10^{-15} $mol \cdot L^{-1}$ **8.** 0.084 4 $mol \cdot L^{-1}$

9. (1) 0.025 18 $mol \cdot L^{-1}$ (2) 2.049 mg ZnO/mL 2.010 mg Fe_2O_3/mL **10.** 3.207 %

11. CaO 280 $mg \cdot L^{-1}$ **12.** $c(Ni^{2+})=0.012\ 37\ mol \cdot L^{-1}$ $c(Zn^{2+})=7\ 183\times10^{-3}\ mol \cdot L^{-1}$ **13.** $c(CN^-)=0.092\ 74\ mol \cdot L^{-1}$ **14.** $c(Al^{3+})=0.027\ 87\ mol \cdot L^{-1}$ $c(Fe^{3+})=0.023\ 78\ mol \cdot L^{-1}$ **15.** 31%

第九章

1. 40.7%,16.6% **2.** 0.16%,0.138%,0.159% **3.** 28.28% **4.** 0.556 **5.** $(5.0\times10^{-6}\sim2.0\times10^{-5})$ $mol \cdot L^{-1}$ **6.** 0.69 $\mu g^{-1} \cdot mol \cdot cm^{-1}$(或 0.69 $cm^{-1} \cdot \mu g^{-1} \cdot mL$) **7.** 10 倍 **8.** 0.62 **9.** 3.58×10^{-3} $mol \cdot L^{-1}$ **10.** 2.52×10^{-3} $mol \cdot L^{-1}$ **11.** −1.08 V

第十章

一、判断题

1. √ **2.** × **3.** √ **4.** × **5.** √ **6.** × **7.** √ **8.** × **9.** √ **10.** ×

二、选择题

1. B **2.** A **3.** C **4.** D **5.** D **6.** C **7.** B **8.** A **9.** C **10.** D

三、填空题

1. 加合反应;氧化反应;取代反应 **2.** 红宝石 **3.** 致密氧化膜,钝化 **4.** 小苏打,甘汞,石膏,烧碱,生石灰,王水,大苏打或海波,硼砂 **5.** 吸水性,氧化性,酸性 **6.** 发生 d−d 跃迁

7. $2AgNO_3 \xlongequal{光} 2Ag + 2NO_2\uparrow + O_2\uparrow$

四、简答题

1. (1) 加水溶解。$HgCl_2$ 可溶于水,而 Hg_2Cl_2 不溶于水

(2) 加浓盐酸,NaClO 可与 HCl 反应放出刺激性气体,而 NaCl 则不会反应

$NaClO + 2HCl = NaCl + Cl_2\uparrow + H_2O$

(3) 加碘溶液。碘液的黄色很快消失,则为 $Na_2S_2O_3$

$2Na_2S_2O_3 + I_2 = 2NaI + Na_2S_4O_6$

(4) 加热固体。器壁有水雾形成或将加热后产生的气体导入石灰水后变浑浊的为 $NaHCO_3$,而 Na_2CO_3 无现象

$2NaHCO_3 \xlongequal{\triangle} Na_2CO_3 + H_2O\uparrow + CO_2$

(5) 加稀盐酸。能溶于稀盐酸并放出气体的是铁,而钛很稳定,不与稀盐酸发生反应

(6) 加水,加水后溶解并放出大量热的是 CaO(会有水蒸气产生),$Ca(OH)_2$ 无放热现象

(7) 加氢氧化钠。加氢氧化钠溶液后,先产生白色沉淀后又溶解的是 $ZnCl_2$,仅产生白色沉淀的是 $MgCl_2$

$ZnCl_2+2NaOH = Zn(OH)_2\downarrow+2NaCl$

$Zn(OH)_2+2NaOH = Na_2ZnO_2+2H_2O$

2. 硝酸铁的制备:

铁与浓硝酸作用,利用增大 HNO_3 浓度来加强其氧化性。

$Fe+6HNO_3(浓) = Fe(NO_3)_3+3NO_2\uparrow+3H_2O$

硝酸亚铁的制备:

用稀硝酸并加过量铁,抑制 Fe^{2+} 被氧化成 Fe^{3+}

$3Fe+8HNO_3(稀) = 3Fe(NO_3)_2+2NO\uparrow+4H_2O$

3. (1) 在足够温度下,两者混合后会反应放出氨气,从而使氮肥失效。

$2NH_4Cl+Ca(OH)_2 = CaCl_2+2NH_3+2H_2O$

(2) 金溶于王水是由于其发生氧化反应并与 Cl^- 形成配位离子 $[AuCl_4]^-$ 的缘故。

(3) 用 $Na_2S_2O_3$ 使未感光的 $AgBr$ 溶解,剩下金属银不再变化。

$AgBr+2Na_2S_2O_3 = Na_3[Ag(S_2O_3)]_2+NaBr$

(4) 铝可与强碱如 $NaOH$ 作用而被腐蚀:

$2Al+2NaOH+2H_2O = 2NaAlO_2+3H_2\uparrow$

(5) 氯化钙与氨水会形成 $CaCl_2\cdot 4NH_3$,从而失去干燥意义。

(6)"熟镪水"是 $ZnCl_2$ 的浓溶液,它能形成配位酸而具有显著的酸性,因此该溶液也能溶解金属表面的氧化物。

$ZnCl_2\cdot H_2O = H[ZnCl_2(OH)]$

$2H[ZnCl_2(OH)]+FeO = Fe[ZnCl_2(OH)]_2+H_2O$

(7) 高锰酸钾见光或受热易分解,所以必须保存在棕色瓶中避光并置阴凉处。

$2KMnO_4 \xlongequal{\triangle} K_2MnO_4+MnO_2+O_2\uparrow$

4. A. $AgNO_3$;B. $AgCl$;C. $[Ag(S_2O_3)]_2^{3-}$;D. $AgCl+S$;

E. SO_2;F. $Ag_2S_2O_3$;G. Ag_2S

$Ag^++Cl^- = AgCl\downarrow$

$AgCl+2S_2O_3^{2-} = [Ag(S_2O_3)]_2^{3-}+Cl^-$

$[Ag(S_2O_3)]_2^{3-}+Cl^-+4H^+ = AgCl\downarrow+S\downarrow+2SO_2\uparrow+2H_2O$

$2Ag^++S_2O_3^{2-} = Ag_2S_2O_3\downarrow$

$Ag_2S_2O_3+H_2O = Ag_2S\downarrow+H_2SO_4$

第十二章

一、填空题

1. 液-液萃取　离子交换　层析　**2.** 溶解度　亲水　疏水　**3.** 螯合物萃取　离子缔合物

4. 网状　阳　阴　**5.** $-SO_3H$　**6.** 强　强　**7.** 每克干树脂所能交换的物质的量 活性基团的数目　**8.** 树脂中所含交联剂的质量分数 孔隙率　**9.** 吸附剂　0.5
10. $c(CH_3COOH)_{苯}/c(CH_3COOH)_{水}$　$c(CH_3COOH)_{苯}/(c(CH_3COOH)_{水}+c(CH_3COO^-)_{水})$

二、计算题

1. 0.001 5 mg　99.8%　**2.** 5.18　6.67　**3.** 22.50 mL　**4.** 0.792 0 $mol \cdot L^{-1}$
0.080 65 $mol \cdot L^{-1}$

自测试题一

一、选择题

1. C　**2.** C　**3.** A　**4.** C　**5.** B　**6.** B　**7.** C　**8.** B　**9.** B　**10.** D　**11.** C　**12.** D　**13.** A　**14.** C
15. B

二、填空题

1. 100.45 ℃，−1.61 ℃　**2.** 1.34×10^{-5} mol/L　**3.** 77.7 %　**4.** 1.82×10^{4} $L \cdot mol^{-1} \cdot cm^{-1}$
5. $[Ar]3d^5 4s^1$　**6.** PH_3，H_2S　**7.** 三羟基·一水·一乙二胺合铬(Ⅲ)　**8.** 2.7×10^{-3}mol/L
9. $\mu=(21.3\pm0.18)$ %　**10.** 10，铬黑 T

三、计算题

1. $\omega(Na_2CO_3)=0.721\ 7$，$\omega(NaHCO_3)=0.060\ 6$

2. pH=0.72 时开始析出 ZnS 沉淀；pH=2.72 时 ZnS 沉淀完全

3. $Q=2.32\times10^{-18}>K_{sp}(Cu(OH)_2)$，所以有 $Cu(OH)_2$ 沉淀生成

4. 0.557 mg/g　**5.** 4.8×10^{-13}

6. (1) 该反应的 $\Delta_r G_m=119.9\ kJ \cdot mol^{-1}>0$，所以在 298 K 时反应不能自发进行。
(2) 900 ℃时的 $K=35$。

自测试题二

一、选择题

1. B　**2.** A　**3.** C　**4.** D　**5.** B　**6.** A　**7.** C　**8.** D　**9.** B　**10.** C　**11.** B　**12.** C　**13.** A
14. B　**15.** C　**16.** B　**17.** B　**18.** A　**19.** A　**20.** B

二、填空题

1. 3　**2.** 真值，准确，平均值，精密　**3.** $[(AgI)_m \cdot nAg^+ \cdot (n-x)NO_3^-]^{x+} \cdot xNO_3^-$
4. 1.1%　**5.** $v=kc(H_2)c^2(NO)$，3　**6.** 指示，参比　**7.** $A=abc$ 或 $A=\varepsilon bc$　**8.** 79.4%　**9.** 电离度，同离子效应　**10.** $K_{a_2} \cdot K_{a_3}$　**11.** $n\left(\frac{1}{5}KMnO_4\right)=n\left(\frac{1}{2}H_2O_2\right)$　**12.** $cK_{a1}\geqslant10^{-8}$，$\frac{K_{a1}}{K_{a_2}}\geqslant10^4$　**13.** 直接，间接，标定　**14.** −580　**15.** 氧化　**16.** $K_j=\frac{1}{K_{sp}(AgBr)K_f[Ag(NH_3)_2^+]}$
17. 六氟合硅(Ⅳ)酸　**18.** H_3O^+　**19.** 5.25　**20.** $Cu^{2+}+Zn=Cu+Zn^{2+}$，1.13，1.50×10^{38}

三、判断正误

1. ×　**2.** √　**3.** ×　**4.** √　**5.** √　**6.** ×　**7.** ×　**8.** ×　**9.** ×　**10.** ×

四、计算题

1. 85.60% **2.** +114.5 kJ/mol, 8.50×10^{-21} **3.** 2.452 g, 0.125 0 mol/L **4.** 57.41 kJ/mol, 0.004 07 s^{-1}

自测试题三

一、填空题

1. 0.100 $mol\cdot kg^{-1}$ **2.** $[(AgCl)_m\cdot nAg^+\cdot(n-x)NO_3^-]^{x+}\cdot xNO_3^-$ **3.** $CaF_2>BaCO_3>AgCl$

4. $2Mn^{3+}+2H_2O \longequal MnO_2+Mn^{2+}+4H^+$ **5.** $CO_3^{2-}>HPO_4^{2-}>F^-$ **6.** $K=\frac{[c(Cu^{2+}/c)]}{[c(Ag^+)/c]^2}$ **7.** $J=kc(NO_2Cl)$ **8.** 三氯·一氨合铂(Ⅱ)酸钾 **9.** 内能、焓、熵 **10.** >0; <0; >0 **11.** 色散力、诱导力 **12.** sp^2,不等性 sp^3, PF_3 **13.** 3,2,4 **14.** 四,ⅤA,p,33
15. 减小,增大

二、判断题

1. × **2.** × **3.** √ **4.** √ **5.** √ **6.** × **7.** × **8.** √ **9.** √ **10.** ×

三、选择题

1. C **2.** A **3.** B **4.** C **5.** A **6.** D **7.** A **8.** D **9.** B **10.** B **11.** D **12.** C **13.** D
14. D **15.** B **16.** A **17.** B **18.** C **19.** A **20.** C

四、计算题

1. 解:由 $pH=pK_a-\lg\frac{n(酸)}{n(碱)}$

设需 HAcx mL,则需 NaAc$(1\,000-x)$ mL

$$4.90=4.75-\lg\frac{0.1x}{0.1(1\,000-x)}$$

$x=414.9$ mL $1\,000-x=585.1$ mL

故需 HAc414.9 mL,NaAc 为 581.5 mL

2. 解:总反应式 $AgCl+2NH_3 \longequal [Ag(NH_3)_2]^++Cl^-$

$$K=\frac{(c(Cl^-)/c)\cdot c(Ag(NH_3)_2^+/c)}{[c(NH_3)/c]^2}=K_{sp}\cdot K_f$$

假设 AgCl 全部溶解:

$c(Ag(NH_3)_2^+]=0.010\ mol\cdot L^{-1}=c(Cl^-)$

$$c(NH_3)=\sqrt{\frac{c(Cl^-)\cdot c(Ag(NH_3)_2^+)}{K_{sp}\cdot K_f}}=\sqrt{\frac{0.010\times0.010}{1.56\times10^{-10}\times1.12\times10^7}}=0.239\ mol\cdot L^{-1}$$

需 $c(NH_3)=0.239+2\times0.01=0.259\ mol\cdot L^{-1}$

所以 AgCl 全部溶解。

3. 解:$Cr_2O_7^{2-}+6Fe^{2+}+14H^+ \longequal 2Cr^{3+}+6Fe^{3+}+7H_2O$

(1) $c\left(\frac{1}{6}K_2Cr_2O_7\right)=6c(K_2Cr_2O_7)=6\times\frac{9.806}{294.2\times1}=0.200\,0(mol\cdot L^{-1})$

(2) 由 $n\left(\frac{1}{6}K_2Cr_2O_7\right)=n(FeSO_4)$

$0.200\,0\times15.00=0.100\,0x$

$x=30.00\ \text{mL}$

4. 解:$\Delta_r H_m=-241.82\ \text{kJ}\cdot\text{mol}^{-1}$

$\Delta_r S_m=-44.369\ \text{J}\cdot\text{mol}^{-1}\cdot\text{K}^{-1}$

$\Delta_r G_m=\Delta_r H_m-T\Delta_r S_m$

$=-241.82\ \text{kJ}\cdot\text{mol}^{-1}-1\,273\ \text{K}\times(-44.369\ \text{J}\cdot\text{mol}^{-1}\cdot\text{K}^{-1})\times10^{-3}$

$=-92.666\ \text{kJ}\cdot\text{mol}^{-1}$

$W=-\Delta_r G_m=92.666\ \text{kJ}$

自测试题四

一、选择题

1. D **2.** C **3.** B **4.** D **5.** D **6.** B **7.** B **8.** C **9.** B **10.** D **11.** B **12.** C **13.** B **14.** A **15.** B **16.** A **17.** C **18.** C **19.** C **20.** C

二、填空题

1. 4 019 **2.** AgCl,$[(AgCl)_m\cdot nAg^+\cdot(n-x)NO_3^-]^{x+}\cdot xNO_3^-$,负,$K_3[Fe(CN)_6]$ **3.** 不能 1.23 **4.** 小于,减小,逆 **5.** 沸点上升,蒸气压下降 **6.** 小,温度 **7.** 符合程度,精密度 **8.** 减小称量误差 **9.** 确定滴定终点 **10.** $K_a\cdot c\geqslant10^{-8}K_1$ $K\geqslant10^4$

三、判断题

1. × **2.** × **3.** × **4.** × **5.** × **6.** √ **7.** √ **8.** × **9.** × **10.** ×

四、计算题

1. $\Delta_r U_m=173.16\ \text{kJ}\cdot\text{mol}^{-1}$ $\Delta_r H_m=178.11\ \text{kJ}\cdot\text{mol}^{-1}$ **2.** 0.373 V **3.** 6.77 %

自测试题五

一、选择题

1. B **2.** B **3.** A **4.** C **5.** C **6.** C **7.** D **8.** D **9.** B **10.** C **11.** D **12.** B **13.** A **14.** D **15.** D **16.** D **17.** B **18.** A **19.** D **20.** D

二、填空题

1. 反应途径,反应的活化能 **2.** 降低,降低 **3.** 范德华力(取向力、诱导力、色散力),氢键 **4.** $[(AgBr)_m\cdot nAg^+\cdot(n-x)NO_3^-]^{x+}\cdot xNO_3^-$,$Na_3PO_4$ **5.** 氯化二溴·四氨合钴(Ⅲ),$K_2[PtCl_4(NH_3)(H_2O)]$ **6.** 透过,互补 **7.** 蓝绿色,$2MnO_4^-+SO_3^{2-}+2OH^-=\!=\!=2MnO_4^{2-}+SO_4^{2-}+H_2O$ **8.** 75,100 **9.** $1s^2 2s^2 2p^6 3s^2 3p^6 3d^{10} 4s^2 4p^6 4d^5 5s^1$ 5,0,0,1/2 **10.** 盐酸,$SnCl_2$ 易水解生成氢氧化物沉淀 **11.** 109°28′,正四面体 **12.** dsp^2 平面四方形 **13.** 不等性 sp^3 杂化 V 字形 **14.** $cK_f\geqslant10^6$ $cK_a\geqslant10^{-8}$ **15.** 甘汞电极,pH 玻璃电极

三、判断题

1. × **2.** √ **3.** √ **4.** × **5.** × **6.** √ **7.** × **8.** √ **9.** × **10.** × **11.** √ **12.** × **13.** × **14.** × **15.** √

四、计算题

1. $K_{sp}=2.05\times10^{-17}$ **2.** NaOH%=41.68 %,Na_2CO_3%=22.1% **3.** (1) $E=0.04$,能 (2) $\varphi(H_3AsO_4/H_3AsO_3)=0.225\ \text{V}$,不能 **4.** pH=4.44